IsSpice4 시뮬레이션 툴을 이용한

스위칭 전원의 기본 실습

김희준 · 조상윤 공저

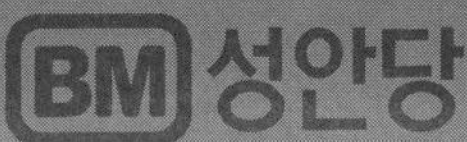

　　전자정보통신 기기의 제품 개발 과정에 있어서 제작한 프로토 타입의 제품을 검증하고, 오류가 발견되는 경우마다 회로 설계 부분부터 수정 제작을 반복하는 작업은 현실적으로 시간과 비용의 낭비가 크다. 이러한 점을 계기로 컴퓨터의 소프트웨어 툴을 이용하여 설계된 회로를 미리 시뮬레이션을 하고 그 최적값을 구하여 제품 제작에 임함으로써 앞서 지적한 시간과 비용의 낭비를 대폭 저감할 수 있는 토대가 마련되었는데 그 대표적인 소프트웨어 툴이 SPICE이다.

　　SPICE(Simulation Program with Integrated Circuit Emphasis)는 1974년 미국 캘리포니아의 U.C.Berkeley에서 반도체의 분석을 위해 처음 개발된 것을 시작으로 하여 각 개발 회사의 차별화 전략을 통하여 여러 버전으로 발전해 왔다. IsSPICE 역시 그 중 하나로써 미국 Intusoft社에서 전력 전자 회로의 개발에 포커스를 맞춰 개발한 SPICE 프로그램이다.

　　IsSPICE는 전력 전자 회로 중 스위칭 전원 회로 설계에 있어서 가장 문제가 되는 스위칭 소자와 비선형 특성의 인덕터, 변압기를 설계할 수 있는 기능이 지원되고, 관련 분야 시뮬레이션을 위한 전용 파라미터 탑재 등 여러 장점을 보유한 프로그램이다. 또한 Worst-Case, Trouble Shooting, Monte Carlo 등의 Designe Validation 기능을 지원하고 있으며, 최근에는 DSP 분석을 해 볼 수 있는 기능이 업데이트 되는 등 기능이 대폭 보강됨으로써 전력 전자 회로의 시뮬레이션뿐만 아니라 LED 구동 회로, 전자식 안정기 등 관련 영역의 타 분야에도 폭넓게 이용되고 있다. 이러한 이유로 인하여 현재 국내 여러 스위칭 전원 개발 회사들이 IsSPICE를 적극적으로 도입하고 있으며 대학, 연구 기관 및 개인 연구자 등 점차 그 유저의 수가 빠른 속도로 증가하는 추세이다.

　이러한 기술적 추세에 발맞추어 "IsSPICE를 이용한 스위칭 전원의 기본 실습"이란 타이틀로 이 저서를 발간하게 되었다. 2002년 저자가 출간한 저서인 「스위칭 전원의 기본 설계(성안당)」는 PWM 제어 회로를 비롯하여 스위칭 전원의 대표적인 기본 회로들을 망라한 설계 지침서로서 설계 과정과 그 설계를 검증할 수 있는 실험값을 제시함으로써 많은 전원 연구자들로부터 호평을 받고 있다. 이 책의 내용을 중심으로 하여 이번에는 제시된 설계값을 실험이 아니라 IsSPICE라는 강력한 툴을 이용한 시뮬레이션을 해 봄으로써 설계값을 손쉽게 검증할 수 있다는 취지하에 이 저서를 출간하게 되었다. 따라서 「스위칭 전원의 기본 설계」 책의 내용에서 직접 실험하고 싶어도 실험이 여의치 않았던 독자들도 이 저서를 통하여 손쉽게 시뮬레이션을 수행하고 또 그 결과를 통하여 용이하게 검증할 수 있을 것이다. 그런데 「스위칭 전원의 기본 설계」 책의 내용을 전부 커버하여 그 전체 내용을 실으려고 했으나 역률 개선 회로 등 몇몇 회로들은 현재 IsSPICE의 라이브러리 미비로 인하여 게재하지 못하였음을 양해해 주기 바라며 이 책의 판을 개정할 때 라이브러리가 완비될 경우 게재할 것을 약속드리고 싶다.

　이 저서를 출간하는 데는 많은 분들의 도움이 있었다. 우선 시뮬레이션 전반에 걸쳐 도움을 준 한양대학교 응용 전자 회로 연구실의 대학원생들과 시뮬레이션 결과의 검증과 보완에 도움을 준 다한테크 관계자 분들께 깊은 감사를 드린다. 그리고 이 저서의 완성을 위해 도움을 아끼지 않으신 성안당 관계자 분들께 감사의 말씀을 전하고 싶다.

저자 대표　김희준

01

CHAPTER

Main

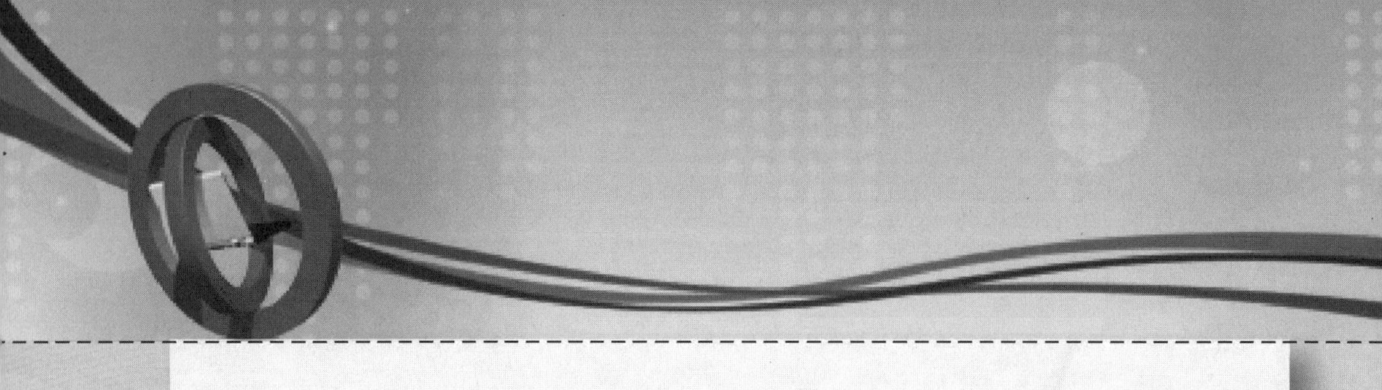

02
CHAPTER

Sub Note

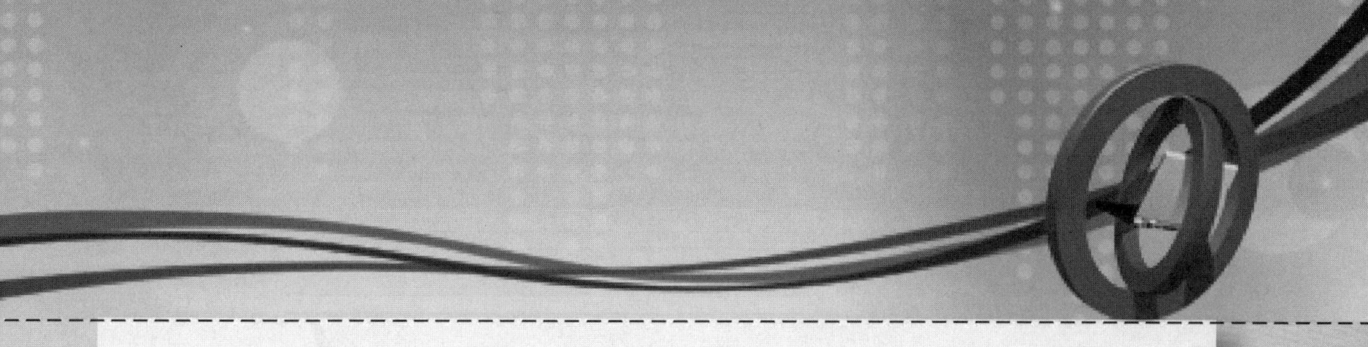

03 CHAPTER Manual

CHAPTER 01

Main

PWM 제어 회로 모듈

01 PWM 제어 회로 모듈의 동작 원리

스위칭 전원(Switched-Mode Power Supply ; SMPS)에서 출력 전압의 Regulation을 위해서는 부궤환 제어가 필요하다. 이러한 스위칭 전원의 부궤환 제어 회로의 동작 원리를 알 수 있는 구성도를 그림 1.1에 나타내고 있으며, 그 동작을 살펴보면 다음과 같다.

스위칭 전원의 출력 전압 V_o가 전압 분배 회로를 거쳐 기준 전압 V_{ref}와 비교하여, 여기서 나타나는 오차는 오차 증폭기를 통하여 증폭되고 비교기에서 삼각파와 비교되어 스위칭 전원의 스위치를 구동하기 위한 구형파 펄스를 발생하게 된다. 출력 오차에 상응하여 펄스폭이 조정됨으로써 출력 전압이 Regulation되기 때문에 이를 PWM(Pulse Width Modulation)에 의한 제어라고 한다.

스위칭 전원의 실제 설계에 있어서 제어 회로 부분은 IC화되어 제어용 IC칩을 사용하는 것이 일반적이지만, 이 절에서는 PWM 제어 회로의 동작 원리를 알아보기 위하여 개별 소자를 이용한 회로 모듈을 시뮬레이션하고 그 동작을 확실히 파악하고자 한다.

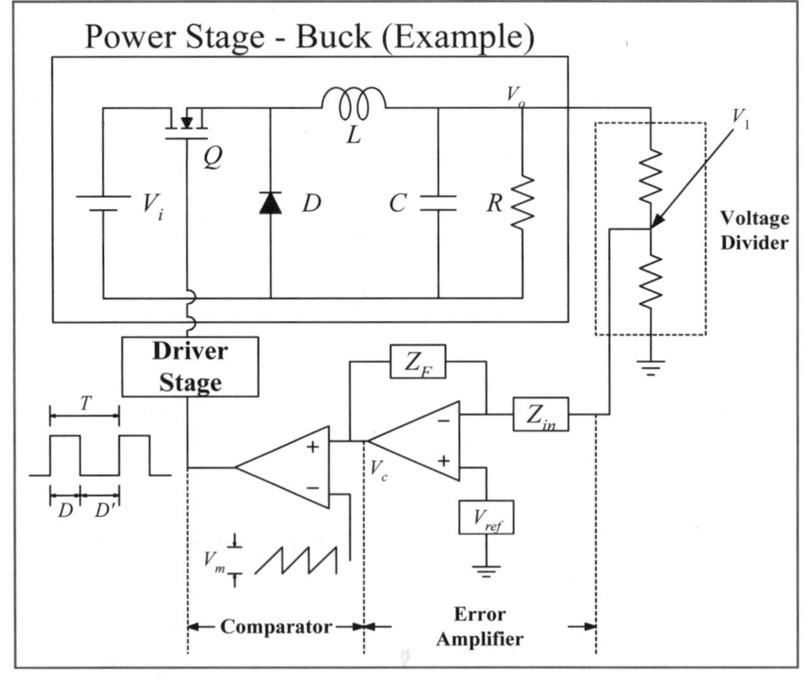

‖ 그림 1.1 SMPS의 제어 회로 구성도 ‖

02 미분 회로의 시뮬레이션

(1) 회로 구성

그림 1.2와 같이 커패시터 C_1과 저항 R_1의 직렬 회로로 구성된다.

미분 회로는 구형파를 입력으로 하여 폭이 좁은 임펄스 파형으로 전환하는 역할을 한다.

이때 출력 전압이 초깃값으로부터 10%의 값까지 감쇄하는 시간 t_S는 다음과 같이 구할 수 있다.

$$\frac{V_o}{V_i} = e^{-\frac{t}{RC}}$$

$$-\frac{t_S}{RC} = \ln(0.1)$$

$$t_S = 2.3RC$$

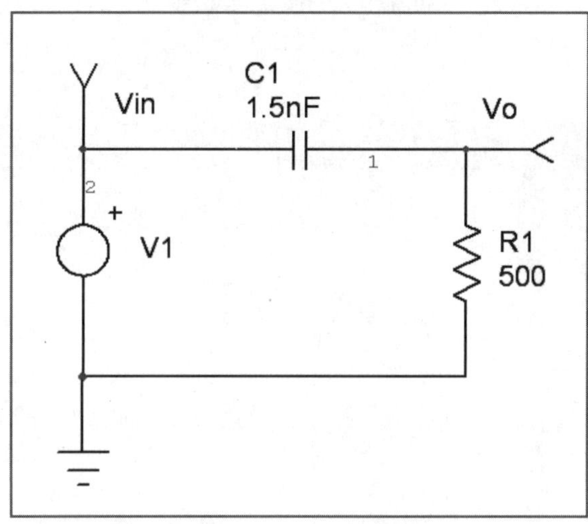

▌그림 1.2 미분 회로 ▌

(2) 회로 구성 방법

① 구형파 발생을 위한 전압원을 배치한다. 전압원의 배치는 그림 1.3과 같이 툴바를 이용하거나 'Schematic' 창에서 'V'를 입력하여 배치한다.

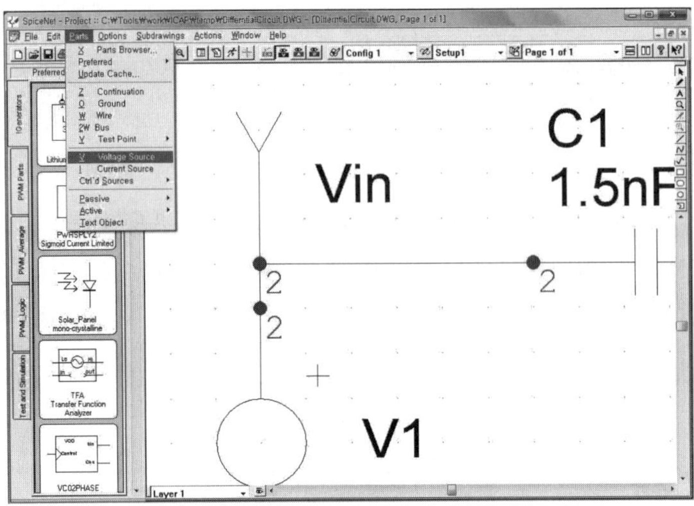

▌그림 1.3 전압원의 배치 ▌

② 배치한 전압원 V_1은 구형파를 공급할 수 있도록 배치된 전압원을 더블클릭하거나 그림 1.4와 같이 선택된 상태에서 마우스 오른쪽 버튼을 클릭하여 'Part Properties'를 선택한다.

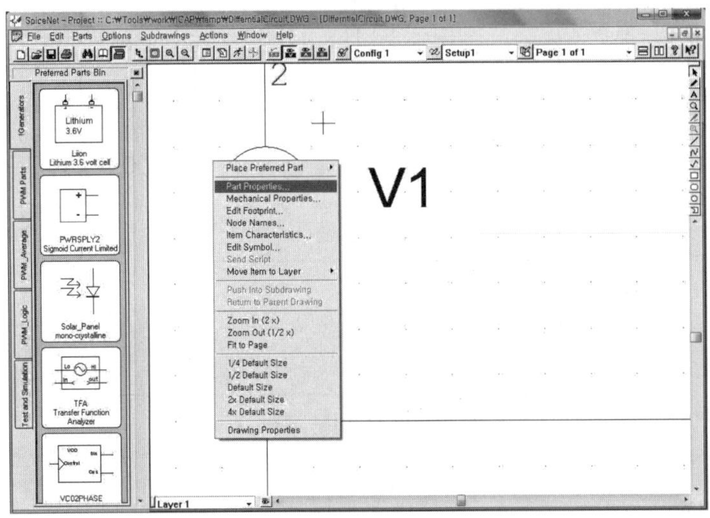

▌그림 1.4 Part Properties 선택 ▌

③ 그림 1.5와 같이 'Voltage Source Properties' 창이 나타나면 'Tran Generators' 항목의 'value'의 'none'를 더블클릭한다.

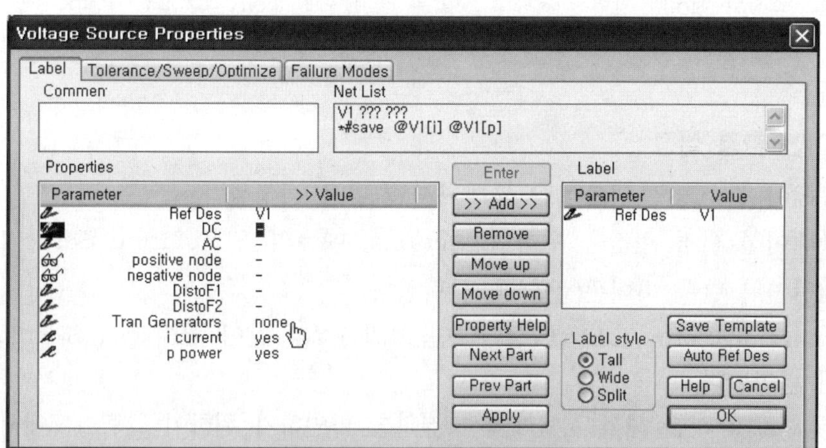

▌ 그림 1.5 Voltage Source Properties 창 ▌

④ 더블클릭을 하면 그림 1.6과 같이 'Transient Generators' 창이 나타나게 된다. 이 창의 위쪽 탭 중에서 'Pulse'를 클릭하고 33kHz의 구형파를 생성하도록 설정한다. 시비율은 약 0.5로 설정한다(Period는 30.3u, Pulse Width는 15.2u로 입력).

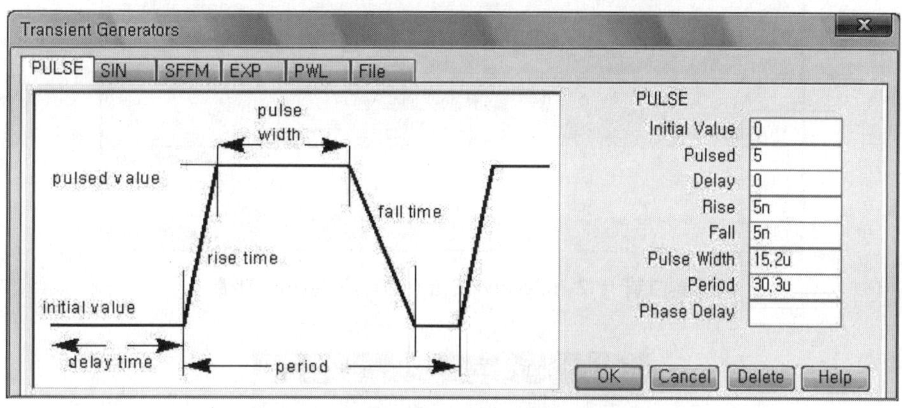

▌ 그림 1.6 Transient Generators 설정 창 ▌

⑤ 저항과 커패시터의 배치는 'Parts' 메뉴의 'Passive/Resistor', 'Capacitor'를 이용하거나 'Schematic' 창에서 'R', 'C'를 입력하여 배치한다.

⑥ 배치한 저항과 커패시터의 소자값은 회로상의 저항과 커패시터를 더블클릭하면 위에서 설정한 전압원과 같이 'Properties' 창이 나타나게 된다. 'Value'란에 저항값과 커패시턴스를 각각 입력한다(저항값은 500, 커패시턴스값은 1.5n로 입력).

⑦ 전압 테스트 포인트는 'Parts' 메뉴의 'Test Point/Voltage'를 이용하거나 'Schematic' 창에서 'Y'를 입력하여 입력 노드와 출력 노드에 각각 배치한다.

> **참고** 소자의 배치와 관련된 자세한 사항은 책의 뒤편에 있는 IsSpice Manual을 참고하기 바란다.

(3) 시뮬레이션 환경 설정

① 시뮬레이션 수행을 위하여 시뮬레이션 환경을 설정한다.

② 시뮬레이션 환경 설정을 위하여 'Actions' 메뉴의 'Simulation Setup/Edit' 기능을 선택하거나 단축 아이콘( )을 클릭한다.

③ 'Simulation Setup/Edit'를 선택하면 그림 1.7과 같이 'IsSpice4 Simulation Setup' 창이 나타난다.

④ 미분 회로의 시간 해석 시뮬레이션 결과를 확인하기 위하여 그림 1.7에서 'Transient' 버튼을 클릭하면 그림 1.8과 같이 'Transient Analysis' Setup 창이 나타난다.

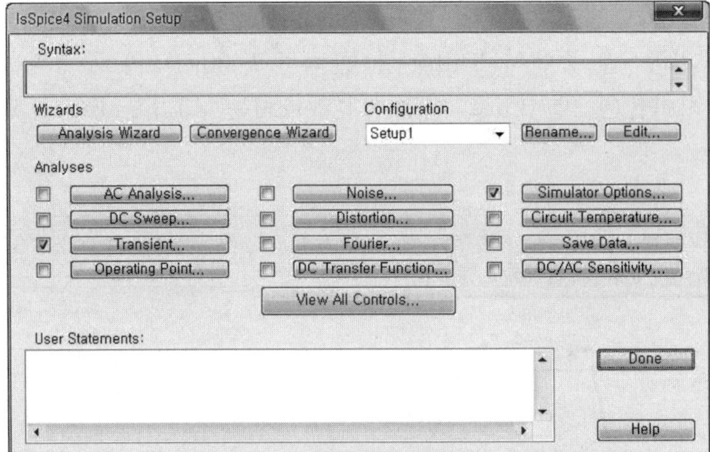

┃ 그림 1.7 IsSpice4 Simulation Setup 창 ┃

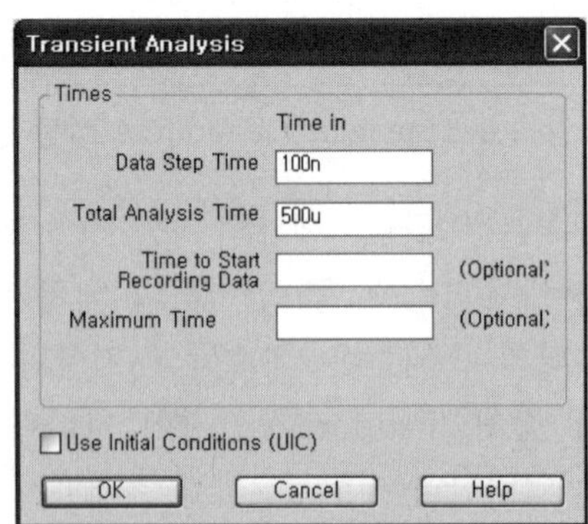

┃ 그림 1.8 Transient Analysis Setup 창 ┃

⑤ 그림 1.8과 같이 Data Step Time과 Total Analysis Time을 입력한다.
　　㉠ Data Step Time : 100n
　　㉡ Total Analysis Time : 500u

(4) 시뮬레이션 결과

① 그림 1.9(a)는 미분 회로의 시뮬레이션 결과로 상단의 파형은 출력 신호, 하단의 파형은 구형파 입력 신호이다.

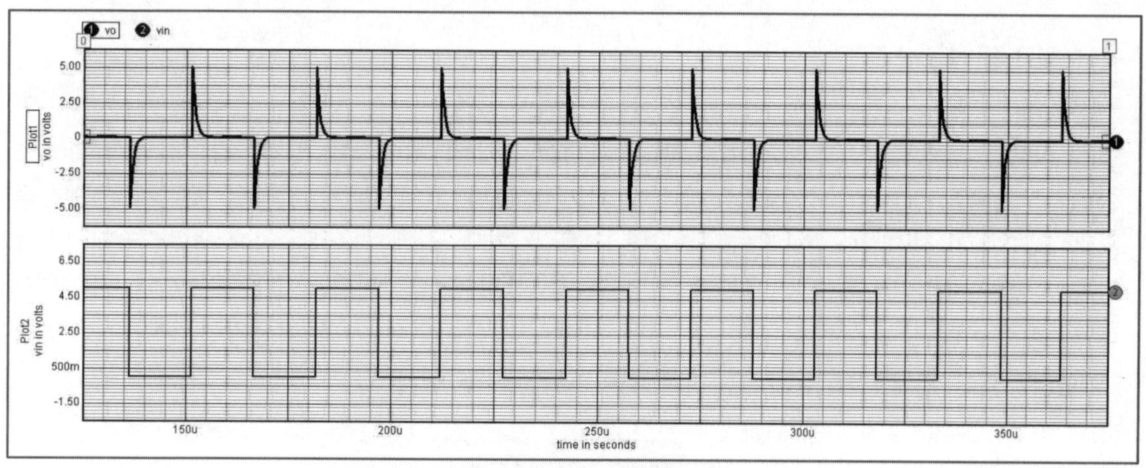

▌ 그림 1.9(a) 미분 회로의 시뮬레이션 결과 ▌

② 그림 1.9(b)는 그림 1.9(a)에 나타난 결과 파형을 특정 부분 확대하여 나타낸 창이다. 출력 파형의 Δt와 Δv 값을 나타냈다.

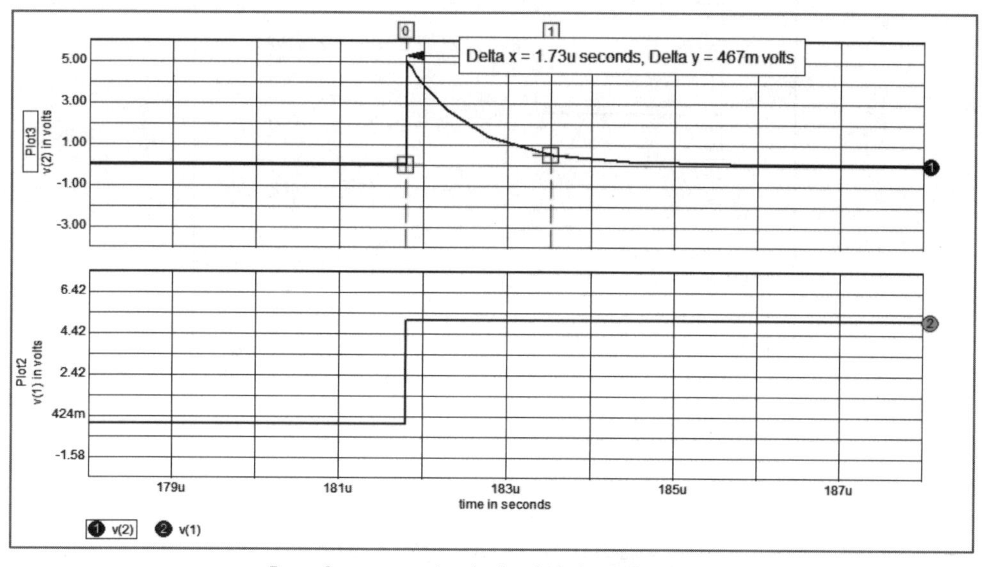

▌ 그림 1.9(b) 입 · 출력 파형의 확대 결과 ▌

03 삼각파 발생 회로의 시뮬레이션

(1) 회로 구성

삼각파 발생 회로는 그림 1.10과 같이 구성된다. 우선 미분 회로의 출력을 정류하여 임펄스 파형을 발생한다. 그리고 이 임펄스 파형을 BJT의 베이스에 인가한다. 임펄스 파형이 가해지는 순간 BJT는 포화(도통) 상태가 되면서 출력 커패시터에 저장된 에너지를 순간적으로 BJT에 방전시킨다. 방전이 끝난 후 BJT는 차단 상태가 되고 이때 출력 커패시터는 다음 임펄스 신호가 가해질 때까지 저항 R_3를 통하여 충전된다. 이때 R, C의 시정수가 매우 큰 값이라고 가정하면 출력 V_{saw}는 선형으로 근사되어 거의 이상적인 삼각파를 얻을 수 있다. 출력 전압 V_{saw}는 다음 식과 같이 나타낼 수 있다.

$$V_{\text{saw}} = \frac{V_{CC}}{RC} t$$

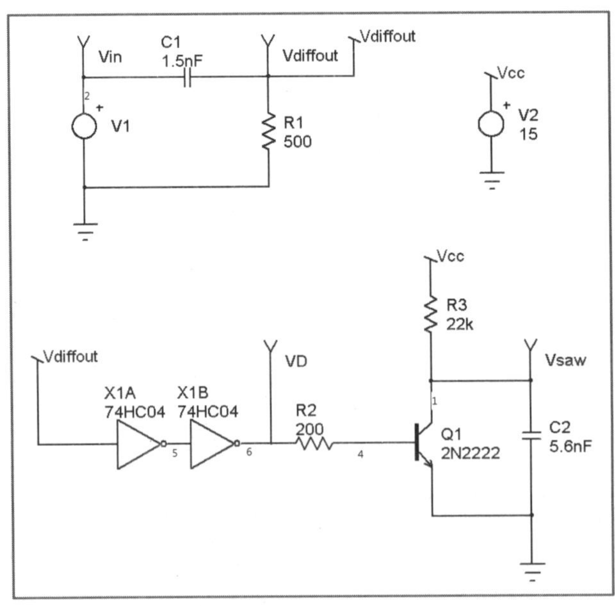

그림 1.10 삼각파 발생 회로

(2) 회로 구성 방법

① 그림 1.11과 같이 'Part Browser' 창에서 '74HC04'를 검색하여 회로도에 배치한다.

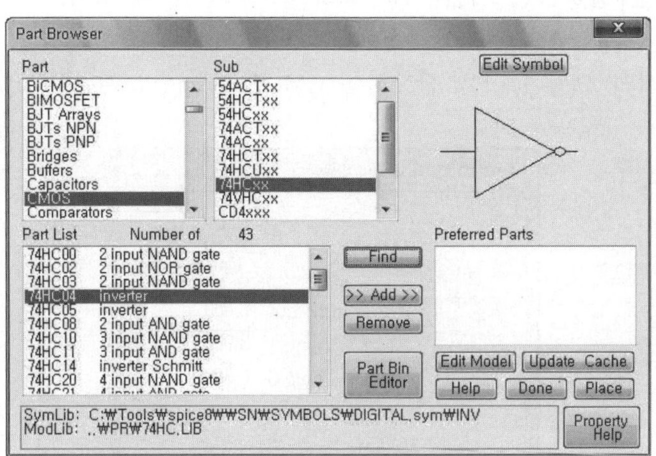

▌ 그림 1.11 인버터의 배치 ▌

② 회로의 연결에서 V_{CC}, V_{diffout} 과 같이 연결점으로 표시하기 위하여 'Parts' 메뉴의 'Continuation'을 클릭한다. 또는 'Schematic' 창에서 'Z'를 입력하여 배치할 수 있다.

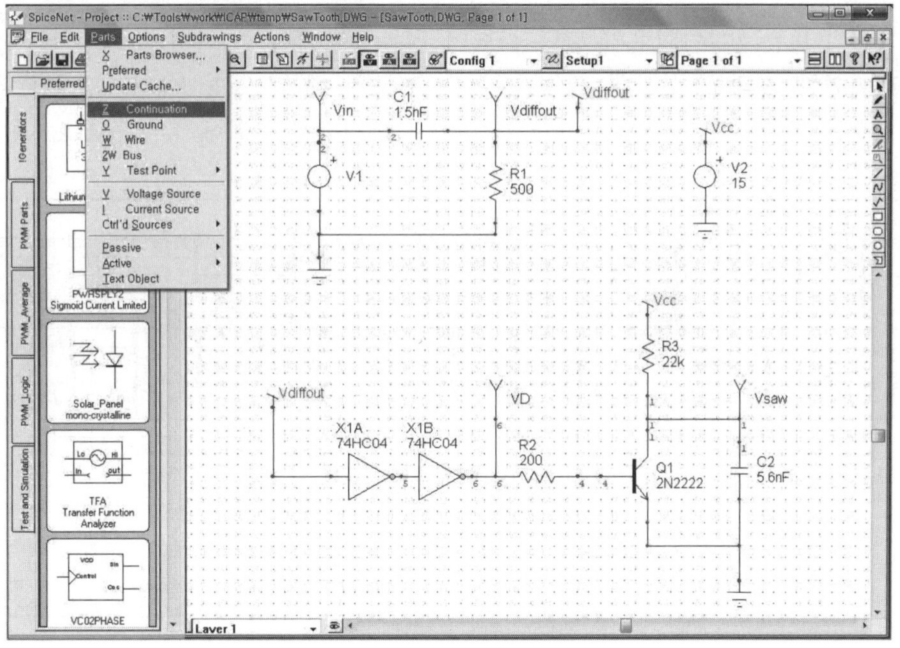

▌ 그림 1.12 연결점의 배치 ▌

③ 그림 1.10을 참고하여 나머지 소자들을 배치해서 회로도를 완성한다.

(3) 시뮬레이션 환경 설정

① IsSpice에서는 CMOS, TTL, ECL 등 디지털 소자들에 대한 각각의 논리(High, Low) 상태를 출력하기 위한 기준 Voltage를 정할 수 있다.

② 'SpiceNet' 메뉴 → 'Options' → 'Mixed Signal Properties…'를 클릭하면 열리는 창에서 아래의 그림 1.13을 참고하여 CMOS Logic의 기준 Voltage를 설정한다.

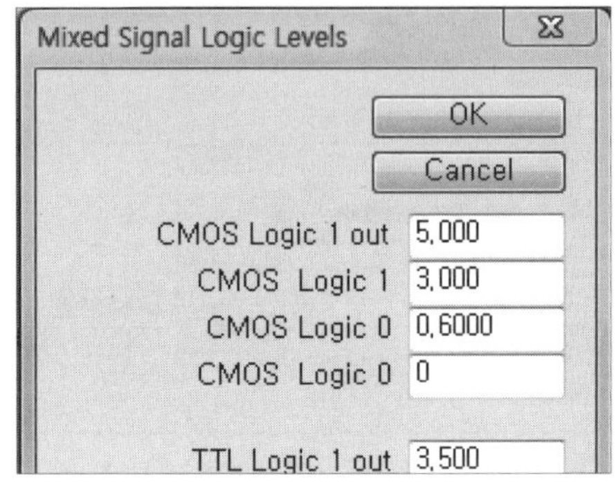

❙ 그림 1.13 논리 게이트의 입·출력 레벨 설정 ❙

③ 시뮬레이션 환경 설정은 미분파 발생 회로와 동일하게 설정한다.

(4) 시뮬레이션 결과

① 그림 1.14는 미분 회로의 출력 파형이 정류되어 임펄스 파형이 발생하는 것을 시뮬레이션한 결과로 상단의 파형은 미분 회로의 출력 파형($V_{diffout}$), 하단의 파형은 정류된 임펄스 파형(V_D)을 나타낸다(※ 시뮬레이션 결과에서는 v_d로 표시).

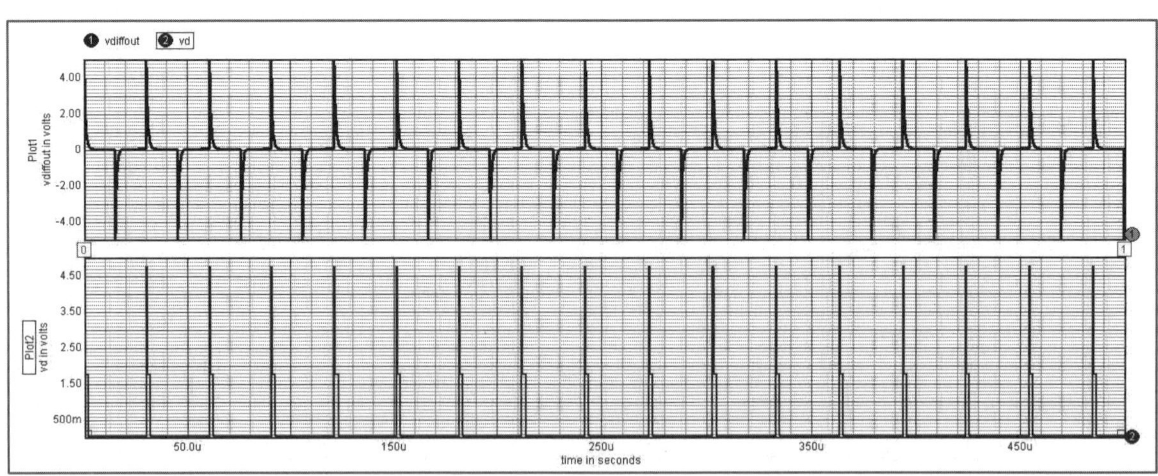

❙ 그림 1.14 임펄스 파형 시뮬레이션 결과 ❙

② 그림 1.15는 삼각파 발생 회로 시뮬레이션 결과를 나타낸다.

상단의 파형은 미분 회로의 출력 파형(V_{diffout})을, 하단의 파형은 삼각파(V_{saw})를 나타낸다.

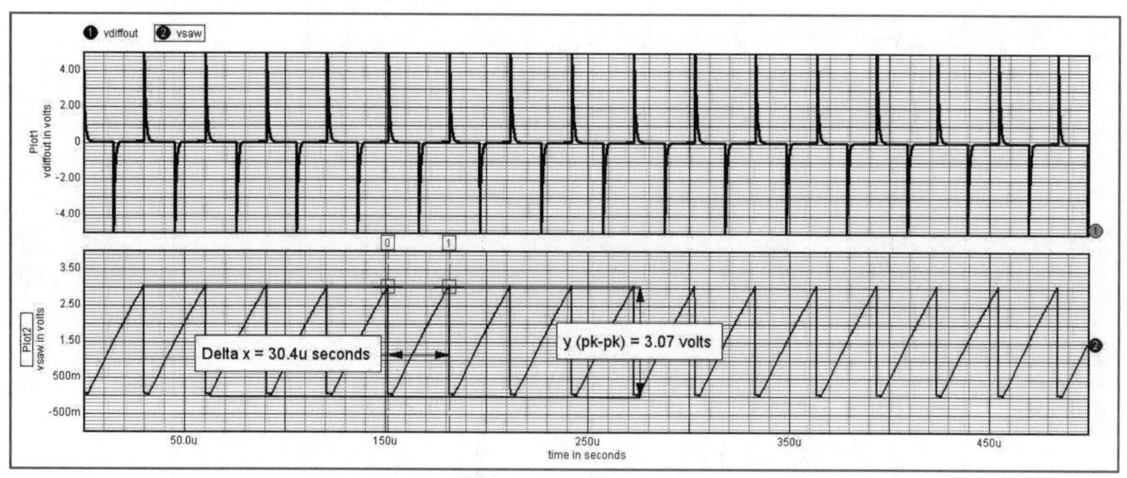

‖ 그림 1.15 삼각파 발생 회로 시뮬레이션 결과 ‖

참고 출력 파형 V , V , V 는 배치된 저압 테스트 포인트의 이름이다.

04 ## 오차 증폭기 회로

(1) 회로 구성

그림 1.16과 같이 구성되며, 이 회로에서 연산 증폭기의 비반전 입력 단자에는 기준 전압 V_{ref}가 인가된다.

이 회로는 DC-DC Conveter의 출력 전압을, 저항으로 구성된 전압 분배 회로를 거쳐 분압된 전압을 기준 전압과 비교하여 그 오차를 증폭하는 역할을 한다.

이 절에서는 저항 R_{in} 및 R_f를 이용한 비례 이득(P gain) 형태의 시뮬레이션을 수행하나, 스위칭 전원의 안정성 및 우수한 과도 특성을 얻기 위해 pole, zero 보상을 해주는 경우가 일반적이다.

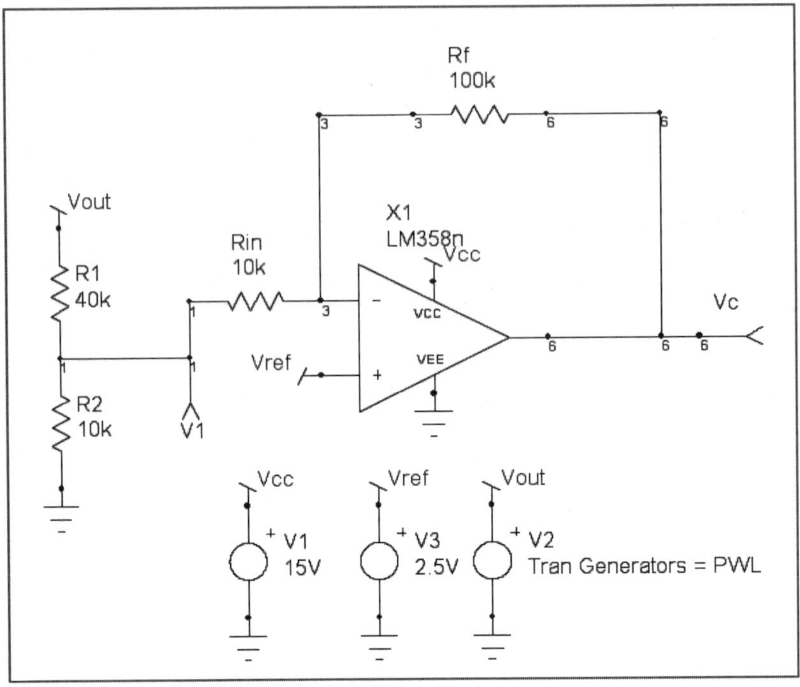

▌ 그림 1.16 오차 증폭기 회로 ▌

(2) 회로 구성 방법

회로 구성에 있어서 스위칭 전원의 출력 전압을 대체하는 전압원 $V_2(V_{out})$의 설정은 그림 1.17과 같이 'Transient Generators'의 PWL을 이용하여 설정한다.

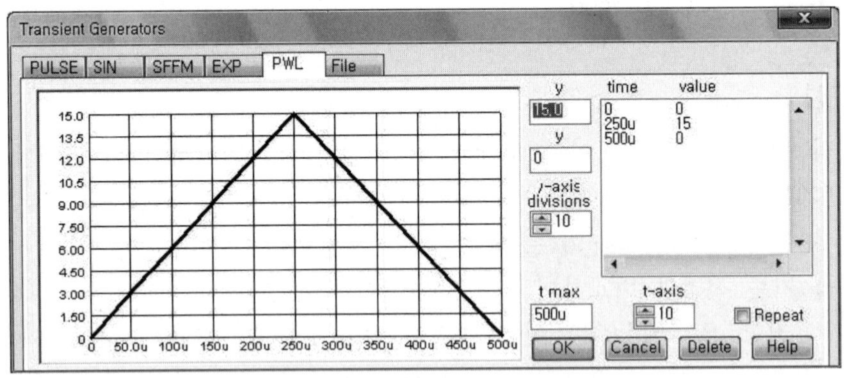

▌ 그림 1.17 Transient Generators 설정 ▌

(3) 시뮬레이션 환경 설정

① 시뮬레이션 환경 설정은 오차 증폭기의 DC 해석과 시간 해석을 동시에 하기 위하여 'DC Sweep'과 'Transient' 항목을 설정한다.

② 'DC Sweep' 항목은 그림 1.18과 같이 설정한다.
  ㉠ Source : V_2
  ㉡ Start : 0
  ㉢ End : 15
  ㉣ Step : 0.1

③ 'Transient' 설정은 전과 동일하게 설정한다.
  ㉠ Data Step Time : 100n
  ㉡ Total Analysis Time : 500u

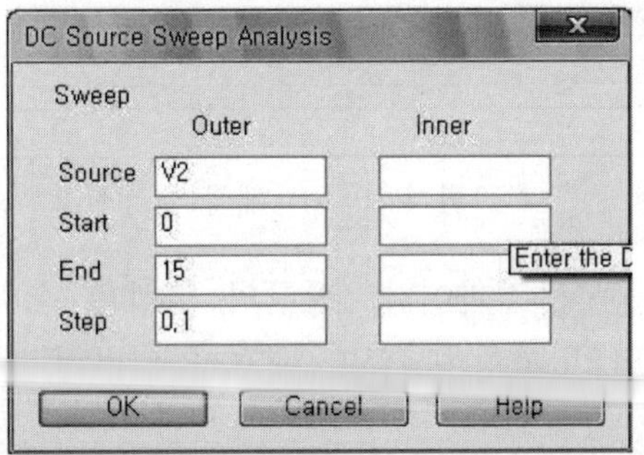

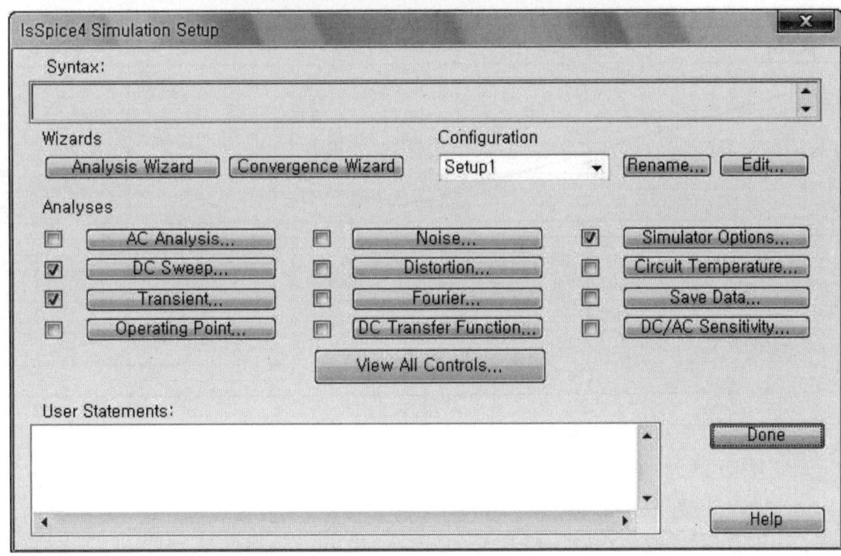

┃ 그림 1.18 시뮬레이션 환경 설정 ┃

(4) 시뮬레이션 결과

① 그림 1.19는 오차 증폭기의 DC 해석 결과이다. 상단의 파형은 오차 증폭기의 출력 파형 V_C를 나타내며 하단의 파형은 그림 1.16에서 전압 분배가 되는 노드(V_1) 전압을 나타낸다.

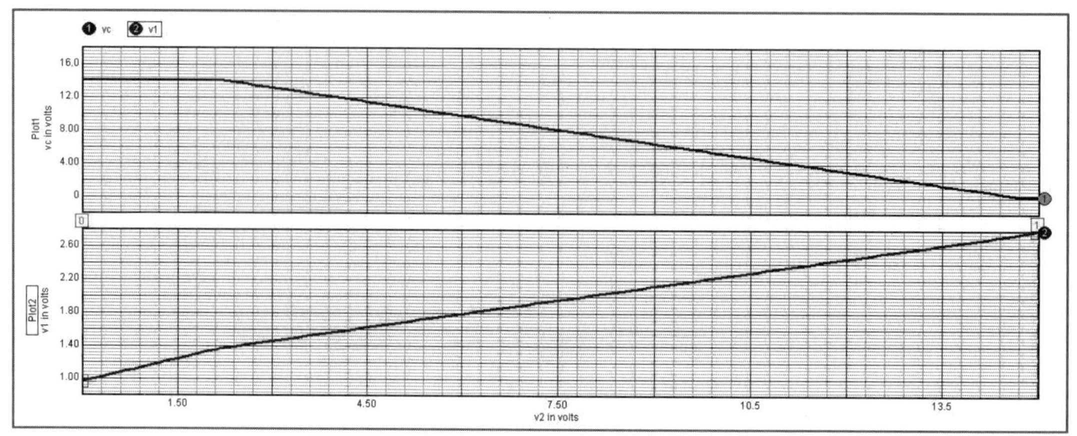

‖ 그림 1.19 DC 해석 결과 ‖

② 그림 1.20은 시간 해석 결과이다. 상단의 파형은 오차 증폭기의 출력 전압 파형 V_C를 나타내며 하단의 파형은 PWL 신호가 인가된 전압원 V_2의 전압 파형 V_{out}를 나타낸다.

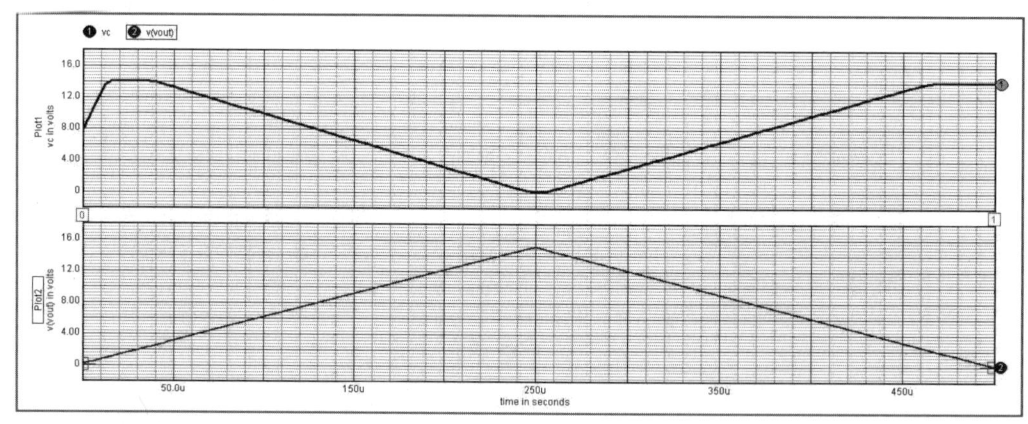

‖ 그림 1.20 시간 해석 결과 ‖

참고 위의 해석은 DC Sweep과 Transient Analysis 두 가지에 대한 해석 결과이다.
두 가지의 해석 결과를 같이 수행하고 Scope 창을 호출하면 기본적으로 Transient-Analysis에 해당하는 데이터가 나타나게 된다. DC Sweep에 대한 결과 데이터를 측정하기 위해서는 Add waveform 창의 Type란의 항목을 DC1으로 바꿔 측정해야 한다.
이에 대한 자세한 사항은 책의 뒤편에 있는 IsSpice Manual을 참고하기 바란다.

05 비교기 및 스위치 구동 회로의 시뮬레이션

(1) 회로 구성

그림 1.21은 비교기 및 스위칭 구동 회로를 나타낸다. 비교기의 입력에 이전에 시뮬레이션한 삼각파와 오차 증폭기의 출력이 인가되므로 이전의 회로도 포함해서 나타냈다. 위로부터 미분 회로와 삼각파 출력 회로, 오차 증폭기와 함께 나타낸 비교기 회로이고 맨 아래가 스위치의 구동 회로를 나타낸다.

비교기의 비반전 입력 단자에는 삼각파 V_{saw}, 반전 입력 단자에는 오차 증폭기의 출력 V_C가 인가되고, 출력에는 구형파 펄스가 나타난다. V_C의 레벨이 상승하는 경우 비교기 출력의 펄스폭이 넓어지게 되고 V_C의 레벨이 감소하는 경우 펄스폭은 좁아진다. 스위치 구동 회로는 스위칭 전원의 스위치 구동을 원활히 하기 위하여 전류 증폭 기능을 한다.

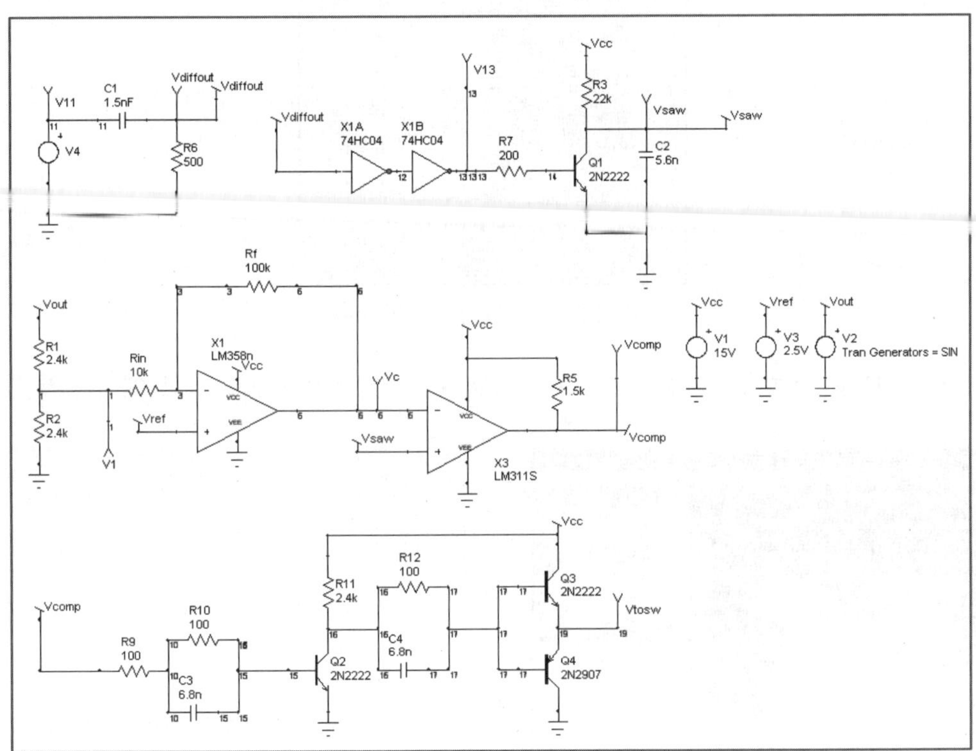

▌ 그림 1.21 비교기 및 스위치 구동 회로 ▌

(2) 회로 구성 방법

회로 구성에 있어서 스위칭 전원의 출력 전압을 대체하는 전압원 $V_2(V_{\text{out}})$의 설정은 그림 1.22와 같이 'Transient Generators'를 이용하여 sin파를 설정한다.

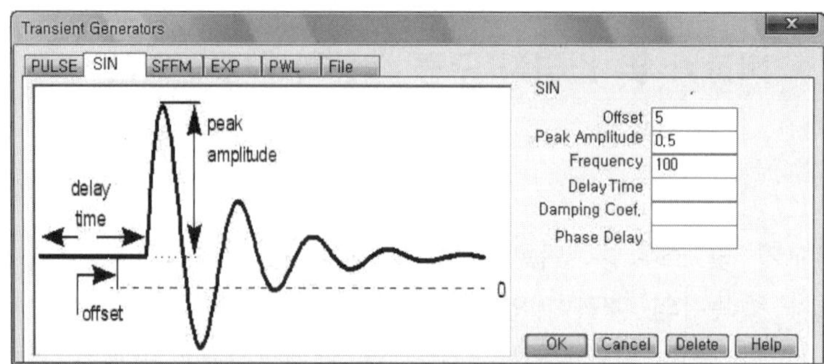

┃ 그림 1.22 Transient Generators 설정 ┃

(3) 시뮬레이션 환경 설정

① 시뮬레이션 환경 설정은 그림 1.23과 같이 설정한다.

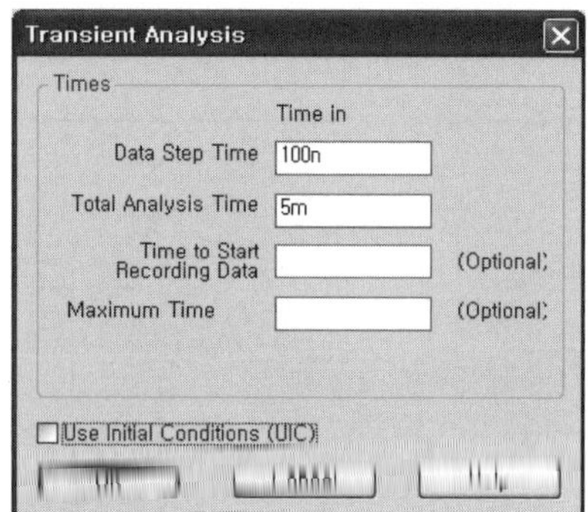

┃ 그림 1.23 시뮬레이션 환경 설정 ┃

② 이 상태로 시뮬레이션을 하게 되면 그림 1.24와 같이 시뮬레이션 에러가 발생한다.

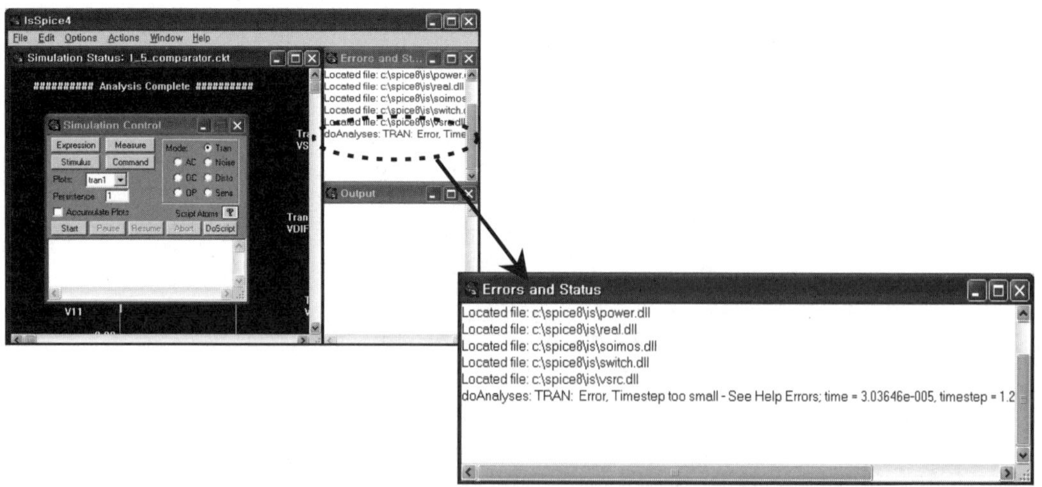

┃ 그림 1.24 Convergence Error 발생 화면 ┃

③ 이 에러는 Convergence Error로 지면상으로 설명하기 어려운 부분이다. 우선 시뮬레이션 수행 시에 측정 데이터 포인트를 찾지 못하여 발생되는 에러로 생각해 두면 무방할 것이다.

④ 이 Convergence Error를 해결하는 방법은 의외로 간단하다. 그림 1.25와 같이 'Simulation Setup' 창에서 'Simulator Options' 탭을 선택하면 그림 1.26과 같이 'Simulation Options' 창이 나타난다.

⑤ 그림 1.26의 창에 여러 가지 항목들이 나오는데 'ITL4' 항목을 체크하고 값을 '500'으로 입력한다.

⑥ 설정을 마치고 시뮬레이션을 다시 실행하면 에러 없이 시뮬레이션이 진행되는 것을 확인할 수 있다.

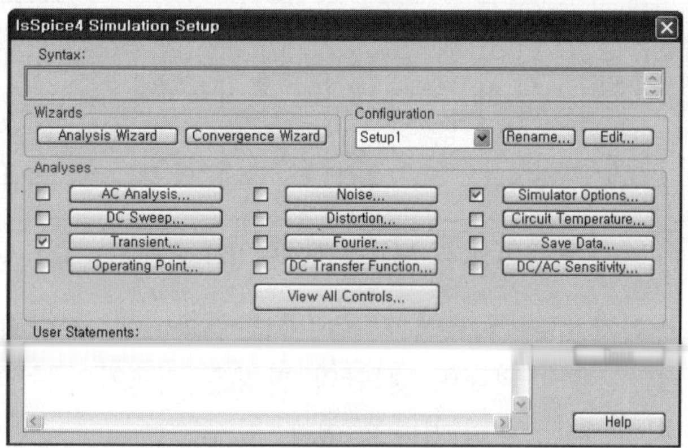

┃ 그림 1.25 Simulation Setup Window ┃

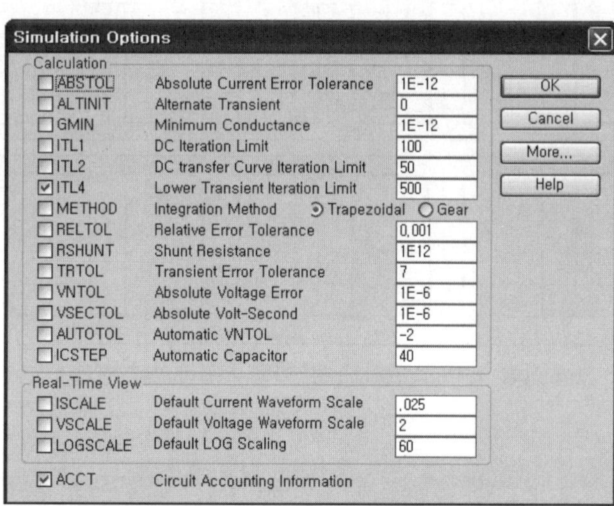

┃ 그림 1.26 Simulation Options 설정 ┃

(4) 시뮬레이션 결과

① 그림 1.27은 비교기의 시간 해석 시뮬레이션 결과이다. 상단의 파형은 오차 증폭기의 출력 V_C와 삼각파 V_{saw}를 나타내며 하단의 파형은 비교기의 출력 파형 V_{comp}를 나타낸다. 시비율이 약 0.73의 한가지 결과만 보이고 있으나 오차 증폭기의 출력 크기에 따라 시비율의 크기 변화를 관찰할 수 있을 것이다.

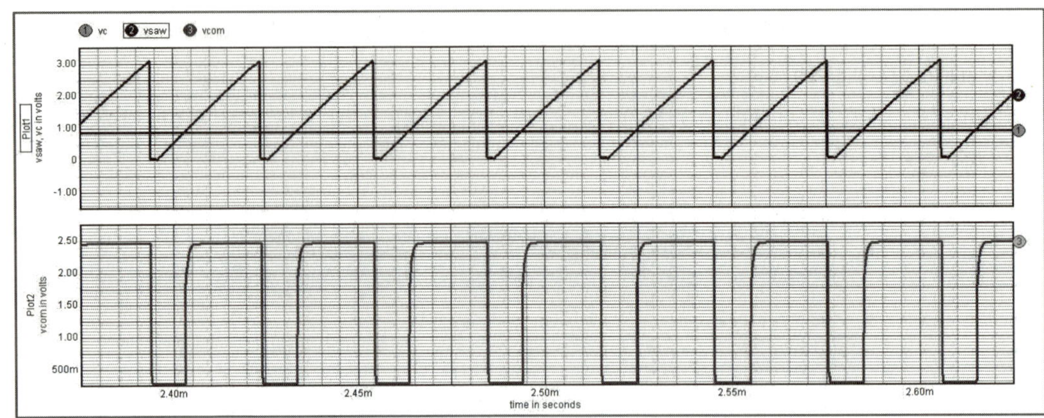

┃ 그림 1.27 비교기 시뮬레이션 결과 ┃

② 그림 1.28은 스위치 구동 회로의 시뮬레이션 결과이다. 상단의 파형은 스위치 구동 회로의 출력 V_{tosw}를 나타내며, 하단의 파형은 비교기의 출력 V_{comp}를 나타내며, V_{comp}가 반진되어 V_{tosw}로 나타나고 있다.

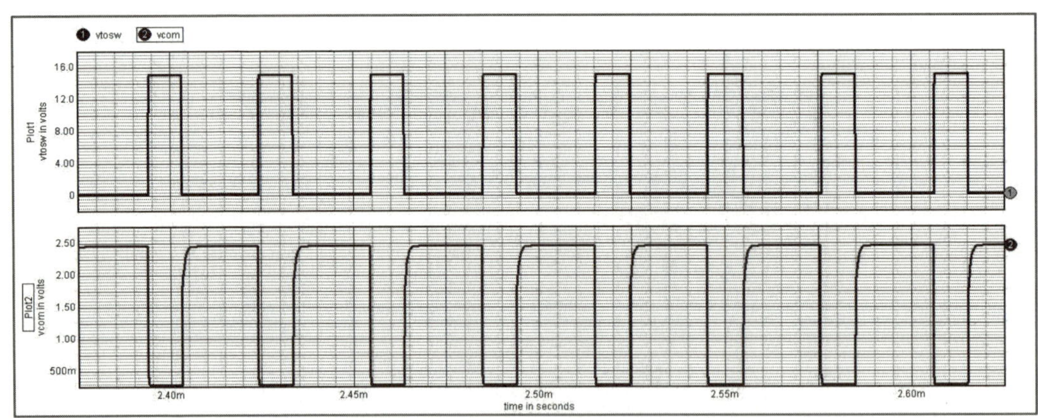

┃ 그림 1.28 스위치 구동 회로 시뮬레이션 결과 ┃

> **참고** Scope 창에 나타난 출력 파형은 0~5msec 구간이 모두 출력이 된다. Scope 창의 Zoom 커서를 이용하여 일정 구간을 확대하여 관측한다.
> 이에 대한 자세한 사항은 책의 뒤편에 있는 IsSpice Manual을 참고하기 바란다.

06 ICAP/4를 이용한 PWM 제어 회로의 모듈화

01 제어 회로 모듈 구성 방법

이번 단락에서는 앞에서 설명한 PWM 제어 회로 모듈을 뒤에 나올 스위칭 전원의 시뮬레이션에 PWM 제어 블록으로써 간편하게 적용할 수 있도록 ICAP/4를 통한 제어 회로의 모듈화에 대하여 설명한다.

ICAP/4에서는 일부 회로를 하나의 모듈로 구성할 수 있도록 'Subdrawing' 메뉴를 내장하고 있다. Subdrawing으로 모듈화된 회로는 동일한 기능을 필요로 하는 다수의 회로 시뮬레이션 시에 매우 유용하게 사용된다.

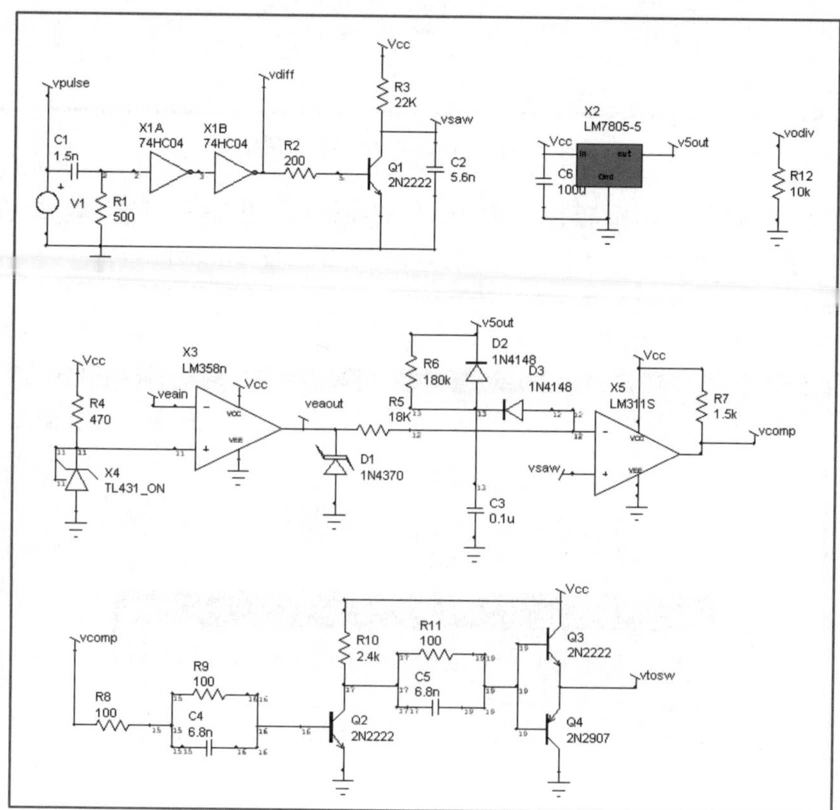

▌그림 1.29 PWM 제어 회로 ▌

① PWM 제어 회로의 모듈화를 위하여 앞서 시뮬레이션한 회로들을 통합하여 그림 1.29와 같이 구성한다.

② 그림 1.30과 같이 'SpiceNet' 창 메뉴의 'Subdrawings/Make Subdrawing'을 클릭한다.

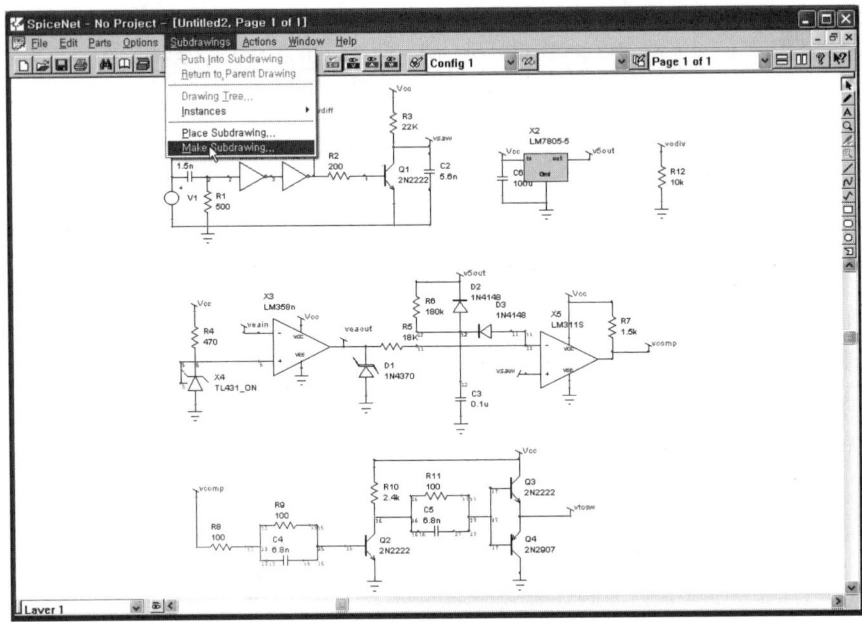

▌ 그림 1.30 Subdrawing 작성 메뉴 ▐

③ 도면이 저장되어 있지 않는 경우에 Subdrawing 작업을 진행하면 그림 1.31과 같이 도면을 저장하라는 메시지가 호출된다. 도면을 저장한 뒤에 다음 작업을 진행한다.

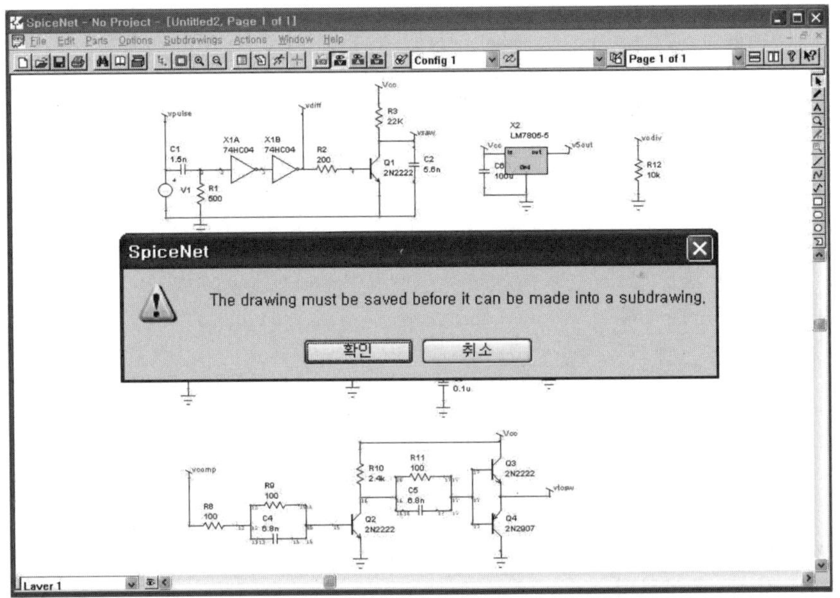

▌ 그림 1.31 subdrawing 작성 전의 호출 메시지 ▐

④ 도면을 저장하면 그림 1.32과 같이 ‘Make Subdrawing’ 창이 호출이 된다.

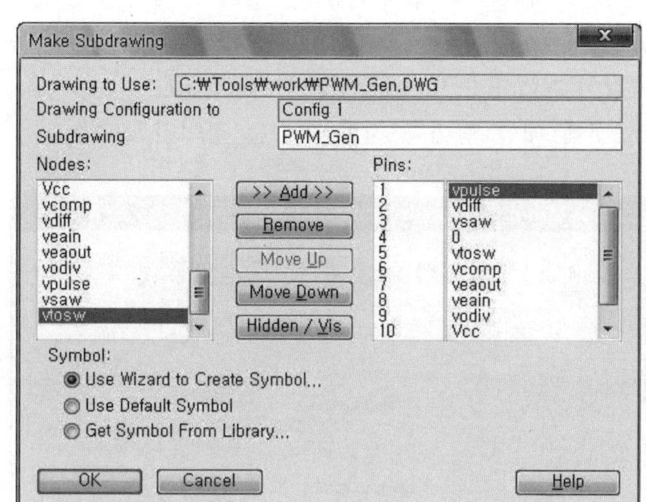

▌ 그림 1.32 Subdrawing의 Pin 설정 창 ▌

⑤ 먼저 ‘Nodes’ 항목에서 핀으로 사용할 노드를 선택한다.
핀의 할당은 좌측 상단의 핀이 1번 핀으로 할당되고 반시계 방향으로 순차적으로
핀의 번호가 사용으로 할당이 된다.

⑥ 1번 핀으로 사용될 노드를 선택하여 우측의 ‘Pins’ 항목에 추가한다.
예를 들어 1번 핀을 V_{pulse}로 사용할 경우에 ‘Nodes’ 항목에서 ‘V_{pulse}’를 선택하고
중간에 있는 ‘Add’ 버튼을 클릭하면 ‘Pins’ 항목에 핀의 번호와 함께 노드 번호가
등록이 된다. 그림 1.32를 참고로 하여 아래의 표 1.1과 같이 핀을 설정해 보도록
한다.

▌ 표 1.1 Subdrawing의 Pin 할당 목록 ▌

Pin	Node
1	V_{pulse}
2	V_{diff}
3	V_{saw}
4	0
5	V_{tosw}
6	V_{comp}
7	V_{eaout}
8	V_{eain}
9	V_{odiv}
10	V_{CC}

⑦ 위쪽의 'Subdrawing' 항목에는 모듈의 이름을 입력하도록 한다.
   여기에서는 'PWM_Gen'으로 입력하였다. 입력이 끝나면 Symbol을 지정하는 옵션
   에서 'Use Wizard to Create Symbol'을 선택하고 'OK' 버튼을 클릭한다.
⑧ 그림 1.33과 같이 'Symbol Wizard' 창이 호출된다.
   이 창은 Symbol에 대한 형태를 지정해 주는 창이다.

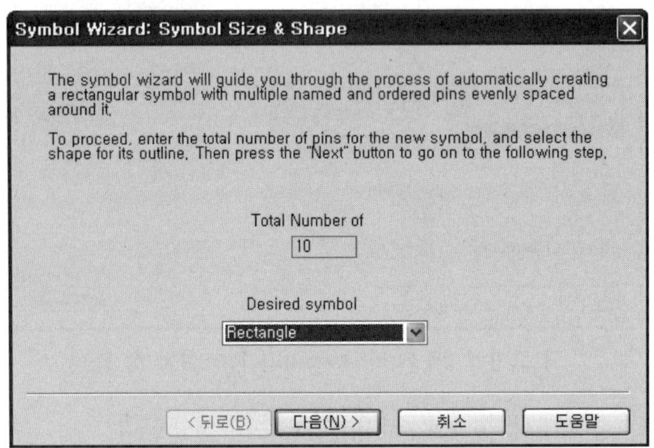

▌ 그림 1.33 Symbol의 외형 설정 창 ▌

⑨ 'Desired symbol' 항목을 Rectangle로 하고 다음 단계로 넘어간다.
⑩ 그림 1.34와 같이 핀의 위치를 설정하는 창이 나타난다.
   왼쪽에 5개, 오른쪽에 5개를 할당하기 위하여 다음과 같이 'Number of pins on
   the left'에는 '5', 'Number of pins on the right'에는 '5'를 입력한다.
⑪ 핀 사이의 간격을 넓혀 주기 위하여 'Minimum Pin'에는 '7'을 입력한다.

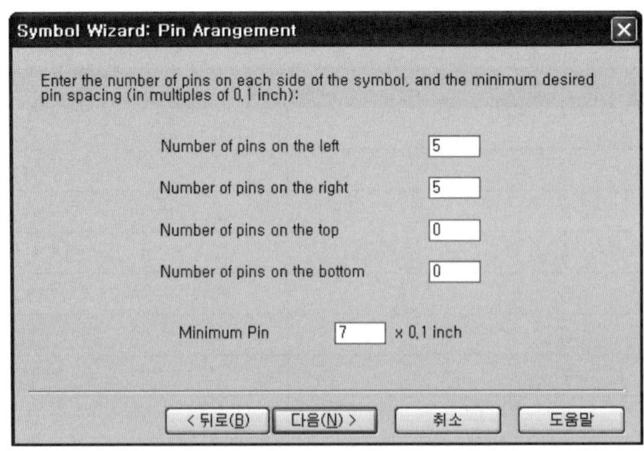

▌ 그림 1.34 Pin의 설정 및 간격 설정 ▌

⑫ '다음' 버튼을 클릭하면 그림 1.35와 같이 각 핀에 대한 정보를 입력할 수 있는 창이 나타난다.

⑬ 'Clock'은 Clock Pin을 의미하는 삼각형 심벌을 각 핀에 선택적으로 추가할 수 있으며, 오른쪽의 Style 탭에서 입력 및 출력에 맞춰 형태를 바꿀 수 있다.

⑭ 표 1.2를 참고로 하여 그림 1.35와 같이 'Name' 항목의 이름으로 핀의 이름을 재정의한다.

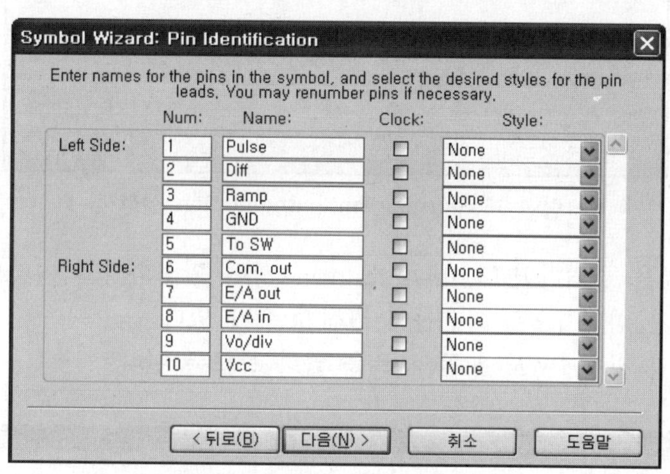

▌그림 1.35 Pin에 대한 정보 수정창 ▌

▌표 1.2 Subdrawing의 Pin 이름의 재정의 ▌

Num	Node	Name
1	V_{pulse}	Pulse
2	V_{diff}	Diff
3	V_{saw}	Ramp
4	0	GND
5	V_{tosw}	To SW
6	V_{comp}	Com. out
7	V_{eaout}	E/A out
8	V_{eain}	E/A in
9	V_{odiv}	Vo/div
10	V_{CC}	Vcc

⑮ '다음' 버튼을 클릭하면 Starting Pin과 Ending Pin을 정하는 창이 그림 1.36과 같이 나타난다. 이 핀의 설정은 별의미가 없으므로 화면에 나타난 상태에서 '마침' 버튼을 클릭하면 된다.

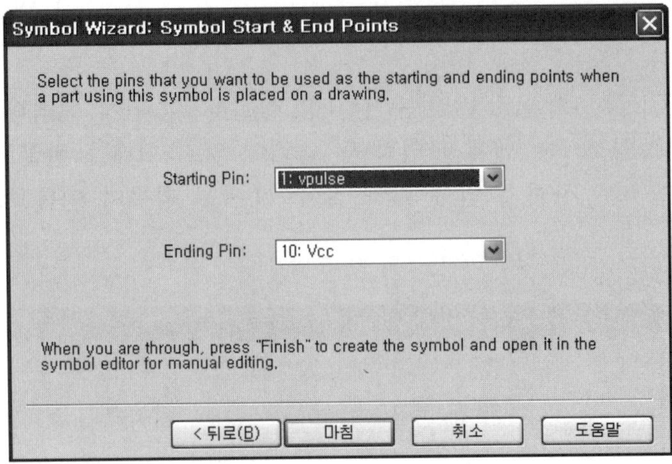

┃ 그림 1.36 Starting Pin과 Ending Pin 설정 창 ┃

⑯ '마침' 버튼을 클릭하면 'Symbol Editor' 창이 활성화되고 여기서 Symbol의 모양을 사용자가 임의적으로 자유롭게 편집할 수가 있다.

그림 1.37과 같이 PWM 모듈의 폭을 넓혀 보도록 한다.

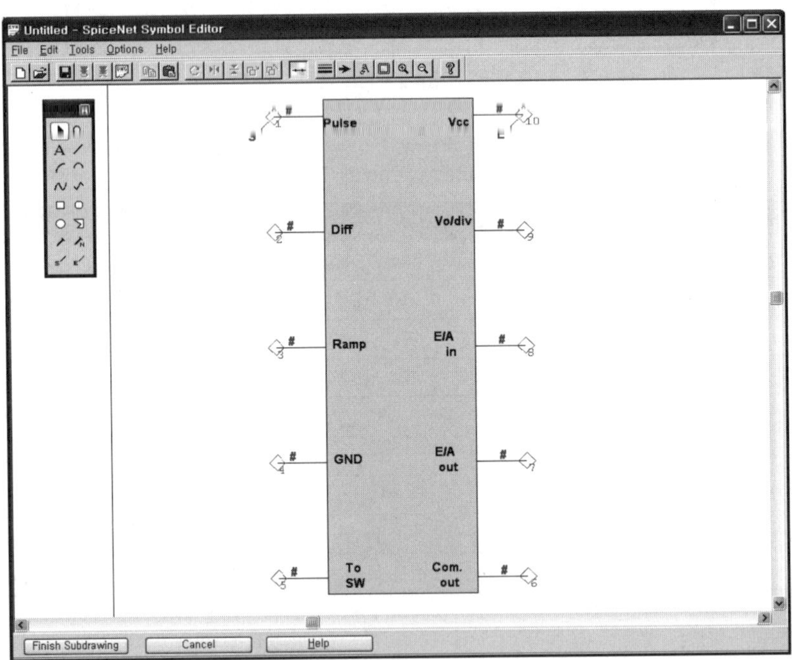

┃ 그림 1.37 Symbol Editor 창 ┃

참고 Symbol의 형태는 시뮬레이션의 결과와 전혀 관계가 없기 때문에 위의 과정에서 자동으로 생성되는 Symbol을 사용하여도 무방하다.

⑰ Symbol의 편집이 완료되면 그림 1.37의 좌측 하단에 'Finish Subdrawing'을 클릭하여 Subdrawing에 대한 작업을 완료한다.

> **참고** 'Finish Subdrawing'이 나타나지 않을 경우에는 현재 PWM Symbol이 나타난 창을 최대화하면 나타나게 된다.

⑱ 위에서 만든 'PWM_Gen' 파일을 배치해 보도록 한다.
앞으로 실습하게 될 Buck, Boost Converter 등에 위에서 작성이 된 Subdrawing 파일을 배치하여 실습하게 된다.

⑲ 모든 창을 닫고 새로운 프로젝트 창을 만든다(File Menu → New).
'Subdrawing Menu' → 'Place Subdrawing'을 선택한다.

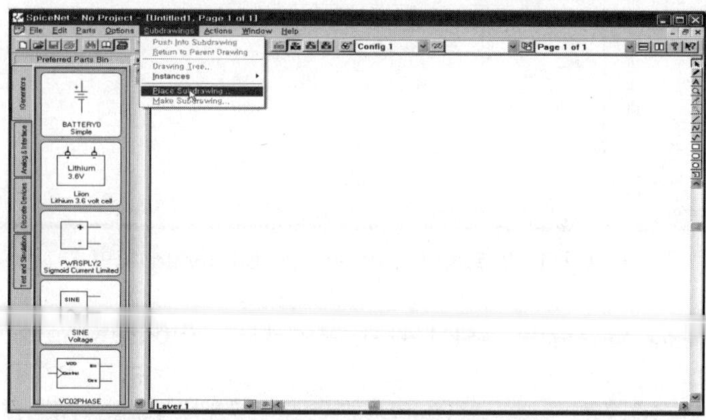

┃ 그림 1.38 Subdrawing 배치와 관련된 메뉴 ┃

⑳ 그림 1.39와 같이 Subdrawing을 배치하기 전에 저장을 해야 한다는 메시지가 나타난다.

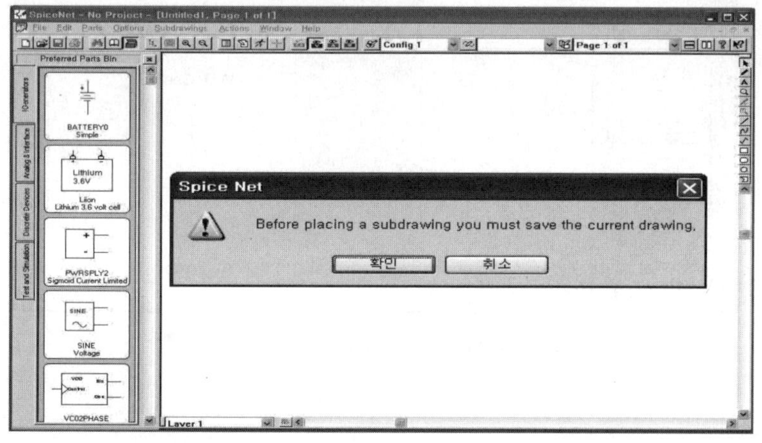

┃ 그림 1.39 Subdrawing 배치 전 호출 메시지 ┃

㉑ 저장을 하게 되면 그림 1.40과 같이 전에 만든 Subdrawing 파일이 등록되어 있는 것을 확인할 수가 있다.

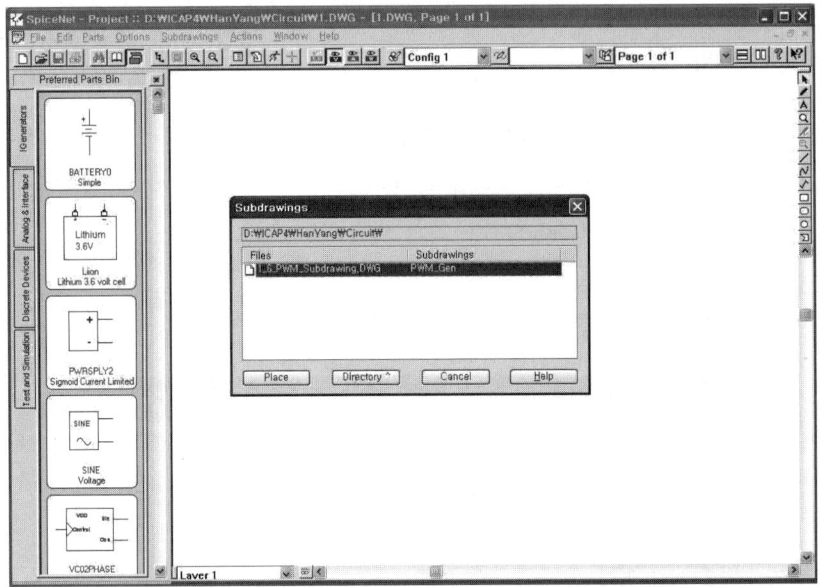

▌그림 1.40 등록이 되어 있는 Subdrawing 파일 ▌

㉒ 'Place' 버튼을 클릭하면 그림 1.41과 같이 해당 Subdrawing을 배치할 수가 있다.

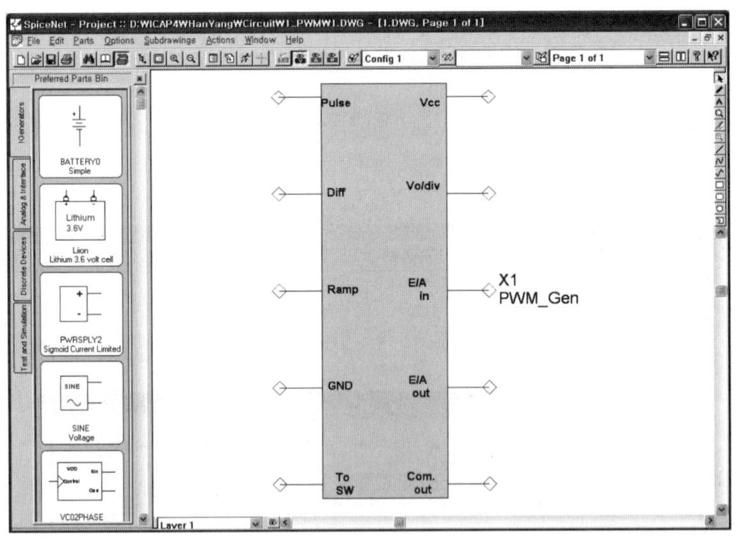

▌그림 1.41 Subdrawing 파일의 배치 ▌

Buck DC–DC Converter

01 Buck DC–DC Converter의 동작 원리

그림 2.1은 Buck Converter의 회로도를 나타낸다.

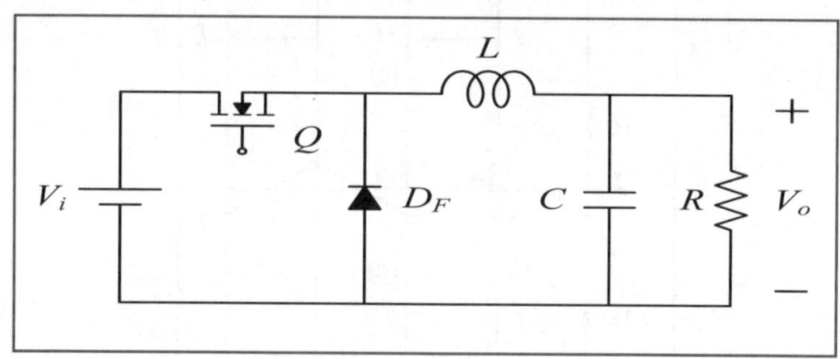

그림 2.1 Buck DC-DC Converter 회로도

Buck Converter의 구성 요소는 Power MOSFET를 이용한 주스위치 Q, 환류 다이오드 D_F, 출력 필터 인덕터 및 커패시터가 된다.

동작 원리는 우선 주스위치 Q가 ON이 되면 입력으로부터 전류가 L을 통하여 출력으로 흐름과 동시에 인덕터에는 에너지가 축적되게 된다.

그 다음 Q가 OFF가 되면 L에 축적된 에너지가 환류 다이오드 D_F를 통하여 출력부로 방출하게 된다.

스위칭 주기 T_S를 한 주기로 이러한 동작이 반복되면서 입력 전압을 원하는 전압으로 변환하게 된다.

그림 2.2는 각 부의 동작 파형을 나타내며 위로부터 PWM 신호(스위치 구동 파형), 인덕터 전류, 인덕터 양단의 전압, 커패시터 전류, 출력 전압 파형을 나타낸다.

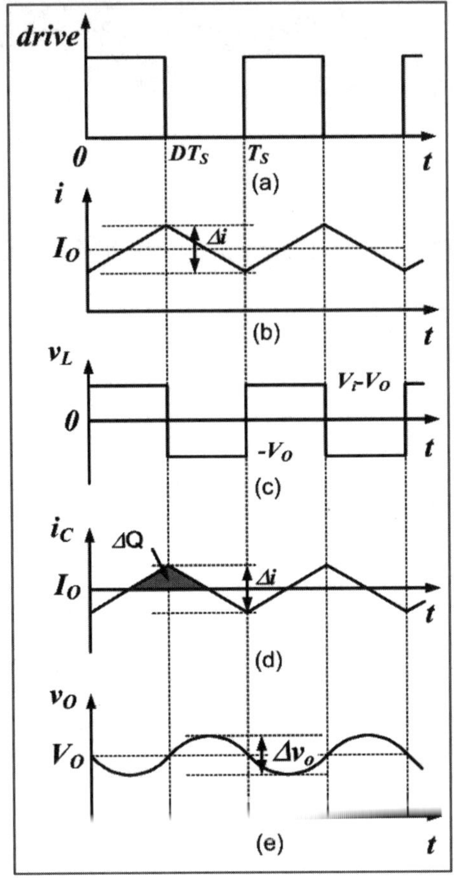

▌ 그림 2.2 Buck Converter의 동작 파형 ▌

표 2.1은 Buck Converter 설계를 위한 기본 설계식을 나타낸다.
여기서 Δi는 인덕터 전류의 리플치, Δv_o는 출력 전압의 리플치를 나타낸다.

▌ 표 2.1 Buck DC-DC Converter의 설계식 ▌

V_o/V_i	인덕턴스(L)	커패시턴스(C)	주스위치	환류 다이오드
D	$\dfrac{V_o(1-D)\,T_S}{2I_{o\min}}$	$\dfrac{V_o(1-D)\,T_S^2}{8L\Delta v_o}$ $\left(I_{c\mathrm{rms}}=\dfrac{\Delta i}{2\sqrt{3}}\right)$	$V_{DS}=V_i$ $I_D=\dfrac{I_i}{D}+\dfrac{\Delta i}{2}$	$V_D=V_i$ $I_F=\dfrac{I_i}{D}+\dfrac{\Delta i}{2}$

02 Buck DC-DC Converter의 시뮬레이션

01 개루프(Open Loop) 시뮬레이션

개루프 회로의 시뮬레이션은 정상 상태에 있어서 Converter의 동작 특성을 알아보는 것을 중점으로 이루어진다. 우선 시비율의 변화에 대한 출력 전압 변화를 시뮬레이션하여 출력 전압과 시비율의 관계를 알아보고 부하 전류의 변화에 대한 출력 전압 변화를 확인하여 Buck Converter의 부하 특성을 알아보도록 한다.

(1) 회로 구성

그림 2.3은 개루프 시뮬레이션을 위한 회로도를 나타낸다. 회로 구성에 있어서 1절에서 실습한 PWM 모듈을 사용하며 여기에 Buck Converter의 주스위치의 구성상의 특징인 floating 스위치를 구동시키기 위하여 구동 트랜스포머를 이용한 구동 회로를 부가하고 있다. 그리고 각 소자의 이름과 값은 그림에 나타낸 바와 같다.

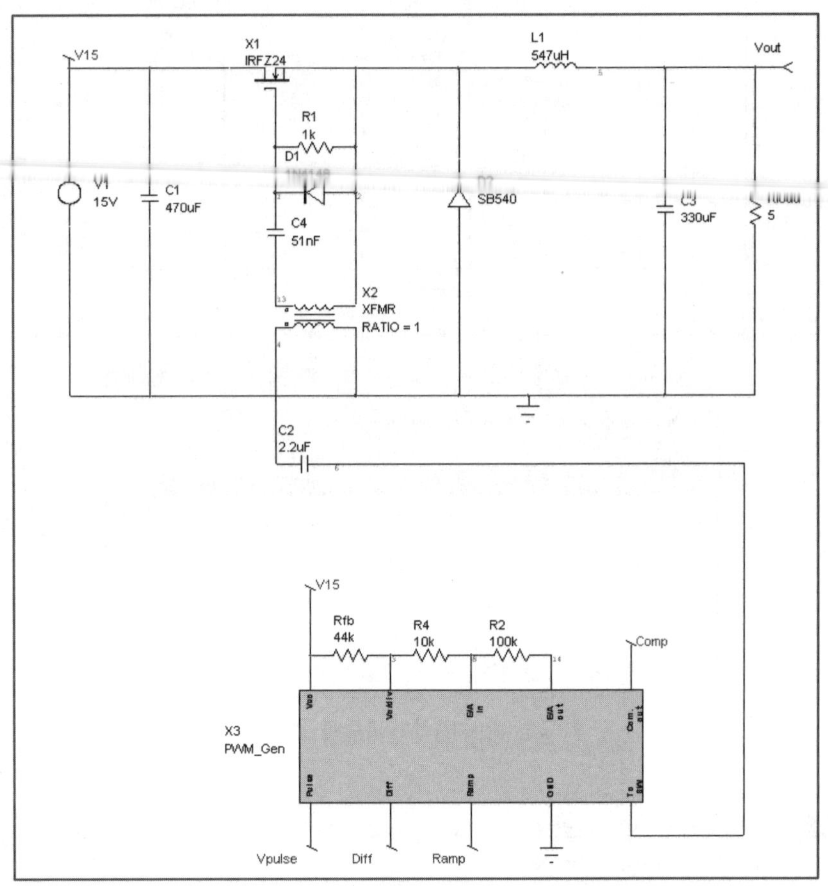

❙ 그림 2.3 시뮬레이션을 위한 회로 구성 ❙

(2) 회로 구성 방법

① 1절에서 실습한 PWM 모듈은 그림 2.4와 같이 메뉴의 'Subdrawings/Place Sub drawing'을 클릭하고 PWM 모듈이 저장된 위치를 찾아가 'Place'를 클릭하여 사용한다.

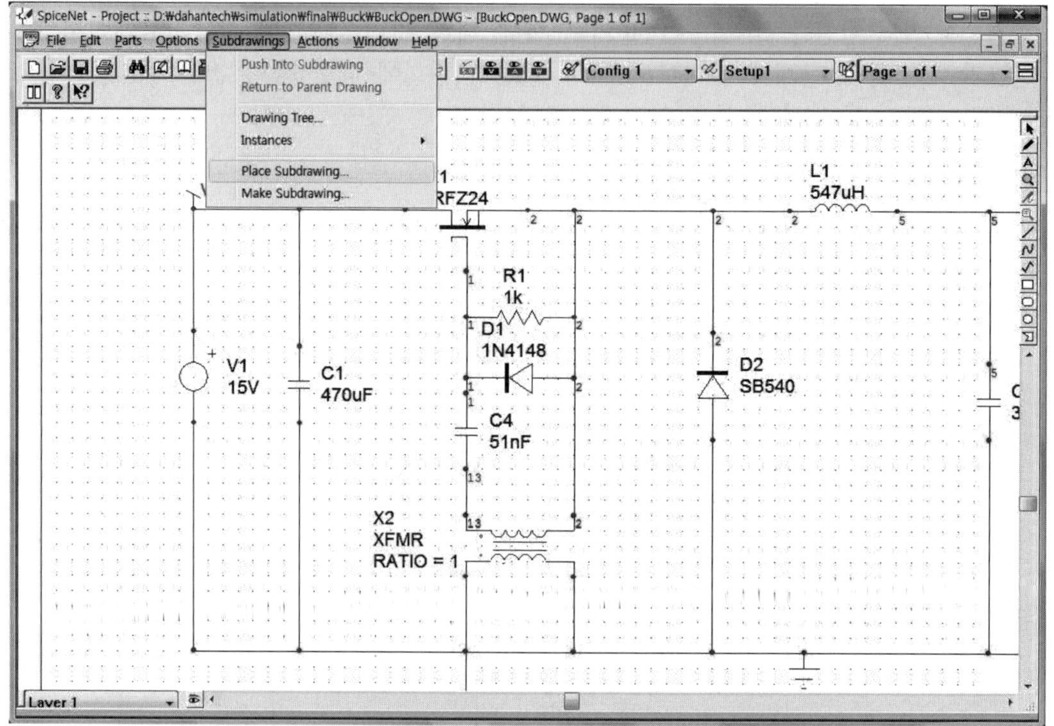

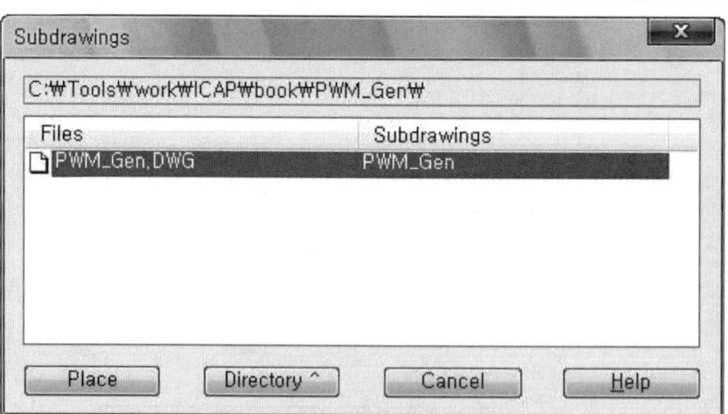

▌ 그림 2.4 PWM 모듈의 배치 ▌

참고 소자의 배치 및 회로도 작성과 관련된 자세한 사항은 책의 뒤편에 있는 IsSpice Manual을 참고하기 바란다.

② floating switch 회로에 들어가는 Transformer는 그림 2.5를 참고하여 배치하고 그림 2.6과 같이 1차와 2차측의 권선비를 의미하는 'Ratio'의 값을 '1'로 설정한다.

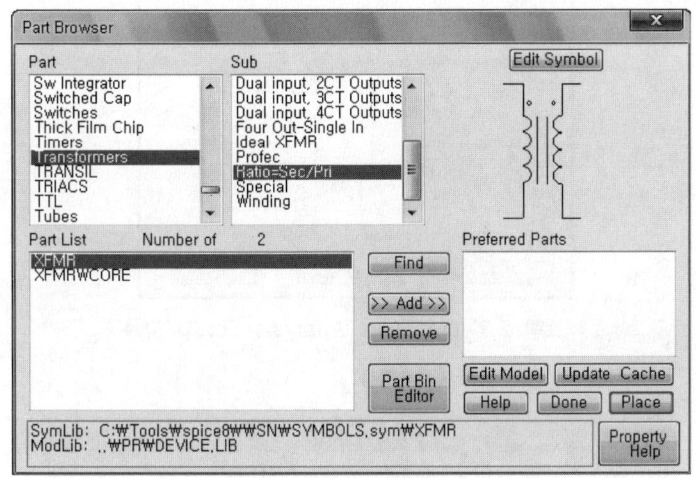

▌그림 2.5 Transformer의 배치 ▌

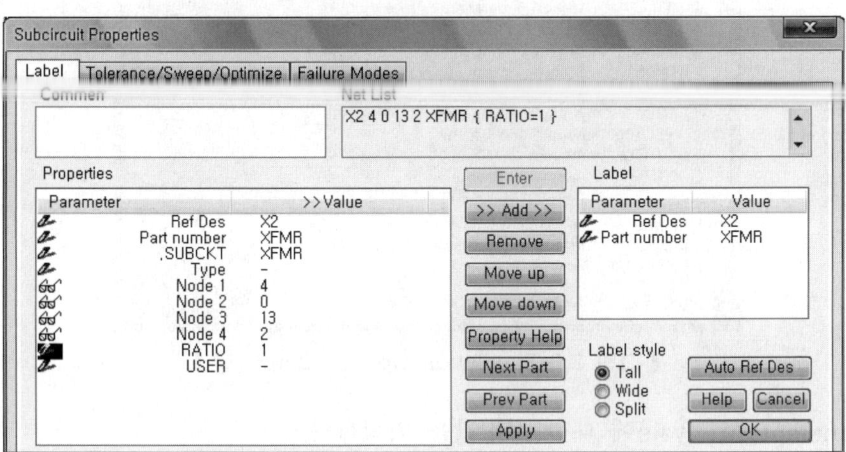

▌그림 2.6 Transformer의 권선비 설정 ▌

(3) 시뮬레이션 환경 설정

① 시뮬레이션 환경은 시간 해석을 위하여 'Transient Analysis'를 그림 2.7과 같이 설정한다. 'Simulation Options'는 그림 2.8과 같이 설정한다.

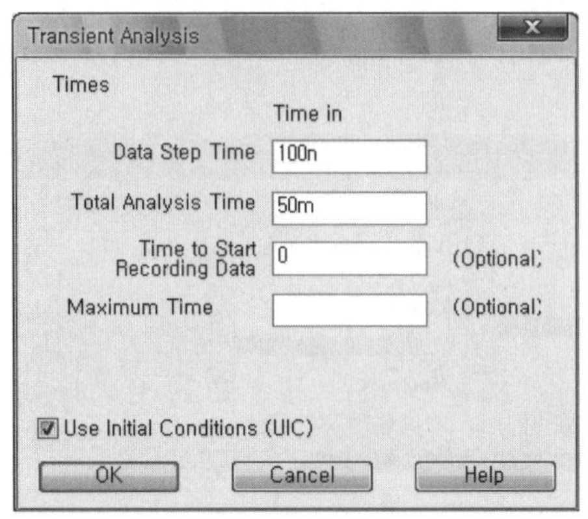

┃ 그림 2.7 Transient Analysis Setup 창 ┃

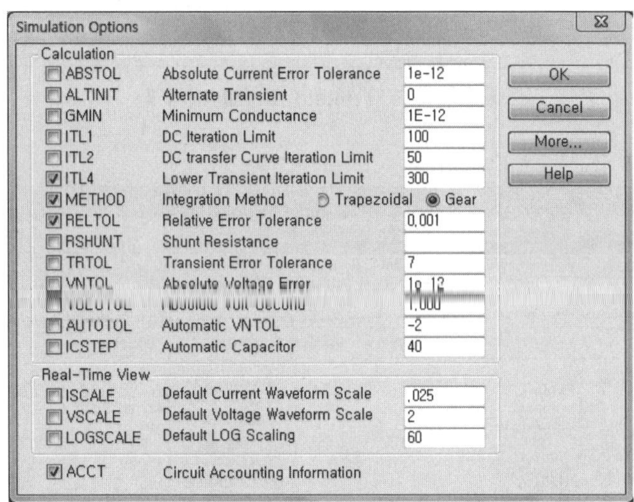

┃ 그림 2.8 Simulation Options Setup 창 ┃

② Transient Analysis에 대한 설정값을 입력한다.

　㉠ Data Step Time : 100n

　㉡ Total Analysis Time : 50m

　㉢ UIC : Check

③ Simulation에 대한 Option을 설정하는 창으로 Simulation Setup에서 'Simulation Options'를 클릭하면 나타난다. 그리고 Convergence Error를 방지하기 위해 'ITL4'와 'METHOD', 'RELTOL'을 클릭하고 값을 설정한다.

　㉠ ITL4 : 300

　㉡ METHOD : Gear

　㉢ RELTOL : 0.001

(4) 시뮬레이션 결과

① Buck Converter의 동작 특성을 확인하기 위하여, 피드백 저항(그림 2.3의 R_{fb})의 값을 바꾸어가며 시뮬레이션을 수행한다. 그리고 부하 특성을 확인하기 위하여 부하 저항(그림 2.3의 R_{load})의 값을 바꾸어 가며 시뮬레이션을 수행해 본다.

② 그림 2.9(a)~(c)는 피드백 저항 R_{fb}를 변화시키면서 시뮬레이션을 한 결과이다. R_{fb}의 값이 증가함에 따라 시비율이 0.252, 0.336, 0.409로 증가하면서 출력 전압이 3.55V, 4.86V, 6.10V로 점차 증가하고 있음을 알 수 있다. 이때 R_{load}값은 5Ω으로 고정이다.

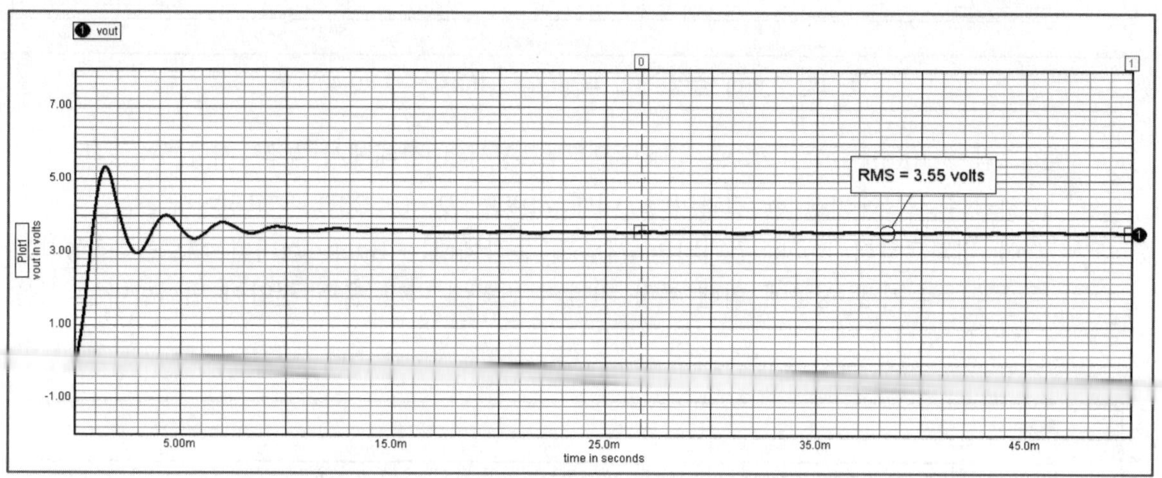

■ 그림 2.9(a) 출력 전압 파형(R_{fb} : 43kΩ, $D=0.252$) ■

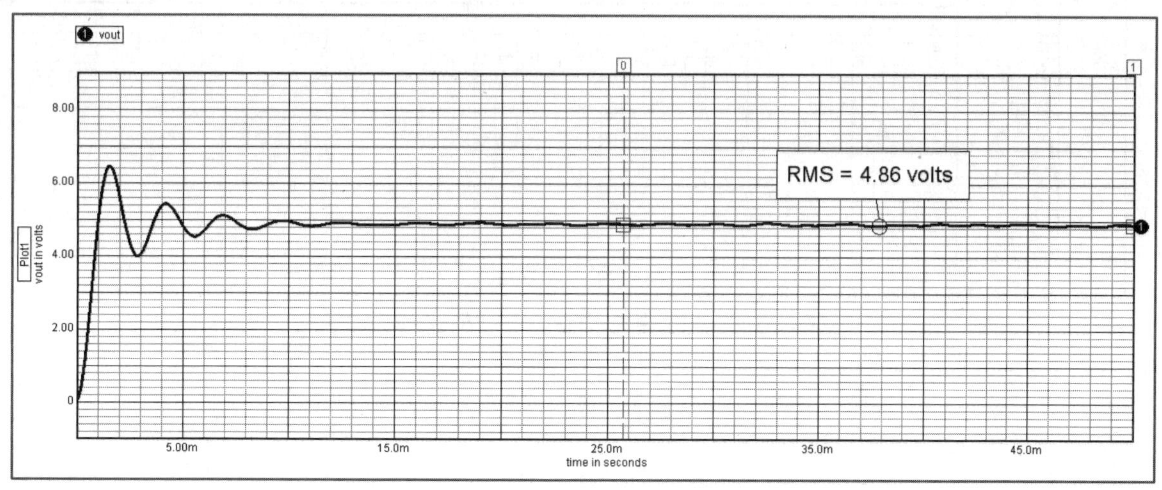

■ 그림 2.9(b) 출력 전압 파형(R_{fb} : 44kΩ, $D=0.336$) ■

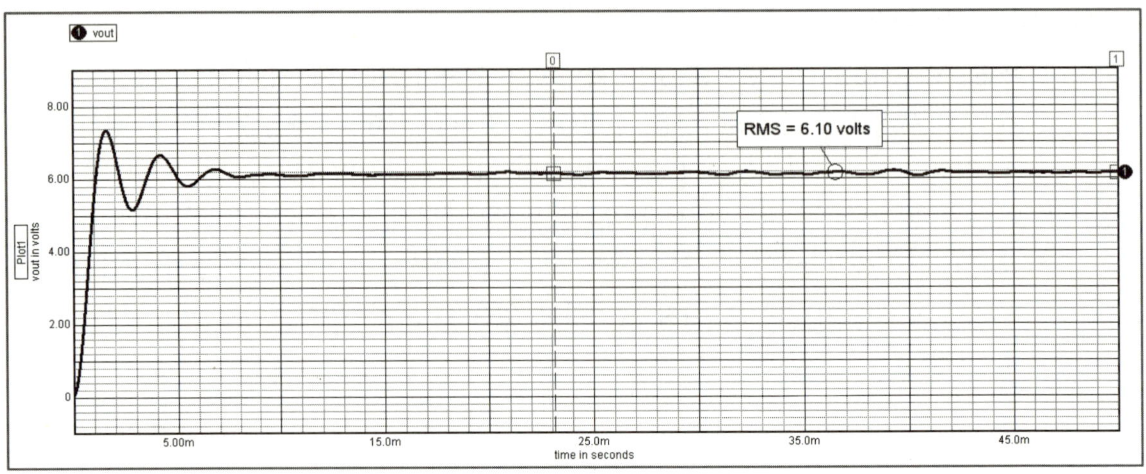

▌ 그림 2.9(c) 출력 전압 파형(R_{fb} : 45kΩ, D=0.409) ▌

③ 그림 2.10(a)~(c)는 R_{fb}를 44kΩ으로 고정시킨 상태에서 부하 저항 R_{load}를 변화시키며 시뮬레이션 한 결과이다. 이때 시비율 D=0.336으로 고정이다.

이 결과로부터 Buck 컨버터의 개루프 동작에서는 Buck 컨버터 회로를 구성하는 소자들의 기생 성분에 의해 부하 저항의 변화에 따라 출력 전압이 변화한다는 점을 알 수 있다.

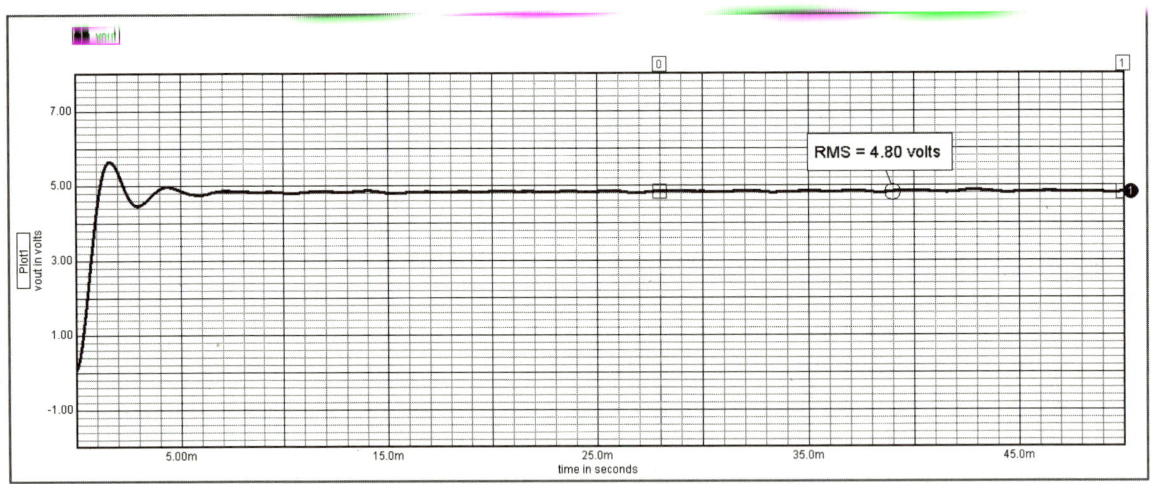

▌ 그림 2.10(a) 출력 전압 파형 (R_{load} : 2.5Ω) ▌

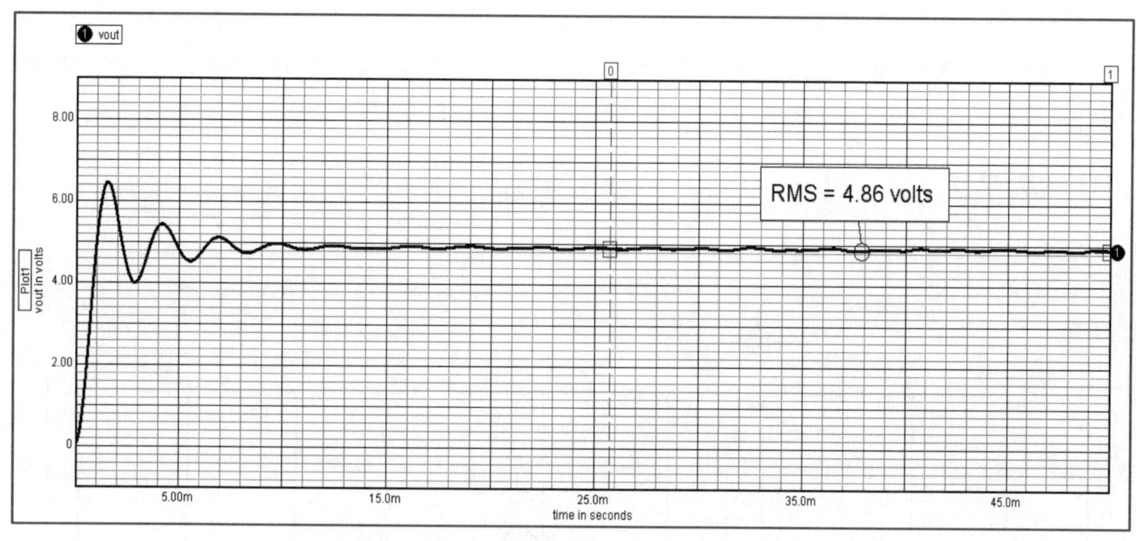

▎ 그림 2.10(b) 출력 전압 파형 (R_{load} : 5Ω) ▎

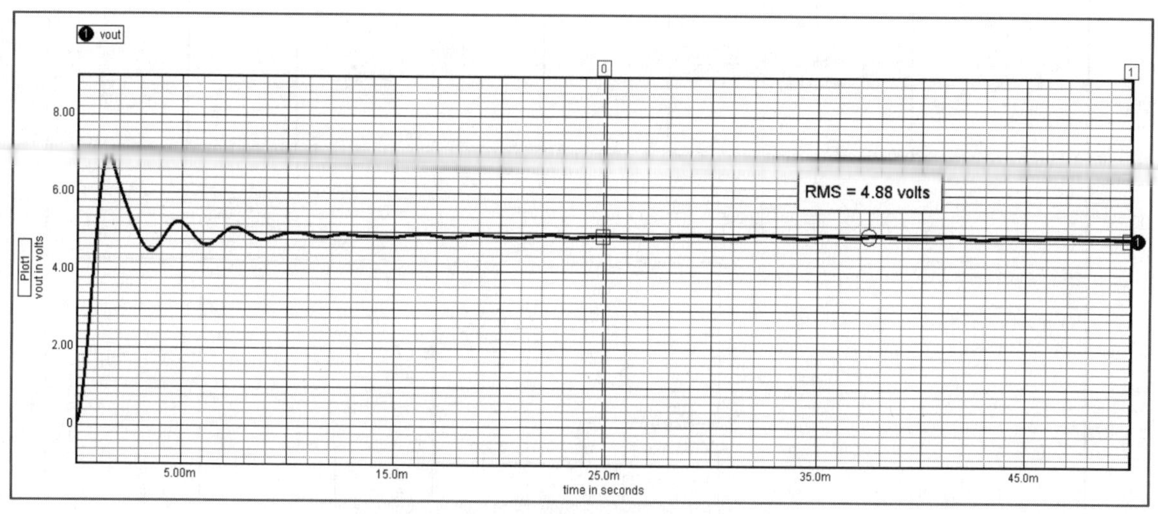

▎ 그림 2.10(c) 출력 전압 파형 (R_{load} : 10Ω) ▎

　이로써 Buck 컨버터의 개루프 동작에서 시비율과 부하 저항의 변화에 대한 출력 전압의 의존성을 명백하게 알 수 있다.

02 폐루프(Closed Loop) 시뮬레이션

　폐루프 회로의 시뮬레이션은 제어 회로의 부궤한 제어에 의하여 출력 전압이 Regulation(안정화)되고 있음을 확인하기 위한 시뮬레이션을 중심으로 수행한다.

　　폐루프 회로를 구성하기 위하여 컨버터의 출력 전압을 제어 회로 모듈에 연결했으며, 이로써 출력 전압은 제어 회로 내부의 기준 전압을 추종하며 제어되어 안정화를 달성할 수 있다.

(1) 회로 구성

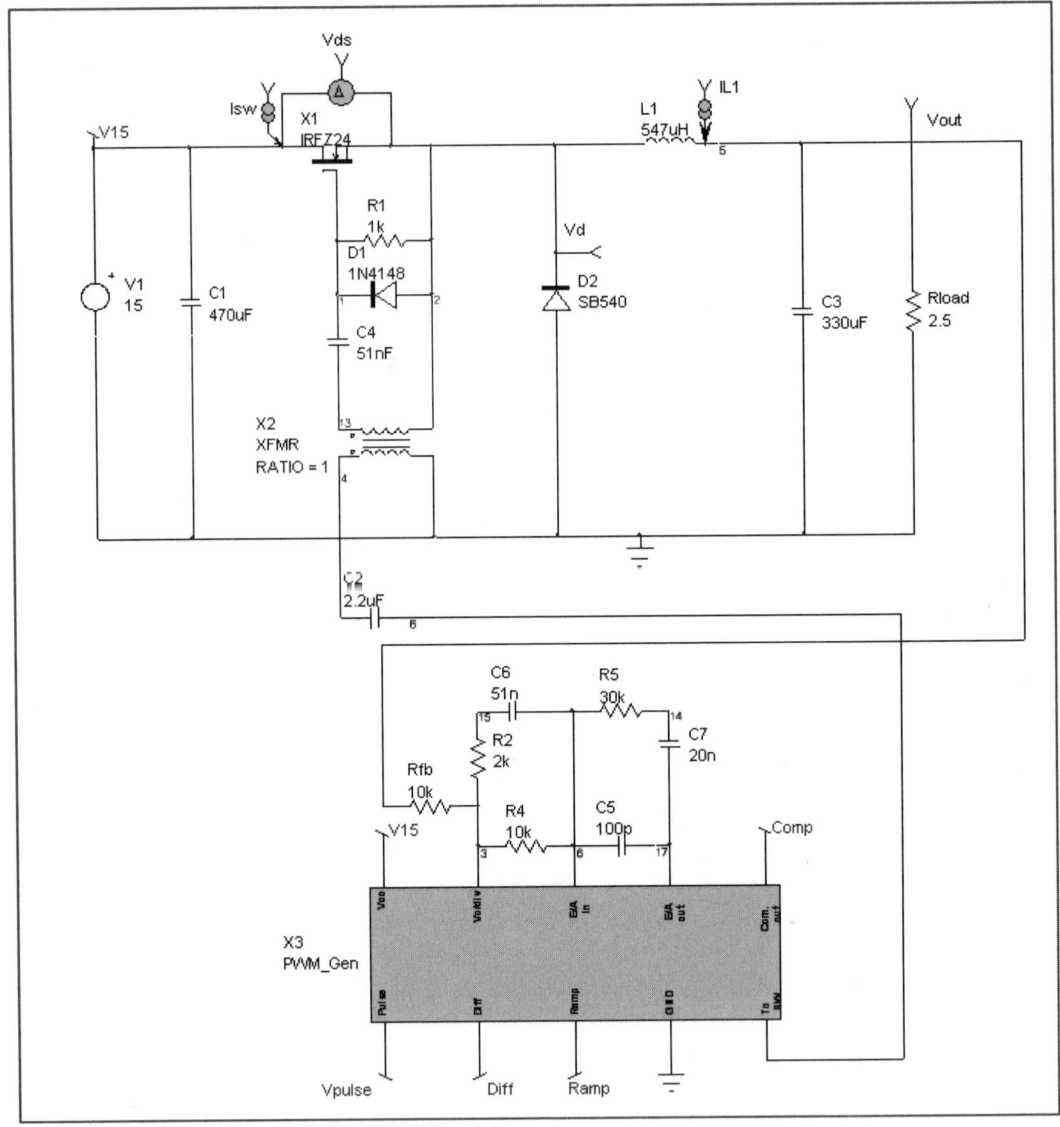

┃ 그림 2.11 시뮬레이션을 위한 폐루프 회로 구성 ┃

(2) 회로 구성 방법

개루프 회로와 동일한 방법으로 회로 구성을 하며 시뮬레이션 환경도 동일하게 설정한다.

(3) 시뮬레이션 결과

① 그림 2.12(a)~(c)는 V_i=DC 15V, V_o=5V, I_o=2A, f_s=33kHz, D=0.346 조건에서의 출력 전압 파형 및 컨버터의 각 부의 파형이다. 각 부의 전압, 전류의 값이 예상치와 일치한 결과를 보이고 있다.

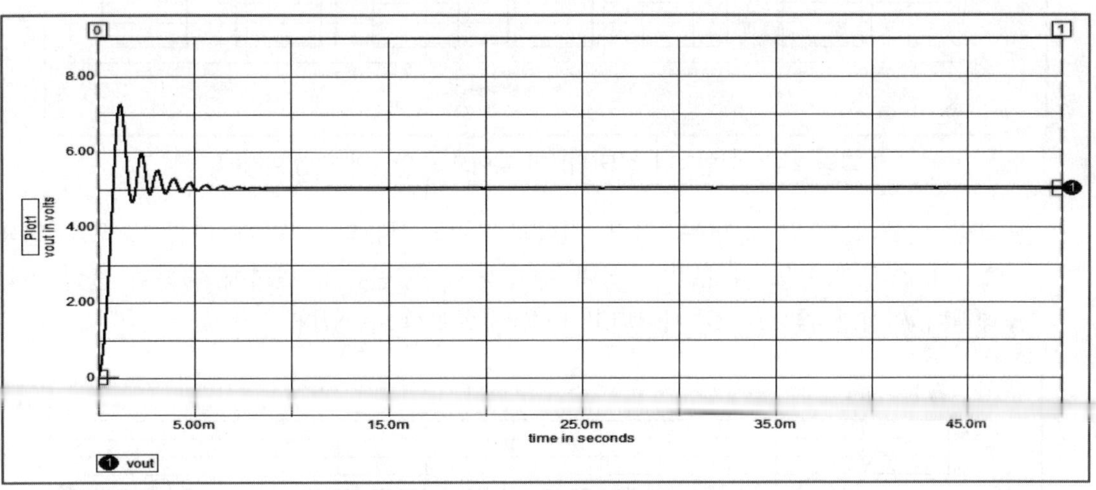

▌ 그림 2.12(a) Buck Converter의 출력 파형 ▌

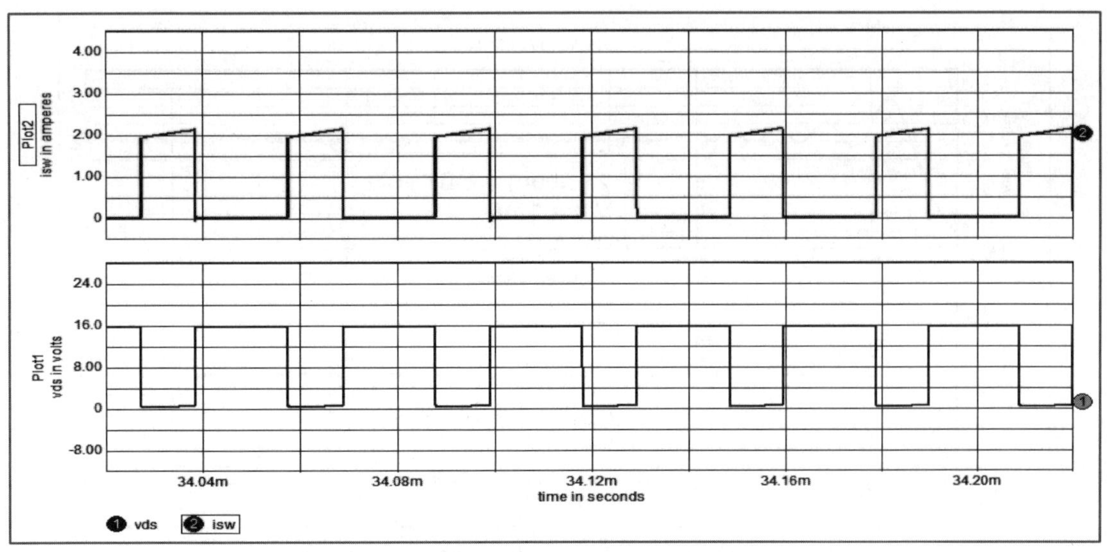

▌ 그림 2.12(b) 스위치 전류(위) 및 스위치 양단의 전압(아래) ▌

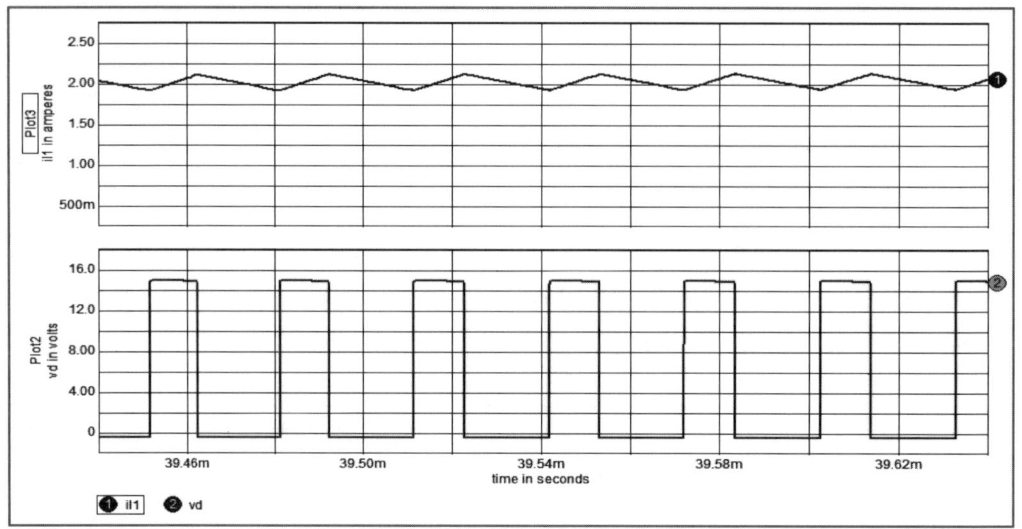

▌그림 2.12(c) 인덕터 전류(위) 및 다이오드 양단의 전압(아래) ▌

② 그림 2.13과 그림 2.14는 입력 전압과 부하 전류의 변화에 따른 출력 전압의 Regulation 특성을 나타낸다. 입력 전압과 부하 전류의 변화에 대하여 출력 전압 레벨이 일정한 값으로 잘 제어되고 있음을 확인할 수 있다.

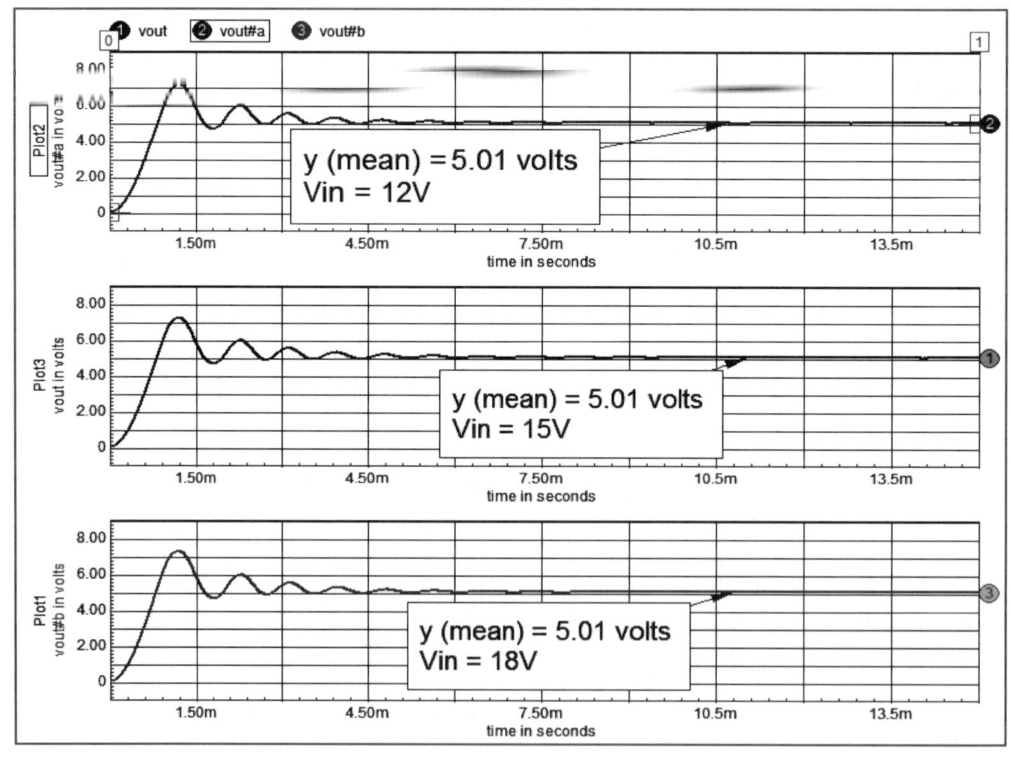

▌그림 2.13 Load Regulation ▌

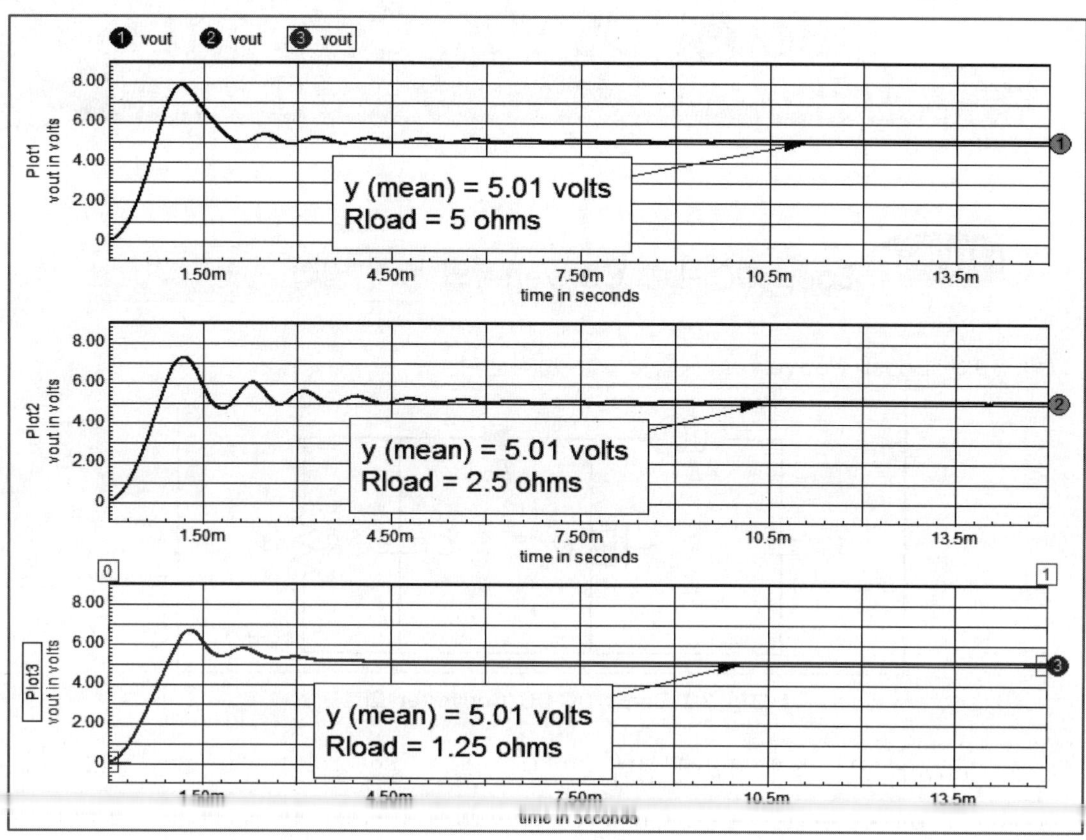

▌ 그림 2.14 Line Regulation ▌

Boost DC-DC Converter

01 Boost DC-DC Converter의 동작 원리

그림 3.1은 Boost Converter의 회로도를 나타낸다.

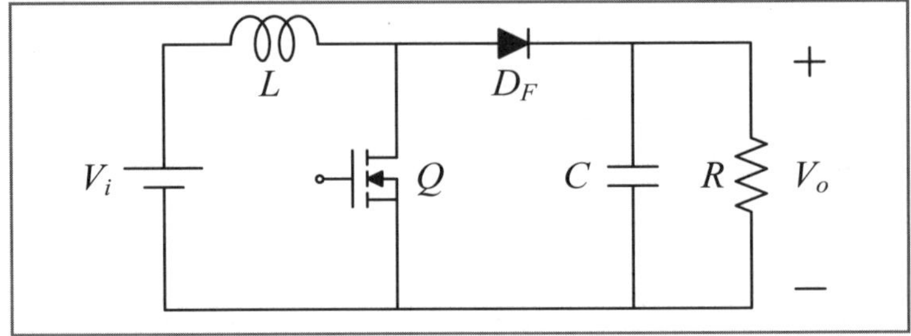

┃ 그림 3.1 Boost DC-DC Converter 회로도 ┃

Boost Converter는 출력 전압이 입력 전압보다 높은 승압형의 특징을 갖고 있다. Boost Converter의 동작은 스위치 Q의 도통 또는 차단 상태에 따라 에너지 전달이 이루어져 출력 전압을 만들어 낸다.

Boost Converter의 동작 원리를 살펴보면 우선 스위치 Q가 도통일 때 입력으로부터 전류가 인덕터를 통하여 흐르게 되며 이때 인덕터에 에너지가 축적된다. 이때 환류 다이오드 D_F는 차단되며 부하는 출력 커패시터 C에 저장된 에너지를 사용하게 된다.

다음으로 스위치 Q가 차단된 경우 인덕터에 축적된 에너지가 환류 다이오드 D_F를 통하여 출력으로 방출된다. 이 동작이 반복되면서 낮은 전압의 전압을 높은 전압의 전압으로 변환한다.

표 3.1은 Boost DC-DC Converter의 설계에 있어서 기본 설계식을 나타낸다.

여기서 Δi는 인덕터 전류의 리플치, Δv_o는 출력 전압의 리플치를 나타낸다.

┃ 표 3.1 Boost DC-DC Converter의 설계식 ┃

V_o/V_i	인덕턴스(L)	커패시턴스(C)	주스위치	환류 다이오드
$\dfrac{1}{1-D}$	$\dfrac{V_o D(1-D)^2 T_S}{2I_{o\min}}$	$\dfrac{DT_S V_o}{R\Delta v_o}$ $I_{crms} = \sqrt{\dfrac{D}{1-D}}\, I_o$	$V_{DS} = V_o$ $I_D = \dfrac{I_o}{1-D} + \dfrac{\Delta i}{2}$	$V_D = V_o$ $I_F = \dfrac{I_o}{1-D} + \dfrac{\Delta i}{2}$

02 Boost DC-DC Converter의 시뮬레이션

01 개루프(Open Loop) 시뮬레이션

개루프 회로의 시뮬레이션은 Buck Converter의 시뮬레이션과 같이 시비율의 변화에 대한 출력 전압의 변화, 부하 특성 변화에 대한 출력 전압의 변화를 확인하는 것을 중점으로 이루어진다.

(1) 회로 구성

그림 3.2와 같이 회로를 구성한다.

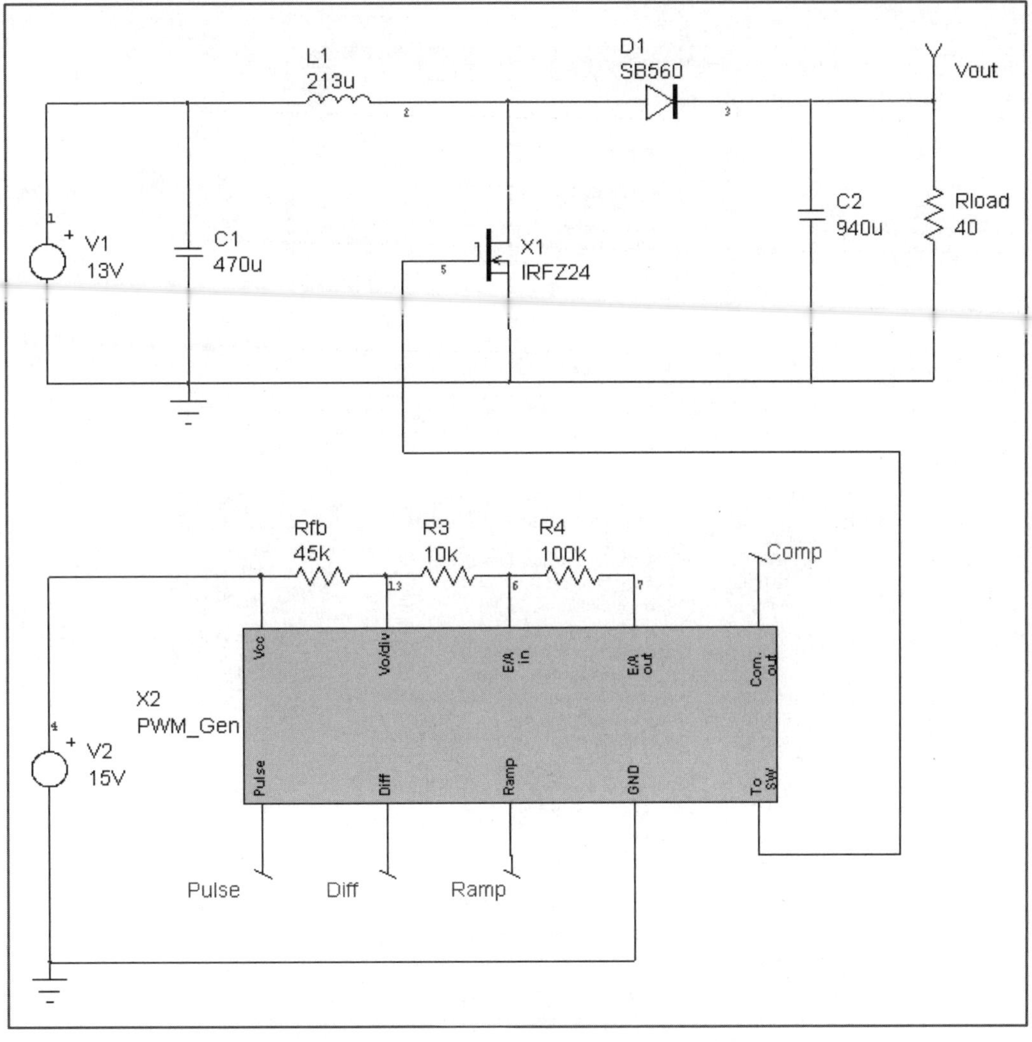

▌ 그림 3.2 시뮬레이션을 위한 회로 구성 ▌

(2) 회로 구성 방법 및 시뮬레이션 환경 설정

① 회로 구성 방법은 이전 회로 및 첨부된 IsSpice 매뉴얼을 참고한다.

② 시뮬레이션 환경 설정은 그림 3.3을 참고하여 설정한다.

    ㉠ Transient Analysis

- Data Step Time : 100n
- Total Analysis Time : 50m
- UIC : Check

    ㉡ Simulation Option

- ITL4 : 300
- METHOD : Gear
- RELTOl : 0.002

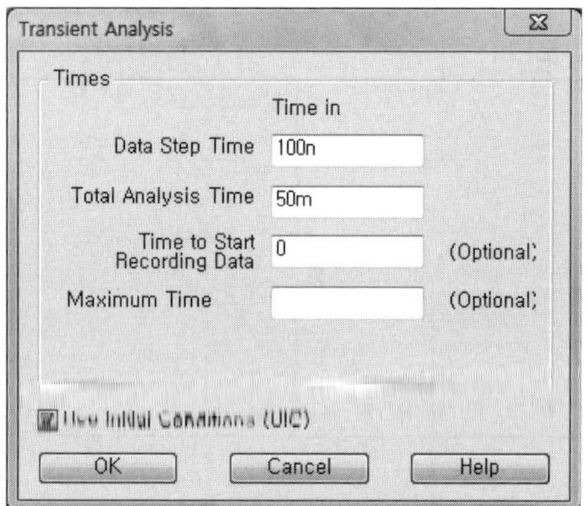

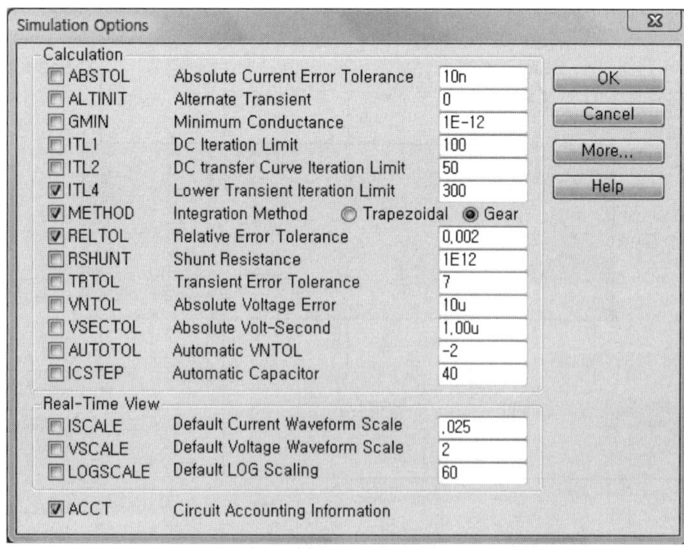

┃ 그림 3.3 Transient Analysis & Simulation Options 설정 창 ┃

(3) 시뮬레이션 결과

① Boost Converter의 시비율에 따른 출력 전압 변화 특성을 확인하기 위하여 피드백 저항(그림 3.2의 R_{fb})의 값을 변화시키며 시뮬레이션을 수행한다. 또한 부하 특성을 확인하기 위하여 부하 저항(그림 3.2의 R_{load})의 값을 바꾸어가며 시뮬레이션을 수행한다.

② 그림 3.4(a)~(c)는 피드백 저항의 변화에 따른 출력 전압이며 그림 3.5(a)~(c)는 부하 저항의 변화에 따른 출력 전압 파형이다. R_{fb}의 값이 증가함에 따라 시비율이 0.396, 0.491, 0.577로 증가하면서 출력 전압이 22V, 25.8V, 30.7V로 점차 증가함을 알 수 있다. 이때 R_{load}값은 40Ω으로 고정이다.

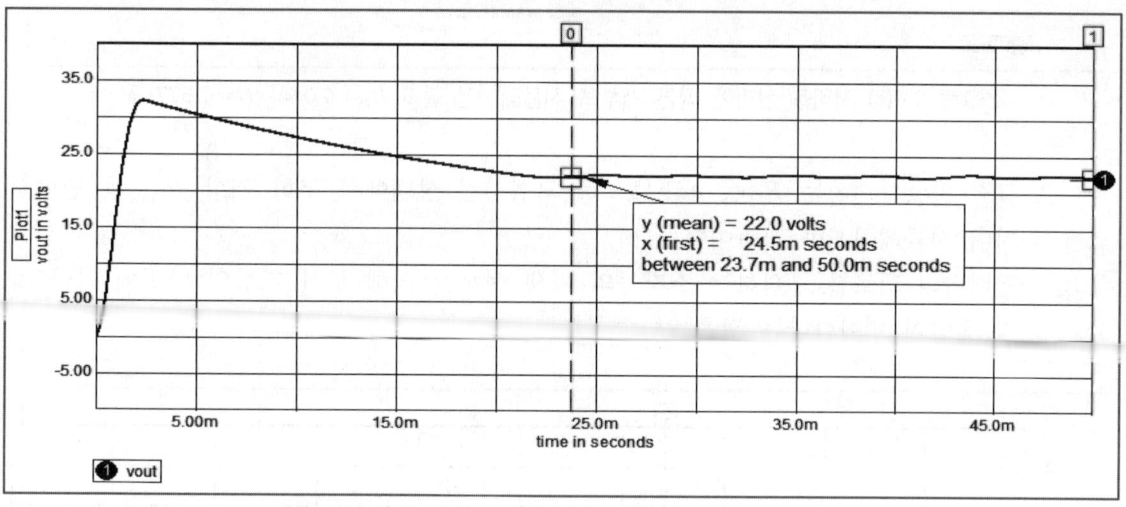

∥ 그림 3.4(a) 시비율 변화에 따른 개루프 시뮬레이션 결과(R_{fb} : 45kΩ, $D=0.396$) ∥

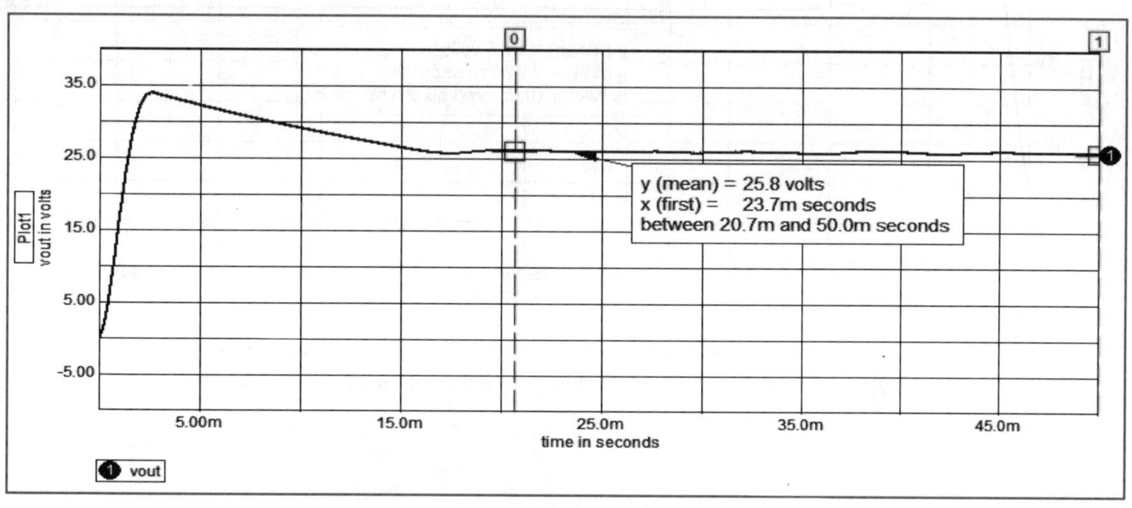

∥ 그림 3.4(b) 시비율 변화에 따른 개루프 시뮬레이션 결과(R_{fb} : 46kΩ, $D=0.491$) ∥

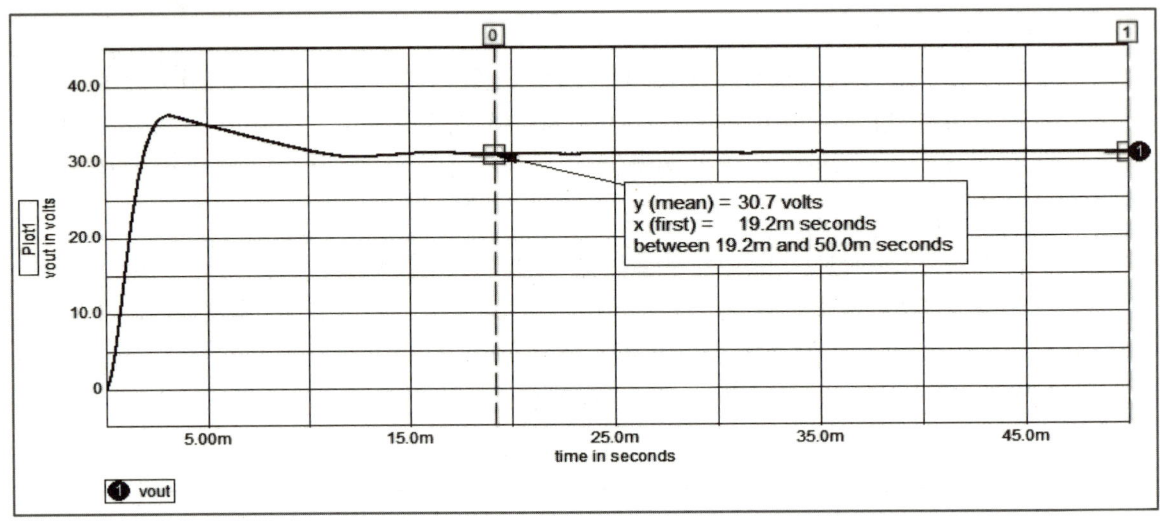

▌그림 3.4(c) 시비율 변화에 따른 개루프 시뮬레이션 결과(R_{fb} : 47kΩ, $D=0.577$) ▌

③ 그림 3.5(a)~(c)는 R_{fb}를 45kΩ으로 고정시킨 상태에서 부하 저항 R_{load}를 변화시키며 시뮬레이션한 결과이다.

컨버터의 회로를 구성하는 소자들의 기생 성분에 의해 부하 저항의 변화에 따라 출력 전압이 변화한다는 점을 알 수 있다.

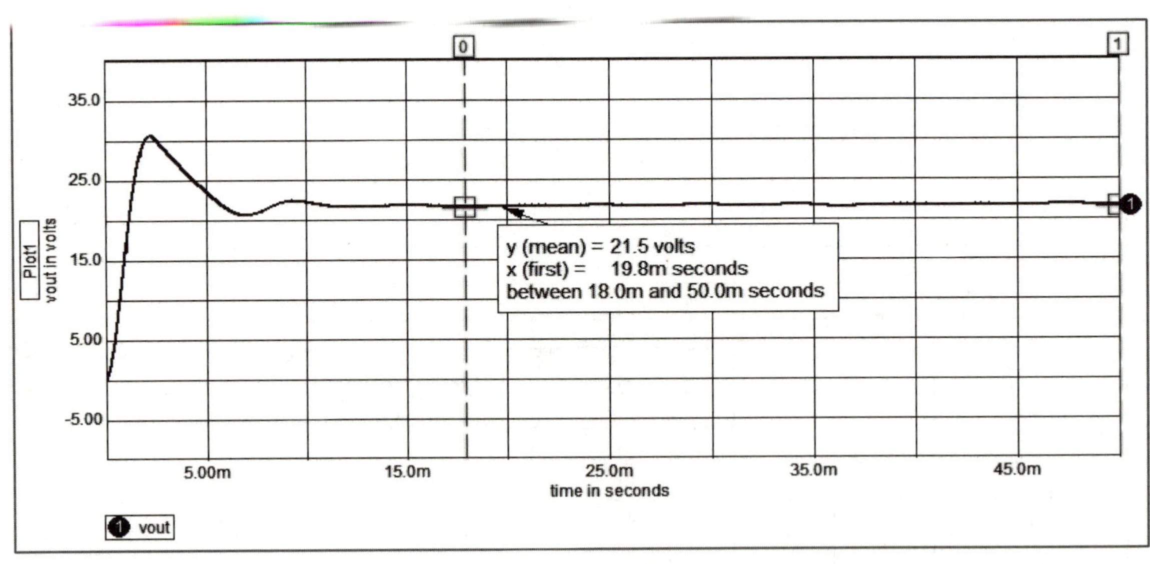

▌그림 3.5(a) 부하 특성에 따른 개루프 시뮬레이션 결과(R_{load} : 10Ω) ▌

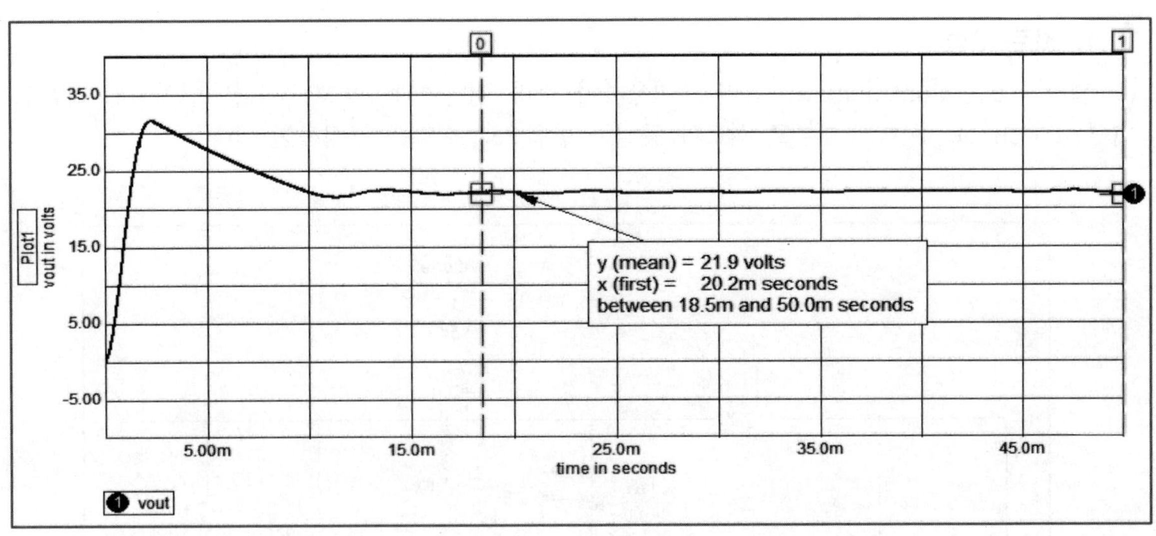

▌ 그림 3.5(b) 부하 특성에 따른 개루프 시뮬레이션 결과(R_{load} : 20Ω) ▌

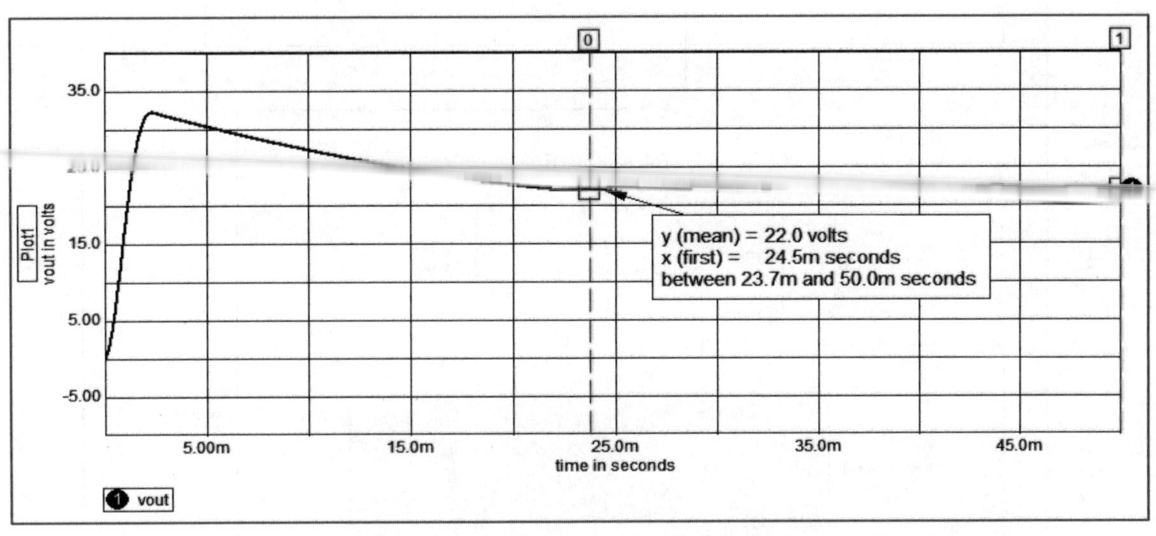

▌ 그림 3.5(c) 부하 특성에 따른 개루프 시뮬레이션 결과(R_{load} : 40Ω) ▌

⑫ 폐루프(Closed Loop) 시뮬레이션

개루프 Boost Converter의 시뮬레이션에 이어서 출력 전압을 피드백시켜 제어 루프를
구성한 폐루프 Boost Converter의 시뮬레이션을 진행한다.

(1) 회로 구성

그림 3.6은 Continuation 심벌을 이용하여 출력 전압단과 PWM 모듈을 연결시킨 페루프 Boost Converter이다. 개루프 회로와 동일한 방법으로 회로를 구성하면 된다.

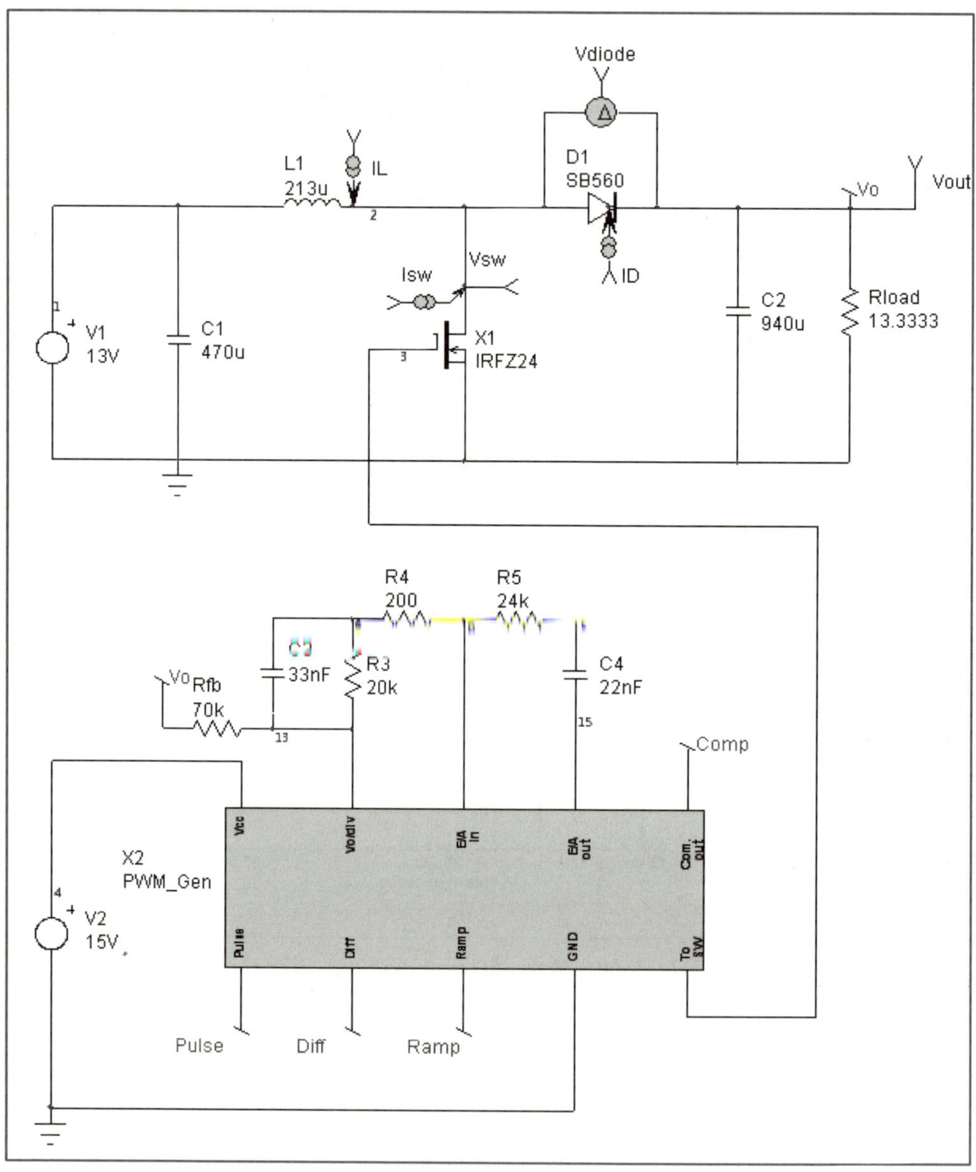

▌ 그림 3.6 시뮬레이션을 위한 페루프 회로 구성 ▌

(2) 시뮬레이션 환경 설정

시뮬레이션 환경은 'Transient Analysis'에 대한 설정만 바꿔준다.

그림 3.7을 참조하여 설정한다.

① Data Step Time : 100n

② Total Analysis Time : 80m

③ UIC : Check

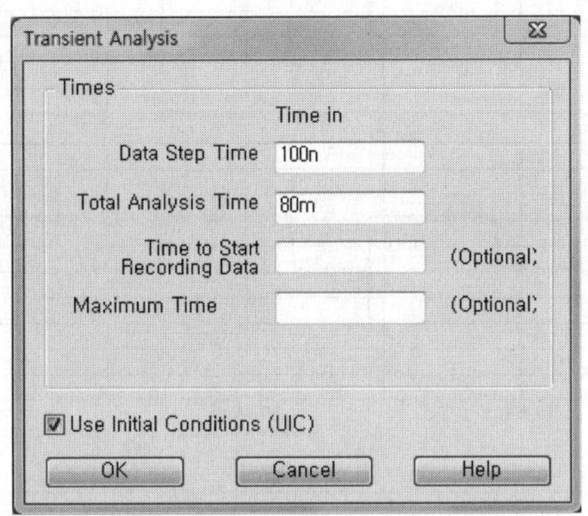

▌ 그림 3.7 Transient Analysis 설정 창 ▌

(3) 시뮬레이션 결과

① 그림 3.8(a)~(c)는 V_i=DC 13V, V_o=20V, I_o=1.5A, f_s=33kHz, D=0.356의 조건에서의 출력 전압 파형 및 컨버터 각 부의 파형이다. 각 부의 전압, 전류의 값 이 예상치와 일치한 결과를 보이고 있다.

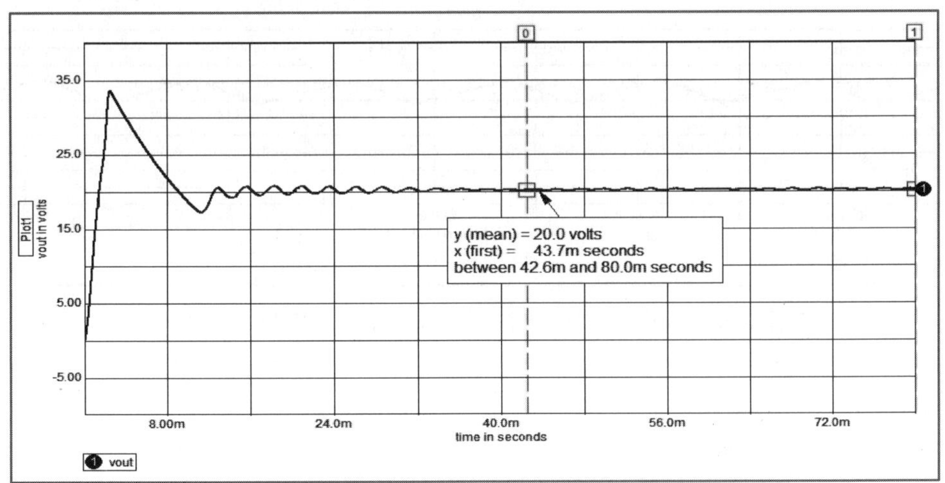

▌ 그림 3.8(a) Boost Converter의 출력 파형 ▌

② 스위치 양단 전류 및 전압의 스파이크 성분은 뒷장에 나오는 스너버 회로로 감쇠가
  가능하나 현재값이 스위치의 허용 전압에 비해 작아 별도의 스너버 회로를 구성하
  지 않았다.

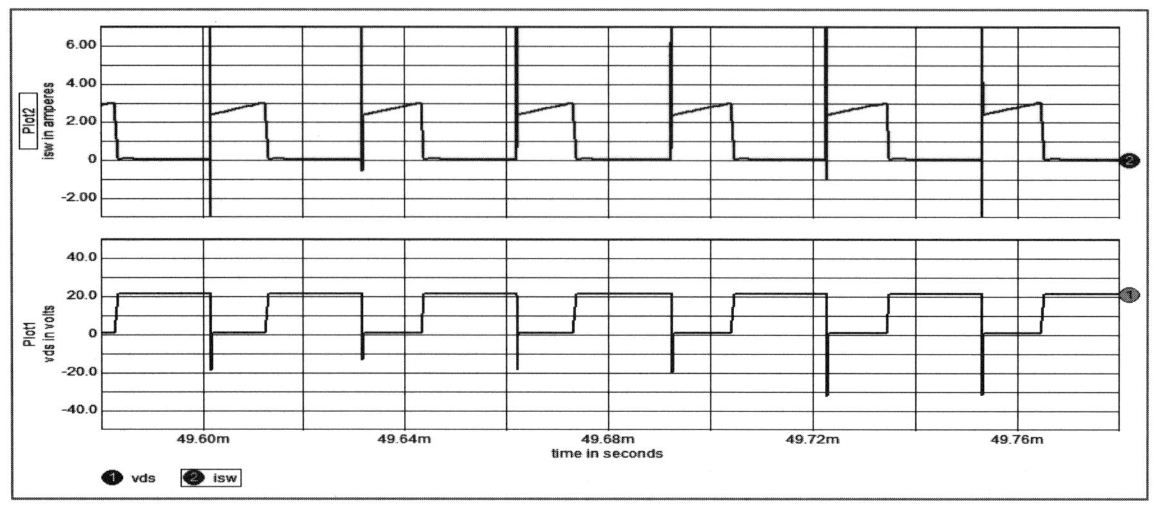

▌그림3.8(b) 스위치 전류(위) 및 스위치 양단의 전압(아래) ▌

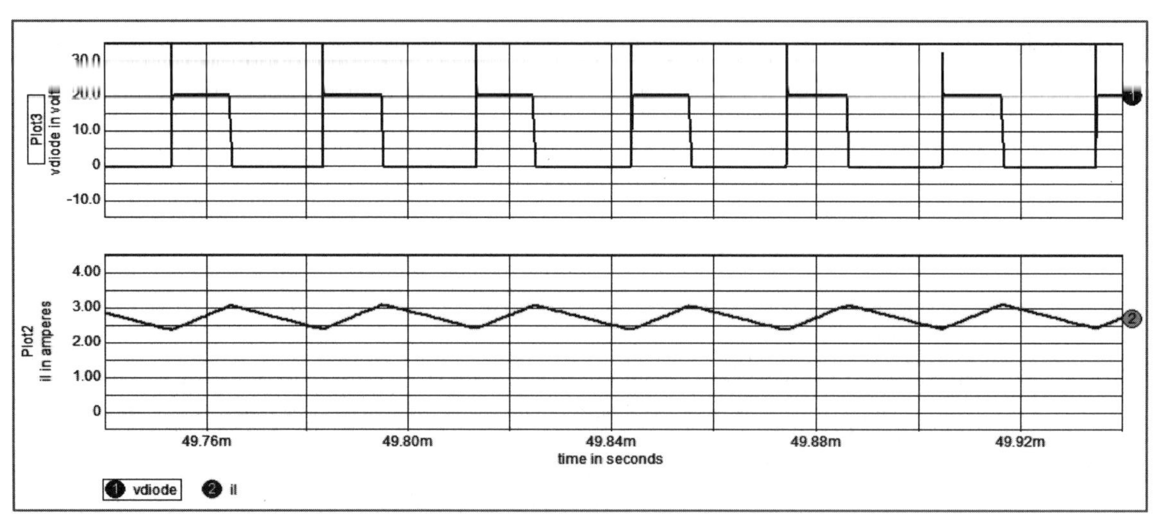

▌그림 3.8(c) 환류 다이오드 양단의 전압(위) 및 인덕터 전류(아래) ▌

③ 그림 3.9와 그림 3.10은 입력 전압과 부하 전류의 변화에 따른 출력 전압의 Regulation 특성을 나타낸다. 입력 전압과 부하 전류의 변화에 대하여 출력 전압이 일정한 값으로 잘 제어되고 있음을 확인할 수 있다.

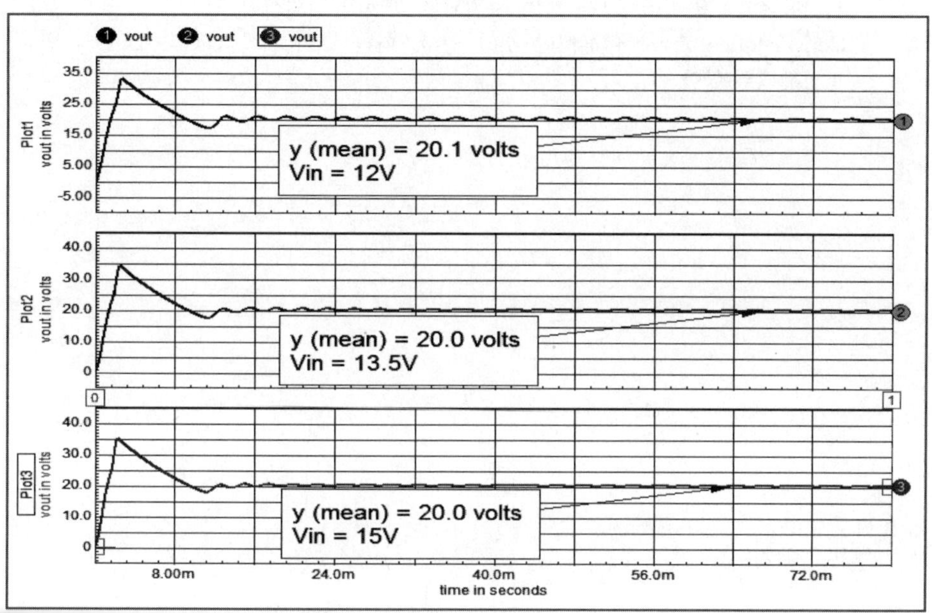

▌ 그림 3.9 Line Regulation ▐

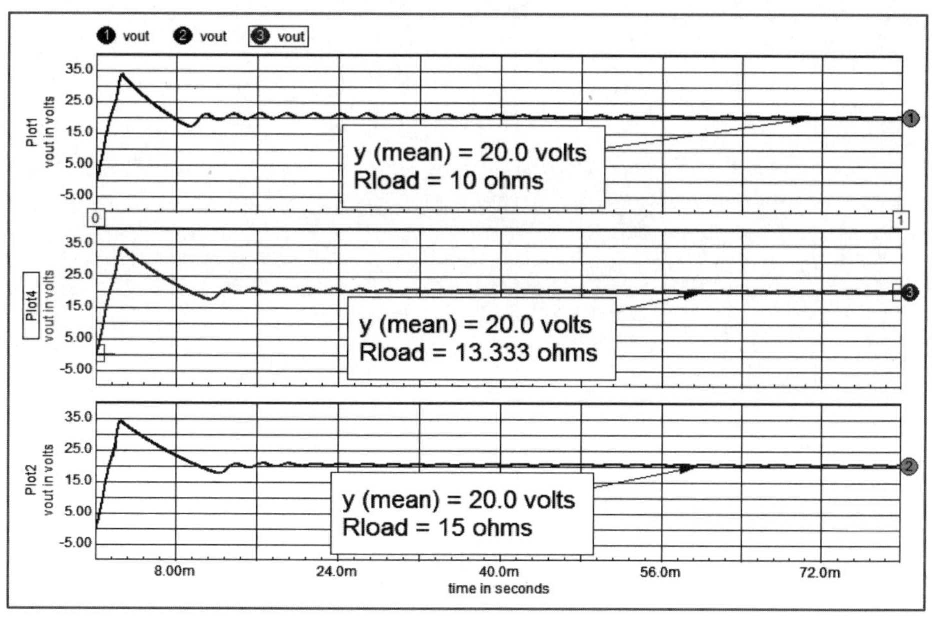

▌ 그림 3.10 Load Regulation ▐

참고 시뮬레이션 수행 시에 시뮬레이션의 속도를 보상해 주는 Tip이 있다.
Simulation Setup → Simulation Options 항목 중에 RELTOL이 있다. 이 값이 클수록 시뮬레이션의 속도가 빨라진다.
하지만 이 값을 너무 크게 하면 출력되는 파형의 신뢰성이 떨어질 뿐만 아니라 또 다른 Convergence Error를 유발할 수가 있다. 따라서 이 값을 0.001~0.01의 범위 내에서 조절하도록 한다.

Buck-boost DC-DC Converter

01 Buck-boost DC-DC Converter의 동작 원리

그림 4.1은 Buck-boost Converter의 회로도를 나타낸다.

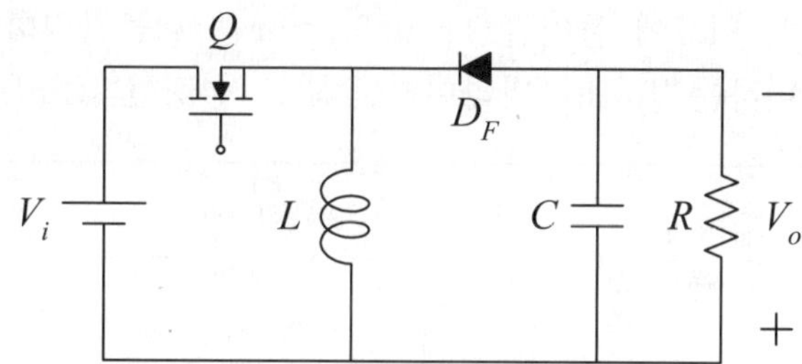

▌그림 4.1 Buck-boost DC-DC Converter 회로도 ▌

Buck-boost Converter는 출력 전압이 입력 전압보다 높거나 낮게 나타나는 승·강압형의 특성을 가지고 있다. 즉, Buck형 및 Boost형의 출력 특성을 함께 갖고 있다고 볼 수 있다.

또한 Buck-boost Converter의 출력은 극성이 입력과 반전되는 특징도 가지고 있다. 동작 원리를 살펴보면 우선 스위치 Q가 도통일 때 인덕터 전류에 의해서 L에는 에너지가 축적되고 환류 다이오드 D_F는 차단된다. 이때 출력측에서는 출력 필터 C에 저장된 에너지가 부하 저항 R을 통하여 방전된다. 다음 스위치 Q가 차단되면 L에 축적된 에너지가 환류 다이오드 D_F를 통하여 출력측으로 방전된다.

표 4.1은 Buck-boost DC-DC Converter의 설계에 있어서 기본 설계식을 나타낸다.

여기서 Δi는 인덕터 전류의 리플치, Δv_o는 출력 전압의 리플치를 나타낸다.

▌표 4.1 Buck-boost DC-DC Converter의 설계식 ▌

V_o/V_i	인덕턴스(L)	커패시턴스(C)	주스위치	환류 다이오드
$\dfrac{D}{1-D}$	$\dfrac{V_o(1-D)^2 T_S}{2I_{o\min}}$	$\dfrac{DT_S V_o}{R\Delta v_o}$ $I_{\mathrm{rms}} = \sqrt{\dfrac{D}{1-D}}\,I_o$	$V_{DS} = V_i + V_o$ $I_D = \dfrac{I_o}{1-D} + \dfrac{\Delta i}{2}$	$V_D = V_i + V_o$ $I_F = \dfrac{I_o}{1-D} + \dfrac{\Delta i}{2}$

02 Buck-boost DC-DC Converter의 시뮬레이션

01 개루프(Open Loop) 시뮬레이션

개루프 회로의 시뮬레이션은 시비율의 변화에 대한 출력 전압의 변화, 부하 특성의 변화에 대한 출력 전압의 변화를 확인하는 것을 중점으로 이루어진다.

(1) 회로 구성

① 그림 4.2와 같이 회로를 구성한다.

② Floating Switch 회로에 들어갈 Transformer를 더블클릭하여 'Property' 창을 연다음 턴비를 의미하는 'Ratio' 파라미터를 '1'로 설정한다(Ratio : 1).

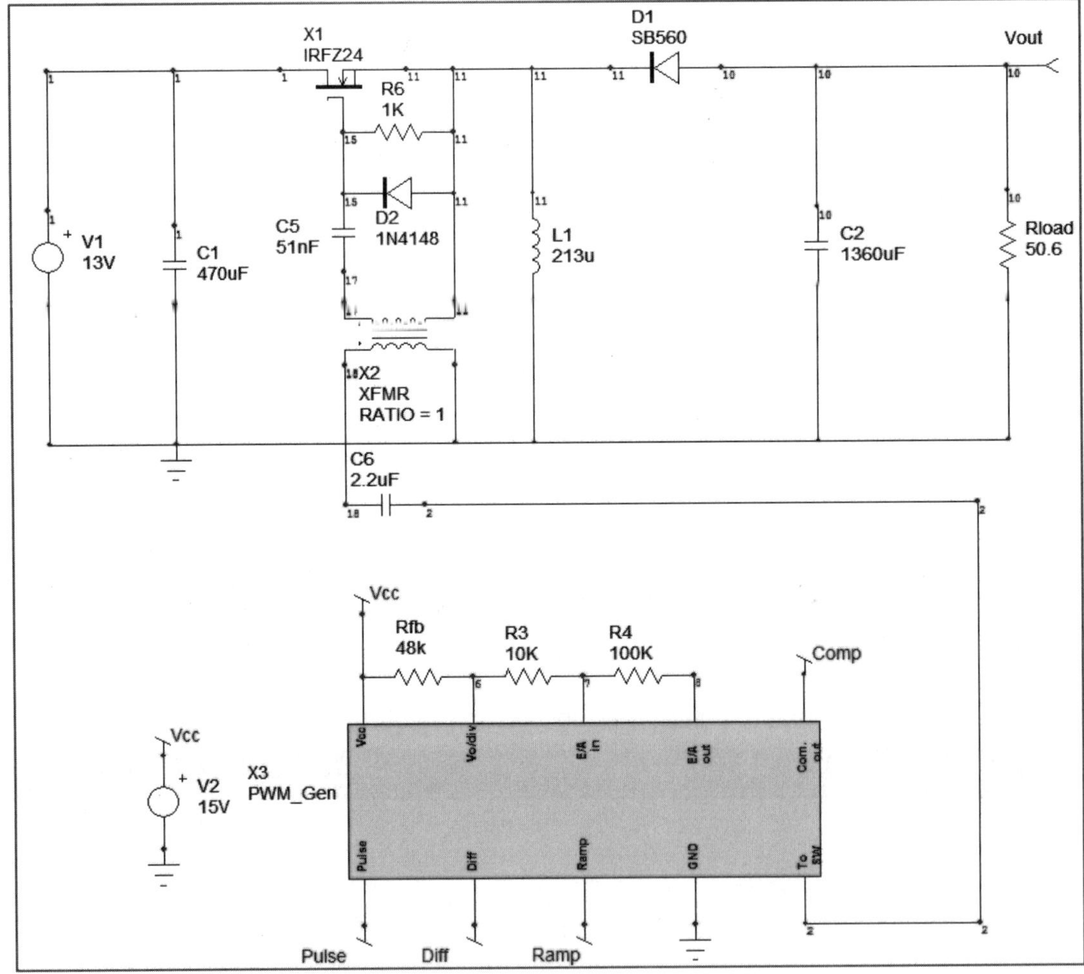

▌ 그림 4.2 시뮬레이션을 위한 회로 구성 ▌

(2) 시뮬레이션 환경 설정

시뮬레이션 환경 설정은 그림 4.3을 참고하여 입력한다.

① Transient Analysis

　㉠ Data Step Time : 100n

　㉡ Total Analysis Time : 50m

　㉢ UIC : Check

② Simulation Options

　㉠ ITL4 : 300

　㉡ METHOD : Gear

　㉢ RELTOL : 0.002

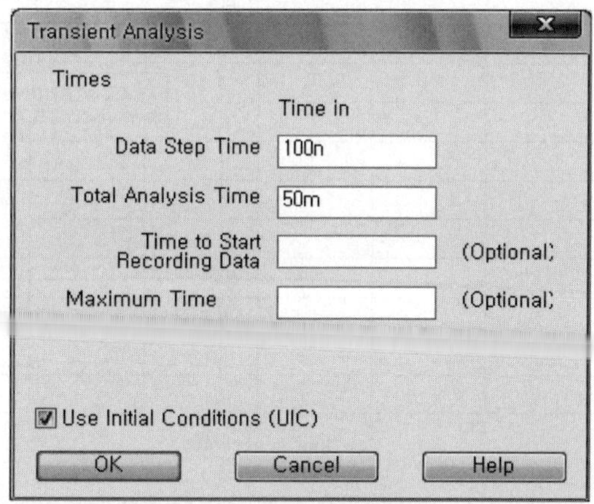

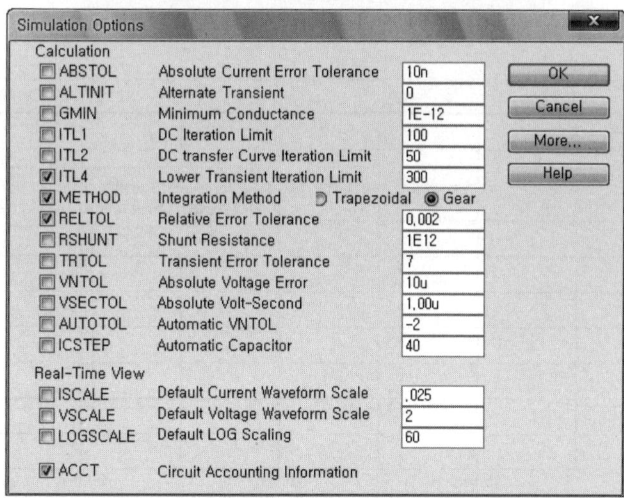

▌ 그림 4.3 Transient Analysis & Simulation Options 설정 창 ▌

(3) 시뮬레이션 결과

① Buck-boost Converter의 시비율의 변화에 따른 출력 전압의 특성을 확인하기 위하여 피드백 저항(그림 4.2의 R_{fb})의 값을 변화시키면서 시뮬레이션을 수행한다.

② 또한 부하 특성을 확인하기 위하여 부하 저항(그림 4.2의 R_{load})의 값을 바꾸어 가며 시뮬레이션을 수행한다.

③ 그림 4.4(a)~(c)는 피드백 저항 R_{fb}의 변화에 따른 출력 전압 파형이다.

R_{fb}의 값이 증가함에 따라 시비율이 0.584, 0.663, 0.735로 증가하면서 출력 전압이 18V, 25.3V, 35.7V로 점점 증가함을 알 수 있다. 물론 Buck-boost Converter의 출력은 반전되므로 위의 값들은 음의 값들로 나타난다. 이때 R_{load}값은 50.6Ω으로 고정이다.

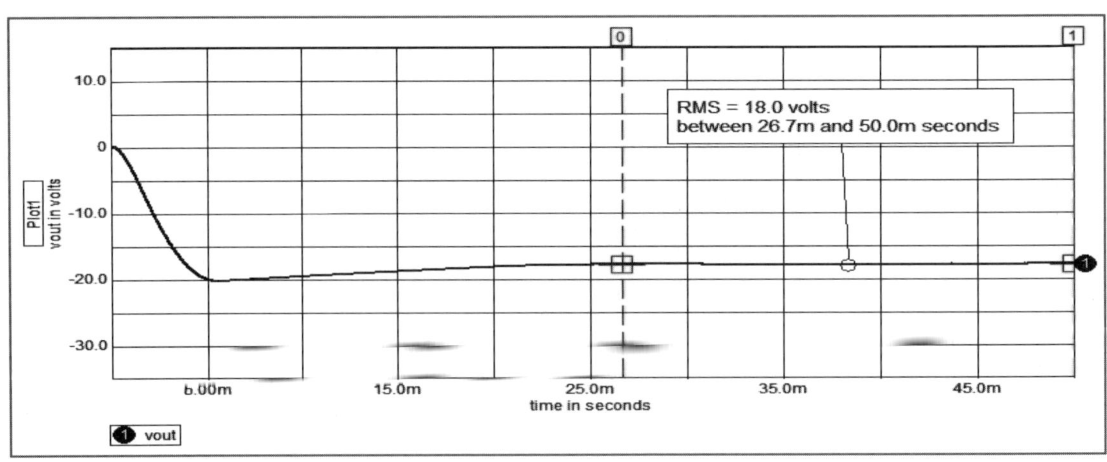

┃ 그림 4.4(a) 출력 전압 파형(R_{fb} : 47kΩ, D=0.584) ┃

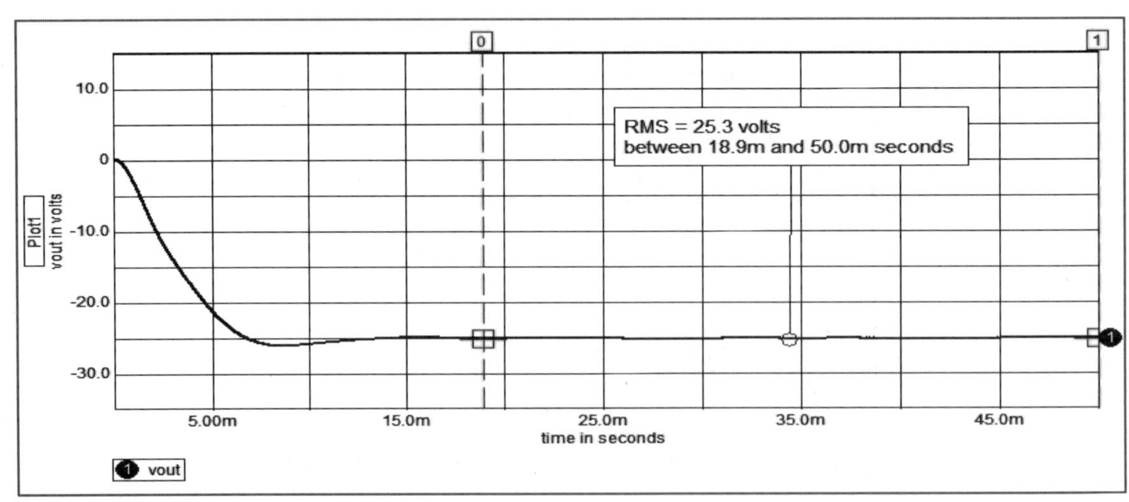

┃ 그림 4.4(b) 출력 전압 파형(R_{fb} : 48kΩ, D=0.663) ┃

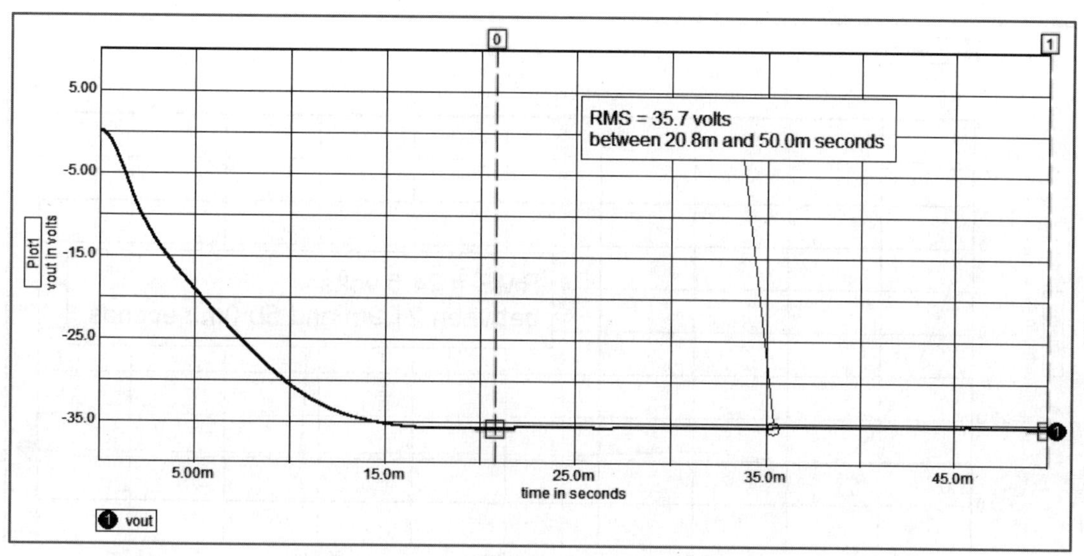

▌ 그림 4.4(c) 출력 전압 파형(R_{fb} : 49kΩ, D=0.735) ▌

④ 그림 4.5(a)~(c)는 R_{fb}를 48kΩ, D=0.663으로 했을 때 부하 저항 R_{load}의 변화
에 따른 출력 전압 파형이다.

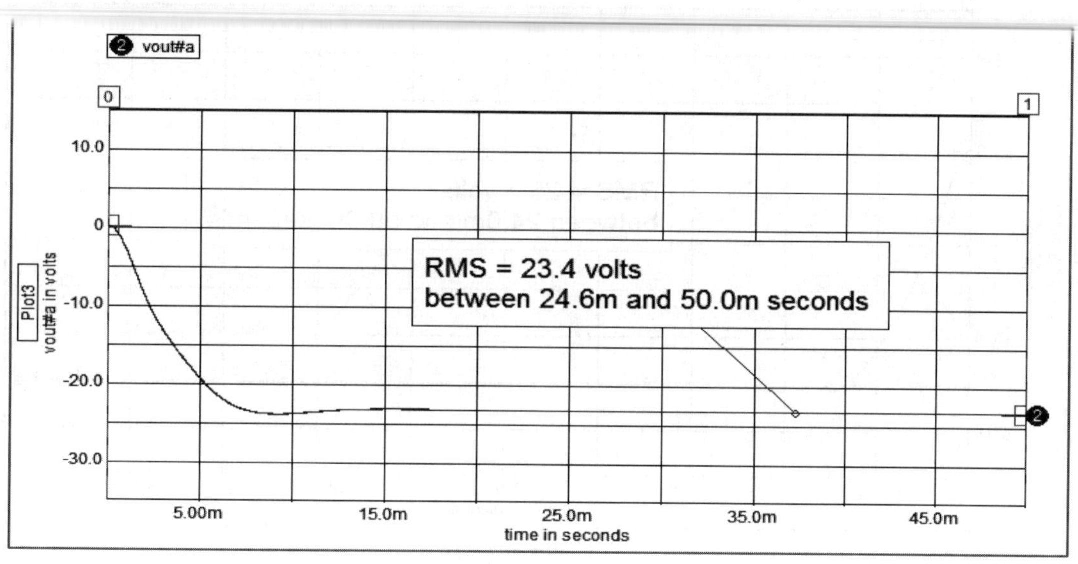

▌ 그림 4.5(a) 출력 전압 파형(R_{load} : 12.5Ω) ▌

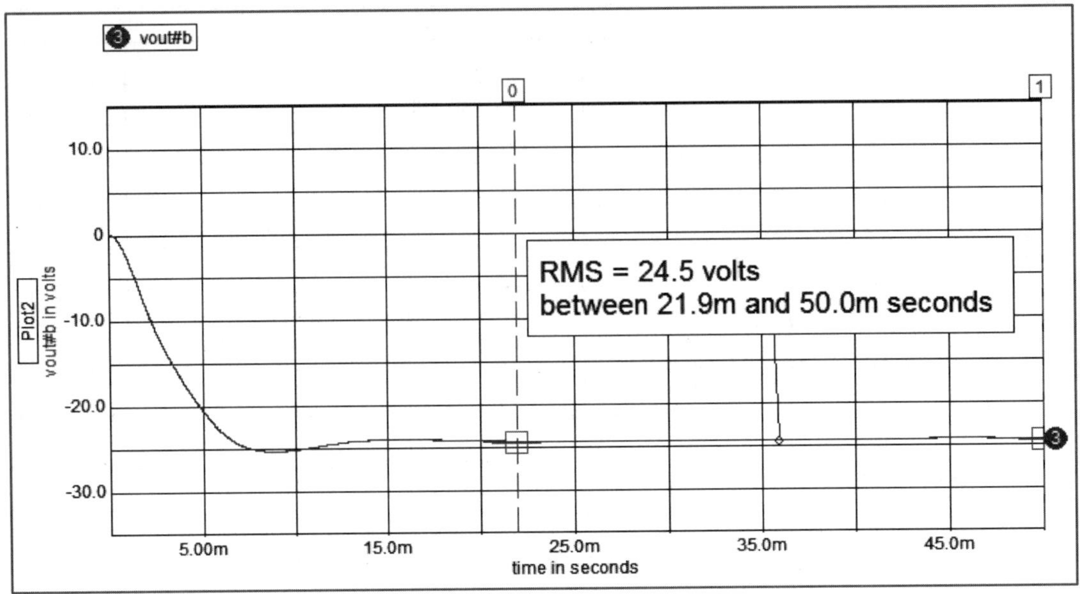

▌ 그림 4.5(b) 출력 전압 파형(R_{load} : 25 Ω) ▌

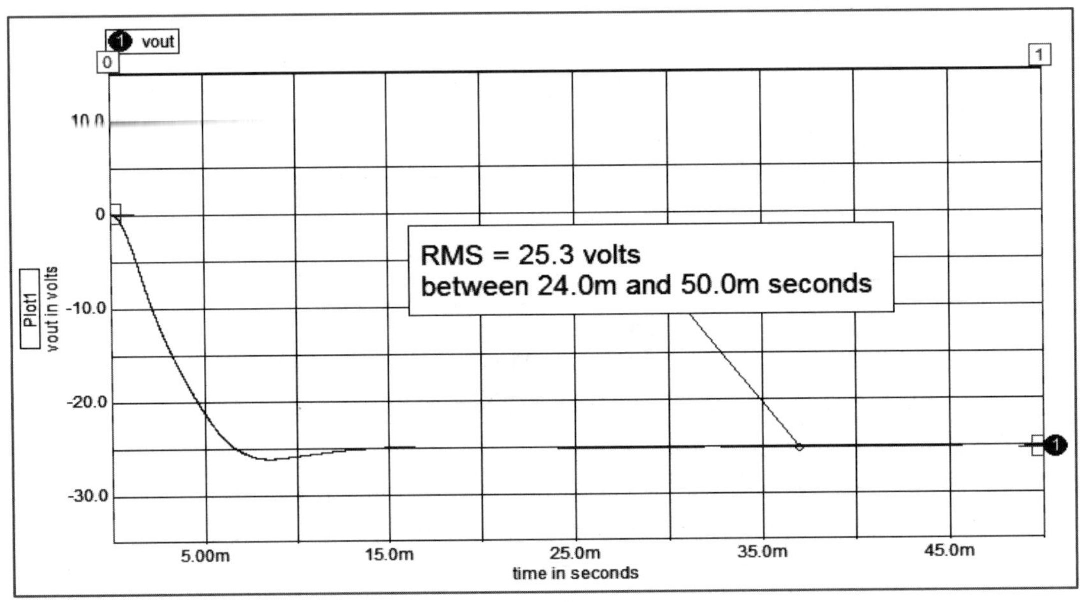

▌ 그림 4.5(c) 출력 전압 파형(R_{load} : 50.6 Ω) ▌

 폐루프(Closed Loop) 시뮬레이션

(1) 회로 구성

개루프 Buck-boost Converter의 시뮬레이션에 이어서 출력 전압을 피드백시켜 제어 루프를 구성한 폐루프 시뮬레이션을 진행한다. 그림 4.6에 그 회로를 나타냈다. Buck-boost Converter의 출력은 입력과 반전되므로 LM358의 Op Amp를 이용하여 출력 전압을 다시 한번 반전시켜 제어 회로에 피드백시키고 있다.

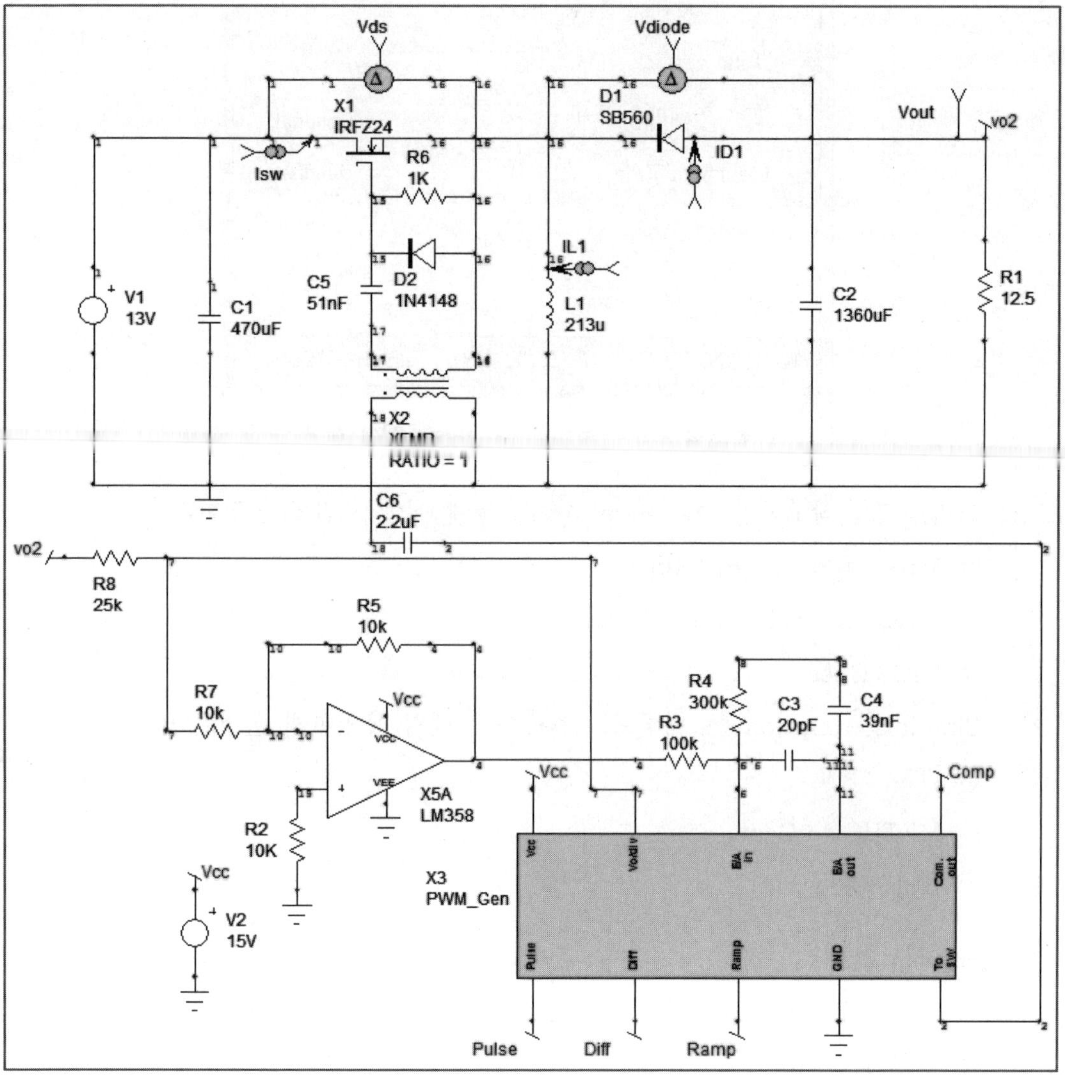

그림 4.6 시뮬레이션을 위한 폐루프 회로 구성

(2) 시뮬레이션 환경 설정

① Floating Switch 회로에 들어갈 Transformer에 대한 턴비를 '1'로 설정한다 (Ratio : 1).

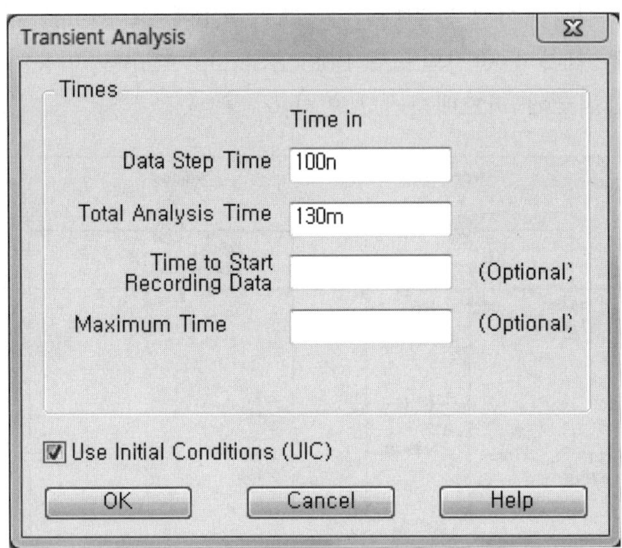

❙ 그림 4.7 Transient Analysis 설정 창 ❙

② 그림 4.7을 참고하여 Transient Analysis에 대한 조건을 설정한다.

　㉠ Data Step Time : 100n

　㉡ Total Analysis Time : 130m

　㉢ UIC : Check

③ Simulation Options는 개루프 시뮬레이션 때와 동일하게 설정한다.

　㉠ ITL4 : 300

　㉡ METHOD : Gear

　㉢ RELTOL : 0.002

(3) 시뮬레이션 결과

① 그림 4.8(a)~(c)는 V_i=DC 13V, V_o=15V, I_o=1.25A 조건에서의 출력 전압 파형 및 내부 파형이다.

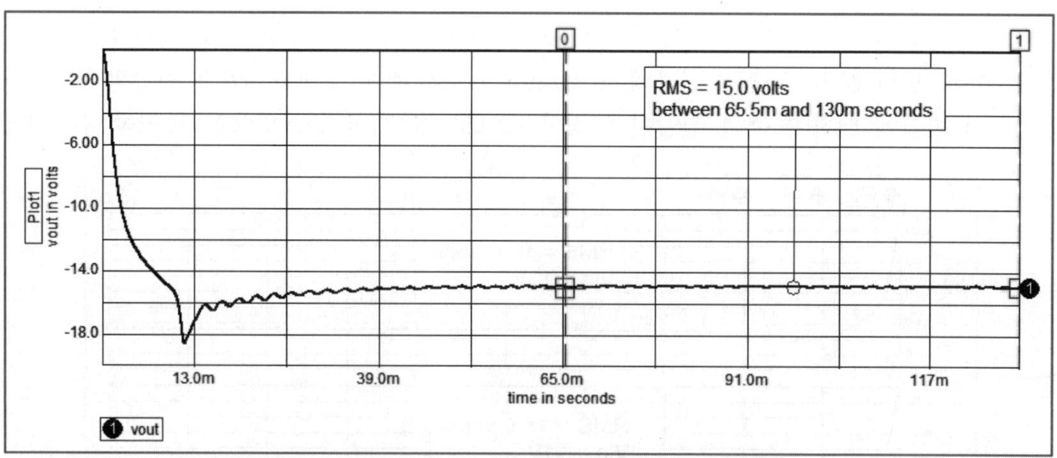

┃ 그림 4.8(a) Buck-boost Converter의 출력 파형 ┃

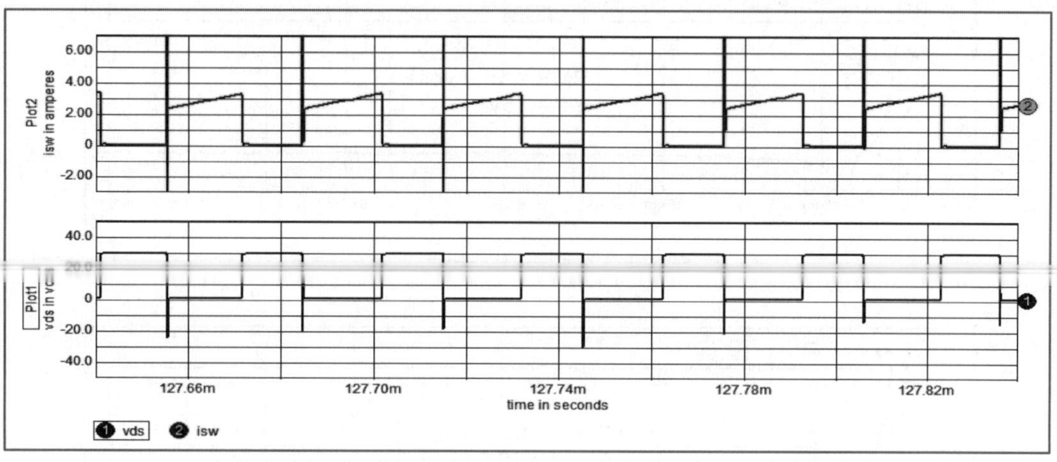

┃ 그림 4.8(b) 스위치 전류(위) 및 스위치 양단의 전압(아래) ┃

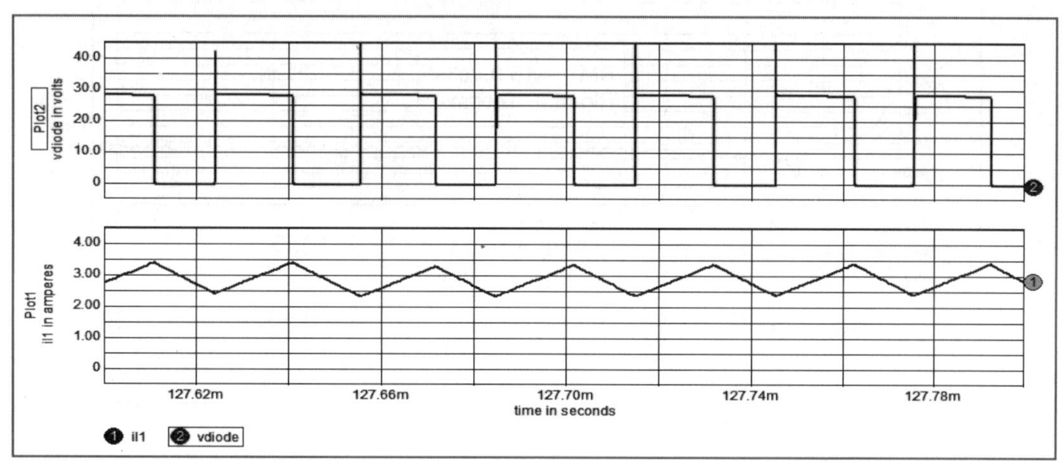

┃ 그림 4.8(c) 다이오드 양단의 전압(위) 및 인덕터 전류(아래) ┃

② 그림 4.9와 그림 4.10은 폐루프 Buck-boost Converter에서 입력 전압과 부하 전류의 변화에 따른 출력 전압의 Regulation 특성을 나타낸다. 입력 전압과 부하 전류의 변화에 대하여 출력 전압이 일정한 값으로 잘 제어되고 있음을 확인할 수 있다.

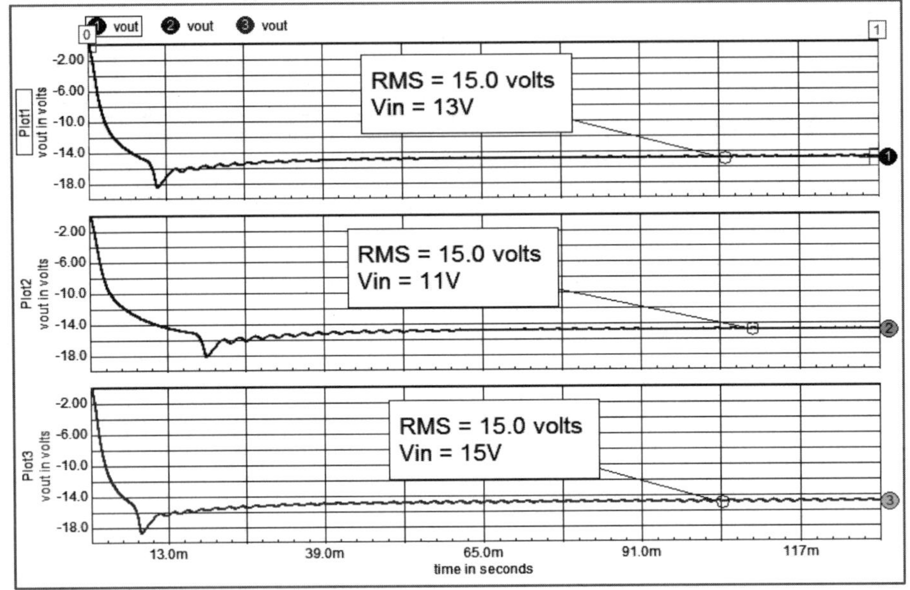

┃ 그림 4.9 Line Regulation ┃

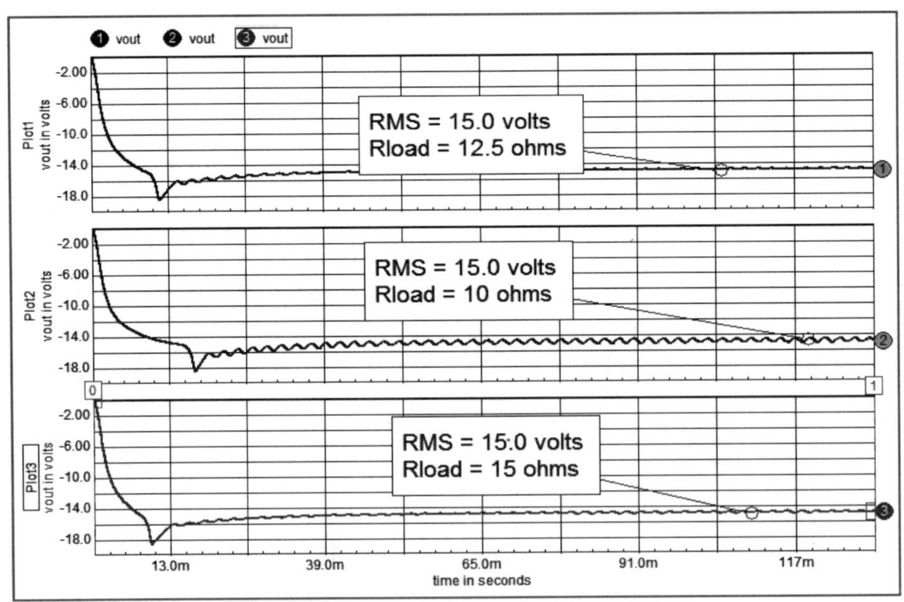

┃ 그림 4.10 Load Regulation ┃

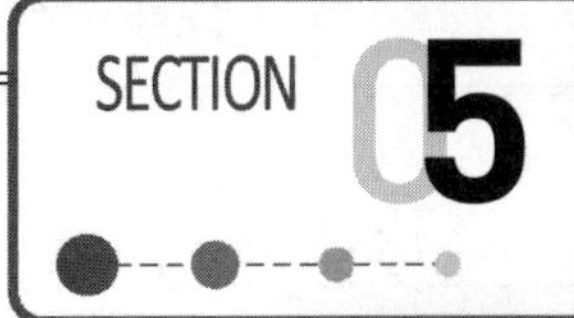

Ćuk Converter

01 Ćuk Converter의 동작 원리

그림 5.1은 Ćuk Converter의 기본 회로도를 나타낸다.

Boost Converter와 Buck Converter를 직결 연결한 승·강압형의 특징과 출력이 반전되는 특징을 갖고 있다.

이 컨버터의 동작 원리를 살펴보면 우선 스위치 Q가 도통되면 입력으로부터 전류가 L_1, Q를 통하여 흐르면서 L_1에는 에너지가 축적된다. 이와 동시에 출력으로부터 전류가 L_2, C_1, Q를 통하여 흐르면서 L_2에도 에너지가 축적된다. 한편 C_1은 이전 동작 모드에서 축적됐던 충전 전하를 방전한다. 그 다음 Q가 차단되면 D_F가 도통하면서 전류가 L_1, C_1, D_F를 통하여 흐르고, L_1에 축적됐던 에너지가 C_1으로 전달된다. 또한 L_2에 축적됐던 에너지는 D_F를 통하여 출력측으로 방출된다.

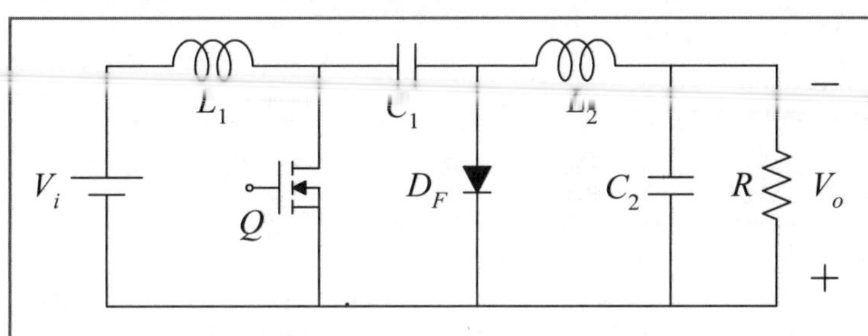

■ 그림 5.1 Ćuk Converter 회로도 ■

표 5.1은 Ćuk DC-DC Converter의 설계에 있어서 기본 설계식을 나타낸다.

■ 표 5.1 Ćuk DC-DC Converter의 설계식 ■

V_o/V_i	인덕턴스(L)	커패시턴스(C)	주스위치	환류 다이오드
$\dfrac{D}{1-D}$	$L_1 : \dfrac{V_o D'^2 T_s}{2DI_{o\min}}$ $L_2 : \dfrac{V_o D' T_s}{2I_{o\min}}$	$C_1 : \dfrac{DT_s V_o}{R\Delta v_1}$ $\left(I_{\mathrm{rms1}} = \dfrac{I_i + I_o}{2}\right)$ $C_2 : \dfrac{D' T_S^2 V_o}{8L_2\Delta v_2}$ $\left(I_{\mathrm{rms2}} = \dfrac{\Delta i_2}{2\sqrt{3}}\right)$	$V_{DS} = V_i + V_o$ $I_D = \dfrac{I_o}{D'} + \dfrac{\Delta i_1 + \Delta i_2}{2}$	$V_D = V_i + V_o$ $I_F = I_D$

02 Ćuk Converter의 시뮬레이션

01 개루프(Open Loop) 시뮬레이션

개루프 회로의 시뮬레이션은 시비율의 변화에 대한 출력 전압의 변화, 부하 특성의 변화
에 대한 출력 전압의 변화를 확인하는 것을 중점으로 이루어진다.

(1) 회로 구성

그림 5.2와 같이 회로를 구성한다.

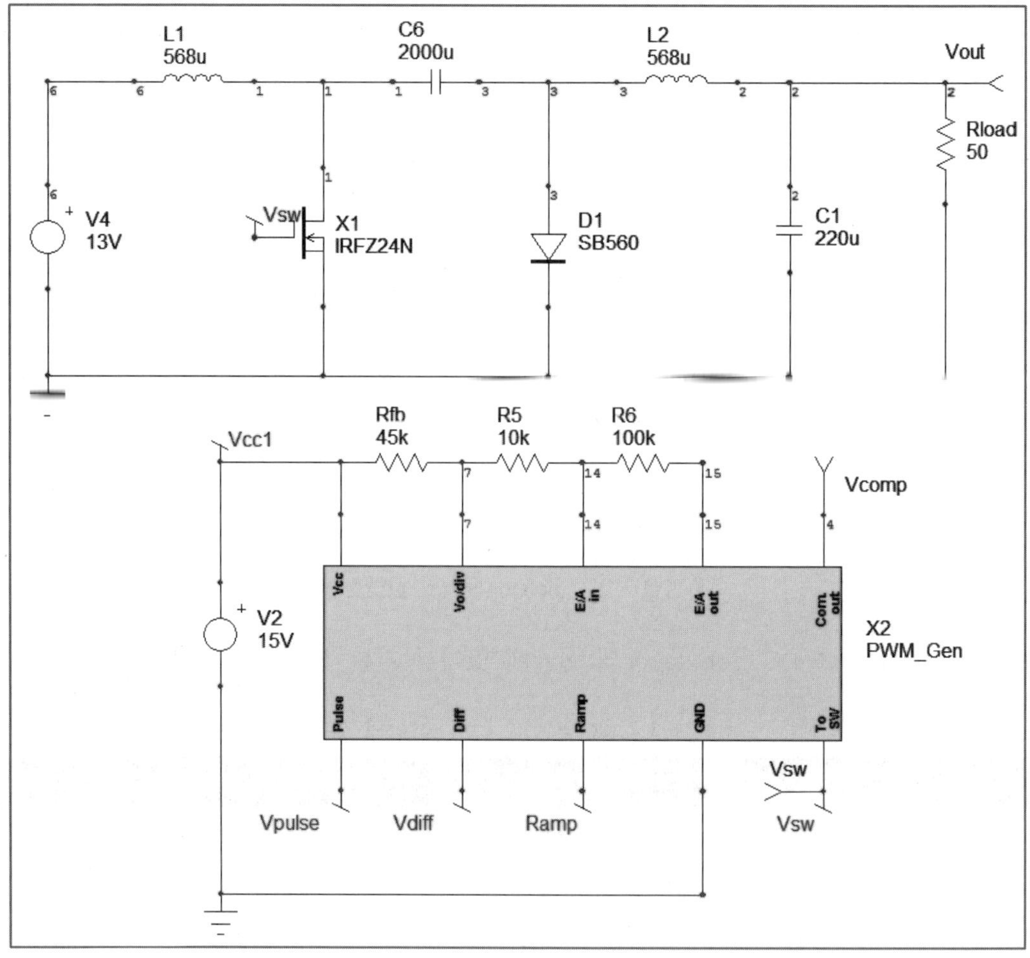

┃ 그림 5.2 시뮬레이션을 위한 회로 구성 ┃

(2) 시뮬레이션 환경 설정

시뮬레이션 환경 설정은 그림 5.3을 참고하여 설정한다.

① Transient Analysis

　㉠ Data Step Time : lu

　㉡ Total Analysis Time : 300m

　㉢ UIC : Check

② Simulation Options

　㉠ ITL4 : 300

　㉡ METHOD : Gear

　㉢ RELTOL : 0.005

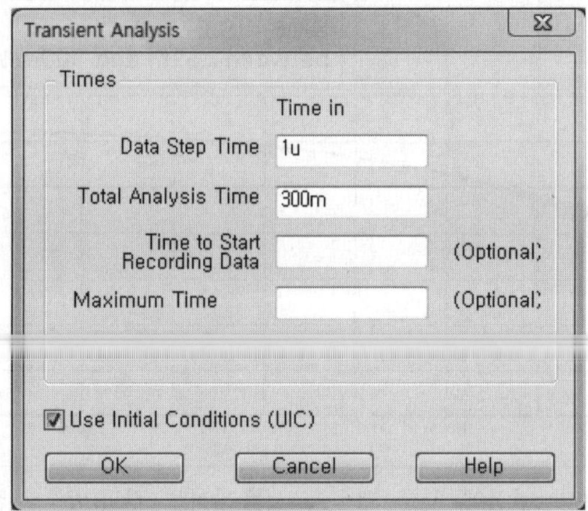

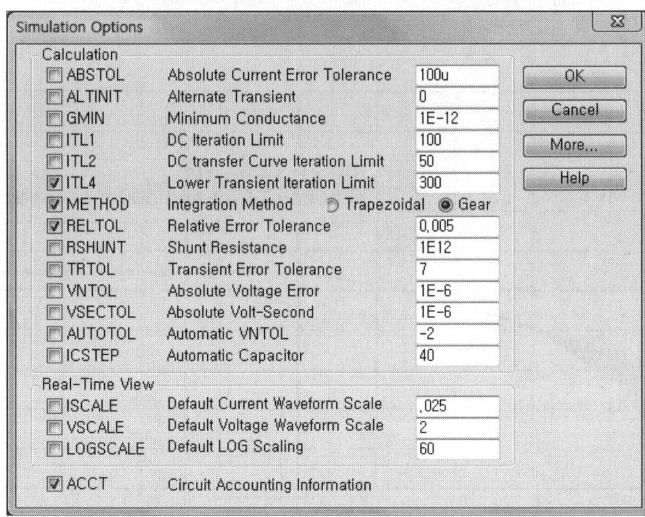

▌ 그림 5.3 Transient Analysis & Simulation Options 설정 창 ▌

(3) 시뮬레이션 결과

① Ćuk Converter의 시비율 변화에 따른 출력 전압의 변화 특성을 확인하기 위하여 피드백 저항(R_{fb})을 변화시키면서 시뮬레이션을 수행한다.

② 또한 부하 특성을 확인하기 위하여 부하 저항(R_{load})을 변화시키면서 시뮬레이션을 수행한다.

③ 그림 5.4(a)~(c)는 피드백 저항 R_{fb}의 변화에 따른 출력 전압의 파형이다. R_{fb}의 값이 증가함에 따라 출력 전압이 9.07V, 13.0V, 17.6V로 점점 증가해감을 알 수 있다. 이때 R_{load}는 50Ω으로 고정이다.

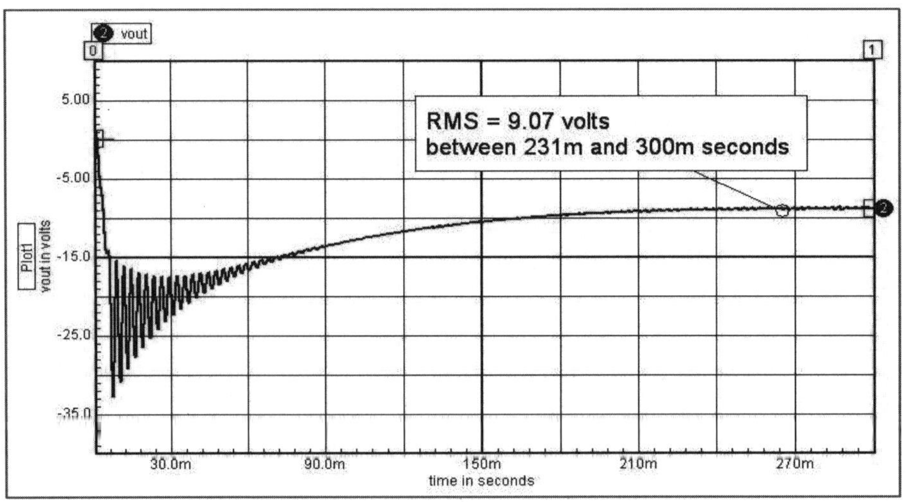

▌ 그림 5.4(a) 시비율의 변화에 따른 개루프 시뮬레이션 결과(R_{fb} : 45kΩ, $D=0.412$) ▌

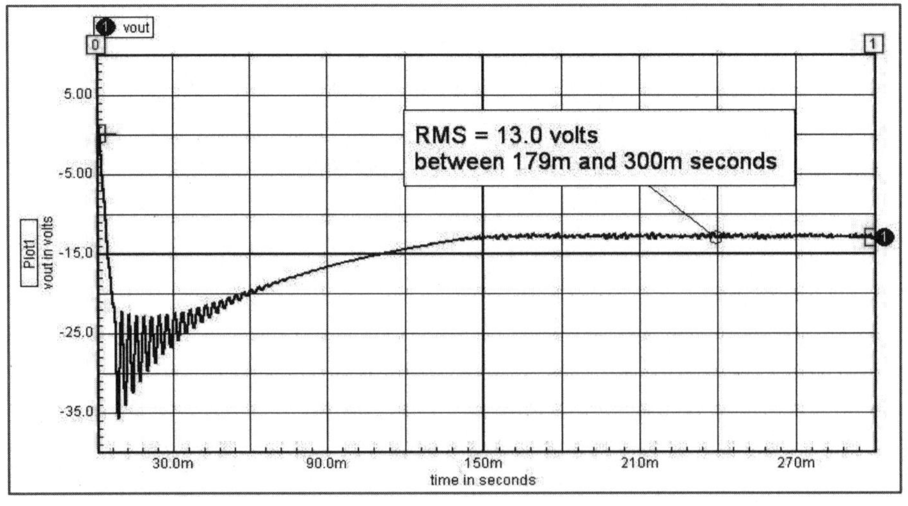

▌ 그림 5.4(b) 시비율의 변화에 따른 개루프 시뮬레이션 결과(R_{fb} : 46kΩ, $D=0.491$) ▌

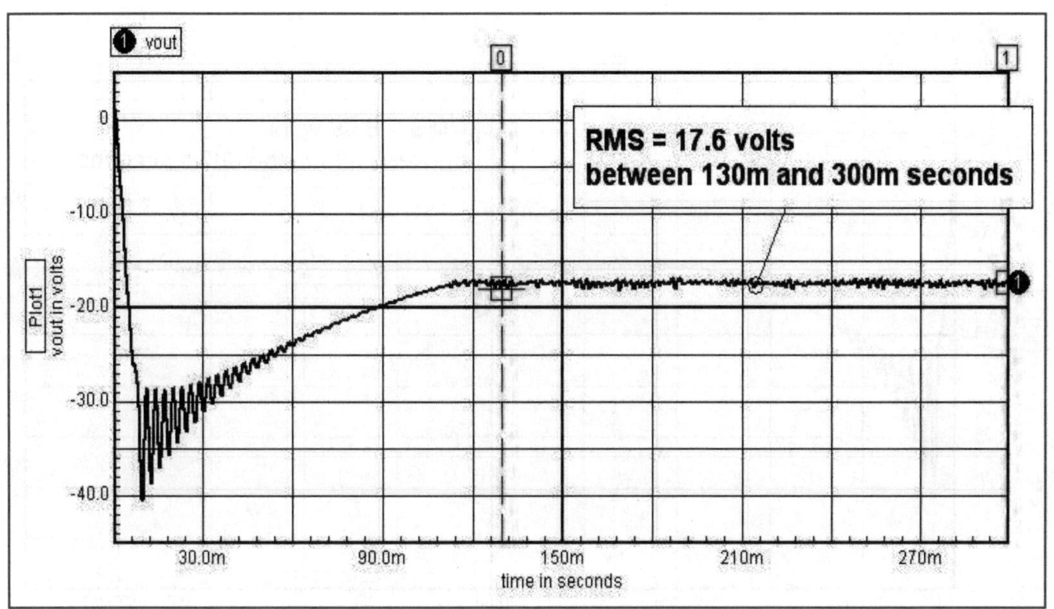

❚ 그림 5.4(c) 시비율의 변화에 따른 개루프 시뮬레이션 결과(R_{fb} : 47kΩ, $D=0.584$) ❚

④ 그림 5.5(a)~(c)는 부하 저항의 변화에 따른 출력 전압 파형이다. R_{fb}의 저항값은 45kΩ으로, D는 0.412로 고정한다.

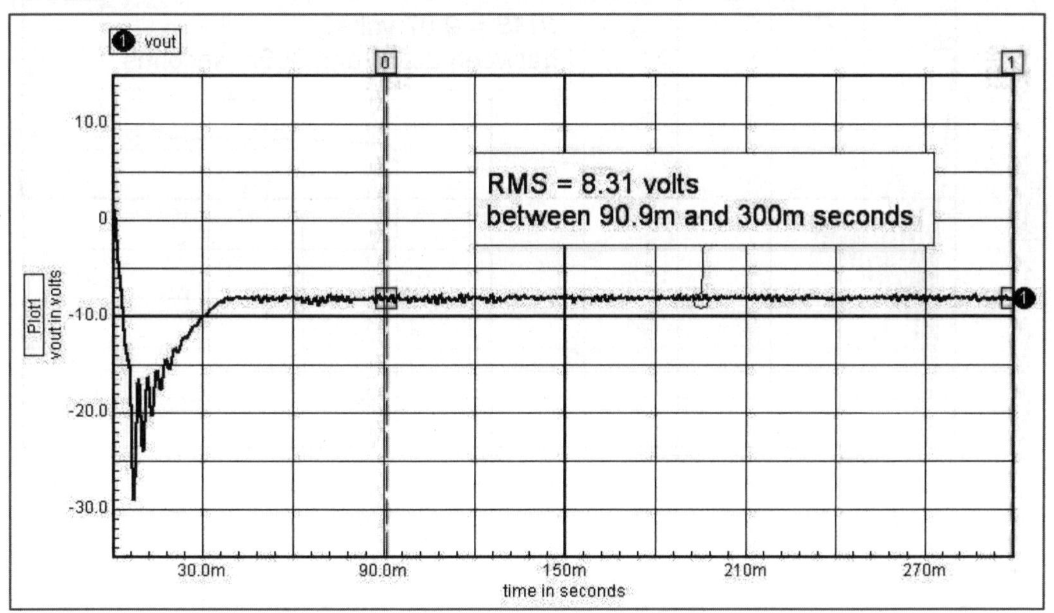

❚ 그림 5.5(a) 부하 저항의 변화에 따른 출력 전압(R_{load} : 12Ω) ❚

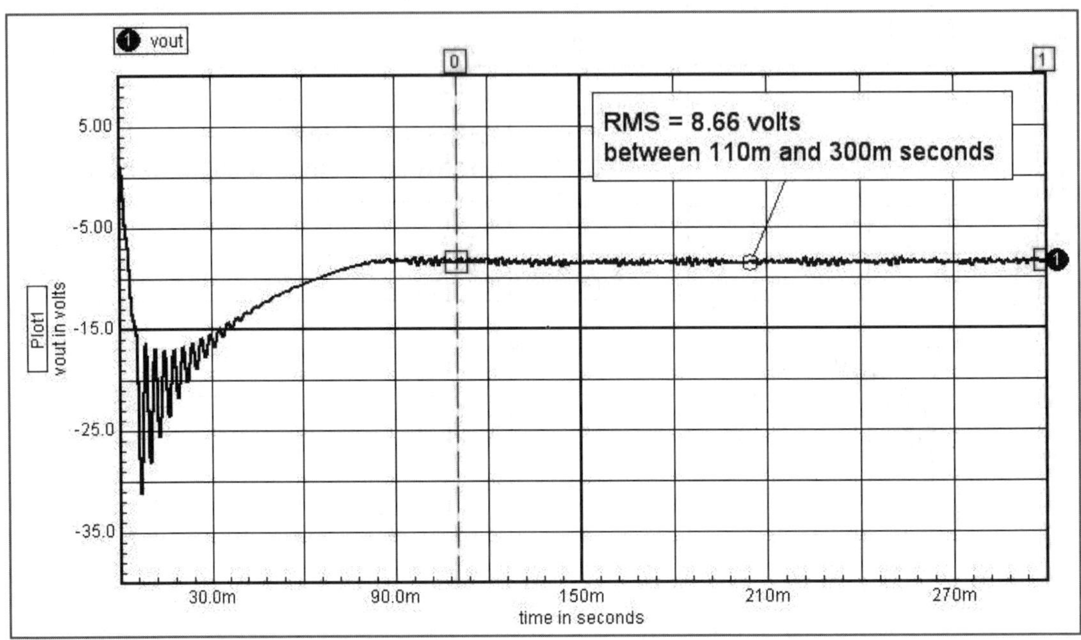

▮ 그림 5.5(b) 부하 저항의 변화에 따른 출력 전압(R_load : 25Ω) ▮

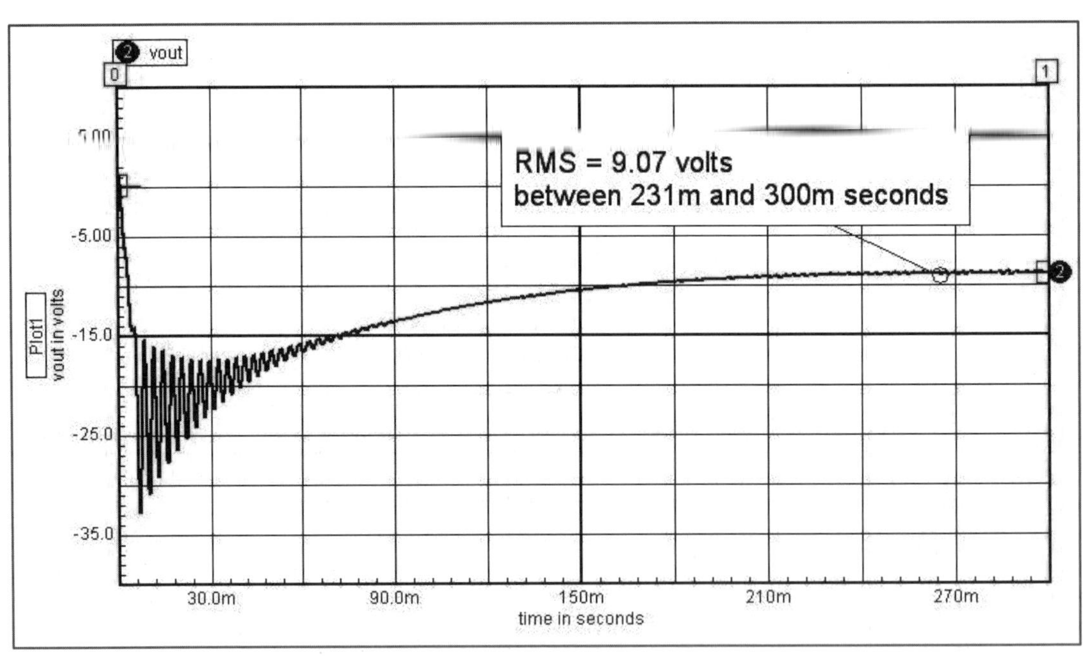

▮ 그림 5.5(c) 부하 저항의 변화에 따른 출력 전압(R_load : 50Ω) ▮

⑤ 출력 전압 그래프를 확인해보면 Buck-boost와 마찬가지로 반전이 되어 나오는 것을 확인할 수 있으며, 부하 저항값이 변하면서 생기는 부하 특성의 변화가 다소 크지는 않지만 출력 전압에 영향을 미치는 것을 확인할 수 있다.

 폐루프(Closed Loop) 시뮬레이션

(1) 회로 구성

개루프 Ćuk Converter의 시뮬레이션에 이어서 출력 전압을 피드백시켜 제어 루프를 구성한 폐루프 Ćuk Converter의 시뮬레이션을 진행한다. 그림 5.6에 그 회로를 나타낸다.

스위치의 구동을 원활히 하기 위하여 PWM 모듈과 MOSFET 사이에 'IXDD409' Driver IC를 추가하였다.

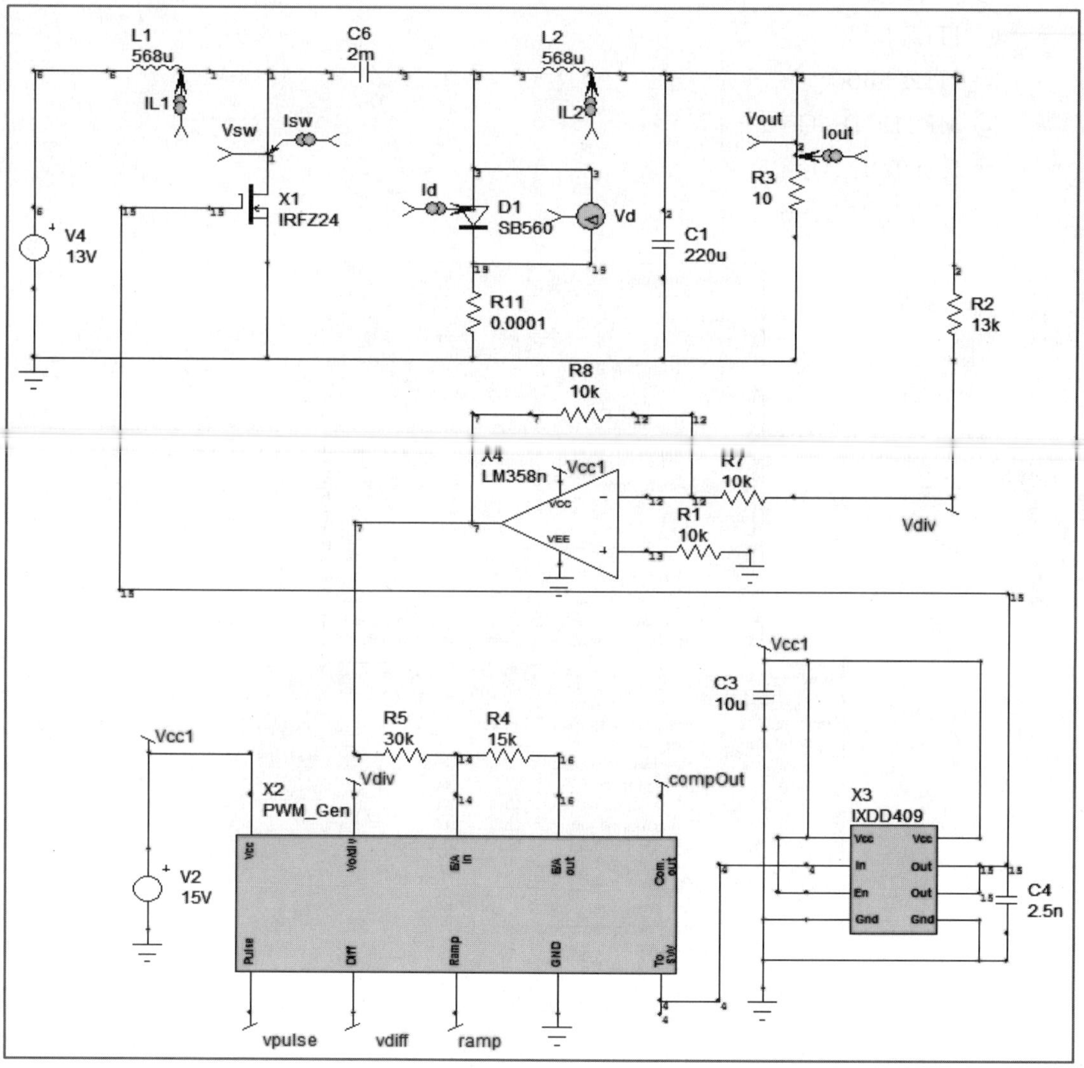

▌ 그림 5.6 시뮬레이션을 위한 폐루프 회로 구성 ▌

(2) 시뮬레이션 환경 설정

시뮬레이션 환경 설정은 아래 그림 5.7을 참고하여 설정한다.

① Transient Analysis

    ㉠ Data Step Time : lu

    ㉡ Total Analysis Time : 100m

    ㉢ UIC : Check

② Simulation Options

    ㉠ ITL1 : 300

    ㉡ ITL2 : 200

    ㉢ ITL4 : 500

    ㉣ METHOD : Gear

    ㉤ RELTOL : 0.005

    ㉥ VNTOL : IE−6

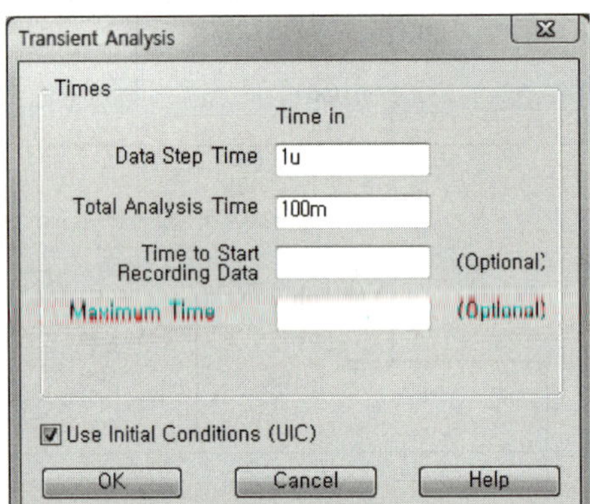

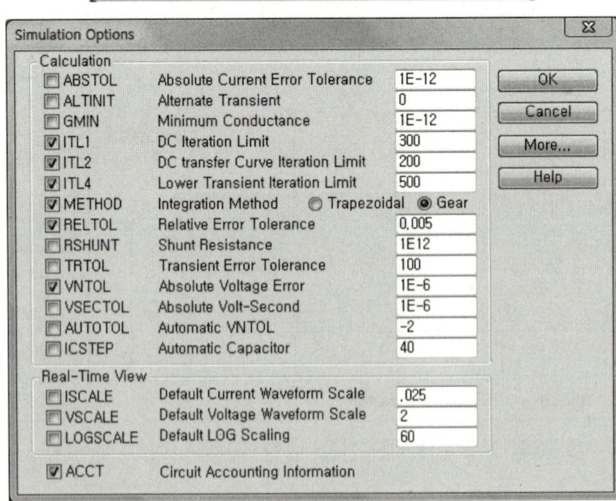

┃ 그림 5.7 Transient Analysis & Simulation Options 설정 창 ┃

(3) 시뮬레이션 결과

① 그림 5.8(a)~(d)는 $V_i = $ DC 13V, $V_o = 14.8$V, $I_o = 1.48$A, $f_s = 33$kHz, $D = 0.534$ 의 조건에서 출력 전압 파형 및 컨버터 각 부의 파형이다. 각 부의 전압, 전류의 값이 예상치와 일치한 결과를 보이고 있다.

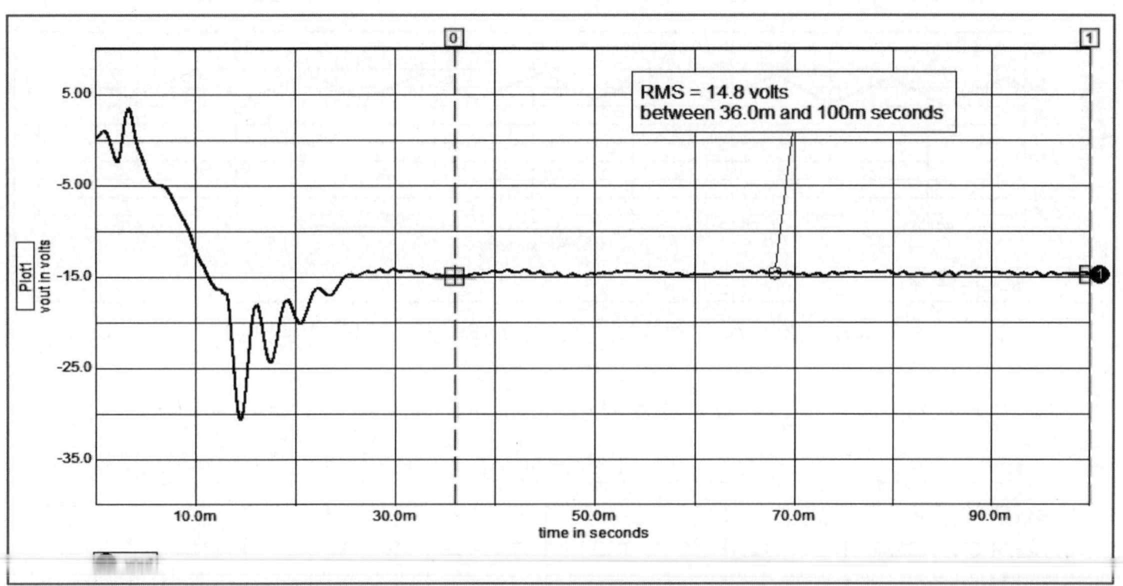

‖ 그림 5.8(a) Ćuk Converter의 출력 파형 ‖

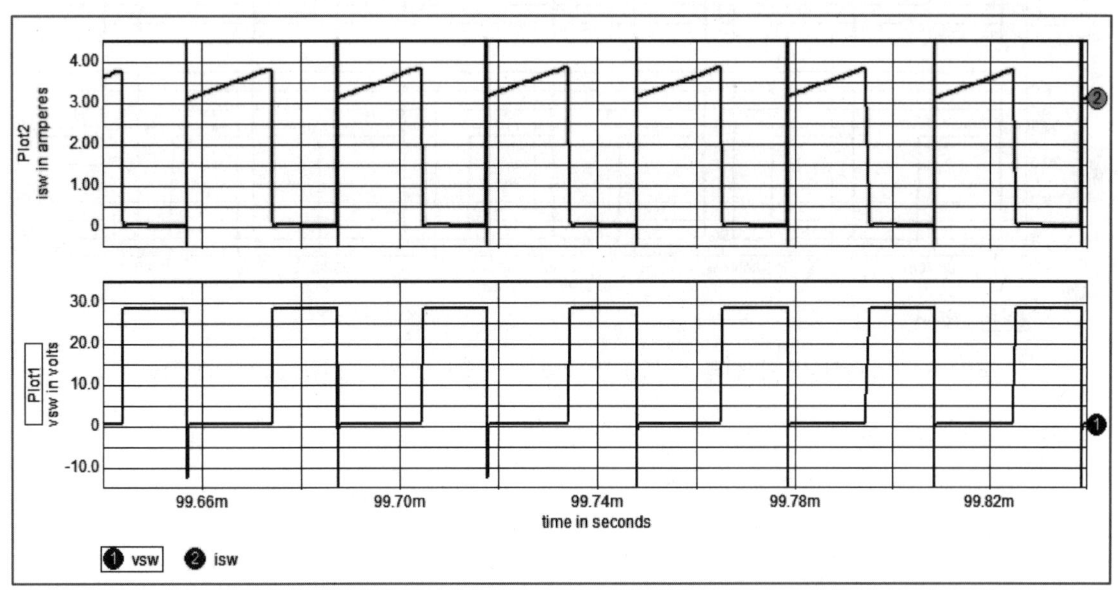

‖ 그림 5.8(b) 스위치 전류(위) 및 스위치 양단의 전압(아래) ‖

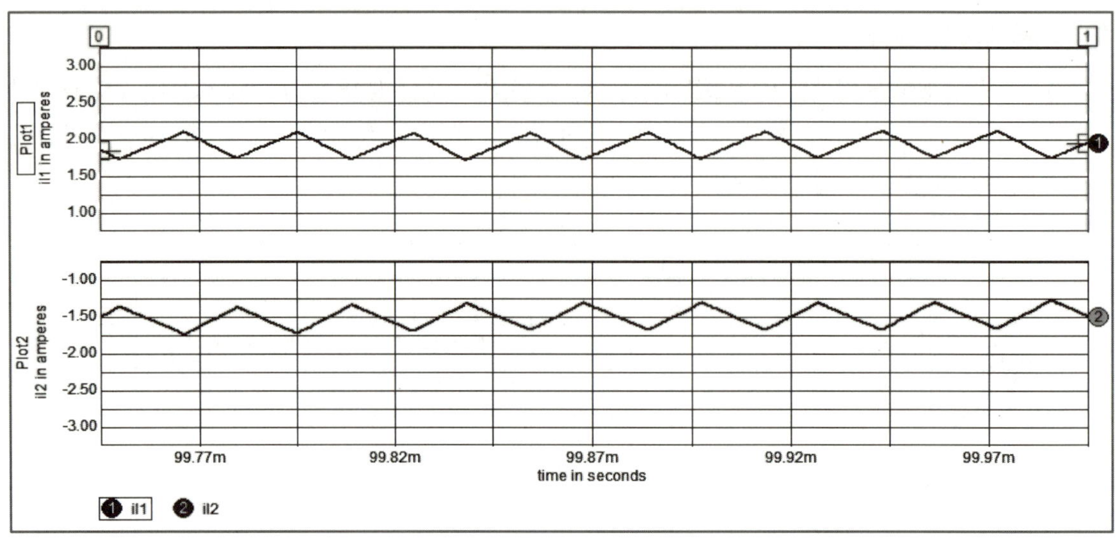

▌ 그림 5.8(c) L_1의 전류 i_{L_1}(위) 및 L_2의 전류 i_{L_2}(아래) 파형 ▌

② L_2의 전류 i_{L_2}는 i_{L_1}과 극성이 반대이기 때문에 파형이 반전되어 출력된다.

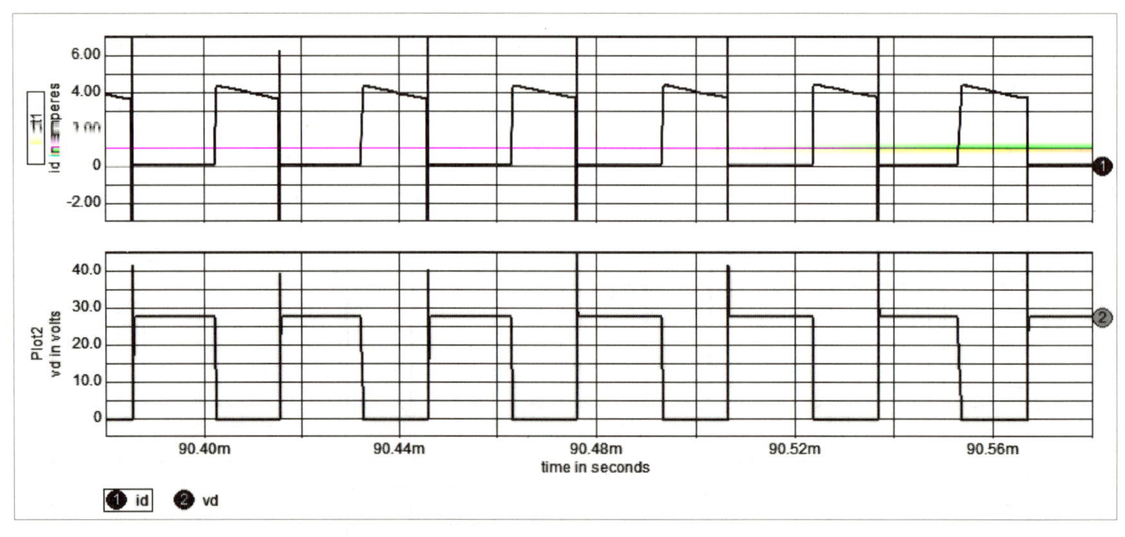

▌ 그림 5.8(d) 다이오드의 전류 i_D(위) 및 환류 다이오드 양단의 전압 v_D(아래) 파형 ▌

③ 그림 5.9와 그림 5.10은 Load 및 Line Regulation의 특성을 나타낸다. 부하 전류
와 입력 전압의 변화에 대하여 출력 전압이 일정한 값으로 잘 제어되고 있음을 확
인할 수 있다.

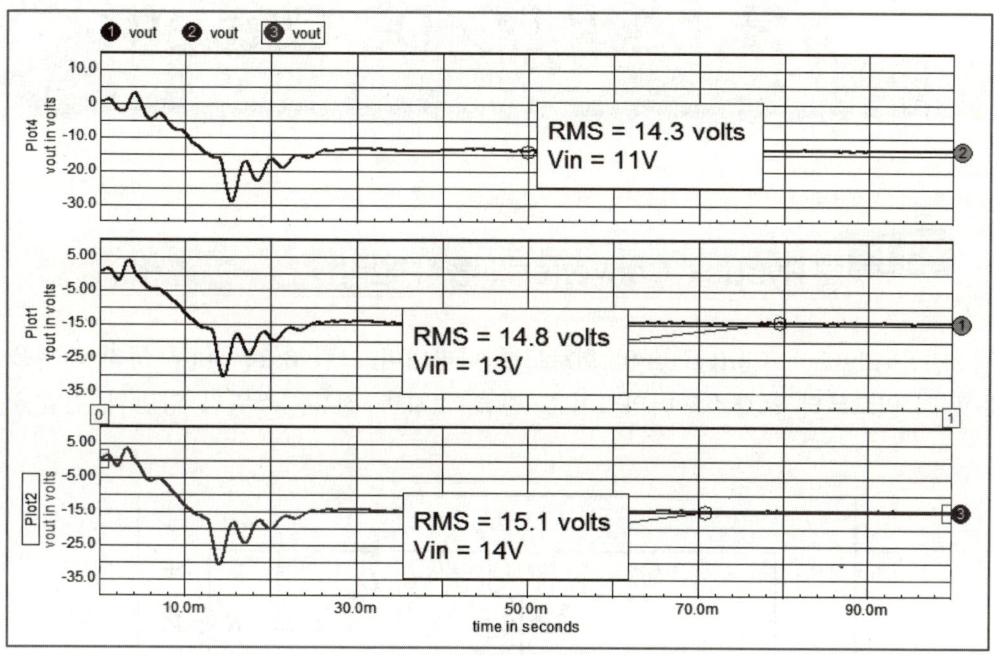

▌ 그림 5.9 Load Regulation ▌

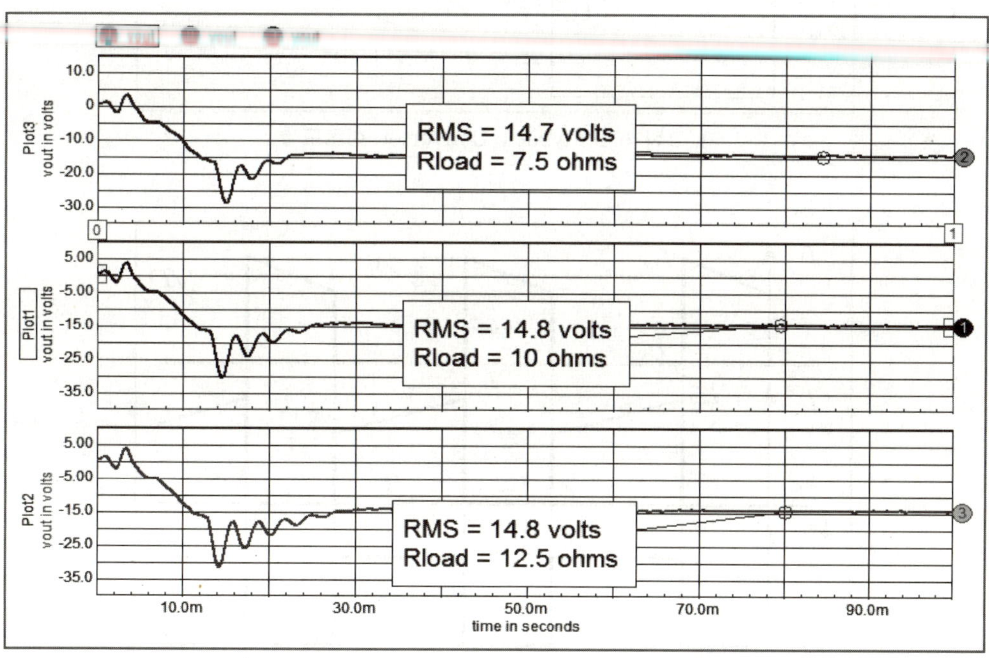

▌ 그림 5.10 Line Regulation ▌

01 Flyback Converter의 동작 원리

그림 6.1은 Flyback Converter의 회로도를 나타내며 그림 6.2는 내부 동작 파형을 도시한 것이다. 위로부터 트랜스포머의 1차측 전류, 2차측 전류, 스위치 양단의 전압을 나타낸다.

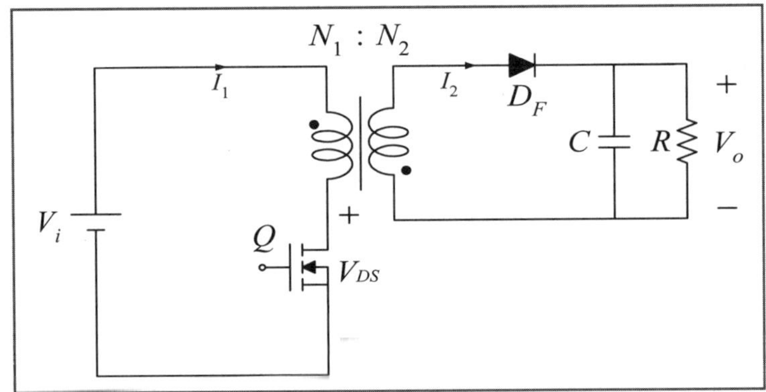

┃ 그림 6.1 Flyback Converter 회로도 ┃

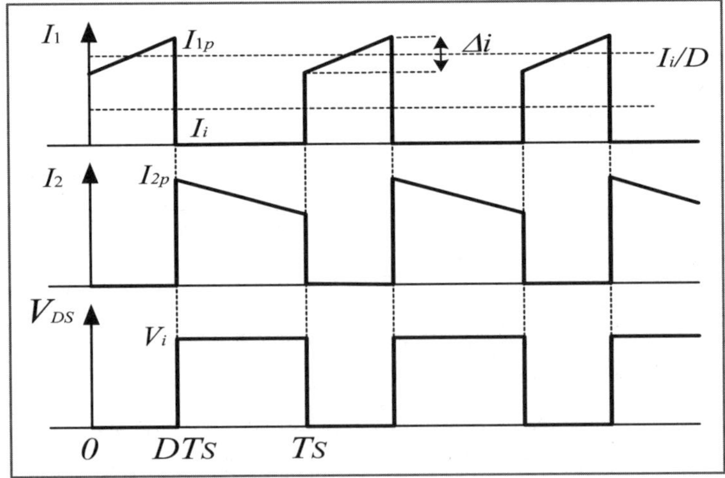

┃ 그림 6.2 Flyback Converter의 내부 동작 파형 ┃

Flyback Converter의 동작 특성은 Buck-boost Converter와 기본 동작이 동일하다. 그림 6.2를 참조하여 Converter의 동작을 살펴보면 우선 스위치 Q가 도통되면 트랜스포머의 1차측으로 전류가 흐르게 되고 2차측 권선에는 흑점의 방향에 의해 1차측과 반대 극성의 전압이 유도되어 다이오드 D_F는 차단된다.

따라서 2차측 권선에는 전류가 흐르지 않고 1차측 권선으로만 전류가 흘러 자화 인덕턴스에 의해 에너지가 축적된다.

다음 스위치 Q가 차단되면 2차측 권선에는 전 상태와 반대 극성의 전압이 유도되어 다이오드 D_F가 도통되고 트랜스포머의 자화 인덕턴스에 의하여 축적된 에너지가 출력으로 방출된다.

Flyback Converter의 출력 전압은 $V_o = \dfrac{N_2}{N_1}\dfrac{D}{1-D}V_i$로 구해진다. 이는 Buck-boost의

관계식인 $V_o = \dfrac{D}{1-D}V_i$와 비교하면 트랜스포머의 권선비만 추가된 형태임을 알 수 있다.

또 한 가지 주목해야 할 점은 이 컨버터의 트랜스포머는 절연과 출력 전압 크기 조절의 역할뿐 아니라 자화 인덕턴스에 의한 필터의 역할도 겸하고 있다는 것이다.

따라서 경제적인 면에서 고려할 때 실제 응용에 많이 사용되는 컨버터 회로이다.

Flayback Converter의 기본 설계식은 표 6.1과 같다.

┃ 표 6.1 Flyback DC-DC Converter의 기본 설계식 ┃

항목	설계식	비고
Transformer	$L_1 = \dfrac{V_{i\min}D_{\max}T_S}{\Delta i}, \ \Delta i = 2\left(I_{1p} - \dfrac{I_i}{D}\right)$ $N_1 = \dfrac{L \cdot I_{1p}}{A_e \cdot B_m}, \ N_2 = \dfrac{D_{\min}' V_o N_1}{D_{\max} V_{i\min}}$	
주스위치	$I_{1p} = \dfrac{I_{i\max}}{D} + \dfrac{\Delta i}{2}, \ V_{DS\max} = \dfrac{N_1}{N_2}V_o + V_{i\max}$	L_1 : 1차측 인덕턴스 B_m : 최대 자속 밀도 A_e : 코어의 유효 면적 I_{1p} : 스위치 전류의 최대치 I_{2p} : 다이오드 전류의 최대치 D' : $1-D$
환류 다이오드	$I_{2p} = \dfrac{I_{o\max}}{D'} + \dfrac{N_1 \Delta i}{2N_2}, \ V_{D\max} = V_o + \dfrac{N_2 V_{i\max}}{N_1}$	
출력 커패시터	$C = \dfrac{V_o D}{\Delta v_o f_S R}, \ I_{crms} = \sqrt{D\left(\dfrac{I_{o\max}}{D'} - I_{o\max}\right)^2 + D' I_{o\max}^2}$	

02 Flyback Converter의 시뮬레이션

개루프 회로의 시뮬레이션은 동일 종류의 비절연형 컨버터인 Buck–boost Converter 실습에서 이미 수행하였으므로 여기서는 폐루프 시뮬레이션을 중심으로 수행하는 것으로 한다.

(1) 회로 구성

그림 6.3은 폐루프 시뮬레이션을 위한 회로 구성을 나타낸다.

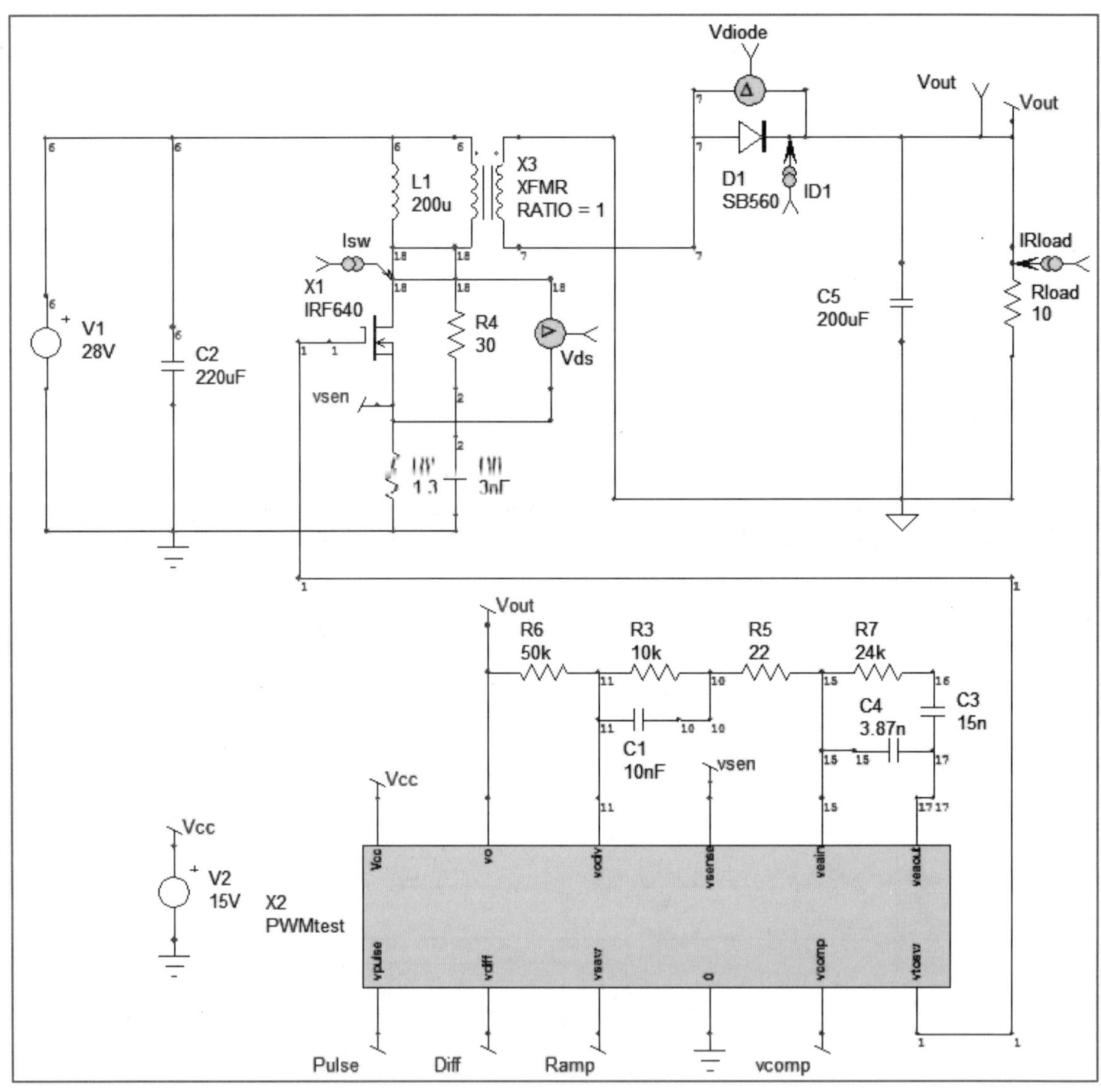

┃ 그림 6.3 시뮬레이션을 위한 회로 구성 ┃

① 'Part　Browser' 창에서 'XFMR'로 검색하여 Transformer를 배치하고 그림 6.4를 참고하여 턴비를 설정한다(Ratio : 1).

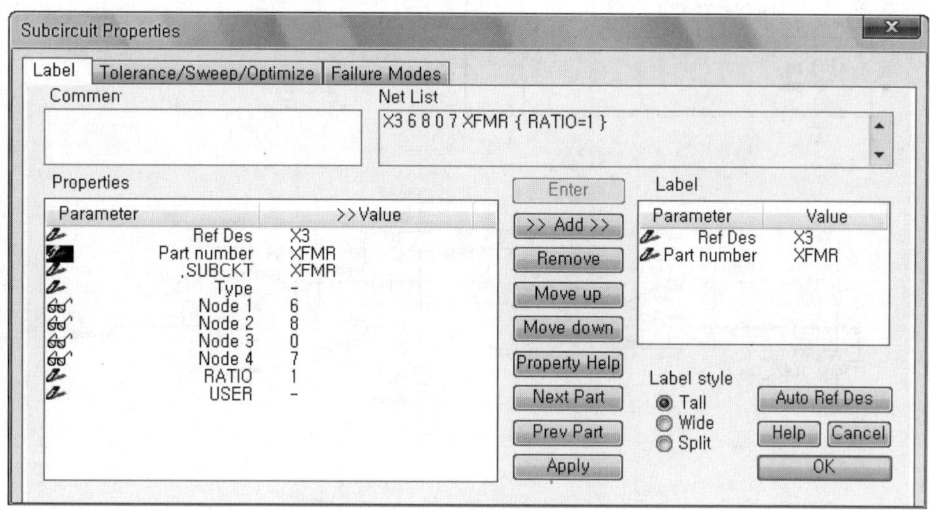

▌ 그림 6.4 Transformer 설정 ▌

② Flyback　Converter 회로에 쓰인 PWM 모듈은 기존의 것에 과전류 보호 회로와 과전압 보호 회로를 추가한 것으로 내부 회로는 그림 6.5와 같다.

지원하지 않는 소자는 대체 소자를 사용했으며 Subdrawing의 구성 방법은 1절에서 설명하였으므로 여기서는 생략하기로 한다.

③ 그림 6.5와 같이 과전류 보호 회로와 과전압 보호 회로가 추가된 PWM 모듈을 다시 작성한다.

작성이 완료가 되면 이 회로를 모듈화 하도록 한다. 모듈화하는 방법은 1절 PWM 회로 마지막 부분을 참고하기 바란다.

> **참고** Buck Converter 또는 PWM 회로에서 만들었던 모듈을 open하여 회로 전체를 복사한 뒤 새로운 도면창을 만들어서 붙여 넣기를 하고 과전류 보호 회로와 과전압 보호 회로 부분만 작성하여도 된다.

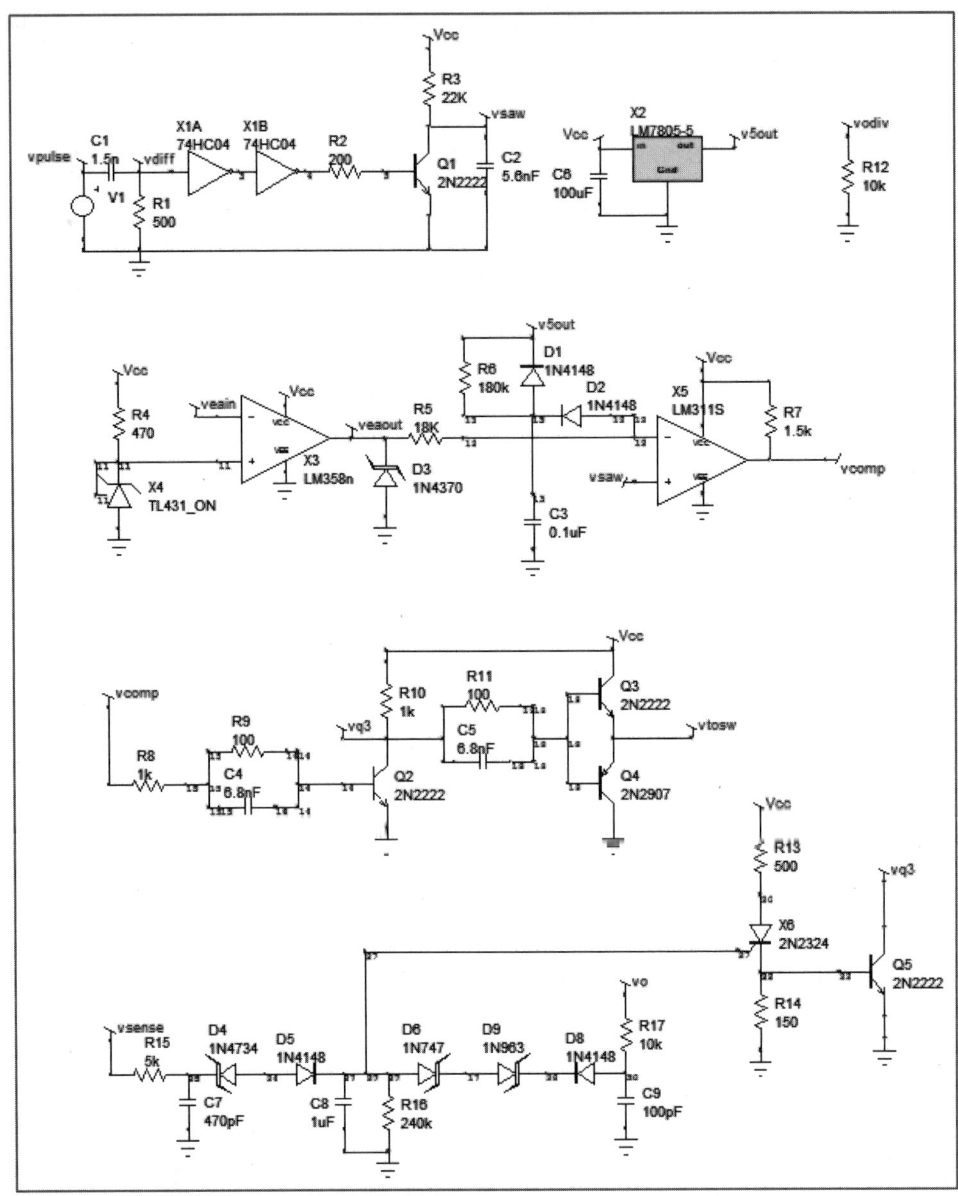

┃ 그림 6.5 PWM 모듈의 내부 회로도 ┃

(2) 시뮬레이션 환경 설정

그림 6.6을 참고하여 Flyback Converter의 시뮬레이션에 대한 환경을 설정한다.

① Transient Analysis
   ㉠ Data Step Time : 300n
   ㉡ Total Analysis Time : 30m
   ㉢ UIC : Check

② Simulation Options

  ㉠ ITL4 : 300

  ㉡ METHOD : Gear

  ㉢ RELTOL : 0.002

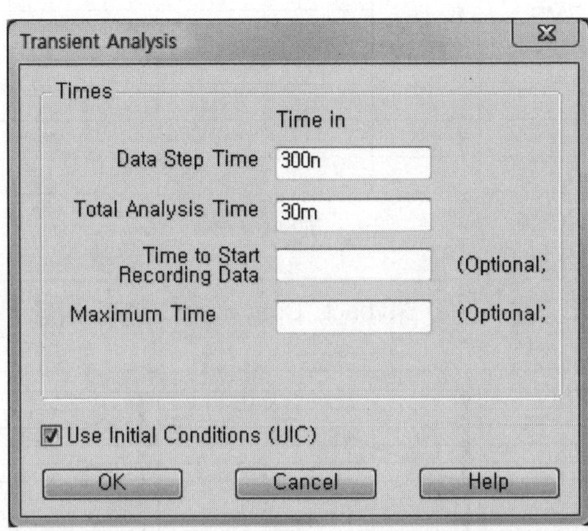

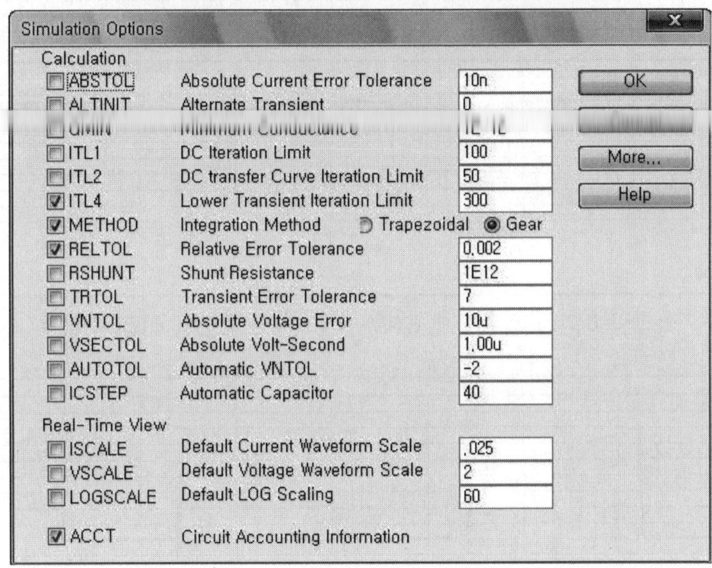

┃ 그림 6.6 Transient Analysis & Simulation Options 설정 창 ┃

(3) 시뮬레이션 결과

① 그림 6.7(a)~(c)는 Flyback Converter의 시뮬레이션 결과를 보여주고 있다. 각 내부 파형의 측정 조건은 V_i=DC 28V, V_o=15V, I_o=1.5A, f_s=33kHz, D=0.359 이다. 출력 전압과 각 부의 전압, 전류 파형이 예상치와 일치한 결과를 보이고 있다.

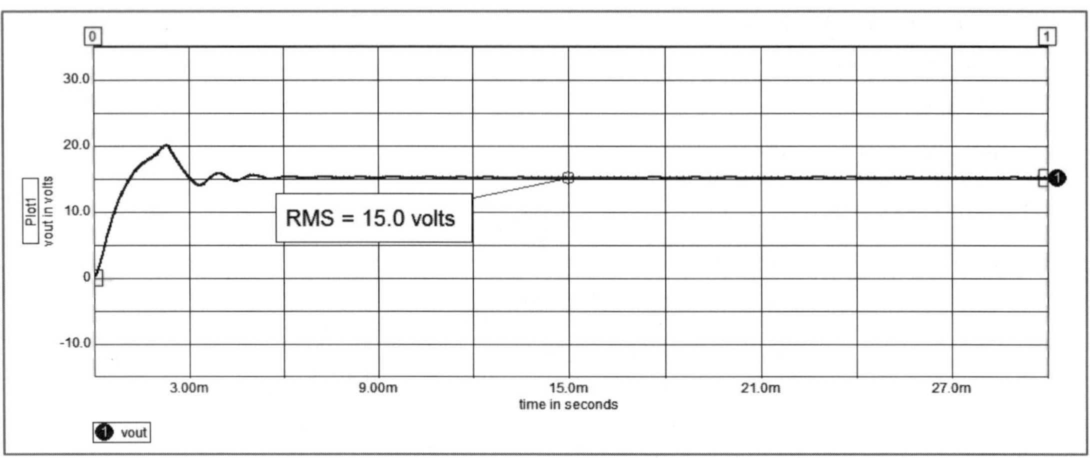

▌ 그림 6.7(a) Flyback Converter의 출력 파형 ▌

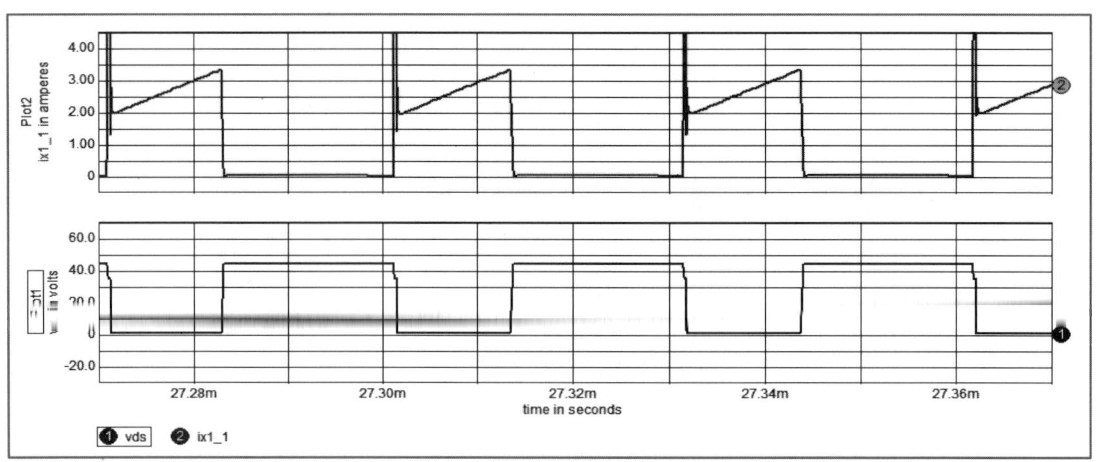

▌ 그림 6.7(b) 스위치 전류(위) 및 스위치 양단의 전압(아래) ▌

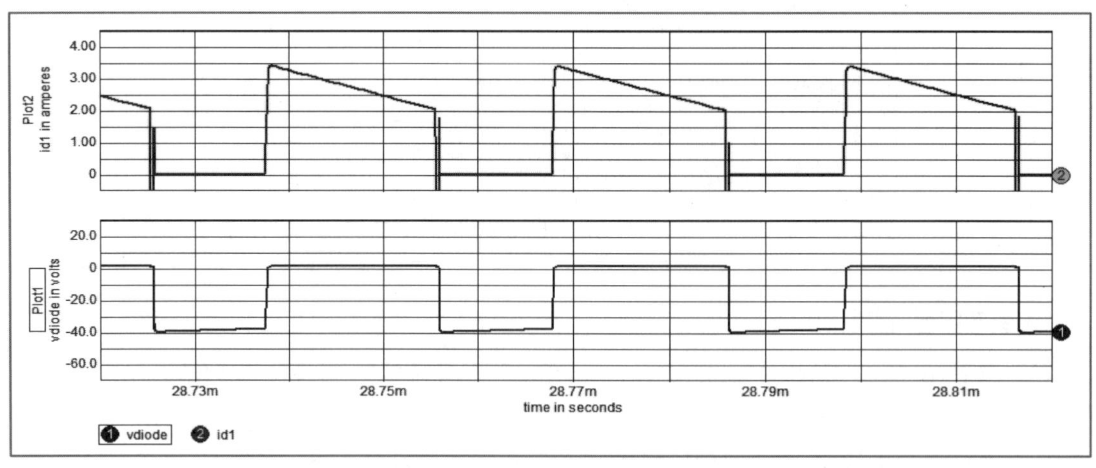

▌ 그림 6.7(c) 다이오드 전류(위) 및 다이오드 양단의 전압(아래) ▌

② 그림 6.8과 그림 6.9는 회로의 출력에 대한 Load 및 Line Regulation의 특성을 보여주고 있으며 부하와 입력 전압이 변해도 출력 전압이 일정한 값을 잘 유지하고 있음을 알 수 있다.

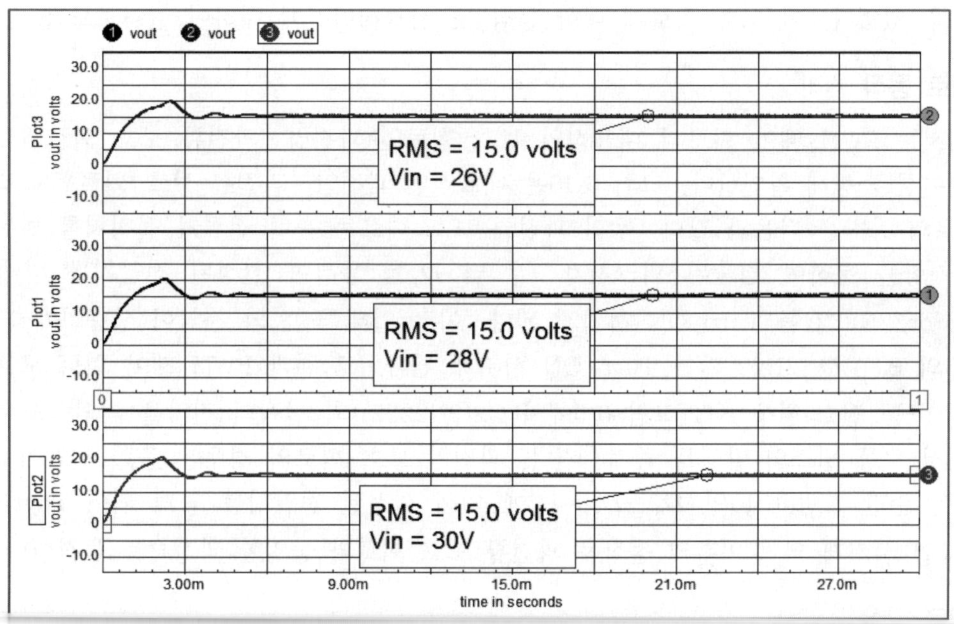

▌ 그림 6.8 Load Regulation ▌

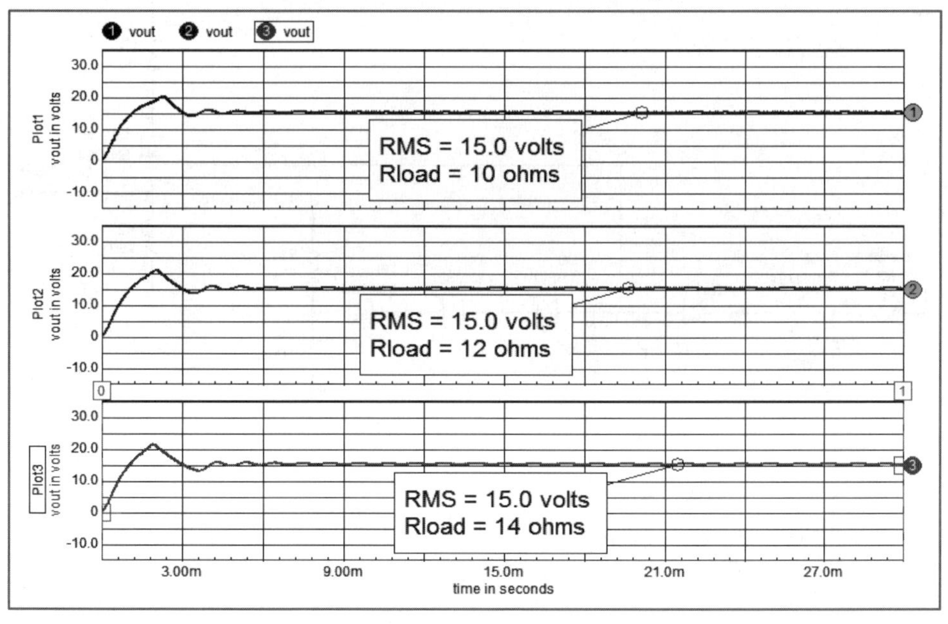

▌ 그림 6.9 Line Regulation ▌

03 보호 회로의 시뮬레이션

그림 6.5에서 우리는 PWM 모듈에 과전압 및 과전류 보호 회로가 추가되어 있는 것을 확인할 수 있었다. 이 보호 회로에 대한 동작 및 시뮬레이션에 대하여 알아보도록 한다.

(1) 회로 동작 원리

여기서는 PWM 제어 회로의 대표적인 보호 회로인 과전압·과전류 보호 회로의 동작을 시뮬레이션을 통해 확인한다. 그림 6.10은 대표적인 과전압·과전류 보호 회로를 나타낸다. 이 회로의 동작은 다음과 같다. 우선 과전류 보호 회로는 출력 전류가 설정치를 넘는 순간 검출 저항을 통하여 검출된 피크치가 D_1 및 D_4를 통하여 설정된 전압치를 넘게 되어 Thyristor 2N2324를 Turn ON 시키게 된다. 이로 인해 V_{base}의 전압이 상승하게 되고 그림 6.5의 BJT Q_3(2N2222)를 Turn ON 시키게 된다. 그 결과 PWM 제어 회로 모듈의 주 스위치 구동 펄스 발생 BJT(그림 6.5에서 Q2(2N2222))의 컬렉터 전압을 거의 0으로 떨어뜨리면서 구동 펄스의 발생을 중지시킨다. 과전압 보호 회로의 경우는 출력 전압이 설정치를 넘는 순간 그림 6.10의 D_6, D_8, D_9에 의해 설정된 전압치를 넘게 되어 Thyristor를 Turn ON 시키게 되며 이후의 동작은 과전류 보호 회로와 동일한 과정으로 동작한다.

(2) 회로 구성

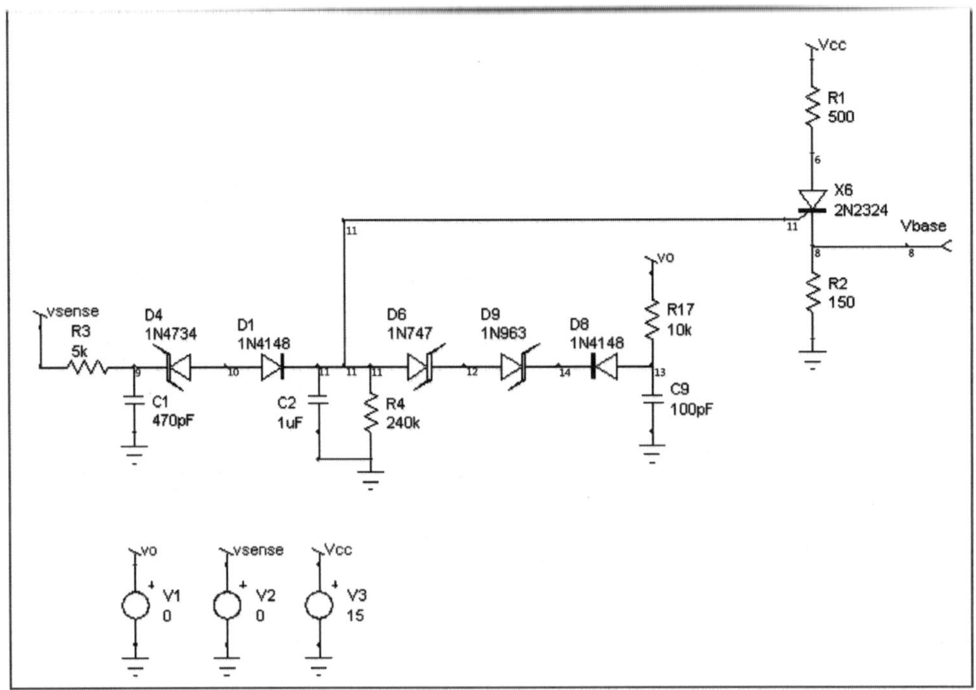

┃ 그림 6.10 과전류 및 과전압 보호 회로의 회로도 ┃

회로 구성에 있어서 과전압과 과전류 상황을 만들기 위하여 V_1과 V_2, 2개의 전압원을 이용하도록 한다. V_1과 V_2의 DC 값은 0V로 설정한다.

(3) 시뮬레이션 환경 설정

① 시뮬레이션은 DC Sweep Analysis를 사용하며 과전압 상황과 과전류 상황에 대해 각각 시뮬레이션을 수행한다.

② 과전압 보호 회로의 시뮬레이션을 위하여 그림 6.11(a)와 같이 설정하고 시뮬레이션을 실행한 뒤, 이에 대한 결과를 확인한다.

   ㉠ Source : V_1

   ㉡ Start : 0

   ㉢ End : 20

   ㉣ Step : 0.1

③ 과전류 보호 회로의 시뮬레이션을 위하여 그림 6.11(b)와 같이 설정하여 시뮬레이션을 실행한 뒤, 이에 대한 결과를 확인한다.

   ㉠ Source : V_2

   ㉡ Start : 0

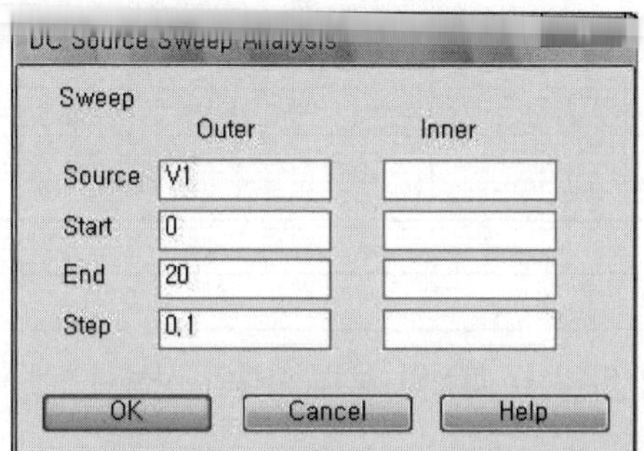

▌ 그림 6.11(a) 과전압 보호 회로를 위한 설정 ▌

▌ 그림 6.11(b) 과전류 보호 회로를 위한 설정 ▌

ⓒ End : 10

ⓒ Step : 0.1

④ 시뮬레이션을 실행시키면 DC Sweep에 대한 해석 결과가 나타나게 된다.

(4) 시뮬레이션 결과

그림 6.12(a)~(b)는 과전압·과전류 보호 회로에 대한 시뮬레이션 결과 파형이다.

우선 6.12(a)의 결과에서 x축은 그림 6.10에서 v_o의 전압에 해당하고 y축은 Thyristor의 저항 R_2 양단의 전압 V_{base}에 해당한다. 그리고 v_o가 과전압 설정 포인트인 18.2V를 초과하는 순간 이 과전압 보호 회로가 작용하여 Thyristor를 Turn ON 시킴으로서 V_{base} 전압이 High가 되는 결과를 보여주고 있다. 그림 6.12(b)의 결과는 전류를 검출하는 V_{sense} 전압이 과전류 설정 포인트인 7.2V를 초과하는 순간 Thyristor를 Turn ON 시켜 V_{base} 전압이 High가 되는 결과를 보여주고 있다.

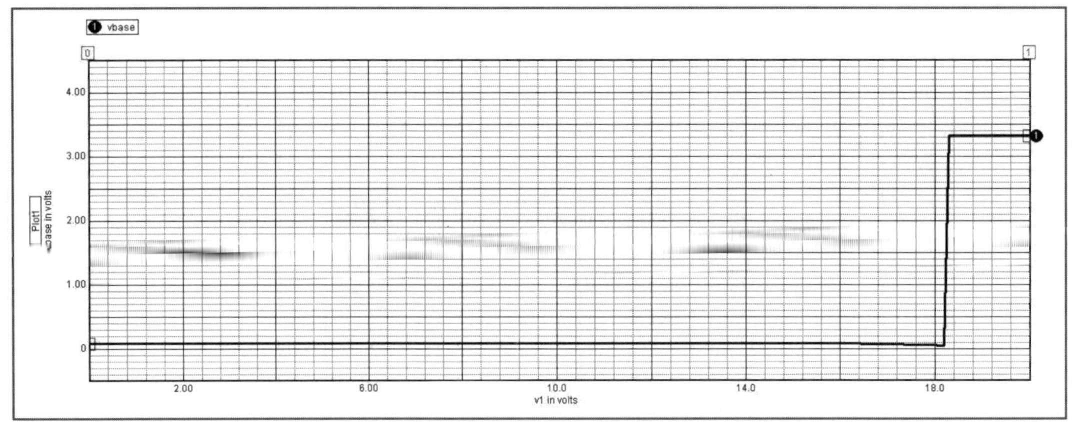

▌그림 6.12(a) 과전압 보호 회로의 시뮬레이션 결과 ▌

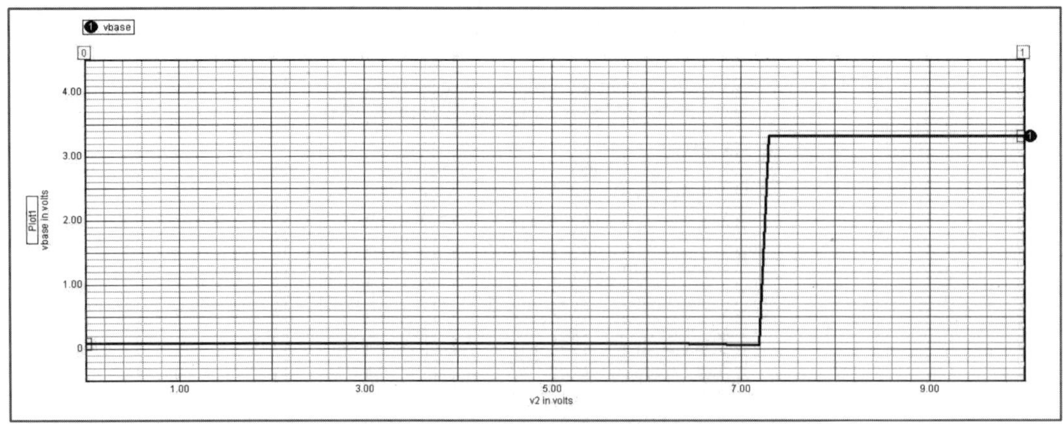

▌그림 6.12(b) 과전류 보호 회로의 시뮬레이션 결과 ▌

04 Flyback 컨버터에 적용한 과전류 보호 회로의 동작 시뮬레이션

앞에서 시뮬레이션을 통해 확인한 보호 회로의 동작을 Flyback Converter에 적용하여 그 동작을 확인하도록 한다.

(1) 회로 구성

① 그림 6.13은 Flyback 컨버터에 적용한 과전류 보호 회로 시뮬레이션을 위한 회로도를 나타낸다. 이 회로는 그림 6.3의 회로도에 과전류를 발생시키기 위하여 추가적으로 부하 저항(R_9)과 스위치(S_1)를 배치했다. 스위치는 회로 작성 창 Menu에서 'Parts' → 'Passive' → 'Switch V control'을 클릭하거나 단축키 'S'를 입력하면 배치된다.

② 저항(R_9)은 스위치(S_1)에 의하여 연결이 되며 스위치의 Turn ON은 스위치 양단의 전압 설정으로 결정된다. 스위치가 ON이 되는 순간 Flyback컨버터에 과전류가 흐르게 된다.

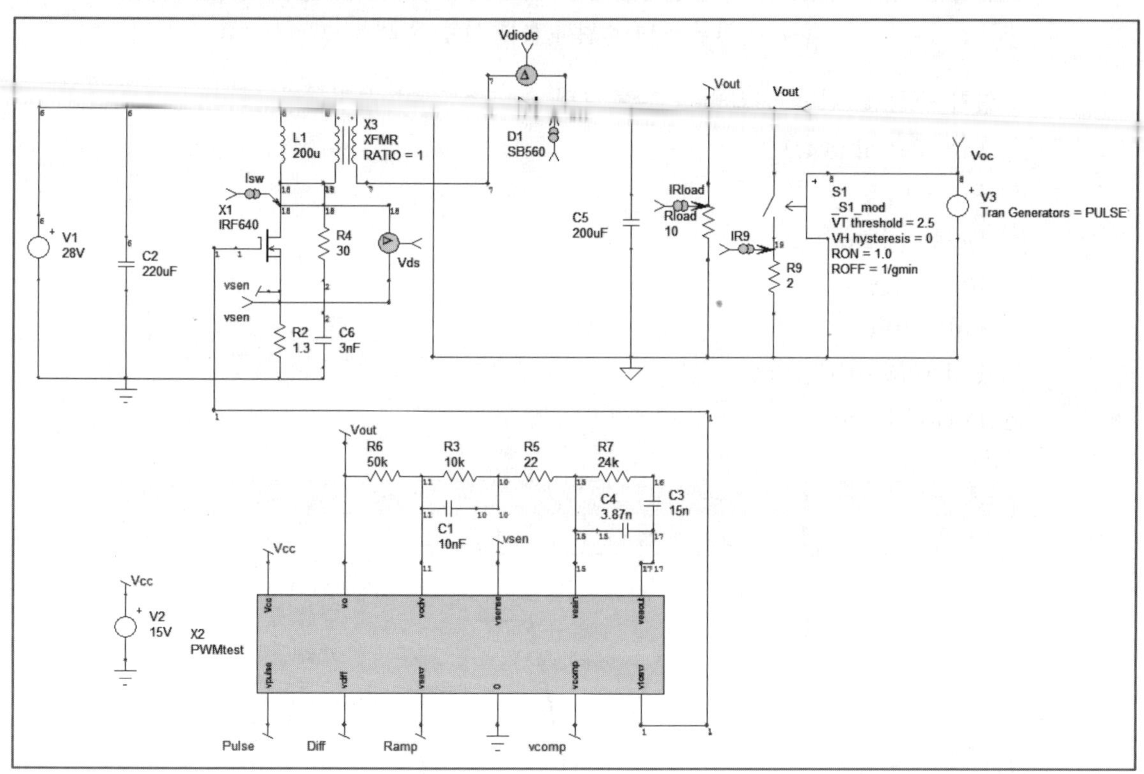

그림 6.13 과전류 보호 회로 시뮬레이션을 위한 회로도

③ 스위치의 설정은 그림 6.14와 같이 설정한다.

　㉠ VT threshold : 2.5

　㉡ VH hysteresis : 0

　㉢ RON : 1.0

　㉣ ROFF : 1/gmin

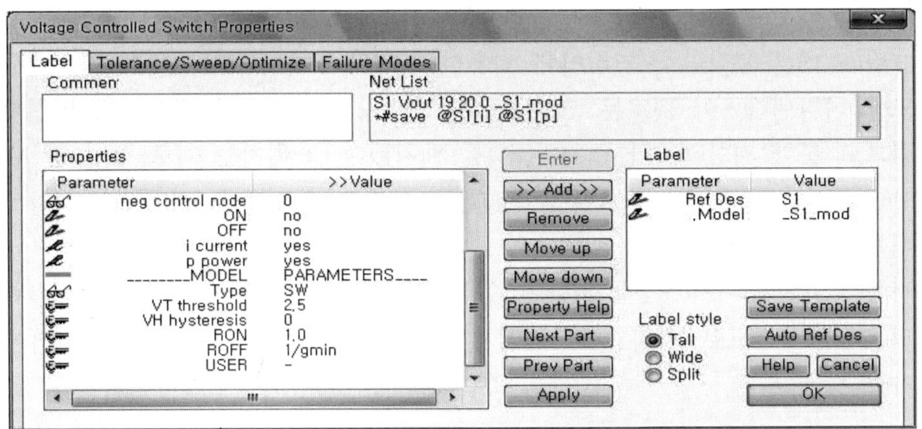

■ 그림 6.14 스위치 속성 설정 창 ■

④ 스위치 구동을 위한 전압원(V_3)은 그림 6.15와 같이 설정한다.

　㉠ Initial Value : 0

　㉡ Pulsed : 5

　㉢ Delay : 10m

　㉣ Rise : 10n

　㉤ Fall : 10n

　㉥ Pulse Width : 10m

　㉦ Period : 20m

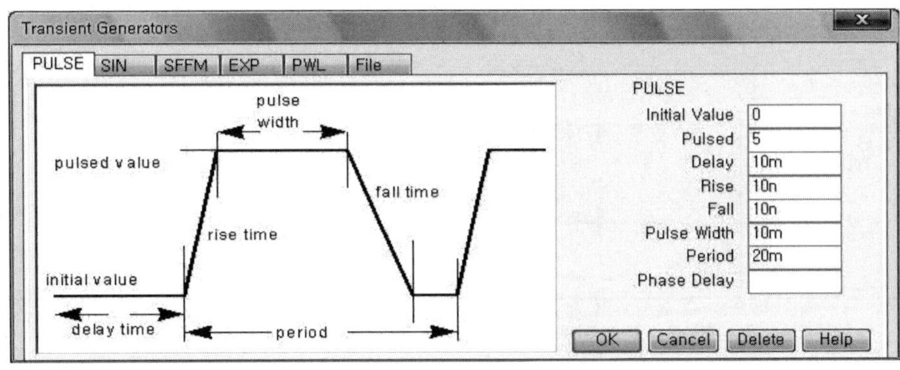

■ 그림 6.15 스위치 구동을 위한 전압원(V_3)의 설정 ■

(2) 시뮬레이션 환경 설정

Transient Analysis 조건은 그림 6.16을 참고하여 설정한다.

① Data Step Time : 300n

② Total Analysis Time : 30m

③ UIC : Check

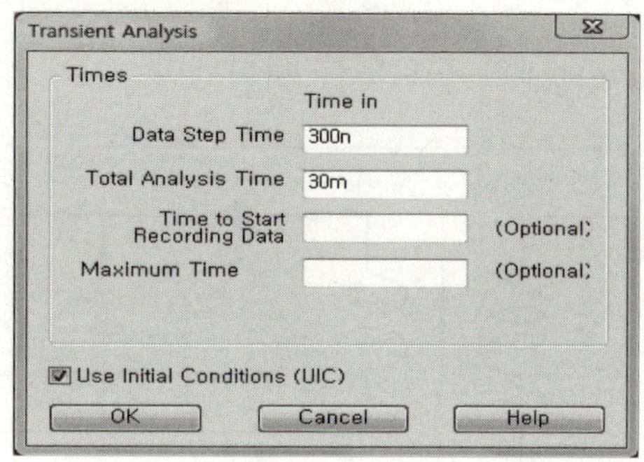

▌그림 6.16 Transient Analysis 설정 창 ▌

(3) 시뮬레이션 결과

① 그림 6.17은 과전류 발생 시 시뮬레이션 결과이다. 상단의 파형은 Flyback 컨버터의 출력 전압을 나타내며 하단의 파형은 V_3의 전압 파형을 나타낸다.

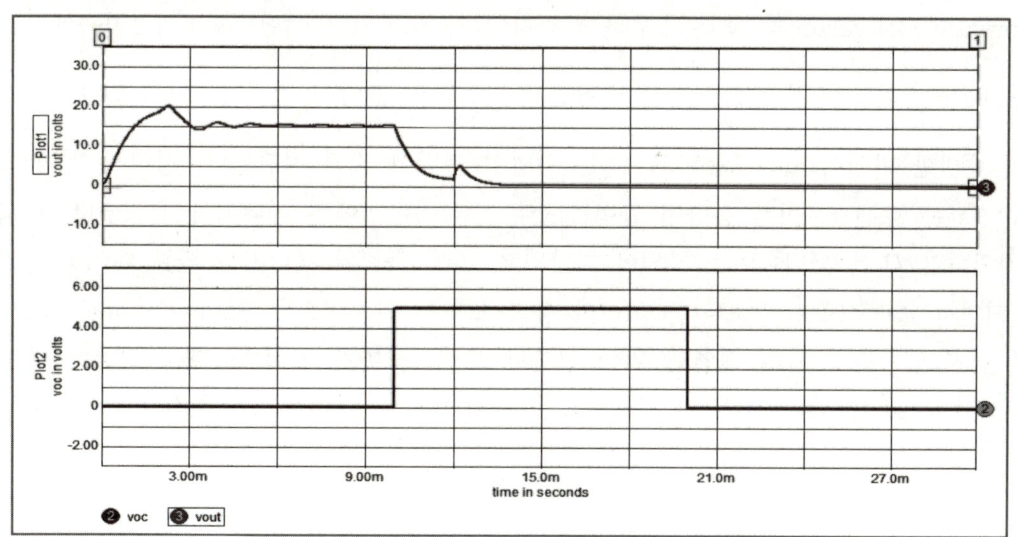

▌그림 6.17 과전류 발생 시의 시뮬레이션 결과 ▌

② 시뮬레이션 결과로부터 10ms 시점에서 스위치 S_1이 Turn ON 되어 V_3이 High가 되면서 과전류 조건이 성립되고, 이 순간 Flyback Converter의 출력이 Shut Down 되는 것을 확인할 수 있다.

Forward Converter

01 Forward DC-DC Converter의 동작 원리

그림 7.1은 Forward Converter의 회로도를 나타낸다.

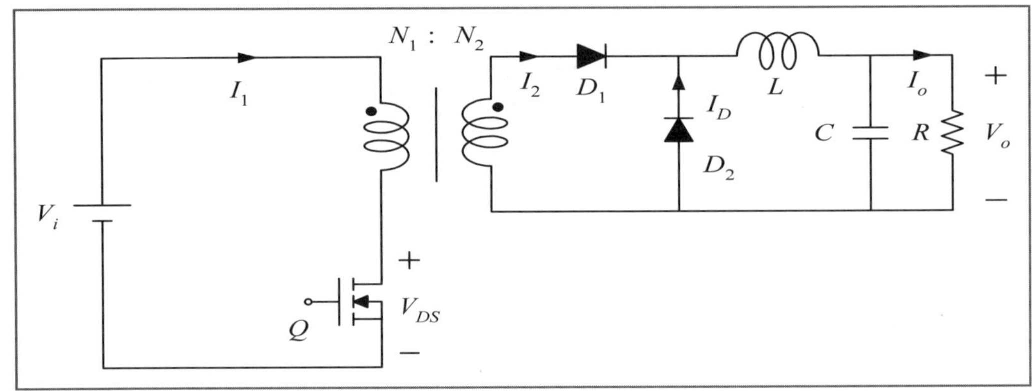

┃ 그림 7.1 Forward DC-DC Converter 회로도 ┃

Forward Converter의 동작은 부선 스위치 Q가 도통되면 트랜스포머의 1차측에는 입력 전압 V_i가 걸리고, 2차측에는 흑점 방향으로 $\dfrac{N_2}{N_1} V_i$의 전압이 걸린다. 이로 인해 다이오드 D_1이 순방향 바이어스로 도통되고 D_2는 역방향 전압이 걸려 차단된다. 따라서 입력으로부터의 전류는 트랜스포머를 통하여 출력측으로 전달되며 L에는 에너지가 축적된다. 다음 Q가 차단되면 D_1은 역바이어스가 되어 차단되고, L에 축적된 에너지는 환류 다이오드 D_2가 도통되면서 출력측으로 방출된다. 이러한 동작 모드는 근본적으로 Buck Converter와 동일하며 단지 입·출력 간의 절연을 위한 고주파 트랜스포머가 삽입되었다는 점만이 다를 뿐이다. Forward Converter의 입·출력 전압 관계식은 다음과 같이 구해진다.

$$V_o = \frac{N_2}{N_1} D V_i$$

이 식을 보면 Buck Converter의 관계식에 트랜스포머의 권선비가 추가된 형태임을 알 수 있다.

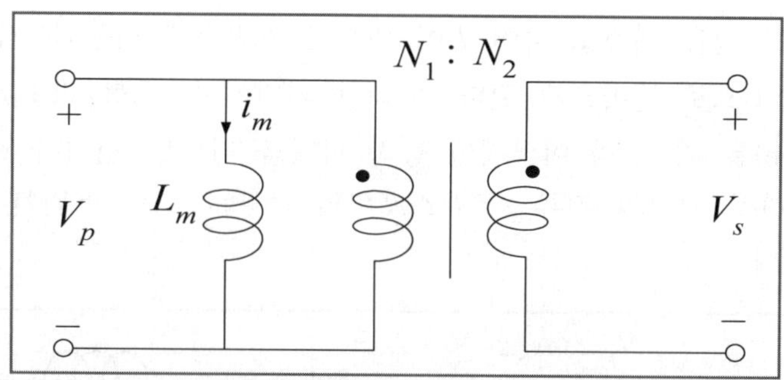

┃ 그림 7.2 트랜스포머의 등가 모델 ┃

Forward Converter의 트랜스포머는 입·출력 간의 절연뿐만 아니라 그 권선비에 의하여 출력 전압의 값도 조정할 수 있다. 그러나 이러한 트랜스포머의 작용에 있어서 한 가지 더 고려할 점은 실제 트랜스포머에 존재하는 자화 인덕턴스(Magnetizing Inductance)이다.

그림 7.2는 트랜스포머의 자화 인덕턴스 L_m을 고려한 등가 모델을 나타낸다. 이 등가 모델을 그림 7.1의 Forward Converter의 트랜스포머에 적용하여 생각할 때, 스위치 Q가 도통되면 입력 전류가 흐름과 동시에 자화 인덕턴스 L_m에는 자화 전류 i_m이 흘러 에너지가 축적된다.

다음 Q가 차단되면 L_m에 축적된 에너지는 방출될 경로가 없어 그대로 축적된 상태로 남게 된다. 따라서 이러한 상태로 스위칭이 계속되면 에너지가 입력이 증가해 빛 수기 계속되지 않는 시점에서 트랜스포머는 결국 포화에 이르게 된다.

이러한 트랜스포머의 포화를 방지하기 위해서는 스위치 Q가 차단될 때 축적된 에너지를 방출시켜줄 경로가 필요하게 되는데 이 방출 경로를 구성하는 대표적인 방법으로서 보조 권선과 환류 다이오드를 이용하는 권선 리셋형의 방법과 저항과 커패시터 및 다이오드 소자를 이용하는 RCD 리셋형의 방법을 들 수 있다.

02 권선 리셋형 Forward DC-DC Converter의 시뮬레이션

(1) 권선 리셋형 Forward Converter의 동작 원리

그림 7.3(a)는 권선 리셋형 Forward Converter의 회로도와 이론적인 파형을 나타낸다. 회로도를 보면 보조 권선 N_3와 환류 다이오드 D_3가 추가되어, 트랜스포머의 자화 인덕턴스에 축적된 에너지의 방출을 위한 회로를 구성한다.

앞서 기술한 바와 같이 스위치 Q가 차단되면 트랜스포머의 자화 인덕턴스 L_m에 축적된 에너지는 N_3와 D_3를 방출 패스로 하여 I_3에 의하여 입력측에 회생되는데 이로써 L_m의 축적 에너지는 초깃값 0으로 돌아오게 된다. 이러한 의미에서 N_3를 리셋 권선이라고 부르기도 한다. 그림 7.3(b)는 각 부의 이론적인 동작 파형을 나타낸 것이다. 위로부터 트랜스포머의 1차측 전류, 리셋 권선의 전류, 트랜스포머의 1차측 전압, 스위치 Q의 양단의 전압 파형을 나타내고 있다.

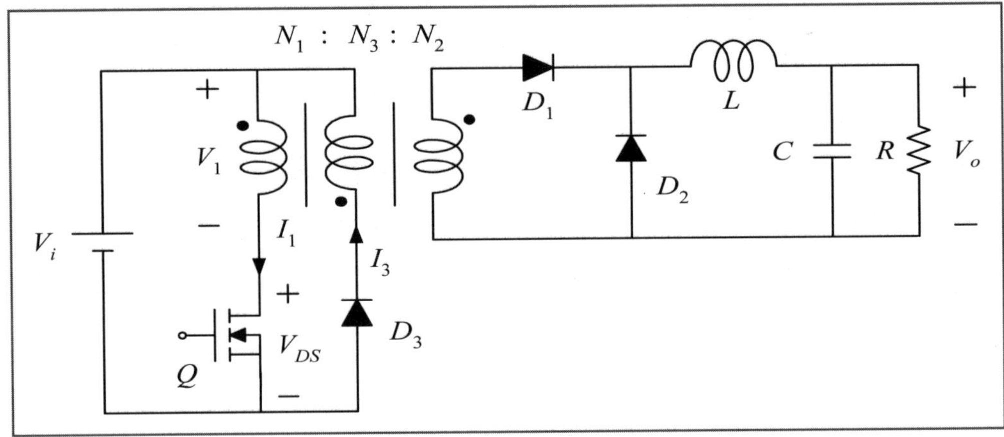

▌ 그림 7.3(a) 권선 리셋형 Forward Converter 회로도 ▌

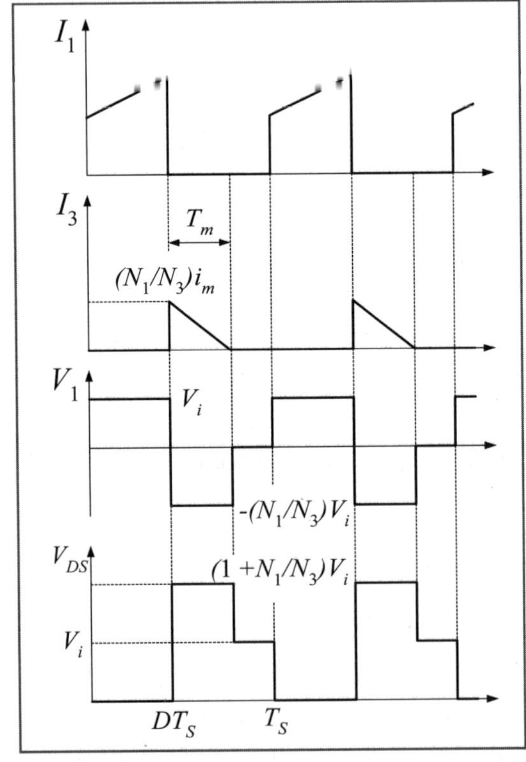

▌ 그림 7.3(b) 권선 리셋형 Forward Converter 동작 파형 ▌

(2) 권선 리셋형 Forward Converter 기본 설계식

권선 리셋형 Forward DC–DC Converter의 기본 설계식은 표 7.1과 같다.

┃ 표 7.1 권선 리셋형 Forward DC-DC Converter의 기본 설계식 ┃

항목	설계식	비고
트랜스포머	$$N_1 = \frac{D_{\max} V_{i\min} T_S}{\Delta B \cdot A_e}$$ $$N_2 = \frac{V_o + V_F + rI_o}{D_{\max} V_{i\min}} \cdot N_1 \simeq \frac{V_o}{D_{\max} V_{i\min}} \cdot N_1$$ $$L_m = N_1^2 \times AL - Value \times 10^{-9}[\mathrm{H}]$$	
리셋 회로	$$N_3 \leq \frac{1 - D_{\max}}{D_{\max}} \cdot N_1$$ $$V_R = \left(1 + N_3/N_1\right) V_{i\max}$$ $$I_F = \frac{N_1}{N_3} \cdot \frac{D_{\max} T_S}{L_m} \cdot V_{i\min}$$	
주스위치	$$V_{DS\max} = \left(1 + N_1/N_3\right) V_{i\max}$$ $$I_{D\max} = \frac{N_2}{N_1}\left(I_{o\max} + \frac{\Delta i}{2}\right) = \frac{N_2}{N_1}\left(I_{o\max} + I_{o\min}\right)$$	L_m : 1차측 자화 인덕턴스 A_e :
순방향 다이오드	$$V_R = \frac{N_2}{N_3} V_{i\max}$$ $$I_F = I_{o\max} + \frac{\Delta i}{2} = I_{o\max} + I_{o\min}$$	V_R : 역저지 전압 I_F : 다이오드 전류의 최대치
환류 다이오드	$$V_R = \frac{N_2}{N_1} V_{i\max}$$ $$I_F = I_{o\max} + \frac{\Delta i}{2} = I_{o\max} + I_{o\min}$$	
출력 필터	$$L = \frac{V_o\left(1 - D_{\min}\right) T_S}{2I_{o\min}}$$ $$C = \frac{V_o\left(1 - D_{\min}\right) T_S^2}{8L\Delta v_o}$$ $$I_{cr\,ms} = \frac{\Delta i}{2\sqrt{3}}$$	

(3) 회로 구성

① 그림 7.4는 권선 리셋형 Forward Converter의 시뮬레이션 회로도이다. 지원하지 않는 소자의 경우 대체 소자를 이용하였다.

② 인덕터 L_1은 자화 인덕턴스를 구현한 것으로 트랜스포머의 1차측 입력단과 병렬로 배치하며 L_2는 트랜스포머의 리셋 권선을 구현한 것이다. 이에 대한 표현은 그림 7.5와 그림 7.6을 참고한다.

③ 인덕터 L_1과 인덕터 L_2의 값에 대한 설정은 그림 7.5와 같이 설정한다.

　　㉠ L_1 : 1280u

　　㉡ L_2 : 1280u

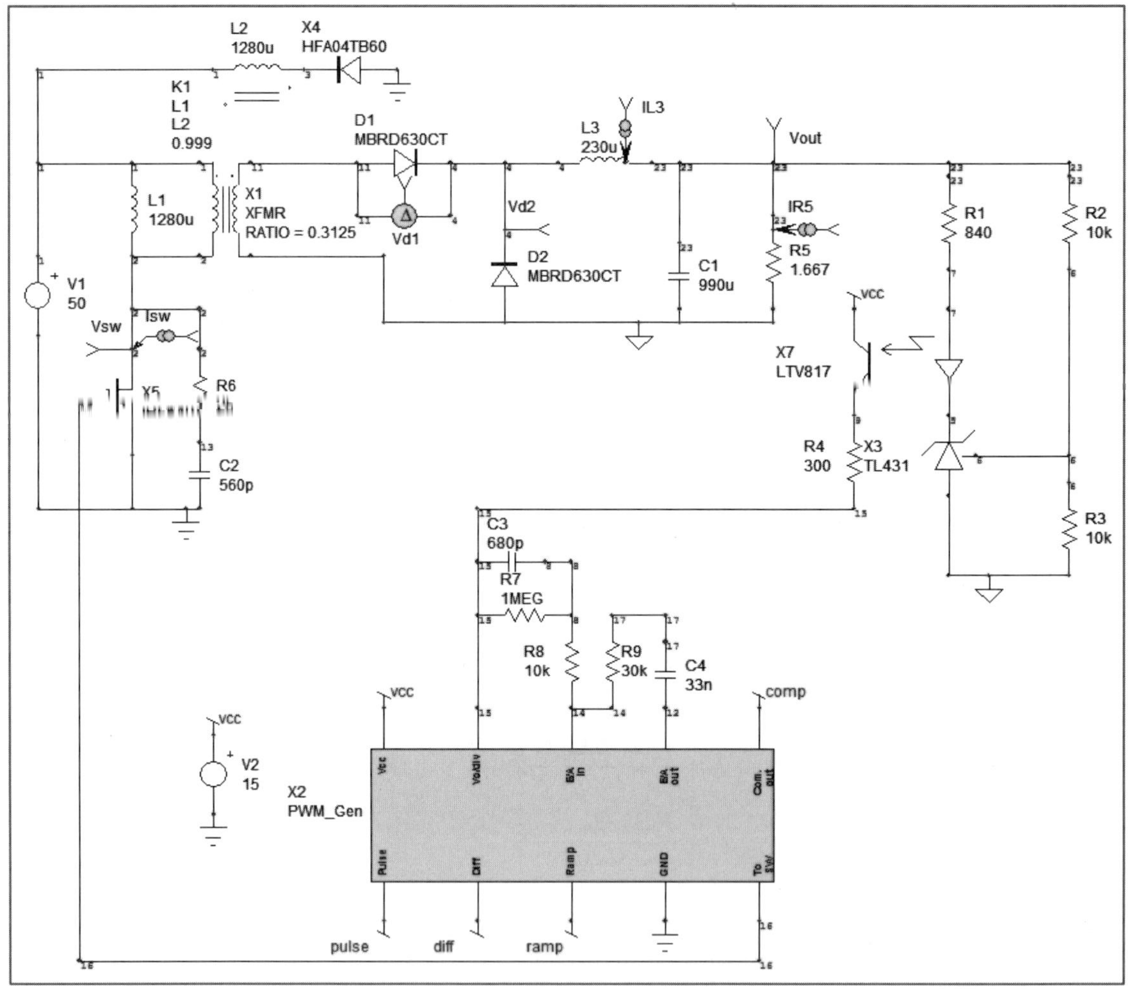

┃ 그림 7.4 시뮬레이션을 위한 회로 구성 ┃

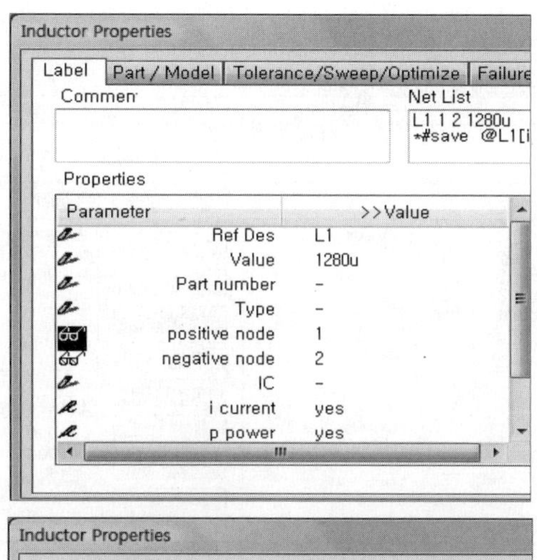

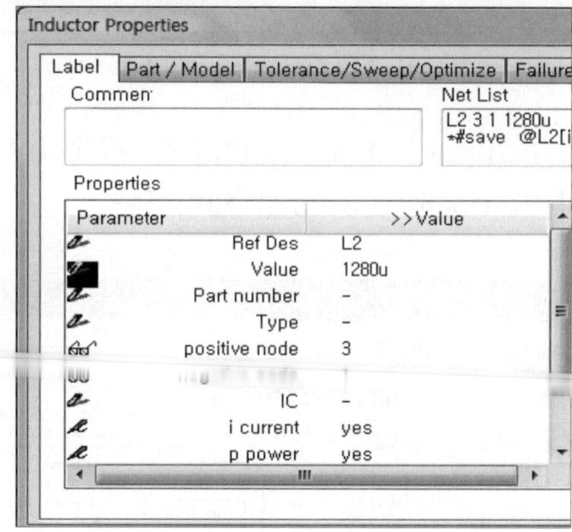

■ 그림 7.5 L_1과 L_2의 설정 방법 ■

④ 리셋 권선의 표현은 자화 인덕턴스 L_1과 결합시켜서 회로에 배치한다. 결합을 시키기 위해서는 단축키 'K' 혹은 '2K'를 입력하여 배치한다. 그림 7.4와 같이 '2K'를 입력하여 Coupling을 배치한다.

⑤ 배치된 coupling에 대한 설정은 그림 7.6과 같이 설정한다.

　㉠ Inductor 1 : L_1

　㉡ Inductor 2 : L_2

　㉢ Coupling coeffiecient : 0.999

참고 　L_1은 그림 7.4에서 자화 인덕터를 의미하고 L_2는 리셋에 이용되는 인덕터를 의미한다. Inductor 1과 Inductor 2에 인덕턴스를 입력하는 것이 아니라는 것에 유의하도록 한다.

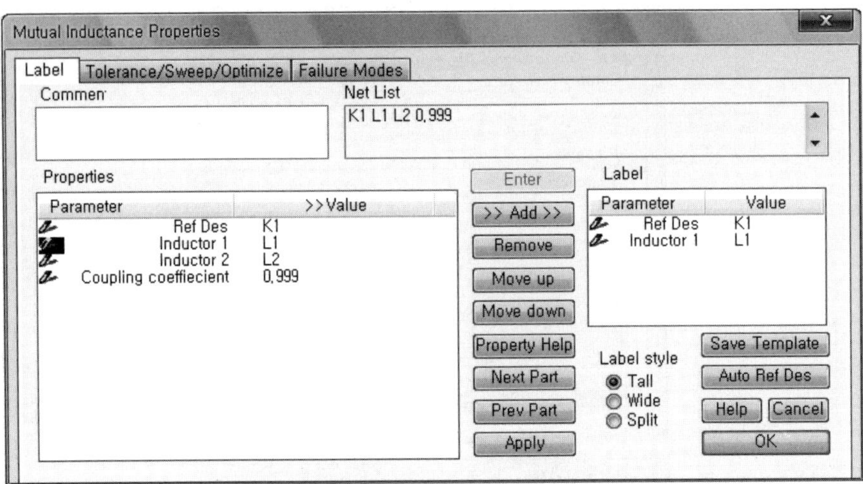

▌그림 7.6 Coupling 설정 ▌

⑥ 트랜스포머는 'Part Browser' 창에서 XFMR을 검색하여 배치하고 턴비를 의미하는 그림 7.7과 같이 'Ratio'에 '0.3125'를 입력한다.

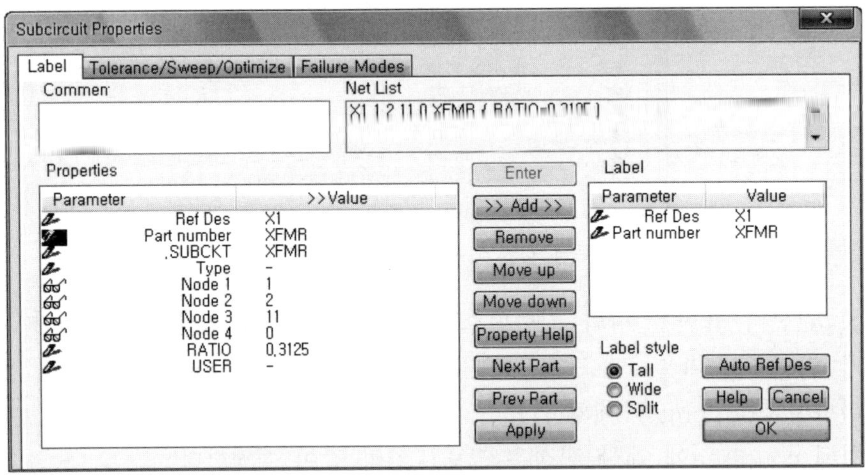

▌그림 7.7 Transformer 턴비 설정 ▌

⑦ Buck Converter에서 사용했던 PWM 모듈을 사용하도록 한다. 단, Vodiv 핀과 연결된 저항 R_{12}의 값을 1K로 변경한다.

PWM 모듈 내부의 저항값을 변경하는 방법은 PWM 모듈을 배치하게 되면 내부 회로도가 같이 Open이 된다. 이를 확인하는 방법은 도면을 그리는 창의 'Window Menu' → 'Tile Horizontal'을 선택하거나, 또는 'Tile Vertical'을 선택하면 PWM 모듈과 그 내부 회로가 창에 나뉘어져 나타나게 된다. 그림 7.8과 같이 내부 회로에서 저항값을 변경하면 된다.

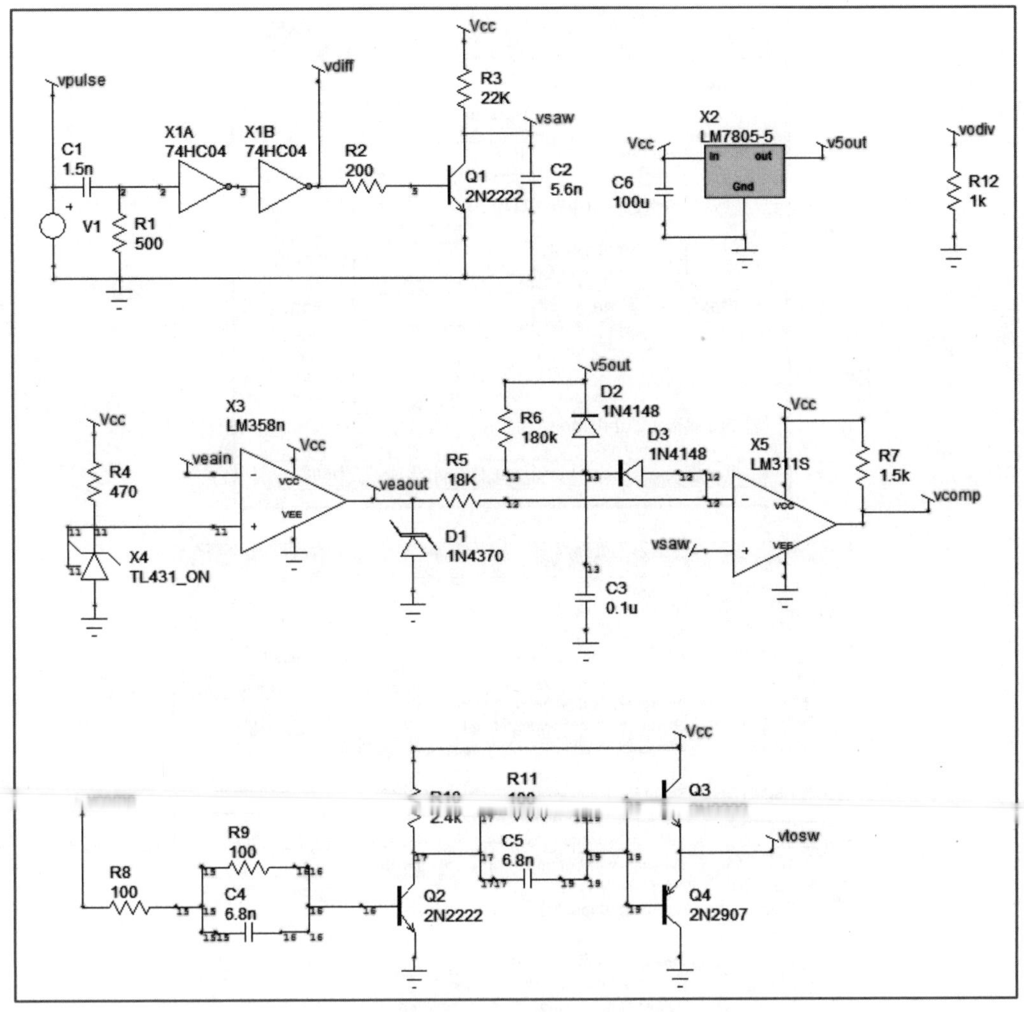

▌ 그림 7.8 PWM 모듈 내부 저항(R12)의 수정 ▌

(4) 시뮬레이션 환경 설정

시뮬레이션 설정을 그림 7.9를 참고하여 입력한다.

① Transient Analysis

   ㉠ Data Step Time : 100n

   ㉡ Total Analysis Time : 50m

   ㉢ UIC : Check

② Simulation Options

   ㉠ ITL4 : 300

   ㉡ METHOD : Gear

   ㉢ RELTOL : 0.002

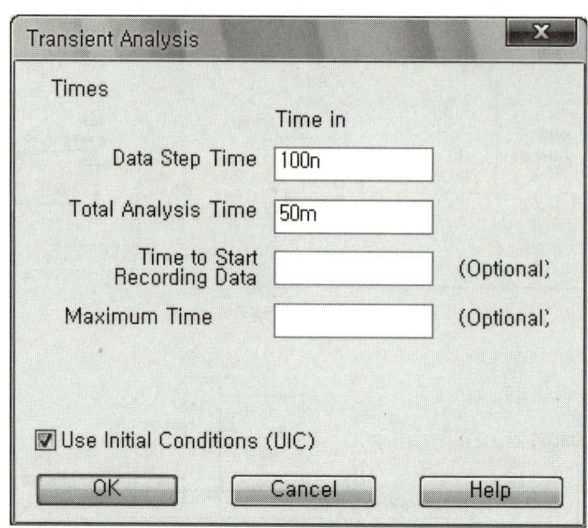

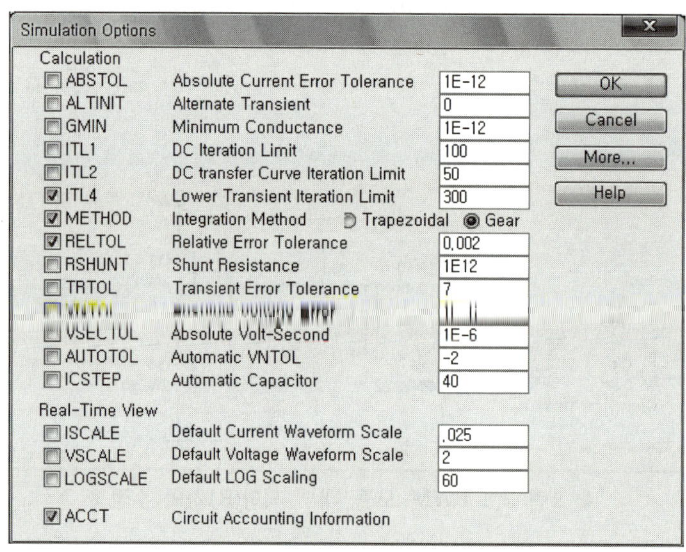

그림 7.9 Transient Analysis & Simulation Options 설정 창

(5) 시뮬레이션 결과

그림 7.10(a)~(c)는 권선 리셋형 Forward Converter의 시뮬레이션 결과를 보여주고 있다.

각 내부 파형의 시뮬레이션 조건은 V_i=DC 50V, V_o=5V, I_o=3A, D=0.369이다. 각 부의 전압·전류 파형이 예상치와 일치한 결과를 보이고 있다.

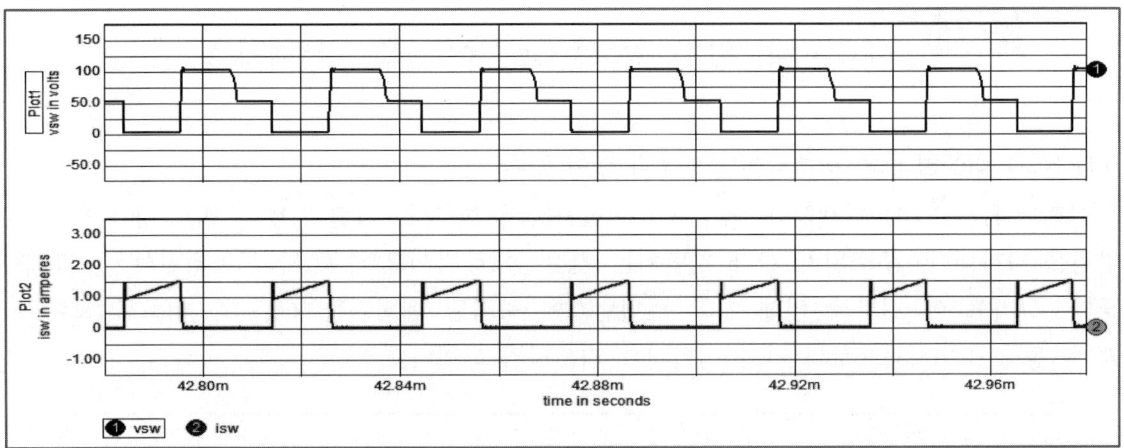

▌ 그림 7.10(a) 스위치 양단 전압(위) 및 스위치 전류 파형(아래) ▌

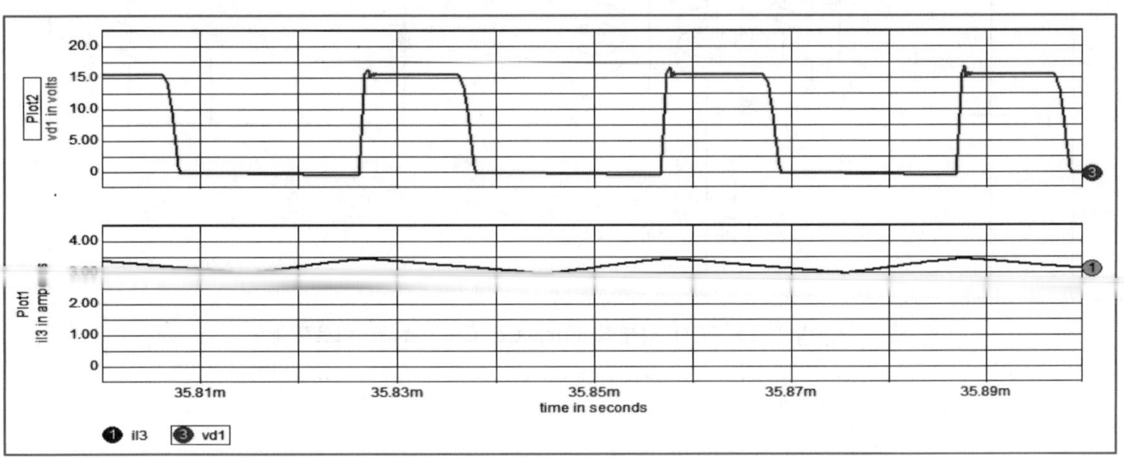

▌ 그림 7.10(b) 순방향 다이오드 양단 전압(위) 및 인덕터 전류 파형(아래) ▌

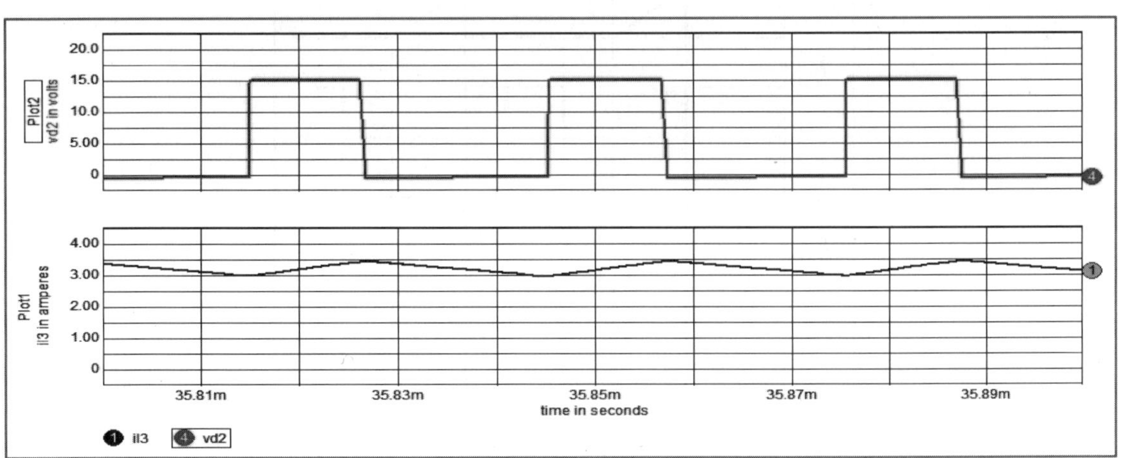

▌ 그림 7.10(c) 환류 다이오드 양단 전압(위) 및 인덕터 전류(아래) ▌

03 RCD 리셋형 Forward Converter의 시뮬레이션

(1) RCD 리셋형 Forward Converter의 동작 원리

그림 7.11은 RCD 리셋형 Forward Converter의 회로도, 그림 7.12는 회로 내부의 동작 파형을 나타낸다. 주스위치 Q가 차단되는 기간 동안 다이오드 D_3가 도통되면서 I_{D3}가 흐른다. 그리고 이 전류에 의해 자화 인덕턴스에 축적된 에너지를 C_1, R_1 회로로 보내고, R_1을 통해 소비시킴으로써 자화 에너지를 리셋시키고 있다.

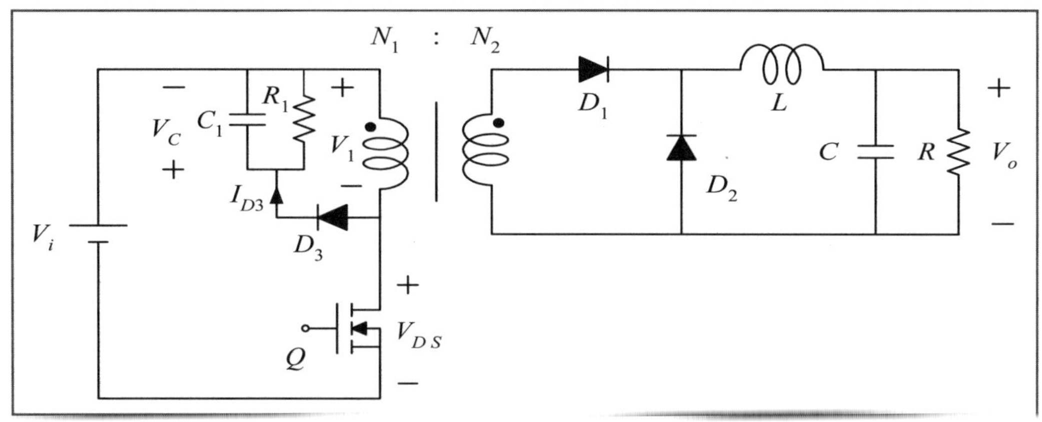

그림 7.11 RCD 리셋형 Forward Converter 회로도

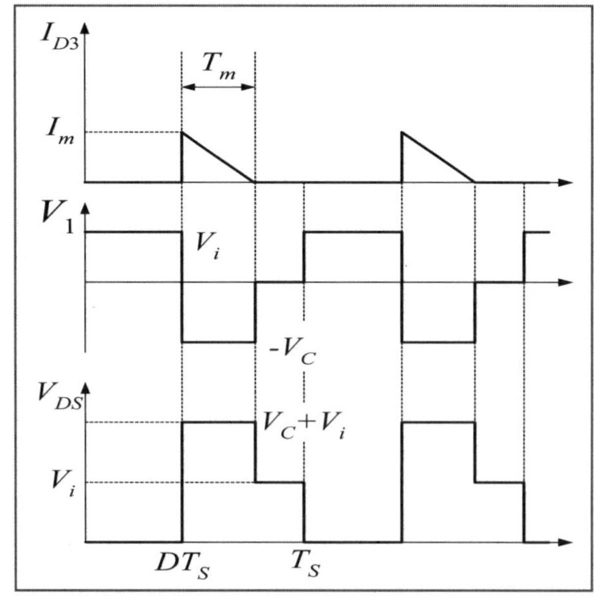

그림 7.12 내부 동작 파형

(2) RCD 리셋형 Forward Converter 기본 설계식

RCD 리셋형 Forward DC-DC Converter의 설계에서 기본 설계식은 표 7.2와 같다.

▌ 표 7.2 RCD 리셋형 Forward DC-DC Converter의 기본 설계식 ▌

항목	설계식	비고
트랜스포머	$$N_1 = \frac{D_{\max} V_{i\min} T_S}{\Delta B \cdot A_e}$$ $$N_2 = \frac{V_o + V_F + rI_o}{D_{\max} V_{i\min}} \cdot N_1 \simeq \frac{V_o}{D_{\max} V_{i\min}} \cdot N_1$$ $$L_m = N_1^2 \times AL - \text{Value} \times 10^{-9} [\text{H}]$$	
리셋 회로	$$V_C = \sqrt{\frac{R_1 T_S}{2L_m}} \cdot D_{\max} V_{i\min}$$ $$R_1 = \left(\frac{v_{DS\max}}{V_{i\min}} - 1\right)^2 \frac{2L_m}{D_{\max}^2 T_S} \quad C_1 = \frac{20 D_{\max} T_S}{R_1} \simeq \frac{10 T_S}{R_1}$$ $$V_R = V_{i\max} + V_C$$ $$I_F = I_m = \frac{D_{\max} T_S}{L_m} V_{i\min}$$	
주스위치	$$V_{DS\max} = V_{i\max} + V_C$$ $$I_{D\max} = \frac{N_2}{N_1}\left(I_{o\max} + \frac{\Delta i}{2}\right) = \frac{N_2}{N_1}\left(I_{o\max} + I_{o\min}\right)$$	L_m : 1차측 자화 인덕턴스 A_e : 코어의 유효 면적 V_C : 클램프 전압 V_R : 역저지 전압 I_F : 다이오드 전류의 최대치 I_m : 자화 전류
순방향 다이오드	$$V_R = \frac{N_2}{N_1} V_C$$ $$I_F = I_{o\max} + \frac{\Delta i}{2} = I_{o\max} + I_{o\min}$$	
환류 다이오드	$$V_R = \frac{N_2}{N_1} V_{i\max}$$ $$I_F = I_{o\max} + \frac{\Delta i}{2} = I_{o\max} + I_{o\min}$$	
출력 필터	$$L = \frac{V_o(1 - D_{\min}) T_S}{2 I_{o\min}}$$ $$C = \frac{V_o(1 - D_{\min}) T_S^2}{8L \Delta v_o}$$ $$I_{crms} = \frac{\Delta i}{2\sqrt{3}}$$	

(3) 회로 구성

RCD 리셋 회로 부분을 제외하면 권선 리셋형 회로와 비슷하므로 참고하여 회로도를 구성한다.

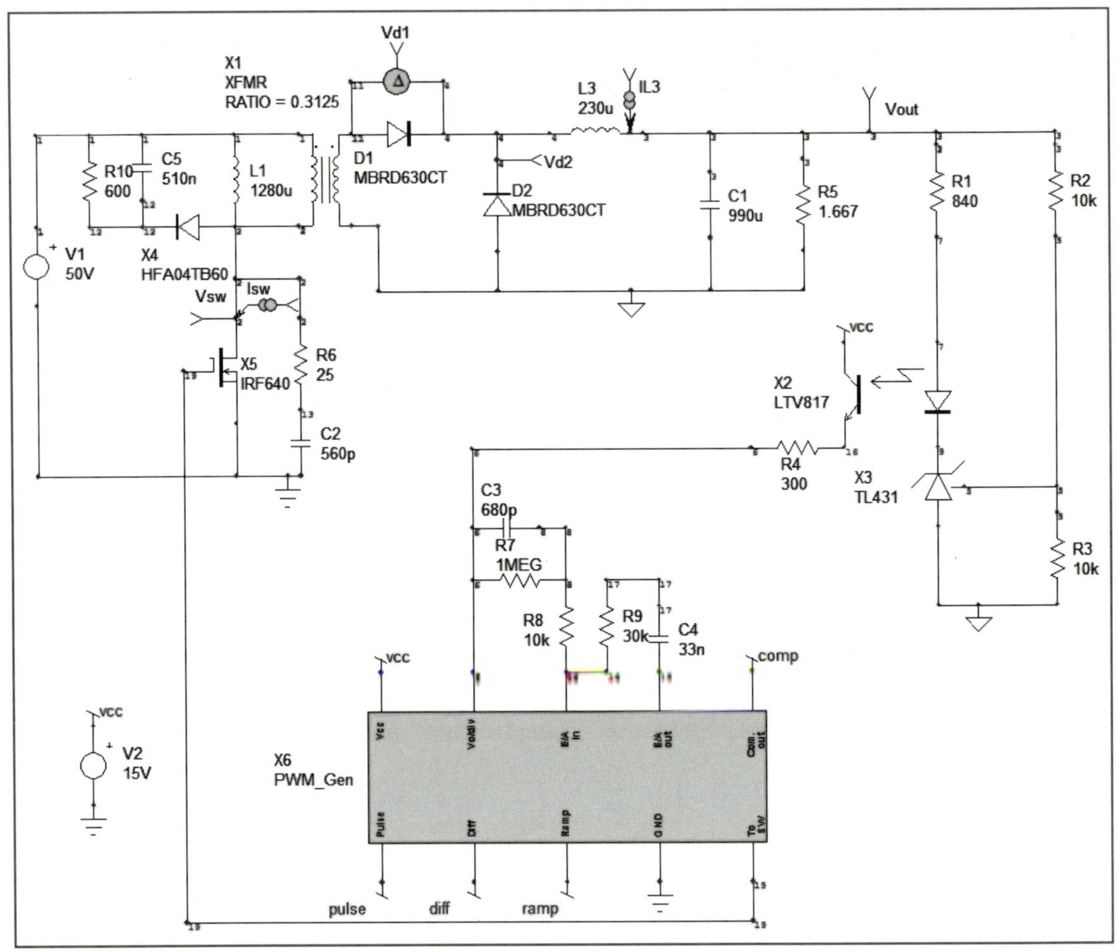

■ 그림 7.13 시뮬레이션을 위한 회로 구성 ■

(4) 시뮬레이션 환경 설정

Transient Analysis 및 Simulation Options 설정은 그림 7.9를 참조한다. 단, Transient Analysis의 Total Analysis Time만 '70m'로 수정한다.

① Transient Analysis

㉠ Data Step Time : 100n

㉡ Total Analysis Time : 70m

㉢ UIC : Check

② Simulation Options

　㉠ ITL4 : 300

　㉡ METHOD : Gear

　㉢ RELTOL : 0.002

(5) 시뮬레이션 결과

① 그림 7.14(a)~(c)는 RCD 리셋형 Forward Converter의 시뮬레이션 결과를 보여주고 있다. 각 내부 파형의 시뮬레이션 조건은 리셋 권선형과 동일하게 V_i=DC 50V, V_o=5V, I_o=3A, D=0.369이다. 각 부의 전압, 전류 파형이 예상치와 일치한 결과를 보이고 있다.

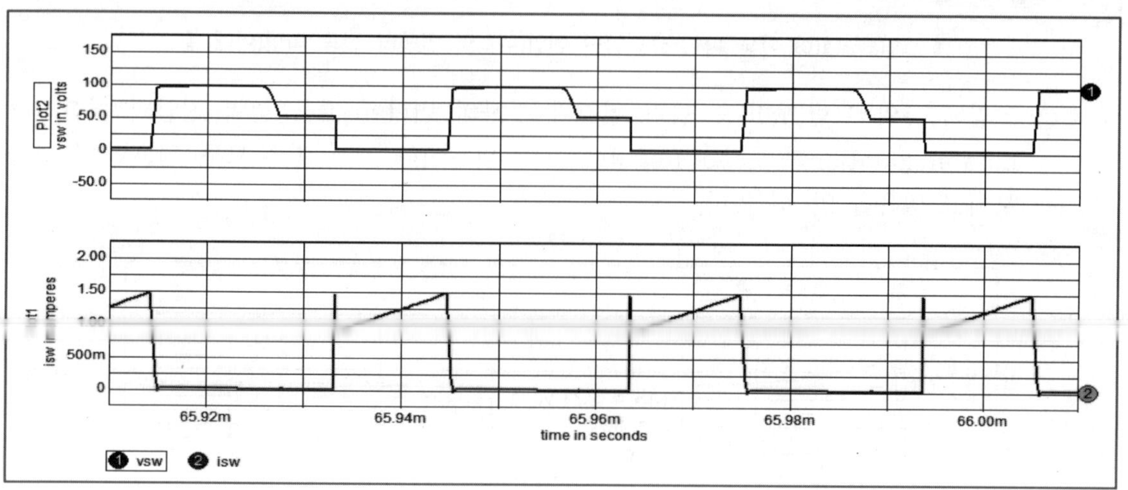

‖ 그림 7.14(a) 스위치 양단 전압(위) 및 스위치 전류 파형(아래) ‖

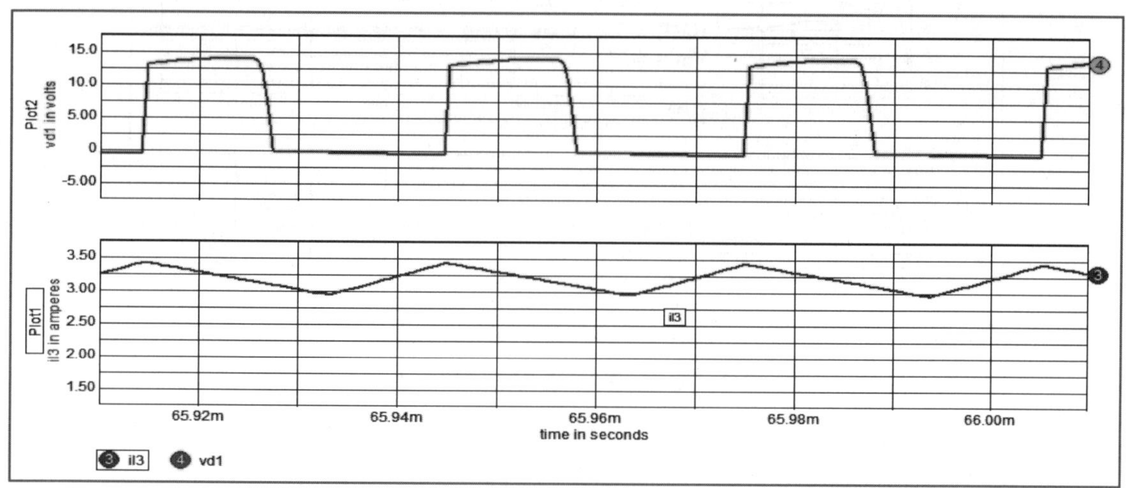

‖ 그림 7.14(b) 순방향 다이오드 양단 전압(위) 및 인덕터 전류 파형(아래) ‖

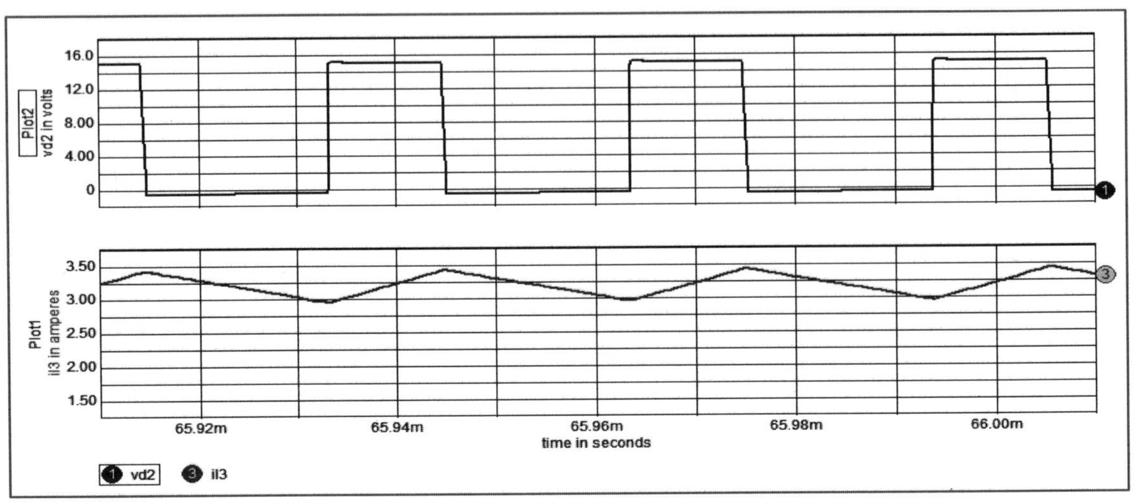

┃ 그림 7.14(c) 환류 다이오드 양단 전압(위) 및 인덕터 전류 파형(아래) ┃

② 그림 7.15와 그림 7.16은 입력 전압과 부하의 변화에 따른 출력 전압의 변화, 즉 Line Regulation과 Load Regulation의 파형이다. 두 결과 모두 양호한 특성을 보이고 있음을 알 수 있다.

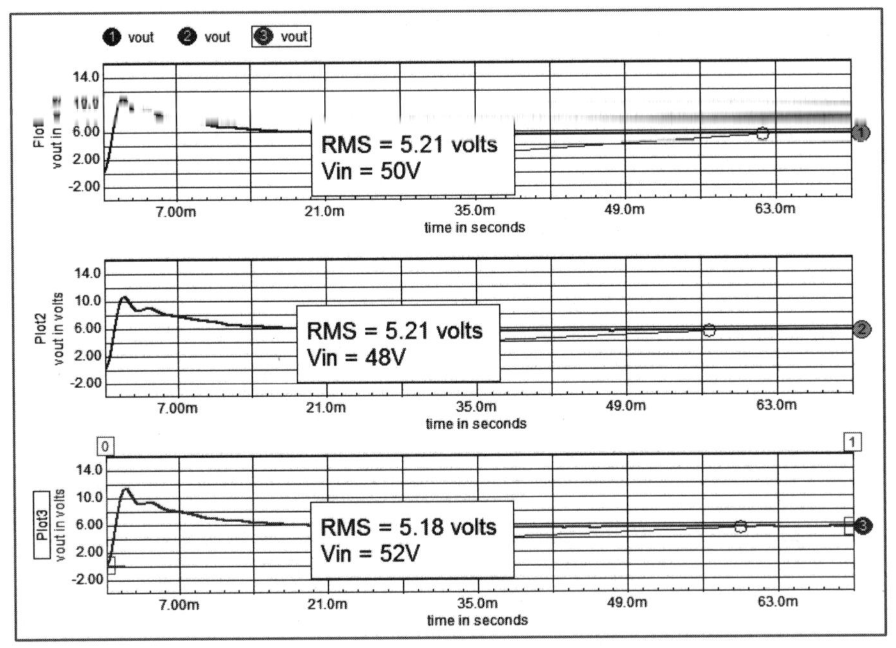

┃ 그림 7.15 Line Regulation ┃

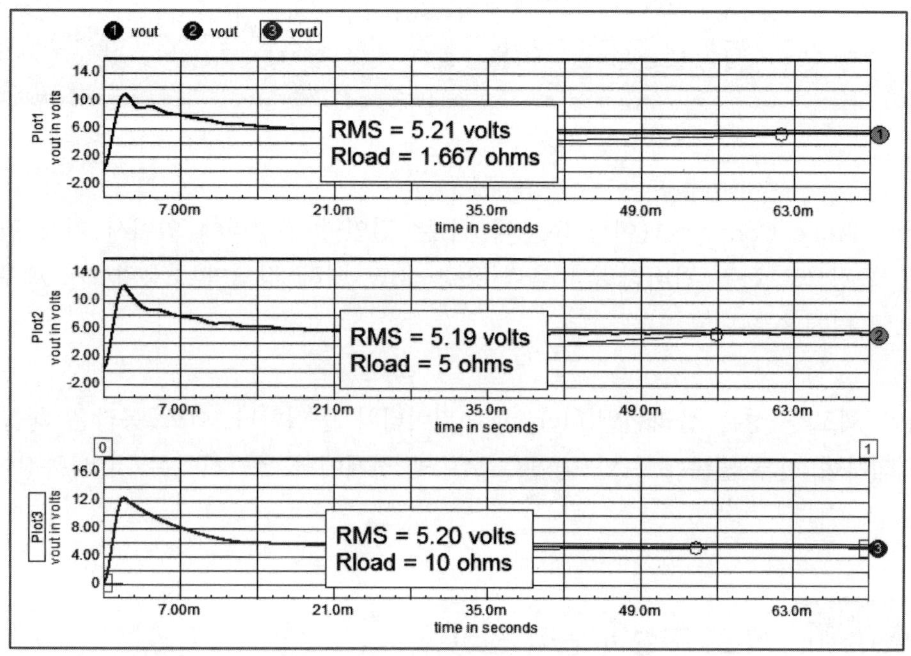

▌ 그림 7.16 Load Regulation ▐

링깅 초크 컨버터
(Ringing Choke Converter ; RCC)

Ringing Choke Converter(이하 RCC라 함)는 절연형 컨버터에 있어서 가장 간단한 회로 구성을 특징으로 하는 컨버터로서 출력 용량 50W 이하 정도의 소용량에서 매우 경제적인 회로로 폭넓게 이용되고 있다.

기본적인 회로 구성은 플라이백(Flyback) 컨버터와 동일하나 회로 동작은 통상 자려식 제어법에 의하여 전류 연속 모드와 불연속 모드의 경계에서 동작시키는 것이 특징이다.

01 회로 구성과 동작 원리

그림 8.1은 RCC의 기본 회로와 주요 동작 파형을 나타낸다.

회로 구성은 주스위치 Q, 트랜스포머 T, 화류 다이오드 D_r 및 평활 커패시터 C의 매우 간단한 형태로 되어 있다. 그리고 R_g는 기동 저항을 나타낸다.

트랜스포머는 1차측 권선 N_1, 2차측 권선 N_2와 베이스 구동 권선 N_B의 세 권선으로 되어 있으며, N_B 권선은 자려식 제어 회로의 특징으로서 주스위치의 구동을 위한 보조 권선이다.

최초에 입력 전압 V_i가 투입되면 기동 저항 R_g를 통해 주스위치 Q의 베이스에 전류가 공급되어 Q가 ON이 되면서 RCC의 동작이 시작된다.

일단 RCC의 동작이 시작되면 Q의 구동은 N_B에 유기되는 전압에 의해 이루어지므로 R_g의 역할은 끝나게 된다.

RCC의 동작은 Q의 ON, OFF 동작이 주기적으로 반복되는 동작이므로 다음과 같이 ON, OFF의 동작 모드로 나누어서 설명하기로 한다.

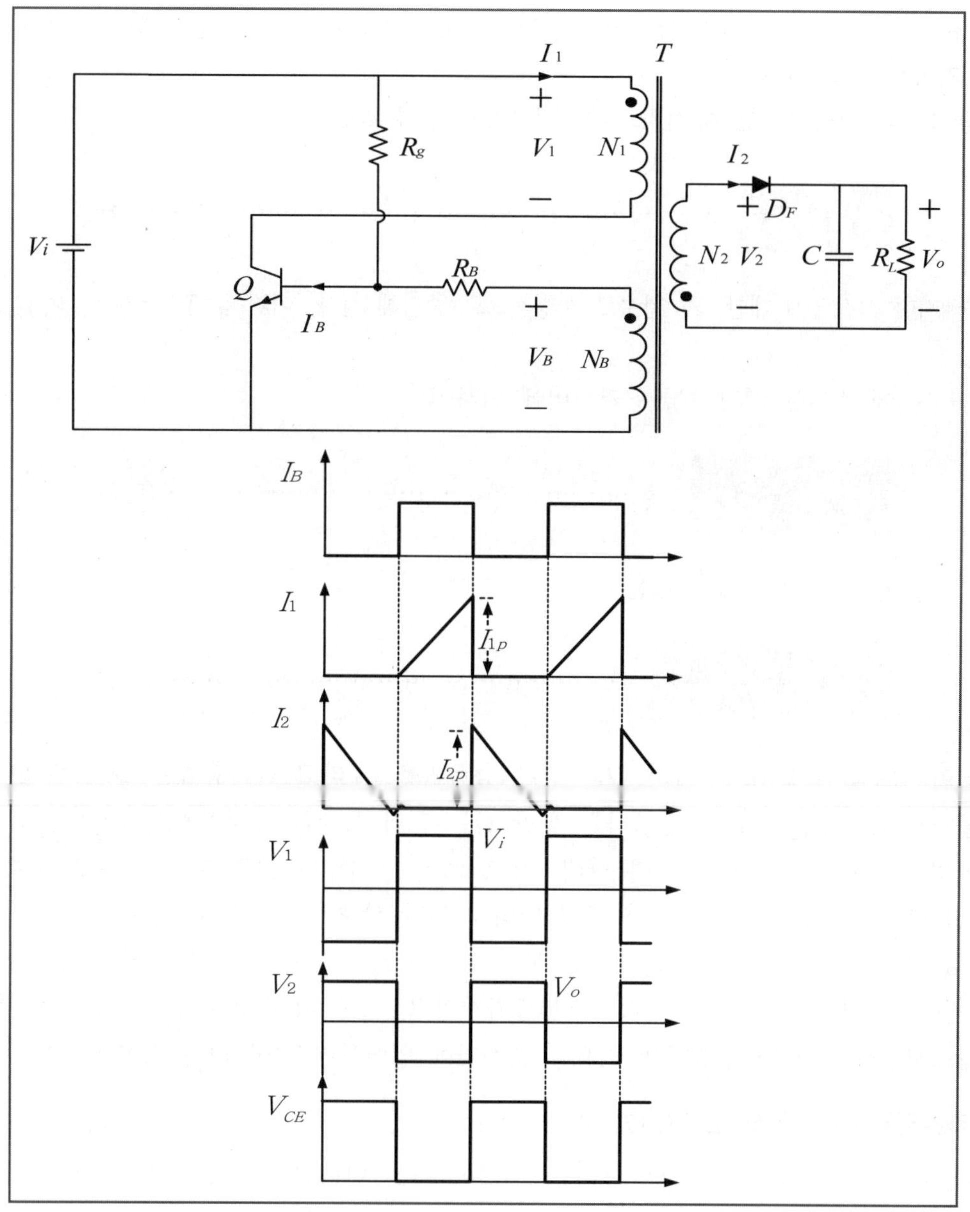

▌ 그림 8.1 RCC 기본 회로 및 주요 파형 ▐

(1) 주스위치 ON 동작 모드($0 \leq t \leq DT_s$)

Q가 ON이 되면 입력 전류 I_1이 트랜스포머 T의 1차측을 통하여 흐르게 되고 1차측 권선에는 흑점(dot)의 방향으로 거의 입력 전압에 가까운 전압이 걸리게 된다. 한편 2차측 권선에도 흑점의 방향으로 1, 2차측 권선비에 비례한 전압이 걸리게 되나 흑점이 1차측 권선과 반대 방향에 위치하므로 환류 다이오드 D_F는 역바이어스 되어 OFF가 된다. 따라서 T

의 1차측 권선에는 에너지가 축적되며, 출력 커패시터 C에는 이전 주기에서 충전된 전하가 부하 저항으로 방출된다.

T의 1차측 인덕턴스를 L_1이라고 할 때 1차측 전류 I_1은

$$I_1 = \frac{V_1}{L_1} t \qquad \cdots\cdots\cdots\cdots\cdots\cdots\cdots\cdots\cdots\cdots\cdots\cdots\cdots\cdots\cdots (8.1)$$

로 구해지며 시간 t에 대한 1차 함수로 선형적으로 증가해 간다. 여기서, $V_1 = V_i - V_{CEsat} \simeq V_i$ 이다.

한편 N_B에 걸리는 전압 V_B는 권선비에 의하여

$$V_B = \frac{N_B}{N_1} V_1 \qquad \cdots\cdots\cdots\cdots\cdots\cdots\cdots\cdots\cdots\cdots\cdots\cdots\cdots (8.2)$$

이 되므로 Q의 베이스 전류 I_B는

$$I_B = \frac{V_B - V_{BE}}{R_B} \qquad \cdots\cdots\cdots\cdots\cdots\cdots\cdots\cdots\cdots\cdots\cdots\cdots (8.3)$$

가 되어 정수값이 된다. 따라서 Q의 전류 증폭률을 β_F라고 할 때 I_1은 Q의 컬렉터 전류와 동일이므로 $I_1 \leq \beta_F I_B$를 만족하는 동안 Q는 포화 상태를 유지하지만 I_1이 점점 증가하여 앞의 조건을 만족하지 못하면 상대적으로 베이스 전류는 Q를 포화 상태로 유지시키기에 충분한 값이 되지 못하여 Q가 활성 영역의 동작 상태로 들어가게 된다.

활성 영역에서 V_{CE}는 포화값 V_{CEsat}보다 증가하므로 V_1이 감소하고 이는 결국 I_B를 감소시킨다. I_B의 감소는 V_{CE}를 더욱 더 증가시키고 V_1을 더 감소시키면서 결국 I_B를 더욱 더 감소시킨다. 이러한 정궤환의 작용은 순식간에 일어나며 결국 Q를 OFF 시킨다.

(2) 주스위치 OFF 동작 모드$(DT_s \leq t \leq T_s)$

Q가 OFF 되면 ON 동작 모드 시 T의 1차측 자화 인덕턴스에 축적되었던 에너지는 2차측 권선을 통하여 방출되어야 하므로 2차측 권선에는 역기전력이 발생하여 환류 다이오드를 ON 시키고 에너지를 출력측으로 방출시킨다. 2차측 권선의 인덕턴스를 L_2라고 할 때 2차측 전류 I_2는

$$I_2 = I_{2p} - \frac{V_o}{L_2} t \qquad \cdots\cdots\cdots\cdots\cdots\cdots\cdots\cdots\cdots\cdots\cdots (8.4)$$

로 주어지며 선형적으로 감소한다. 여기서 I_{2p}는 2차측 전류의 최대치를 나타내며 1, 2차측

권선비에 의하여

$$I_{2p} = \frac{N_1}{N_2} I_{1p} = \frac{N_1 V_1}{N_2 L_1} DT_s \quad \cdots\cdots\cdots\cdots\cdots\cdots\cdots\cdots\cdots\cdots\cdots (8.5)$$

로 구해진다. 여기서 I_{1p}는 1차측 전류의 최대치를 나타낸다. 한편 이 동작 모드 구간에서 형성되는 L_2, C, R_L의 회로는 공진 특성을 보이며 부하저 항 R_L이

$$R_L > \frac{1}{2}\sqrt{\frac{L_2}{C}} \quad \cdots\cdots\cdots\cdots\cdots\cdots\cdots\cdots\cdots\cdots\cdots\cdots (8.6)$$

의 조건을 만족하면 I_2는 진동하게 되고 이 구간의 끝에서 D_F의 역회복 특성과 맞물려서 음의 값까지 갔다가 급속히 0으로 복귀한다. 이 영향에 의해 권선에는 다시 흑점의 방향으로 기전력이 생기면서 Q를 ON 시키고 다시 ON 동작 모드가 반복된다.

(3) RCC 기본 설계식

▌표 8.1 RCC의 설계 식 ▌

항목	설계식	비고
전류	$I_{1P} = \dfrac{V_1}{I_1} DT_s, \quad P_2 = \dfrac{\eta}{2T_s} L_2 I_{2P}^2$ $I_{1P} = \dfrac{2P_2}{\eta V_1 D}, \quad P_2 = V_2 I_o = (V_o + V_F + V_L)I_o$	I_{1P} : 1차측 최대 전류 P_2 : 트랜스포머의 2차측 전력 η : 트랜스포머의 전달 효율 V_F : 다이오드 순방향 전압
트랜스포머	$L_1 = \dfrac{V_1}{I_{1P}} DT_S, \quad N = \dfrac{V_2 D}{V_1 D'}$ $N_1 = \dfrac{L_1 I_{1P}}{A_e B_m}, \quad N_2 = NN_1, \quad N_B = \dfrac{V_B N_1}{V_1}$ $I_{1\mathrm{rms}} = I_{1P}\sqrt{\dfrac{D}{3}}, \quad I_{2\mathrm{rms}} = I_{2P}\sqrt{\dfrac{D'}{3}}, \quad I_{B\mathrm{rms}} = I_B\sqrt{D}$	L_1 : 1차측 인덕턴스 N_1 : 1차측 권선수 N_2 : 2차측 권선수 $I_{1\mathrm{rms}}, I_{2\mathrm{rms}}$: 1, 2차측 전류의 실효치 $I_{B\mathrm{rms}}$: 구동 전류 실효치
주스위치	$V_{CEP} = \dfrac{V_2}{N} + V_{i\max}$	V_{CEP} : 스위치 OFF 시 양단의 전압
환류 다이오드	$V_{DR} = V_o + NV_{i\max}$	V_{DR} : 다이오드 역전압
출력 커패시터	$I_{C2\mathrm{rms}} = \sqrt{\dfrac{D}{3}(I_{2P}^2 - I_{2P}I_O + I_O^2) + D' I_O^2}$ $\Delta Q = \dfrac{V_O DT_S}{R_L} + \dfrac{N_2 L_1 D' V_O^2}{2N_1 V_1 DR_L^2}$ $C = \dfrac{V_O}{\Delta V_O R_L}\left(DT_S + \dfrac{NL_1 D' V_O}{2V_1 DR_L}\right)$	$I_{C2\mathrm{rms}}$: C_2에 흐르는 전류의 실효치 ΔQ : 충·방전 전하량

02 간이형 RCC

01 간이형 RCC의 설계

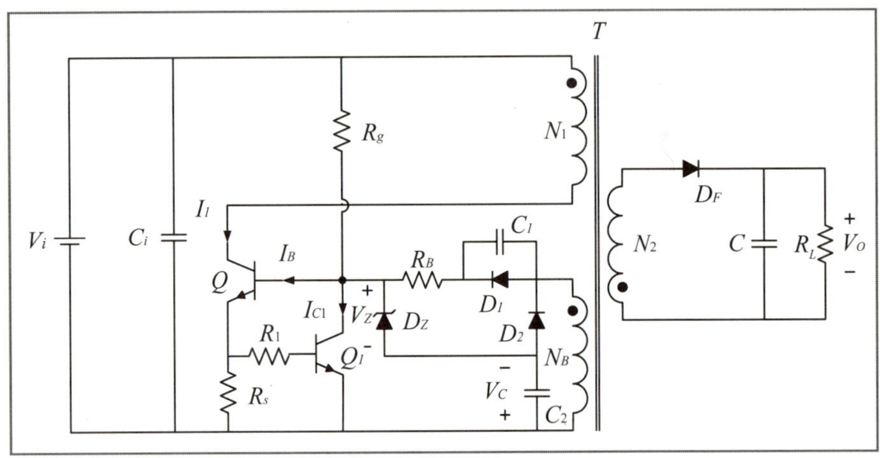

┃ 그림 8.2 간이형 RCC 회로도 ┃

그림 8.2는 간이형 RCC 회로를 나타낸다. 그림 8.2에 나타낸 RCC의 기본 회로에 출력 전압의 정전압 제어를 위한 간단한 회로가 추가된 형태로 구성되고 있다. 제어 회로는 D_2, D_Z 및 C_1로 구성되고 있으며 그 동작은 다음과 같이 설명할 수 있다.

주스위치 Q가 OFF인 기간에 C_2에는 D_2, C_2, 권선 N_B에 의하여 전압이 충전되는데 그 값은

$$V_C = \frac{N_B}{N_2}(V_o + V_{F1}) - V_{F2} \quad \cdots\cdots\cdots\cdots\cdots\cdots\cdots\cdots\cdots\cdots (8.7)$$

가 된다. 여기서, V_{F1}은 다이오드 D_F, V_{F2}는 D_2의 순방향 전압을 나타낸다. 식 (8.7)로부터 출력 전압 V_o는 V_C에 비례하고 있으며 V_C가 정전압이 되면 V_o도 정전압으로 제어 가능함을 알 수 있다. 그림 8.2의 회로로부터 제너 다이오드 D_Z, 주스위치 Q로 형성되는 루프에서 V_C를 구하면

$$V_C = V_Z - V_{BE} \quad \cdots\cdots\cdots\cdots\cdots\cdots\cdots\cdots\cdots\cdots\cdots\cdots (8.8)$$

가 된다. 여기서 검출 저항 R_s에서의 전압 강하는 아주 작은 값이므로 무시하는 것으로 했다. 식 (8.8)로부터 V_C는 정전압이 됨을 알 수 있다. 그러나 이 회로는 트랜스포머의 각 권선의 권선 저항, 다이오드의 순방향 저항, 온도 변화에 대한 반도체 소자의 특성 변화 등에 의한 영향으로 인하여 정밀한 출력 전압의 정전압 제어 특성은 얻기 힘든 간이형 RCC 회로이다.

한편 RCC의 기동 시 혹은 부하 단락 등으로 주스위치에 과전류가 흘러 주스위치가 파괴되는 것을 방지하기 위하여 과전류 회로를 부가했는데 Q_1, R_1, R_s로 구성되고 있다. 과전류의 조건 $I_1 R_S \geq V_{BEQ1}$이 되면 Q_1은 ON이 되어 컬렉터 전류 I_{C1}이 흐르고 이 전류가 Q의 베이스 전류 I_B를 바이패스시켜 Q를 OFF시킴으로써 Q를 보호하게 된다.

02 간이형 RCC의 시뮬레이션

(1) 회로 구성

그림 8.3은 간이형 RCC의 시뮬레이션 회로도를 나타낸다. RCC는 자려식 컨버터로서 스위칭 주파수 가변 제어에 의해 출력 전압을 Regulation시킨다.

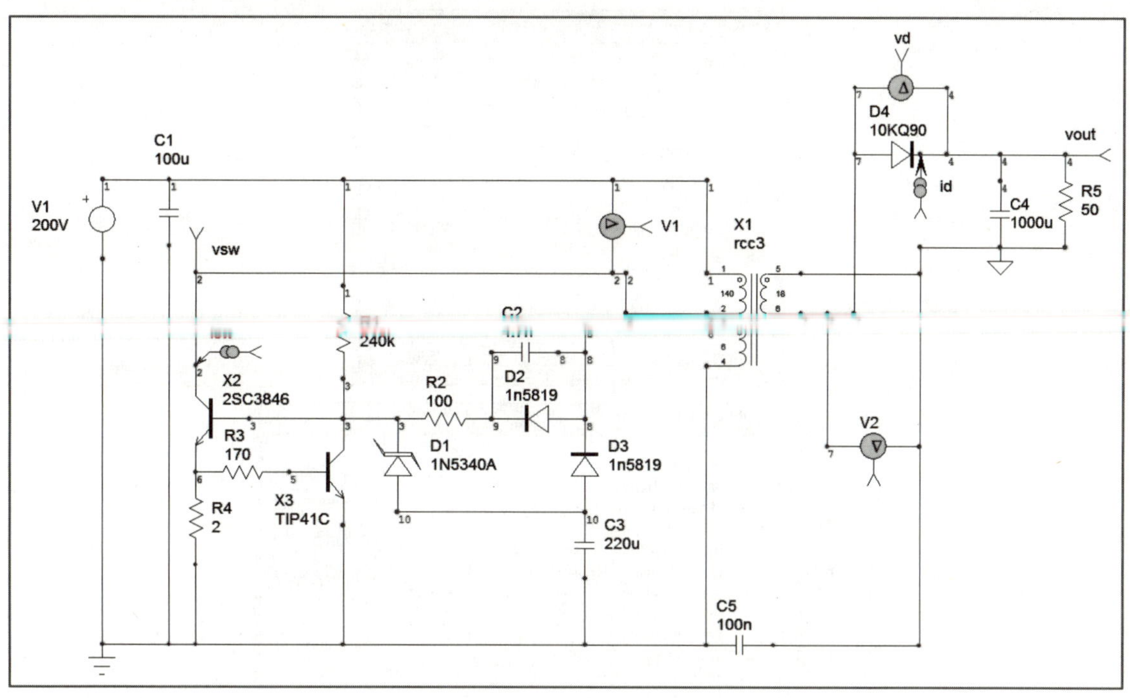

▌ 그림 8.3 간이형 RCC 회로도 ▌

(2) 회로 구성 방법 및 시뮬레이션 환경 설정

① Transformer는 IsSpice의 별도 프로그램인 'Magnetics Designer'를 이용하여 설계된 것을 배치하였고 몇몇 소자는 대체 소자를 이용하였다.

> **참고** 위에 배치되어 있는 트랜스포머는 (주)다한테크 홈페이지를 통하여 다운로드 받기로 한다. www.dahan.co.kr에 접속하여 다운로드 – 회로설계 및 분석 솔루션 No.7에서 다운로드 받는다.

② Simulation Options은 아래 그림 8.4를 참고하여 설정한다.

   ㉠ Transient Analysis

      • Data Step Time : 5u

      • Total Analysis Time : 80m

      • Maximum : 2.5u

   ㉡ Simulation Options

      • ITL4 : 300

      • METHOD : Gear

      • RELTOL : 0.002

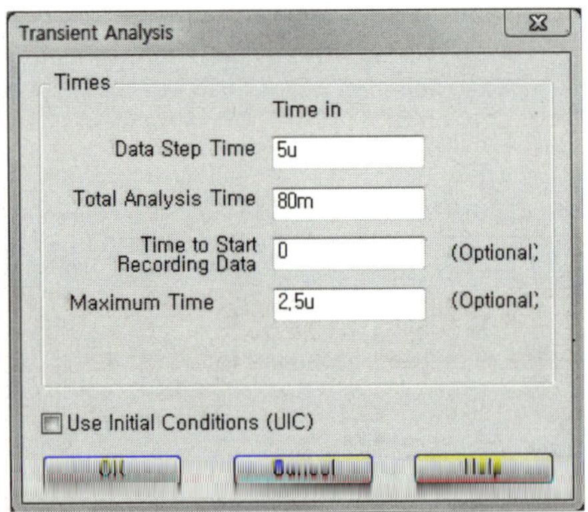
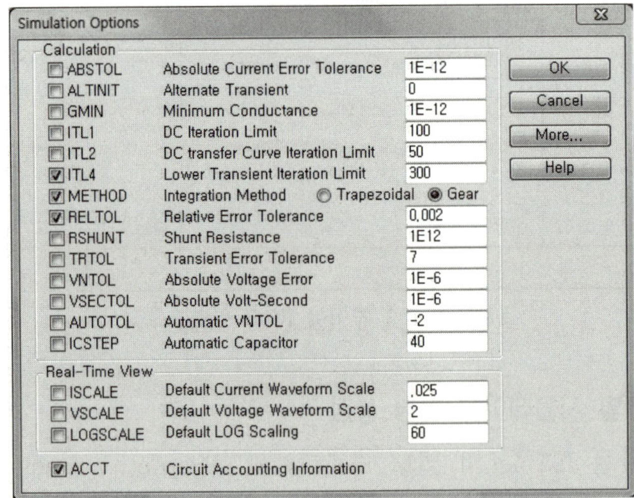

▌그림 8.4 Transient Analysis & Simulation Option 설정 창 ▌

(3) 시뮬레이션 결과

간이형 RCC 회로의 입·출력 조건은 V_i=DC 200V, V_o=15V, I_o=0.3A이며, 그림 8.5(a)~(d)는 출력 전압을 비롯한 RCC 각 부의 전압전류에 대한 시뮬레이션의 결과를 나타낸다.

각 전압, 전류의 결과가 예상치와 거의 일치하는 결과를 보이고 있다.

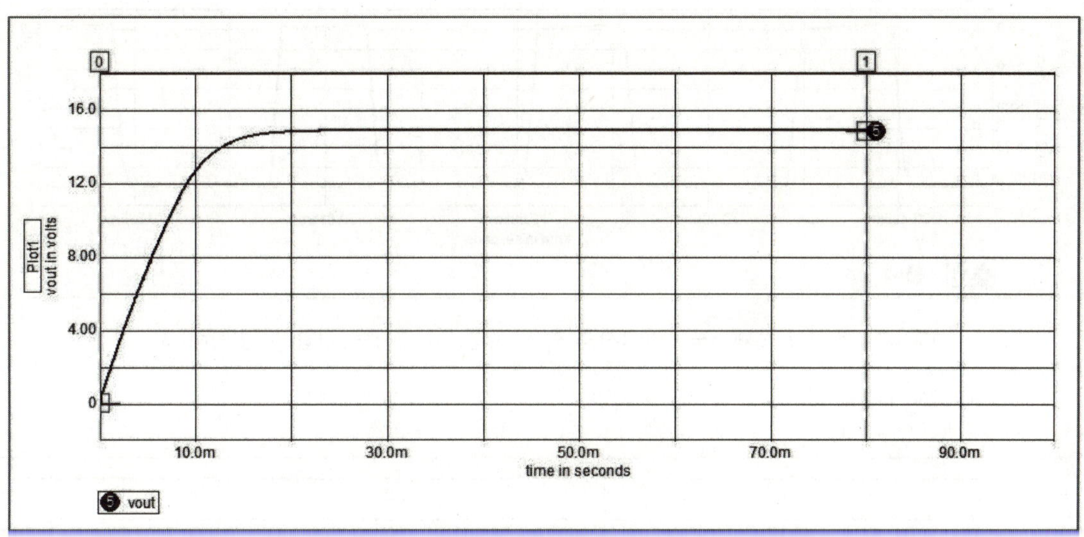

▌그림 8.5(a) 간이형 RCC 회로의 출력 전압 파형 ▌

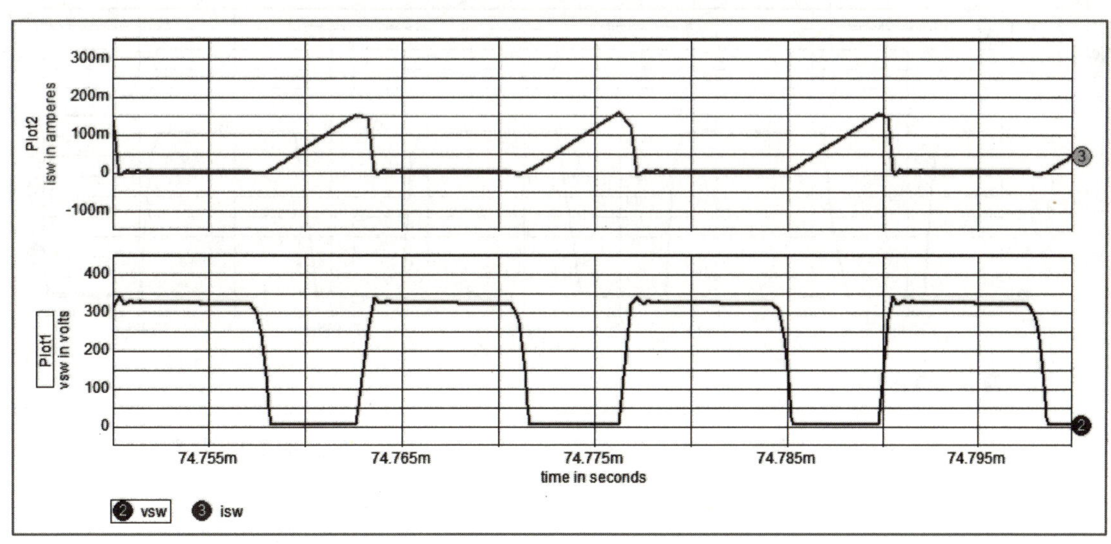

▌그림 8.5(b) 주스위치 Q의 전류 파형(위) 및 스위치 양단의 전압 파형(아래) ▌

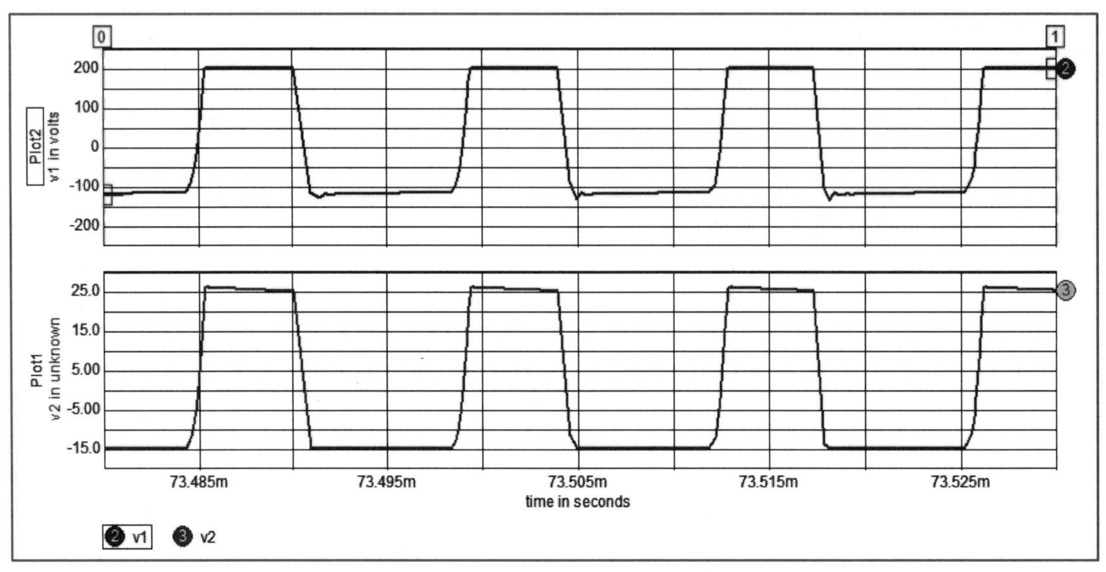

■ 그림 8.5(c) 트랜스포머의 1차측 전압 파형(위), 2차측 전압 파형(아래) ■

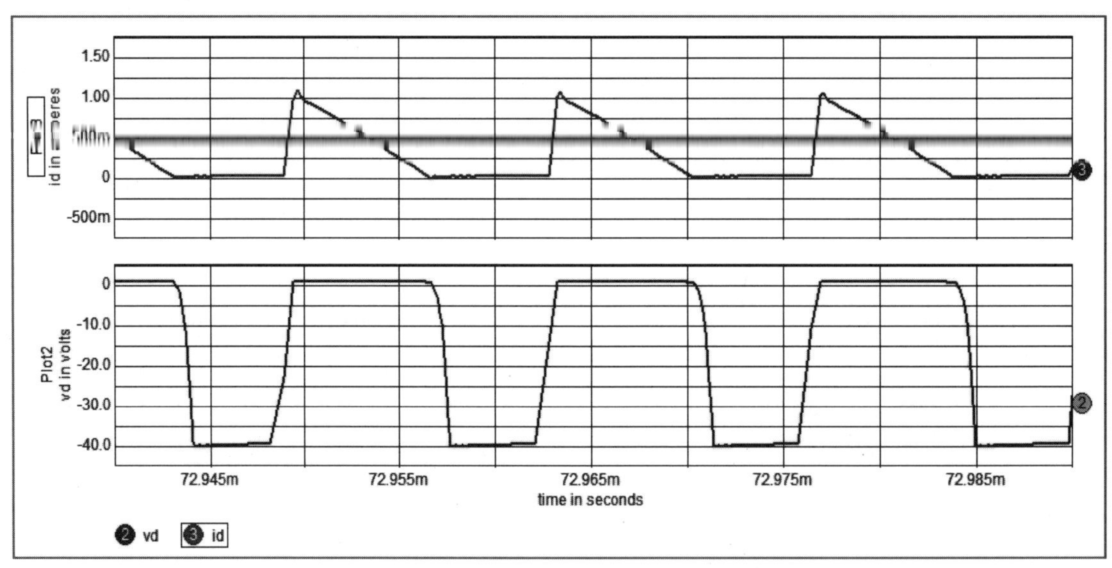

■ 그림 8.5(d) 환류 다이오드의 전류 파형(위) 및 양단의 전압 파형(아래) ■

03 이중 출력 RCC

01 이중 출력 RCC 회로의 설계 및 실험

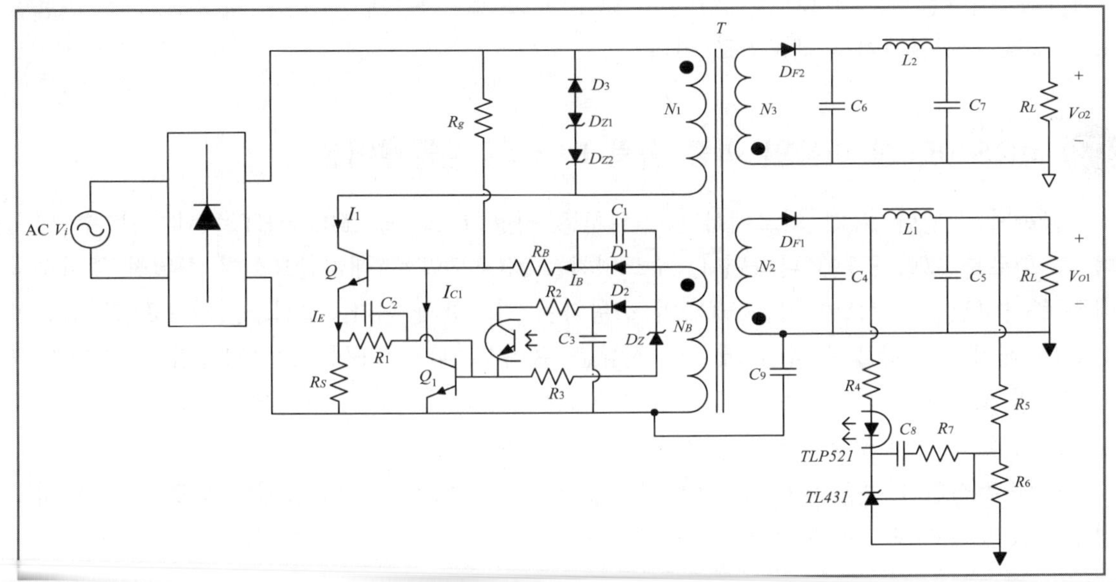

▌ 그림 8.6 이중 출력 RCC 회로도 ▐

그림 8.6은 이중 출력 RCC 회로를 나타낸다. 트랜스포머의 2차측에 권선 N_3를 하나 더 추가함으로써 이중 출력의 RCC 회로를 구성할 수 있다. 또한 출력 전압의 제어를 보다 더 정밀하게 하기 위하여 Opto-Coupler TLP521 및 프로그래머블 션트(Programable Shunt) 레귤레이터 IC(TL431)를 사용한 궤환 제어 회로를 채용하고 있다. 파워스테이지의 동작은 앞서의 기본 설계식의 부분에서 충분히 파악하였다. 따라서 설명을 생략하고 궤환 제어 회로부의 동작만을 설명하기로 한다.

두 개의 출력 중 하나의 출력(V_{O1})이 기준 이상으로 증가하면 TL431의 음극 전압이 낮아지면서 Opto-Coupler TLP521의 전류가 증가한다. 이 전류의 증가는 TLP521의 TR측에 전달되어 Q_1의 베이스 전류를 증가하게끔 동작한다. 따라서 주스위치 Q의 Base 전류가 빨리 분기됨으로써 Q의 도통 시간이 감소되고 출력 전압 V_{O1}이 감소되면서 기준치 전압으로 추종하게 된다.

반대로 V_{O1}이 기준치 이하로 감소하면 TL431의 음극 전압이 증가하고 TLP521의 전류가 감소한다. 이 전류의 감소는 TLP521의 TR측에 전달되어 Q_1의 베이스 전류의 증가를 둔화시킴으로써 Q의 베이스 전류를 늦게 분기시켜서 Q의 도통 시간을 증가시키게 한다. 따라서 V_{O1}은 증가하여 기준치 전압으로 추종하게 된다.

그림 8.6의 궤환 제어 회로에 있어서 C_8, R_7은 오차 증폭기로서의 TL431의 특성을 보

상하기 위한 소자이며 R_3, D_Z는 Q_1을 Turn ON 시키는데 속응성를 향상시키고 있다. 한편 파워스테이지에 있어서 L_1, L_2, C_5 및 C_7은 출력 전압 리플을 충분히 저감시키기 위하여 추가된 필터이다. 그리고 D_3, D_{Z1}, D_{Z2}는 주스위치 양단의 전압 스파이크의 저감을 위한 스너버 회로이다.

BJT를 이용한 RCC 회로는 앞에서 다루었으므로 다음에 나오는 MOSFET를 이용한 RCC 회로를 시뮬레이션 해보기로 한다.

02 MOSFET를 이용한 이중 출력 RCC의 시뮬레이션

지금까지 설명한 RCC 회로에서 주스위치로 사용한 BJT를 MOSFET로 대치할 수 있으며 그 회로를 그림 8.7에 나타낸다. 주스위치를 MOSFET로 대치함으로써 스위칭 주파수를 대폭 증가시킬 수 있으며 이는 RCC의 소형화에 기여하게 된다. 그림 8.6의 BJT를 사용한 RCC는 베이스 저항을 통하여 베이스 전류를 흘려서 BJT를 구동하는 방법임에 대하여 그림 8.7의 MOSFET의 RCC는 C_2를 MOSFET의 Gate에 첨가함으로써 Gate 전압에 의해 MOSFET 스위치를 구동하는 방법을 택하고 있다.

이러한 주스위치 구동 방법의 차이 이외에 두 RCC 회로는 거의 동일한 회로 구성을 하고 있으며 또한 동작도 동일한 특성을 보인다. 여기서 Opto-Coupler는 TLP181로 대체하였다.

(1) 회로 구성

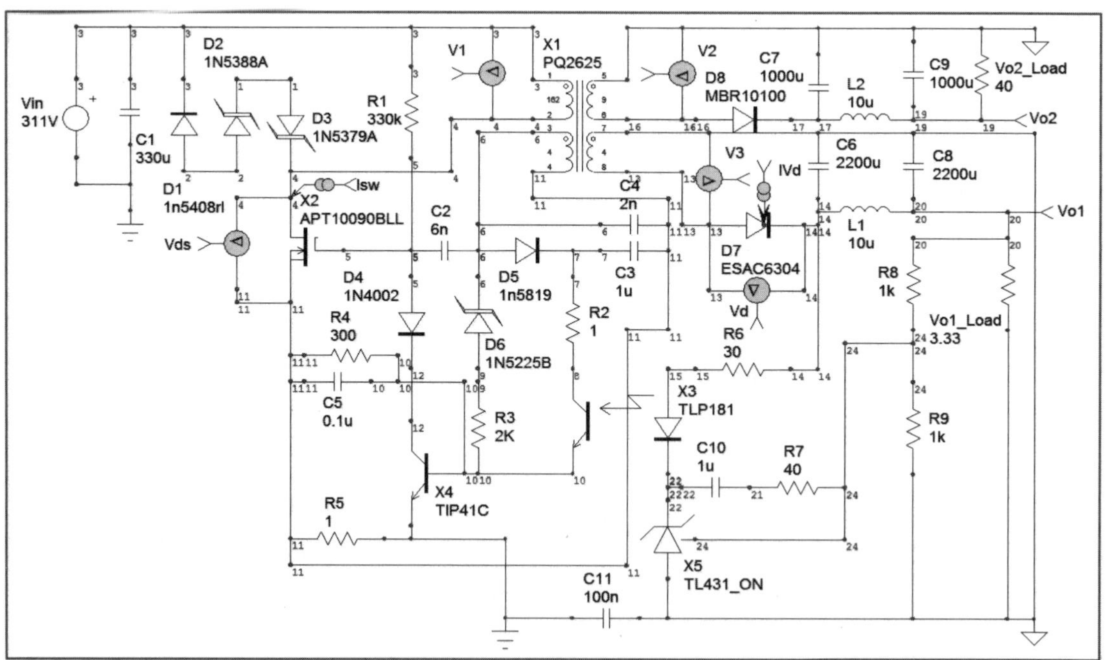

▌ 그림 8.7 MOSFET를 이용한 RCC 회로도 ▌

MOSFET를 이용한 이중 출력 RCC의 시뮬레이션 회로도를 그림 8.7에 나타냈다.

(2) 시뮬레이션 환경 설정

① 간이형 RCC 회로와 마찬가지로 Transformer는 Magnetics Designer에서 설계한 것을 배치했으며 역시 몇몇의 소자는 대체 소자를 이용하였다.

> **참고** 위에 배치되어 있는 트랜스포머는 (주)다한테크 홈페이지를 통하여 다운로드 받기로 한다. www.dahan.co.kr에 접속하여 다운로드 – 회로설계 및 분석 솔루션 No.8에서 다운로드 받는다.

② Transient Analysis와 Simulation Option에 대한 설정은 그림 8.8을 참고한다.

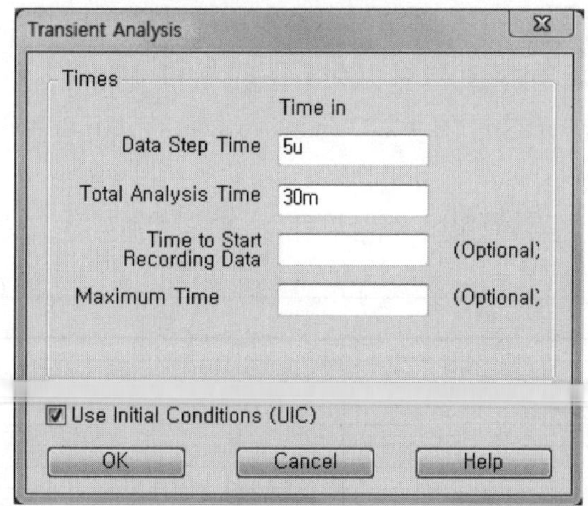

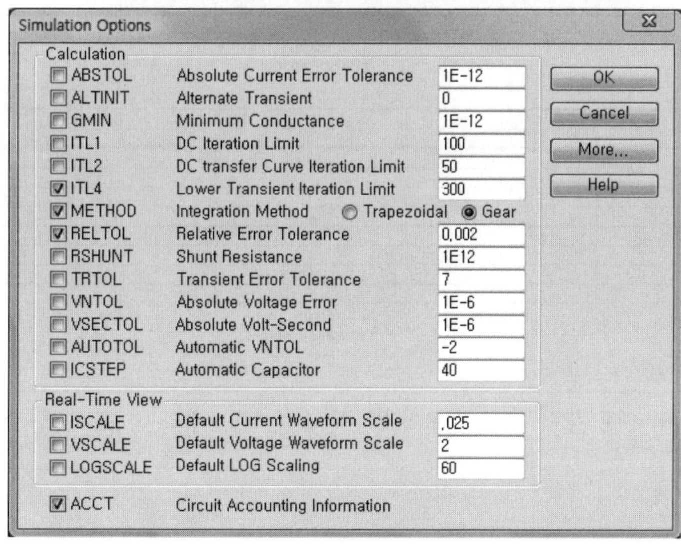

▍그림 8.8 Transient Analysis & Simulation Options 설정 창 ▍

　㉠ Transient Analysis
- Data Step Time : 5u
- Total Analysis Time : 30m
- UIC : Check

　㉡ Simulation Options
- ITL4 : 300
- METHOD : Gear
- RELTOL : 0.002

(3) 시뮬레이션 결과

① MOSFET을 이용한 이중 출력 RCC 회로의 시뮬레이션을 수행하였으며 출력 전압 및 각 부의 결과 파형을 그림 8.9(a)~(e)에 나타냈다.

이때 시뮬레이션 조건은 V_i=220Vac, V_{O1}=12V, V_{O2}=5V, I_{O1}=1.5A, I_{O2}=0.3A 이다.

각 부의 전압 · 전류 파형이 예상치와 거의 일치한다는 점을 확인할 수 있다.

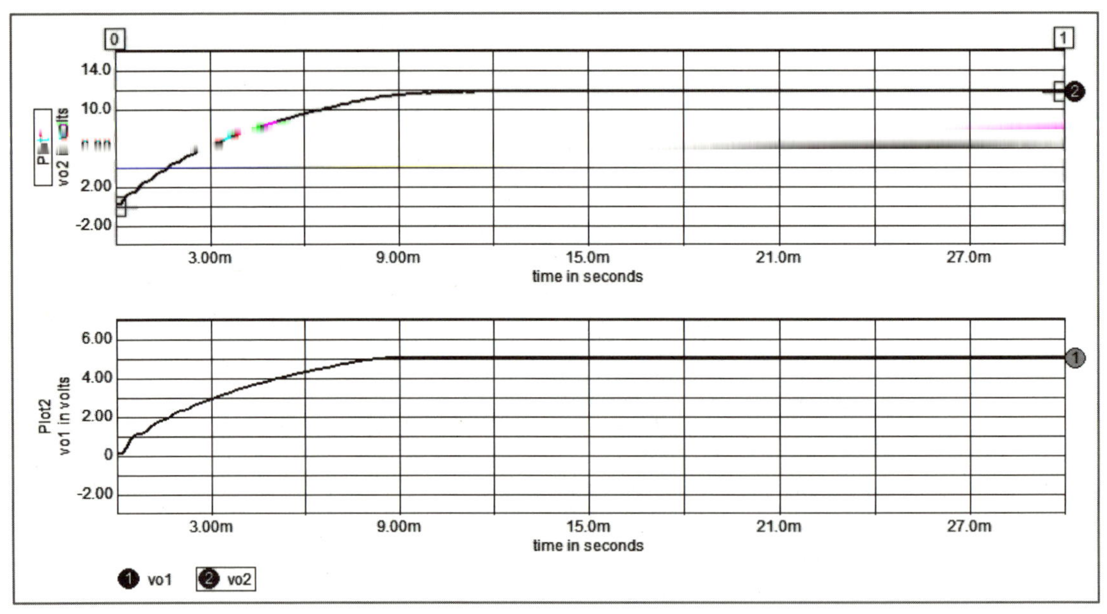

▌ 그림 8.9(a) 이중 출력 RCC 회로의 2차측 출력 전압(위)과 3차측 출력 전압(아래) ▌

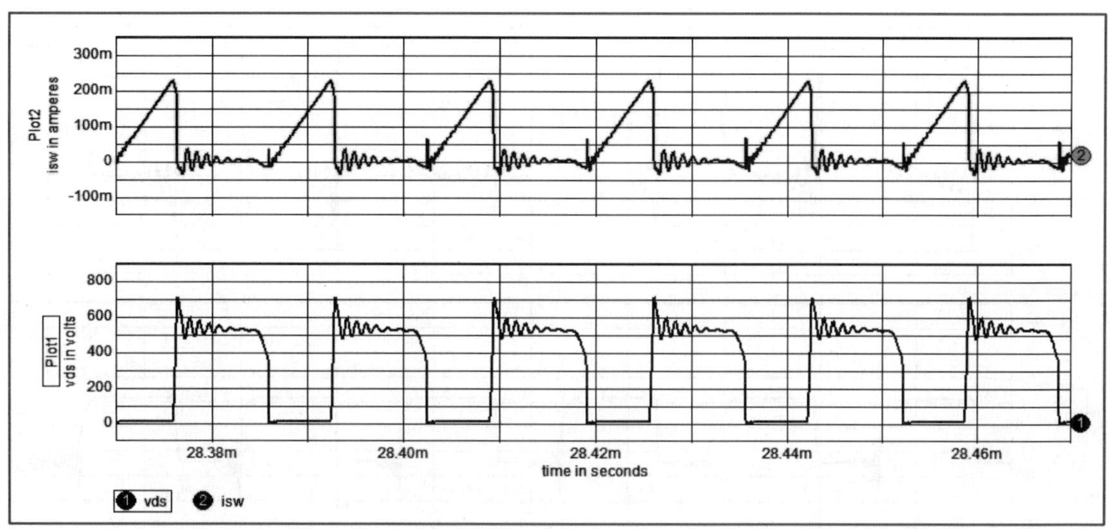

‖ 그림 8.9(b) 주스위치 전류(위)와 주스위치 양단의 전압 파형(아래) ‖

참고 그림 8.7에서 주스위치는 MOSFET(APT10090BLL)이다.

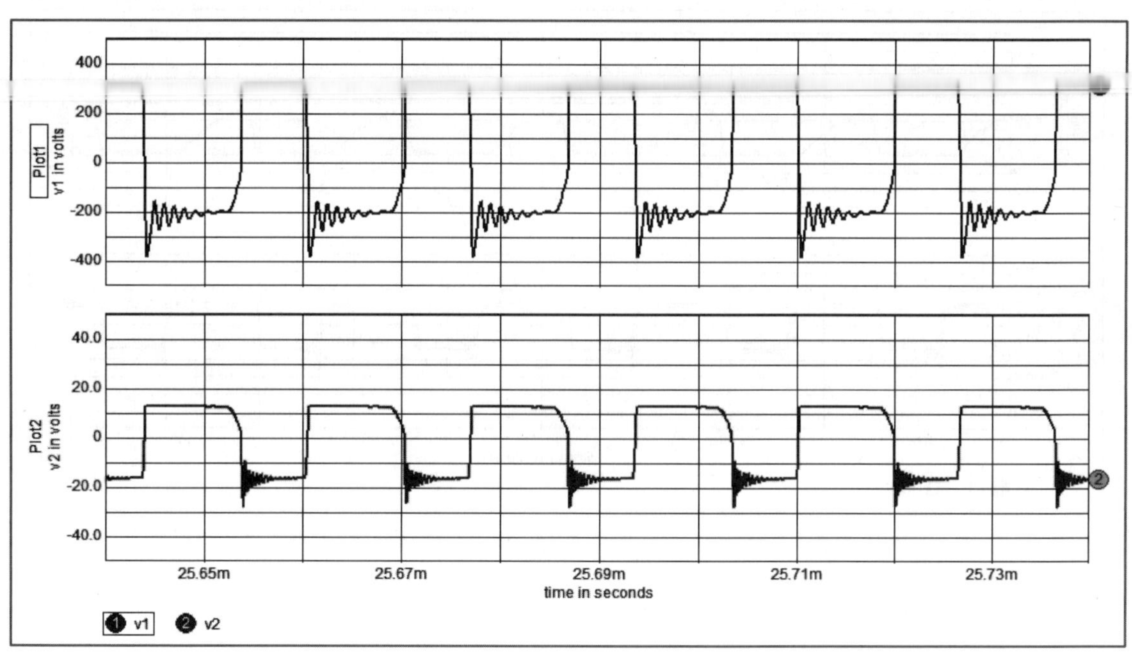

‖ 그림 8.9(c) 트랜스포머 1차측 양단간 전압(위)과 2차측 양단간 전압(아래) ‖

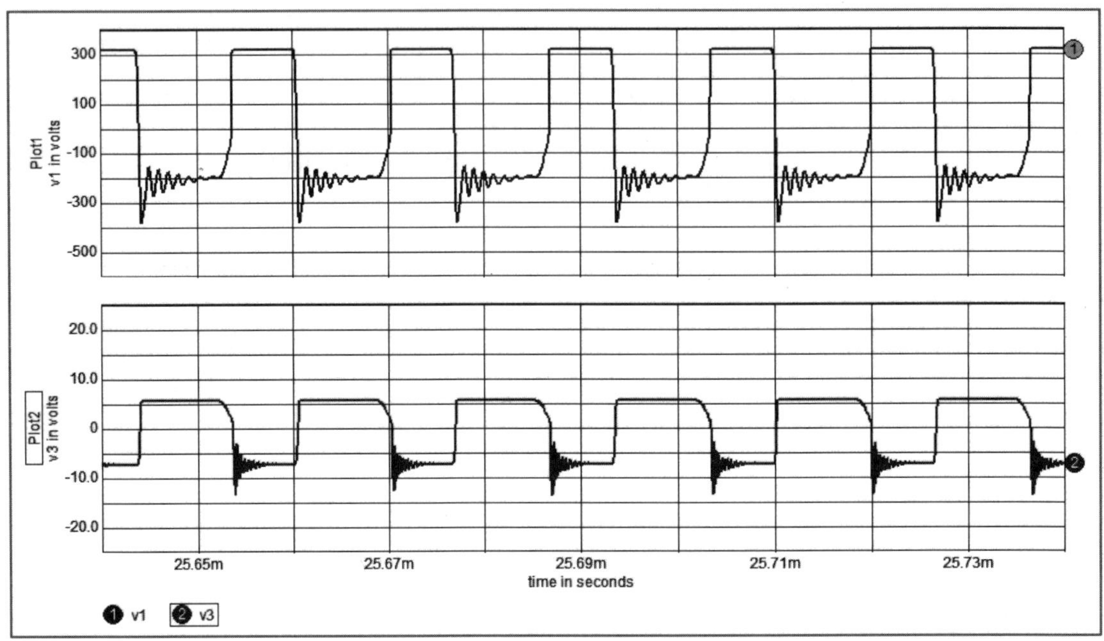

■ 그림 8.9(d) 트랜스포머 1차측 양단간 전압(위)과 3차측 양단간 전압(아래) ■

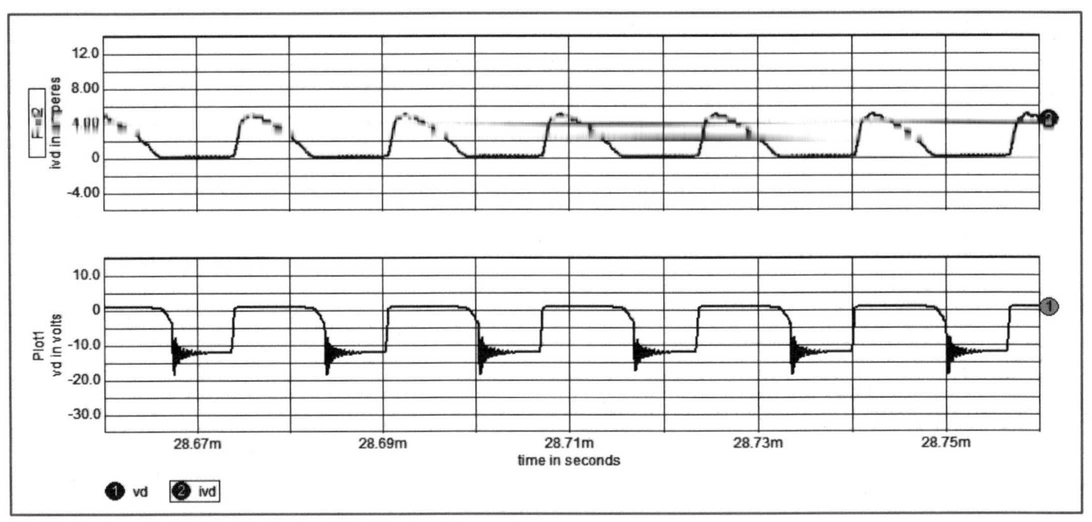

■ 그림 8.9(e) 환류 다이오드(D_7)의 전류 파형(위)과 다이오드 양단 전압 파형(아래) ■

② 그림 8.10~8.13은 MOSFET 이중 출력 RCC의 출력 특성으로 입력 전압 및 부하
   의 변화에 따른 Regulation 특성을 각각의 출력단 별로 보여주고 있다.

③ 입력 전압과 부하가 변해도 실제 출력 전압의 레벨은 변화가 거의 없는 것으로 보
   아 FeedBack 제어가 잘 되고 있음을 알 수 있다.

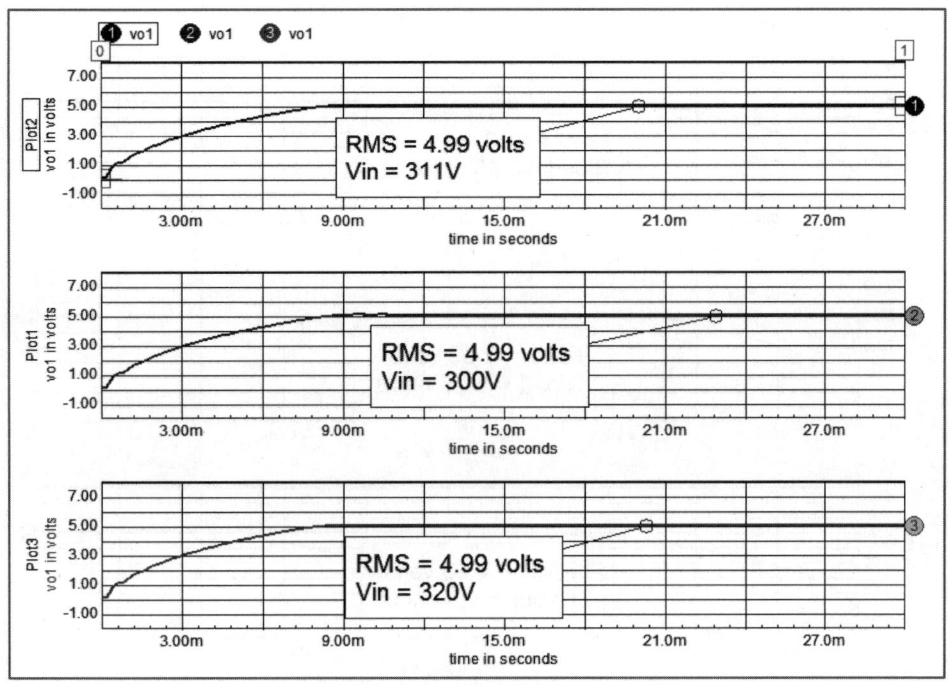

┃ 그림 8.10 Line Regulation(V_{O1}) ┃

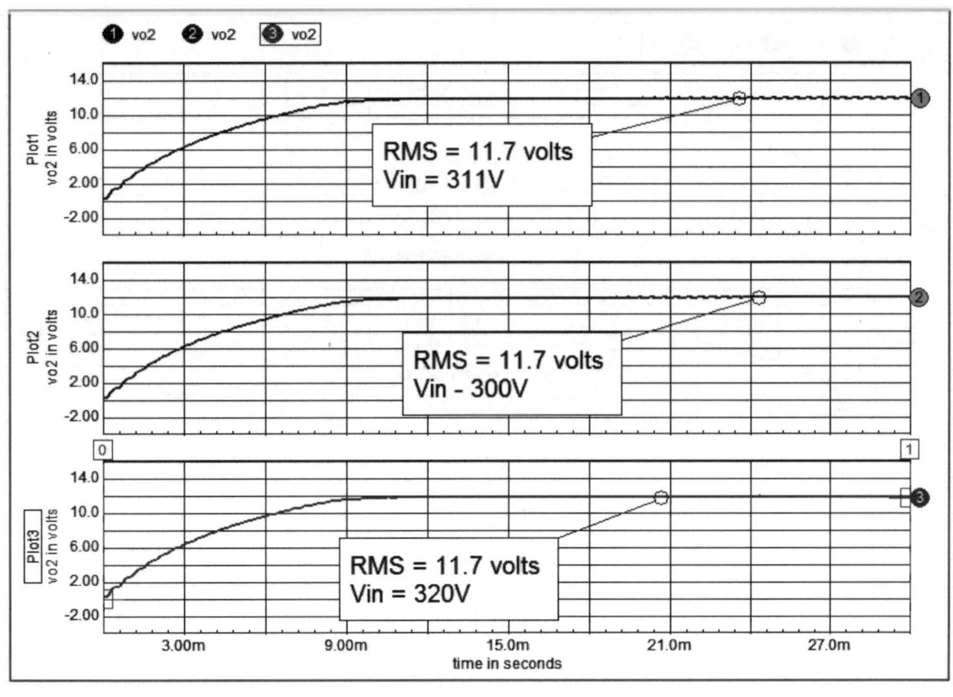

┃ 그림 8.11 Line Regulation(V_{O2}) ┃

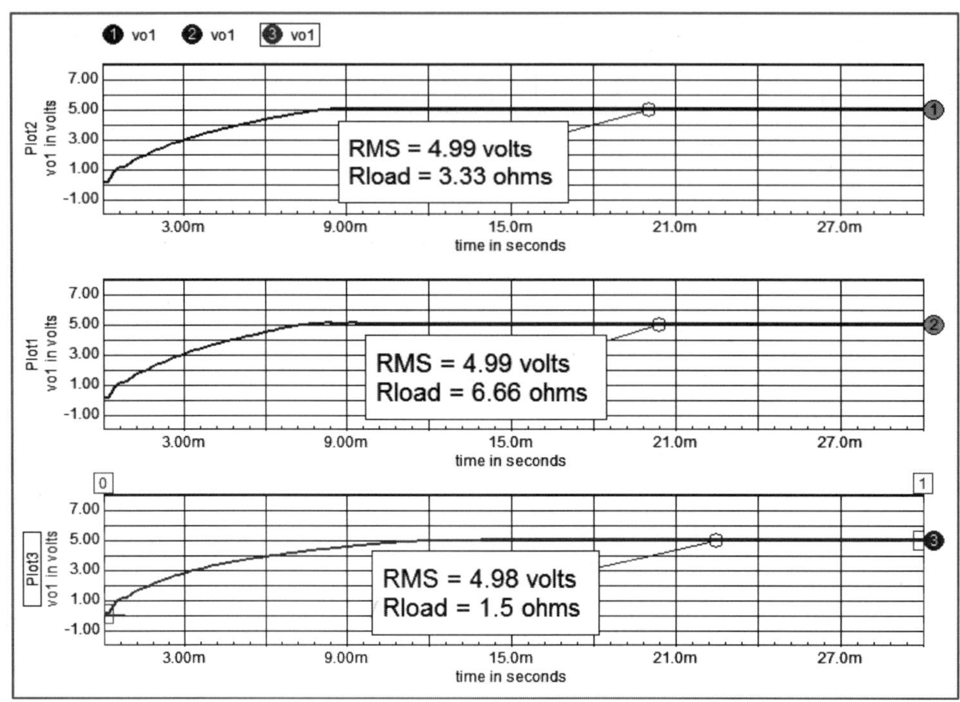

■ 그림 8.12 Load Regulation(V_{O1}) ■

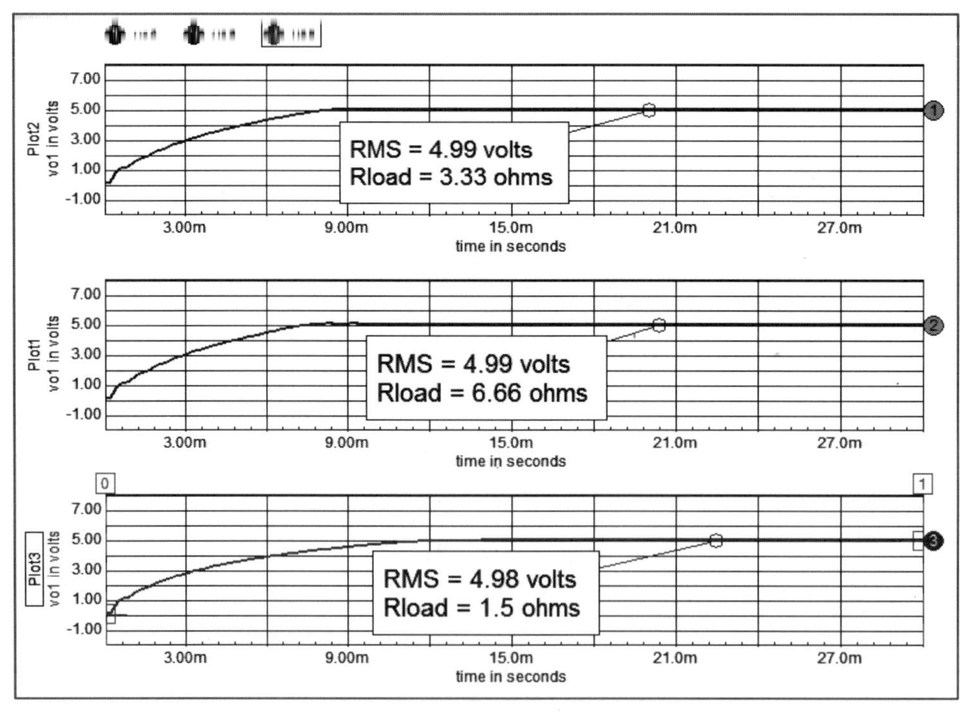

■ 그림 8.13 Load Regulation(V_{O2}) ■

제어 회로의 보상

지금까지의 내용에서 보았듯이 스위칭 전원은 전압의 Regulation을 위한 부궤환 제어 회로를 가지며 제어 회로는 오차 증폭기 및 비교기로 구성된다. 그림 9.1은 동특성 해석을 통하여 얻어진 스위칭 전원의 제어 특성을 나타낸다.

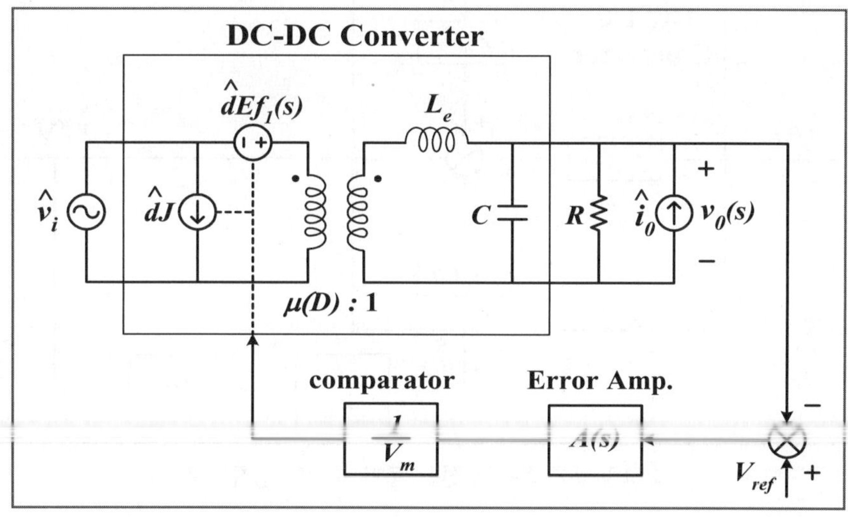

▌ 그림 9.1 스위칭 전원의 제어 특성 ▐

그림 9.1과 같이 Error Amp, comparator는 DC-DC Converter의 제어 전달 함수와 함께 폐루프를 형성하고 출력 전압의 Regulation, 과도 특성과 관련하여 안정성 및 고도의 제어 특성이 요구되기 때문에 이에 알맞은 부궤환 제어 루프를 통한 안정성 설계가 필요하다. 여기서 $1/V_m$은 비교기의 이득, $A(s)$는 오차 증폭기의 이득을 나타내고 있다.

DC-DC Converter의 경우 루프의 안정성 면에서 2차 특성의 전달 함수를 가지게 되며 여기에 1차 특성까지 고려하면 루프 전체로서 3차 특성을 가지게 되어 위상 여유(Phase Margin)의 면에서 좋은 조건이 되지 못한다. 게다가 Buck-boost(Flyback), Boost Converter의 전달 함수처럼 우반면의 영점이 존재하는 경우는 루프의 위상을 더욱더 지연(lag)되게 하여 경우에 따라서는 불안정한 루프가 될 가능성도 있다.

스위칭 전원에서 궤환 루프의 안정성 설계는 통상적으로 오차 증폭기에 극·영점 보상 (Pole Zero Compensation)을 통하여 충분한 위상 여유, 저주파 이득, 주파수 밴드 폭 등을 확보함으로써 이루어질 수 있다.

01 스위칭 전원 전달 함수 및 루프 이득

그림 9.1에 나타낸 스위칭 전원 제어 특성을 전달 함수의 블록으로 재구성하여 그림 9.2에 나타냈다. 이 그림으로부터 스위칭 전원의 각각의 전달 함수 및 루프 이득을 정의하면 다음과 같다.

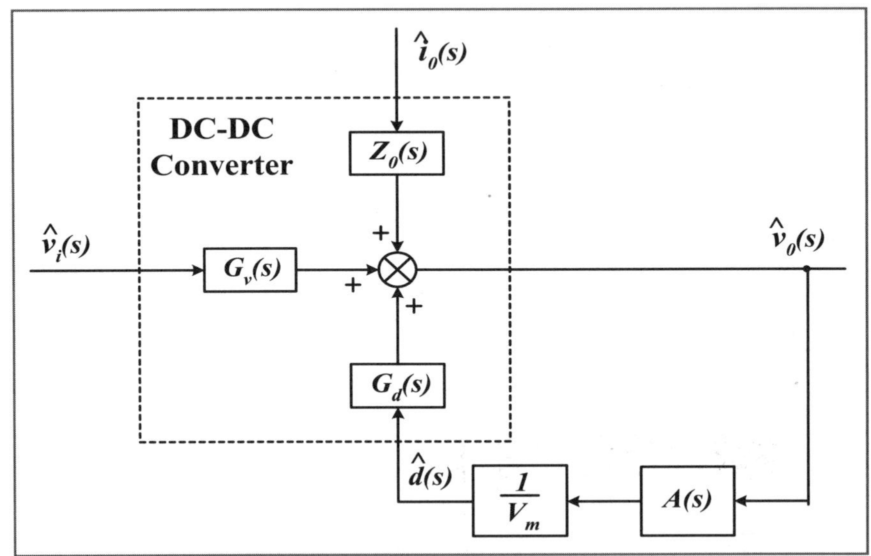

그림 9.2 스위칭 전원 제어 특성의 블록도

① 개루프 전달 함수

$$\text{입·출력 전달 함수} : G_v(s) = \left. \frac{\hat{v}_o(s)}{\hat{v}_i(s)} \right|_{\hat{d}=\hat{i}_o=0}$$

$$\text{제어 전달 함수} : G_d(s) = \left. \frac{\hat{v}_o(s)}{\hat{d}(s)} \right|_{\hat{v}_i=\hat{i}_o=0} \quad \cdots\cdots\cdots\cdots\cdots\cdots (9.1)$$

$$\text{출력 임피던스} : Z_o(s) = \left. \frac{\hat{v}_o(s)}{\hat{i}_o(s)} \right|_{\hat{d}=\hat{v}_o=0}$$

여기서 입·출력 전달 함수는 입력 전압의 미소 변동분에 대한 출력 전압의 미소 변동분 크기를 나타내며 제어 전달 함수는 시비율의 미소 변동분에 대한 출력 전압의 미소 변동분의 크기를 나타내고 있다. 또한 출력 임피던스는 출력 전류의 미소 변동분에 대한 출력 전압의 미소 변동분의 크기를 나타낸다. 그림 9.2에서 알 수 있듯이 시비율의 미소 변동의 근본적인 원인은 출력 전압이므로 이 전달 함수는 루프 이득의 한 구성 요소가 된다.

② 루프 이득

$$T(s) = G_d(s) \cdot A(s) \cdot \frac{1}{V_m} \qquad \text{(9.2)}$$

③ 폐루프 전달 함수

$$\text{입} \cdot \text{출력 전달 함수} : \left. \frac{\widehat{v_o}(s)}{\widehat{v_i}(s)} \right|_{\widehat{i_o}=0} = \frac{G_v(s)}{1+T(s)}$$

$$\text{출력 임피던스} : \left. \frac{\widehat{v_o}(s)}{\widehat{i_o}(s)} \right|_{\widehat{v_i}=0} = \frac{Z_o(s)}{1+T(s)} \qquad \text{(9.3)}$$

④ DC-DC Converter의 특성 해석을 통하여 컨버터 개루프 전달 함수를 구하면 다음과 같다.

$$G_v(s) = \frac{G_{vo}\,\omega_n^2 \left(1+\dfrac{s}{\omega_c}\right)}{P(s)}$$

$$G_d(s) = \frac{G_{do}\,\omega_n^2 \left(1-\dfrac{s}{\omega_e}\right)\left(1+\dfrac{s}{\omega_c}\right)}{P(s)} \qquad \text{(9.4)}$$

$$Z_o(s) = \frac{R_o\,\omega_n^2 \left(1+\dfrac{s}{\omega_l}\right)\left(1+\dfrac{s}{\omega_c}\right)}{P(s)}$$

여기서, $\quad P(s) = s^2 + 2\zeta\omega_n s + \omega_n^2$

$$\zeta = \frac{1}{2\omega_n}\left(\frac{1}{CR}+\frac{r_c}{L}\right) : \text{Buck, Foward}$$

$$\zeta = \frac{1}{2\omega_n}\left(\frac{1}{CR}+\frac{r_c}{L_e D'}\right) : \text{Boost, Buck}-\text{boost, Flyback}$$

$$\omega_n = \frac{1}{\sqrt{L_e C}}$$

$$n = \frac{N_2}{N_1}$$

$$\omega_c = \frac{1}{Cr_c}$$

$$\text{(9.5)}$$

▌ 표 9.1 DC-DC Converter의 전달 함수에 대한 정수 ▌

구분	G_{v0}	G_{d0}	R_o	ω_e	ω_l	L_e
Buck	D	$\dfrac{V_o}{D}$	$R \parallel r_l$	∞	$\dfrac{r_l}{L}$	L
Boost	$\dfrac{1}{D'}$	$\dfrac{V_o}{D'}$	$R \parallel \dfrac{r_{eq}}{D'^2}$	$\dfrac{R}{L_e}$	$\dfrac{r_{eq}}{L}$	$\dfrac{L}{D'^2}$
Buck–boost	$\dfrac{D}{D'}$	$\dfrac{V_o}{DD'}$	$R \parallel \dfrac{r_{eq}}{D'^2}$	$\dfrac{R}{DL_e}$	$\dfrac{r_{eq}}{L}$	$\dfrac{L}{D'^2}$
Flyback	$\dfrac{nD}{D'}$	$\dfrac{V_o}{DD'}$	$R \parallel \dfrac{r_{eq}}{D'^2}$	$\dfrac{R}{DL_e}$	$\dfrac{r_{eq}}{L}$	$\dfrac{nL}{D'^2}$
Forward	nD	$\dfrac{V_o}{D}$	$R \parallel r_l$	∞	$\dfrac{r_l}{L}$	L

※ $r_{eq} = r_l + DD'(r_c \parallel R)$, Flyback의 경우 $(n^2 D + D)' r_l \simeq r_l$로 가정한다.

표 9.1은 주요 DC-DC Converter의 각각의 전달 함수에 대한 정수들을 정리하여 나타 낸 것이다. 참고로 식 (9.5)의 r_c는 출력 커패시터의 ESR을 나타내며 표 9.1에서의 r_l은 인덕터 L의 등가 직렬 저항을 나타낸다.

02 안정성 설계 기준

스위칭 전원의 루프 이득 $T(s)$는 안정한 이득과 위상 특성을 가져야 하기 때문에 $T(s)$를 구성하는 항 중에서 제어 전달 함수 $G_d(s)$는 DC-DC Converter의 종류에 따라 결정 되고 비교기의 이득 $\dfrac{1}{V_m}$도 이미 고정된 값이므로 안정한 시스템의 설계 여부는 오차 증폭 기의 이득 $A(s)$에 달려 있다. 안정성 설계를 위한 $A(s)$의 결정은 극·영점 보상을 통하여 이루어지게 되며 이를 제어 회로의 보상이라고 한다. $T(s)$의 안정성을 위하여 일반적으로 적용할 수 있는 설계 기준은 다음과 같다.

① 출력 전압의 Regulation 오차를 줄이기 위해 DC에서의 이득이 커야 한다(원점에 극점이 있도록 한다).

② 안정한 위상 여유를 얻기 위해서 0dB를 통과하는 이득의 기울기를 -20dB/dec로 한다(0dB의 이득에서 위상이 $-90°$에 근접한다).

③ 이득이 0dB를 통과하는 주파수를 교차 주파수(crossover frequency) f_c라고 할 때,

샘플링 이론에 의하면 $f_c > \dfrac{f_s}{2}$ 이면 입력이 출력에 전달되지 못하고, $f_c > \dfrac{f_s}{2\pi D}$ 이면 시스템이 불안정하다 $\left(f_c$를 스위칭 주파수 f_s의 $\dfrac{1}{4} \sim \dfrac{1}{5}$ 로 선택한다$\right)$.

④ 좋은 과도 특성을 얻기 위하여 위상 여유를 45~60° 정도로 한다.

오차 증폭기의 여러 가지 보상 방법 중 대표적으로 3-pole, 2-zero의 특성을 가지는 방법을 그림 9.3에 나타냈다.

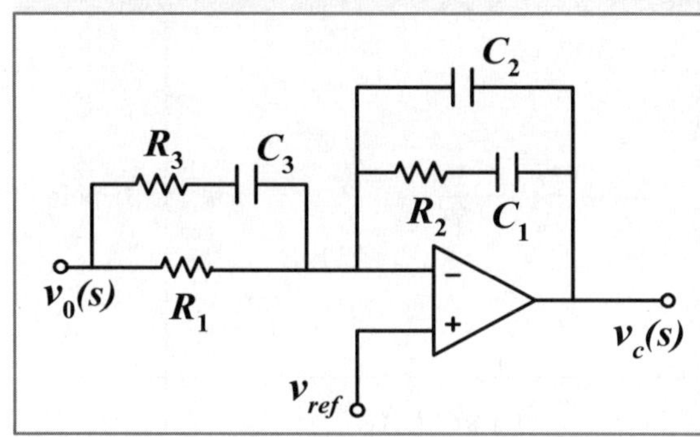

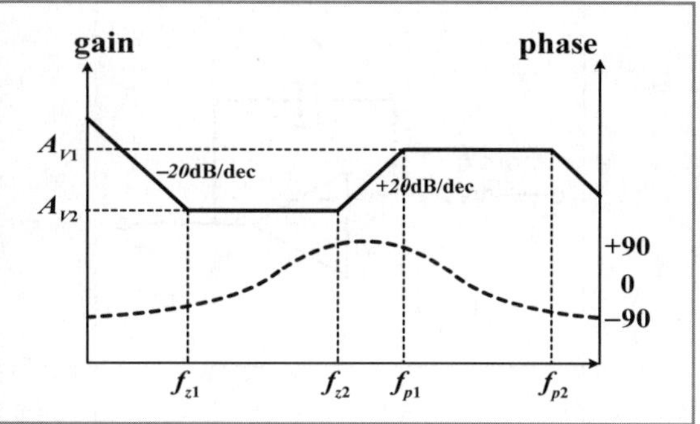

┃ 그림 9.3 오차 증폭기의 보상 예시 ┃

이 증폭기의 전달 함수는

$$\frac{v_c(s)}{v_o(s)} = \frac{(1 + s\,C_1 R_2)\{1 + s\,C_3(R_1 + R_3)\}}{s(C_1 + C_2)R_1(1 + s\,C_3 R_3)\left(1 + s\,\dfrac{C_1 C_2 R_2}{C_1 + C_2}\right)} \qquad \cdots\cdots (9.6)$$

가 되고 각각의 영점과 극점의 주파수는 다음과 같이 구해진다.

$$\begin{aligned}
f_{z1} &= \frac{1}{2\pi C_1 R_2} \\[4pt]
f_{z2} &= \frac{1}{2\pi C_3(R_1 + R_2)} \simeq \frac{1}{2\pi C_3 R_1} \\[4pt]
f_{p1} &= \frac{1}{2\pi C_3 R_3} \\[4pt]
f_{p2} &= \frac{C_1 + C_2}{2\pi C_1 C_2 R_2} \simeq \frac{1}{2\pi C_2 R_2}
\end{aligned} \qquad \cdots\cdots\cdots (9.7)$$

또 직류 이득은 다음과 같다.

$$\begin{aligned}
A_{v1} &= \frac{R_2}{R_1} \\[4pt]
A_{v2} &= \frac{R_2(R_1 + R_3)}{R_1 R_3} \simeq \frac{R_2}{R_3}
\end{aligned} \qquad \cdots\cdots\cdots (9.8)$$

여기서, $-180°$ 위상에서 안정성 평가를 위하여 오차 증폭기의 전달 함수에서 생기는 $180°$의 위상차는 무시하는 것으로 하였다.

표 9.2는 그림 9.3에서 주어진 3-pole, 2-zero 보상 회로의 예 이외에 자주 이용되는 보상 회로의 예를 정리해서 나타낸 것이다.

❚ 표 9.2 보상 회로의 예 ❚

형태	회로도	전달 함수 $\left(\dfrac{v_c}{v_o}\right)$	비고
1		$\dfrac{v_c}{v_o} = \dfrac{1}{sRC}$	1-pole
2		$\dfrac{v_c}{v_o} = \dfrac{(1+sC_1R_2)}{s(C_1+C_2)R_1\left\{1+s\dfrac{C_1C_2}{(C_1+C_2)}R_2\right\}}$ $f_z = \dfrac{1}{2\pi C_1 R_2}$ $f_p = \dfrac{1}{2\pi C_2 R_2}$ $A_v = \dfrac{R_2}{R_1}$	2-pole 1-zero
3		$\dfrac{v_c}{v_o} = \dfrac{(1+sC_1R_1)(1+C_2R_3)}{sC_2R_1(1+sC_1R_2)}$ $f_{z1} = \dfrac{1}{2\pi C_1 R_1}$ $f_{z2} = \dfrac{1}{2\pi C_2 R_3}$ $f_p = \dfrac{1}{2\pi C_1 R_2}$ $A_{v1} = \dfrac{R_3}{R_1+R_2}$ $A_{v2} = \dfrac{R_3}{R_2}$	2-pole 2-zero

지금부터 앞에서 고찰한 제어 회로의 안정성과 보상 회로의 특성을 토대로 하여 직접 스위칭 전원의 제어 회로에 사용할 보상 회로를 설계하고 시뮬레이션해 보는 것으로 한다.

설계를 위한 스위칭 전원의 회로로는 Forward Converter와 Flyback Converter를 대상으로 하는 것으로 하고 오차 증폭기의 보상 회로는 그림 9.3에 제시한 3-pole, 2-zero의 특성을 갖는 회로를 선정하는 것으로 한다.

설계가 완료된 결과는 IsSpice로 Bode Plot을 구해봄으로써 그 결과를 확인하는 것으로 하였다.

03 Forward Converter의 보상 회로 설계

그림 9.4는 보상 회로 설계를 위한 Forward Converter의 회로도를 나타낸다.

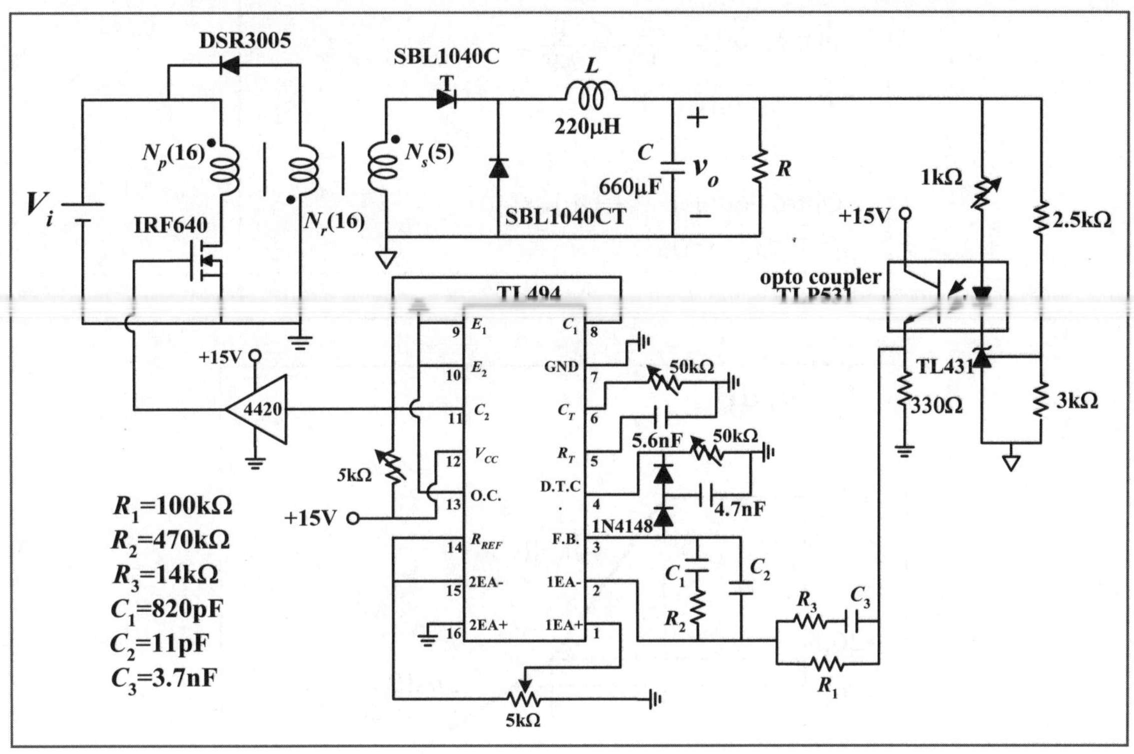

▎그림 9.4 보상 회로 설계를 위한 Forward Converter ▎

제어 회로는 제어용 IC로 TL494를 이용하고 있으며 R_1, R_2, R_3, C_1, C_2, C_3이 오차 증폭기의 보상 회로를 구성한다. 또한 입·출력 절연을 위하여 Opto Coupler를 사용하고 있다.

따라서 이 경우 루프 이득은 식 (9.2)에 나타낸 식에 Opto Coupler의 이득을 곱해서 식 (9.9)와 같이 나타낼 수 있다.

$$T(s) = G_d(s) \cdot A(s) \cdot \frac{1}{V_m} \cdot A_c \quad \cdots\cdots\cdots\cdots\cdots\cdots\cdots\cdots (9.9)$$

여기서 A_c는 Opto Coupler의 이득을 나타낸다. 앞서 실습한 Forward Converter를 참고하여 회로 정수들을 정리하여 나타내면 그림 9.5와 같다.

입력 전압(V_i) : 50V

출력 전압(V_o) 및 전류(I_o) : 5V, 5A

트랜스포머의 권선비 : $n = \dfrac{N_s}{N_p} = \dfrac{5}{16}$

스위칭 주파수 : 25kHz

비교기 이득 : $\dfrac{1}{V_m} = \dfrac{1}{2.9}$

$L = 220\mu\text{H}$

$C = 660\mu\text{F}$

Opto Coupler 이득(A_c) : 0.45

ESR : $r_c = 0.08\,\Omega$

▌ 그림 9.5 Forward Converter의 회로 정수 ▌

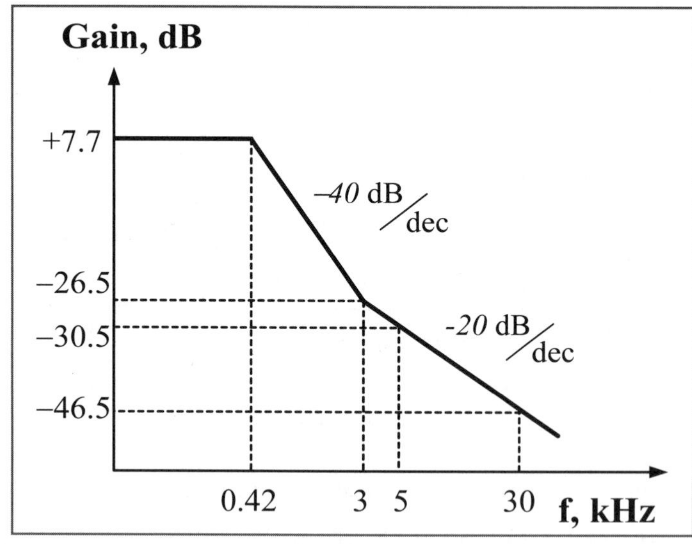

▌ 그림 9.6 $\dfrac{G_d(s)}{V_m} \times A_c$의 주파수 특성 ▌

이를 통하여 루프 이득에서 오차 증폭기의 이득 $A(s)$를 제외한 $G_d \cdot A_c / V_m$을 구하여 점근 근사법에 의한 주파수 특성을 구하면 그림 9.6과 같다. 이때 ESR에 의한 영점은 3kHz의 주파수에 존재한다. 저주파 이득은 약 +7.7dB, 고유 주파수(Natural Frequency) f_0는 420Hz가 된다.

루프 이득 설계 기준에 의해 루프이득 $T(s)$가 0dB를 교차하는 교차 주파수 f_c를 스위칭 주파수 $f_s(=25\mathrm{kHz})$의 1/5 정도로 하여 $f_c=5\mathrm{kHz}$로 정한다. 그림 9.5를 보면, f_c의 주파수에서 $G_d(s) \cdot A_c / V_m$는 $-30.5\mathrm{dB}$이므로 $A(s)$는 f_c에서 $+30.5\mathrm{dB}$의 이득을 가져야 함을 알 수 있다. 또한 f_c에서 $-20\mathrm{dB/dec}$의 기울기로 통과해야 하므로 $A(s)$는 f_c에서 0의 기울기를 가져야 한다.

이러한 기준을 토대로 오차 증폭기는 과도 응답 특성이 우수한 그림 9.3의 3-pole, 2-zero 증폭기를 선정할 수 있다. 여기서 2개의 영점은 고유 주파수에서의 위상 지연을 보상하기 위한 것으로서 고유 주파수에 근접한 $f_{z1}=f_{z2}=410\mathrm{Hz}$로 한다. 따라서 이 기준을 토대로 오차 증폭기의 주파수 특성을 그리면 그림 9.7과 같다.

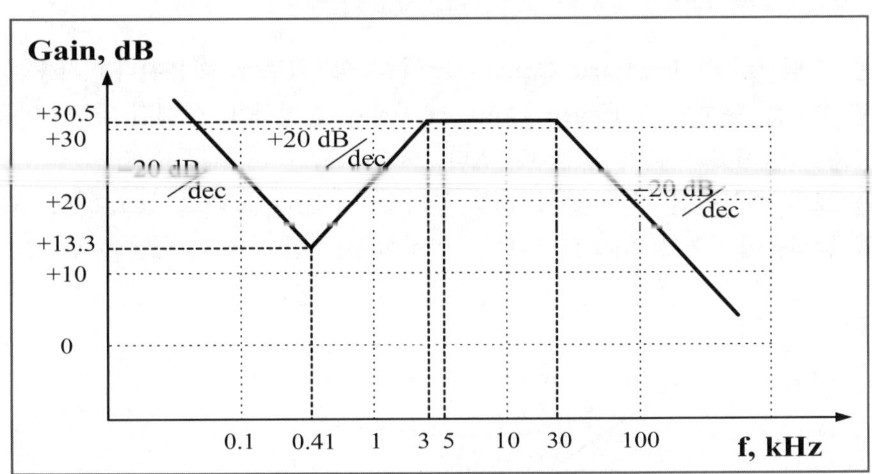

▌ 그림 9.7 오차 증폭기의 주파수 특성 ▌

앞서 언급한 바와 같이 교차 주파수 $f_c(=5\mathrm{kHz})$에서 이득은 30.5dB, 기울기는 0이 되고 있고 ESR에 의한 영점을 보상하기 위하여 f_{p1}을 3kHz에, 고주파에서의 노이즈 감쇠를 위하여 f_{p2}를 30kHz에 두는 것으로 하였다.

또한, 이 그림에서 $f_{z2}=410\mathrm{Hz}$에서의 이득 A_{v1}을 구하면 $f_c=3\mathrm{kHz}$에서 $+30.5\mathrm{dB}$이므로 아래와 같이 구해진다.

$$A_{v1} = \frac{0.41\mathrm{kHz}}{3\mathrm{kHz}} \times 33.5 = 4.6\,(\text{또는 } 13.3\mathrm{dB}) \qquad \cdots\cdots\cdots\cdots (9.10)$$

이상의 결과로부터 얻어진 f_{z1}, f_{z2}, f_{p1} 및 f_{p2}의 값을 가지고 보상 요소인 저항 및 커패시터의 값을 다음과 같이 구할 수 있다.

편의상 R_1을 100kΩ으로 정하고 R_2를 포함한 나머지 R, C 값은 아래의 식을 참고하여 구해보자.

$$R_2 = A_{v1} \cdot R_1 = 4.62 \times 100\,\mathrm{k\Omega} = 462\,\mathrm{k\Omega}$$

$$(\text{표준 저항값 } 470\mathrm{k\Omega}\text{으로 정함})$$

$$R_3 = \frac{R_2}{A_{v2}} = \frac{470\mathrm{k\,\Omega}}{33.5} = 14\,\mathrm{k\Omega}$$

$$C_1 = \frac{1}{2\pi f_{z1} R_2} = 820\,\mathrm{nF}$$

$$C_2 = \frac{1}{2\pi f_{p2} R_2} = 11\,\mathrm{nF}$$

$$C_3 = \frac{1}{2\pi f_{z2} R_1} = 3.7\,\mathrm{nF}$$

$$\cdots\cdots\cdots\cdots (9.11)$$

이 값들은 그림 9.4의 Forward Converter의 보상 회로에 적용된다. 최종적으로 그림 9.5 및 그림 9.6을 통하여 Forward Converter에서 안정하게 설계된 루프 이득 $T(s)$의 주파수 특성을 그림 9.8과 같이 구할 수 있다.

이 그림을 보면 예상했던 바와 같이 교차 주파수가 5kHz가 되고 있으며 이 교차 주파수에서 이득의 감쇠율이 −20dB/dec가 되므로 안정한 시스템이 되고 있음을 알 수 있다.

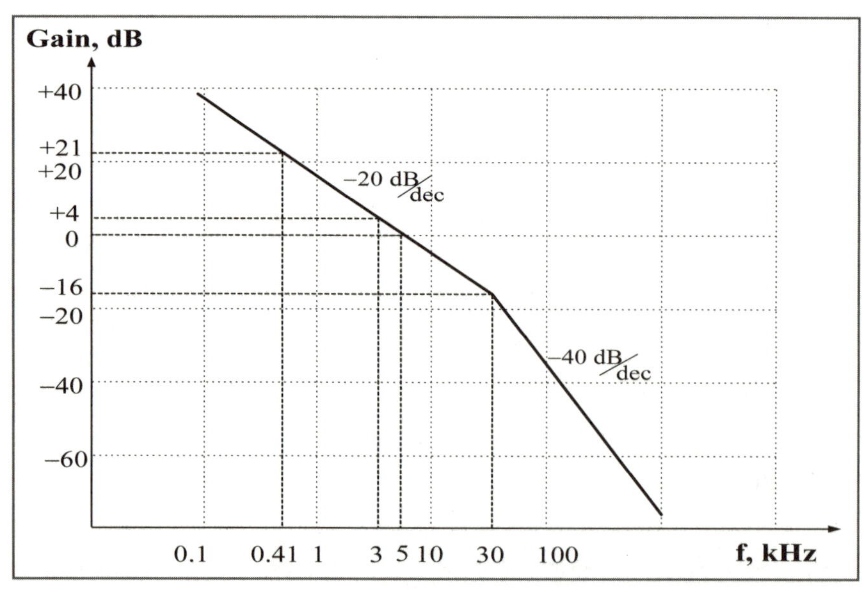

┃ 그림 9.8 Forward Converter의 루프 이득 $T(s)$의 주파수 특성 ┃

04 Forward Converter IsSpice 회로도 구성 및 시뮬레이션

01 Forward Converter의 회로 구성

① 그림 9.9는 Forward Converter의 주파수 분석을 위하여 원래 회로도에서 추출한 시뮬레이션 회로도이다.

'Buckvm'과 'TL494Avg'는 AC Analysis를 수행할 때 사용되는 주파수 분석 전용 Library이며 Opto Coupler와 비교기의 이득을 'Gain' 라이브러리를 이용하여 표현하였다.

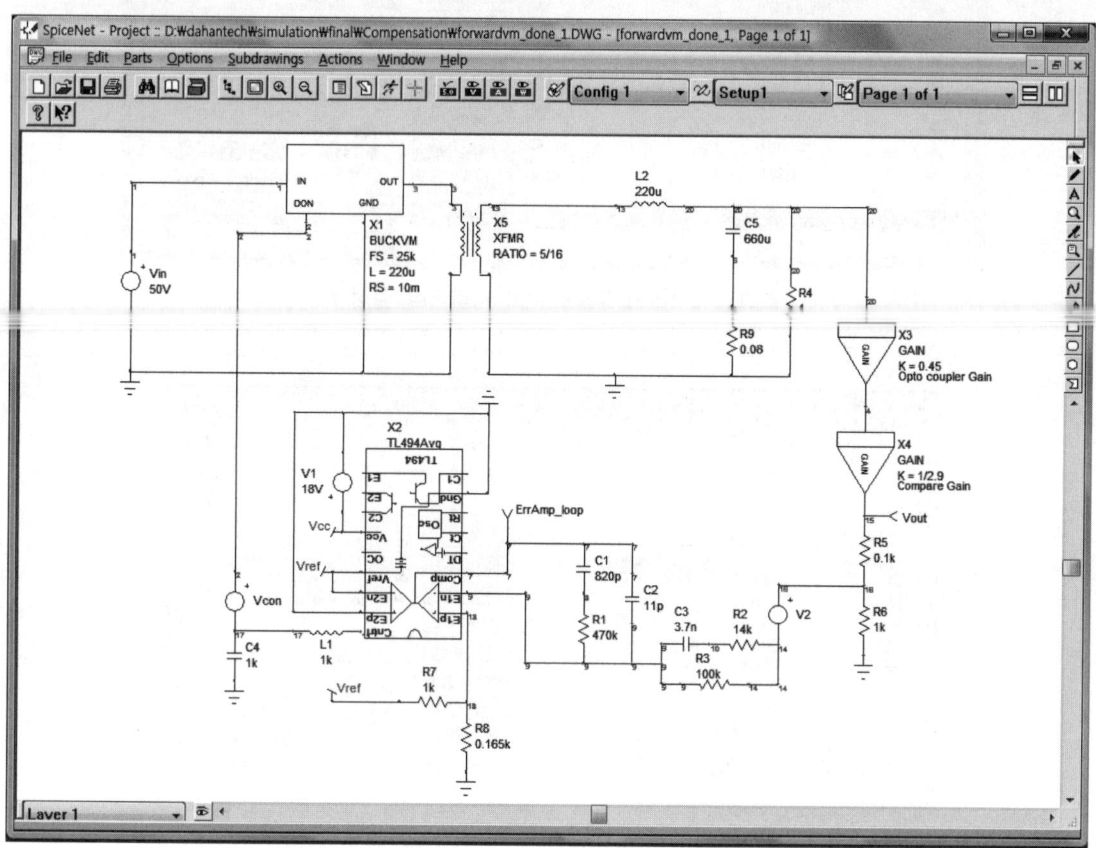

▍ 그림 9.9 Forward Converter 시뮬레이션을 위한 회로도 ▍

② 그림 9.10(a)는 'Buckvm'의 설정 창이며 각각의 내부 파라미터를 앞서서 본 회로 정수에 맞춰서 입력한다. 각 파라미터의 내용은 다음과 같다.

　㉠ FS : 스위칭 주파수[Hz] : 25k

　㉡ L : 인덕턴스값[H] : 220u

　㉢ RS : 직렬 저항값[Ω] : 10m

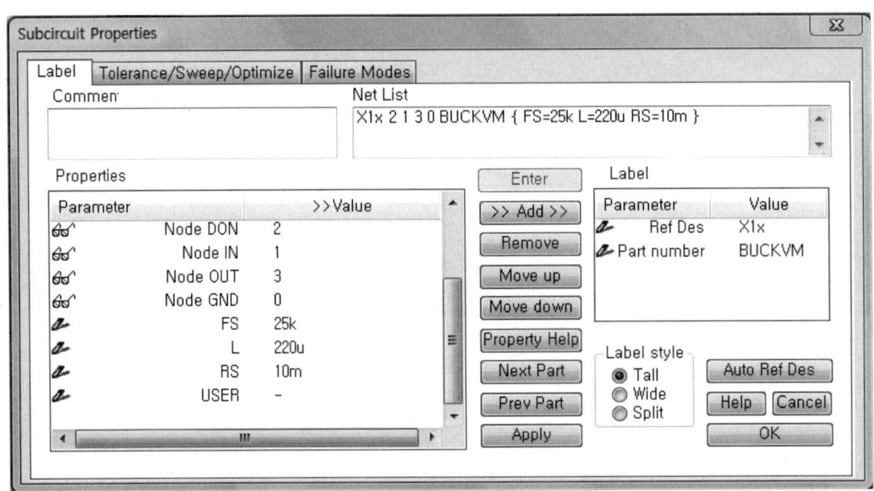

▌ 그림 9.10(a) Buckvm의 파라미터 설정 ▌

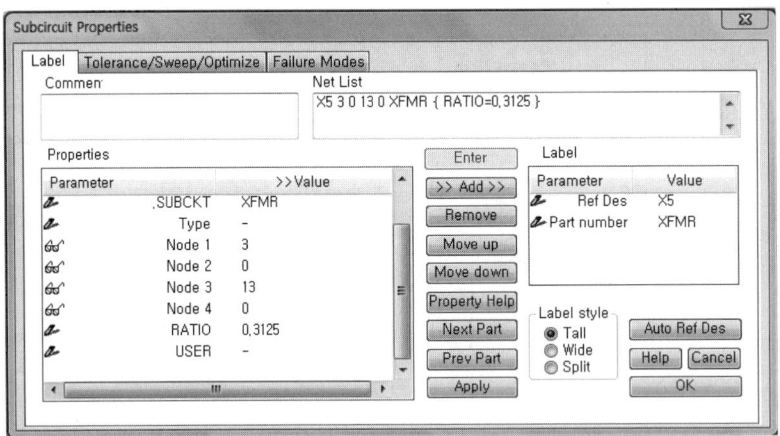

▌ 그림 9.10(b) Transformer의 턴비 설정 ▌

③ 그림 9.10(b)를 참고하여 Transformer의 'Ratio' 항목에 '0.3125'를 입력한다. 그리고 Opto Coupler와 비교기의 이득 역시 각각의 Gain 라이브러리에 입력한다.

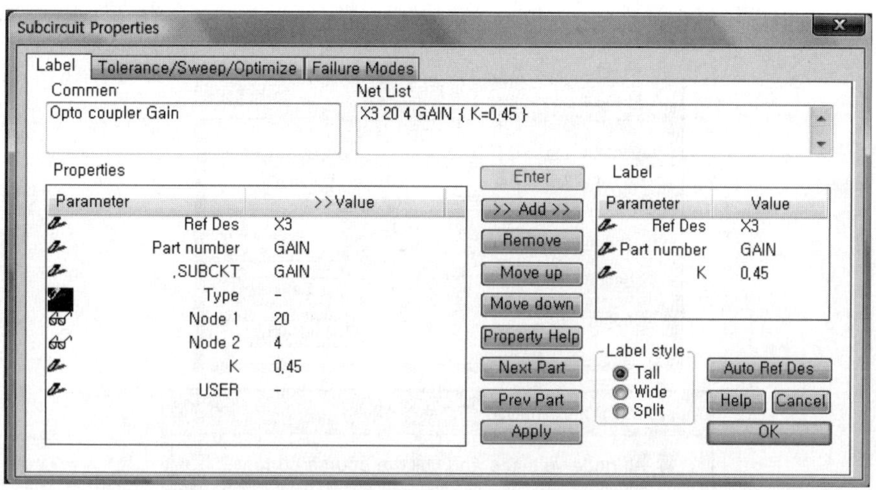

▌ 그림 9.10(c) Opto Coupler 이득값 설정 ▌

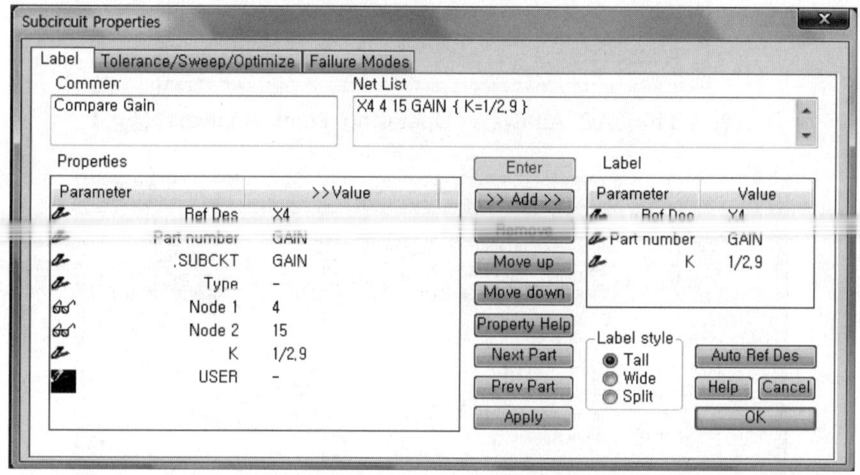

▌ 그림 9.10(d) 비교기의 이득값 설정 ▌

⑫ 시뮬레이션 환경 설정

① 이번 시뮬레이션은 주파수상에서의 분석인 AC Analysis와 출력 전압, 전류값을 보기 위한 Operating Point Analysis를 사용하도록 한다.

② 그림 9.11(a)~(b)를 참고하여 각 시뮬레이션에 대한 조건 및 Option을 설정한다.

   ㉠ AC Analysis

- No. of Points : 100, Decade
- Starting Freq : 10Hz
- Ending Freq : 10kHz

ⓛ Operating Point Analysis : All node voltages and voltage source current

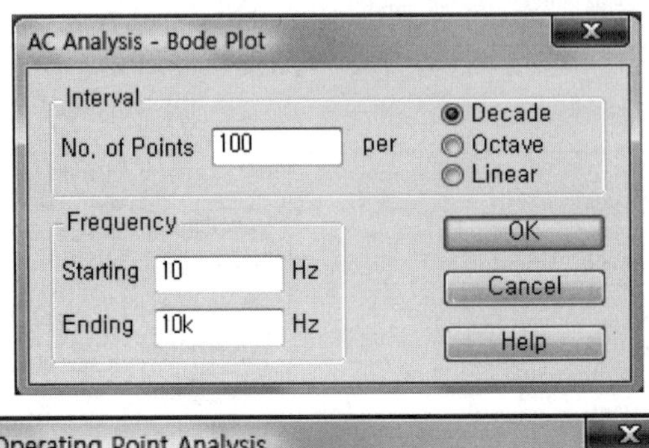

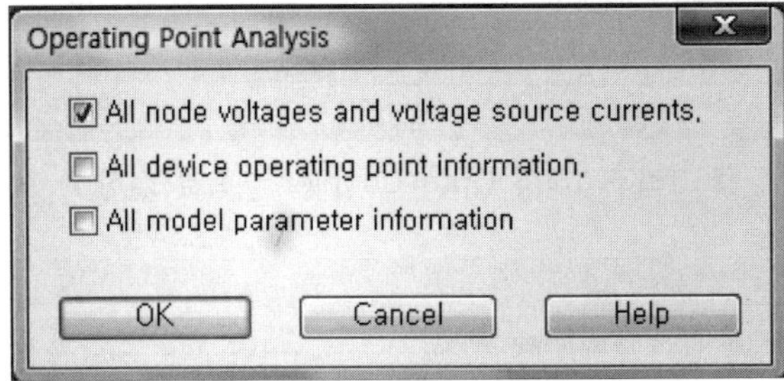

▎ 그림 9.11(a) AC Analysis, Operating Point Analysis 설정 ▎

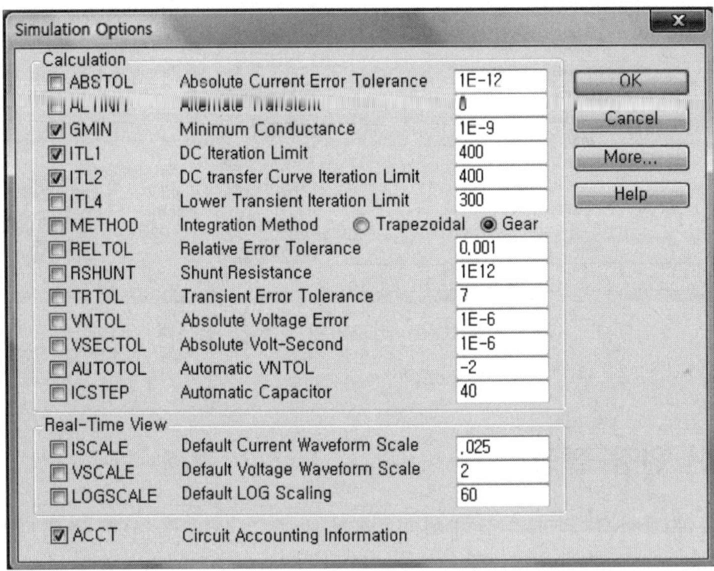

▎ 그림 9.11(b) AC Analysis & Simulation Options 설정 ▎

ⓒ Simulation Options
- GMIN : 1E−9
- ITL1 : 400
- ITL2 : 400

03 Forward Converter의 주파수 특성 시뮬레이션

시뮬레이션을 통해 전달 함수 및 특성을 알아보자. 그림 9.5의 회로 정수에서 확인했듯이 시뮬레이션의 입·출력 조건은 $V_i=50V$, $V_o=5V$, $I_o=5A$이다.

(1) $G_d(s) \cdot A_c/V_m$의 특성 시뮬레이션

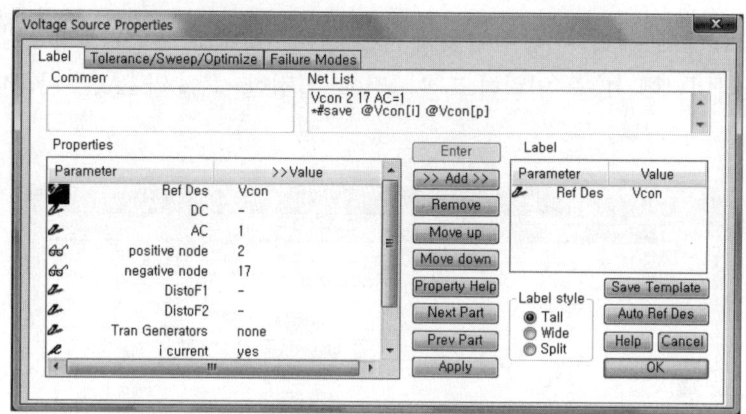

┃ 그림 9.12 전압원 V_{con}의 'AC' 파라미터 설정 ┃

① AC Analysis를 실행하기 전에 반드시 기억해야 할 것은 입력 기준이 되는 전압원의 'AC' 파라미터에 '1'을 입력해야 한다는 것이다.

② 입·출력 전달 함수를 보기 위해서 전압원 V_{con}의 'AC' 파라미터에 '1'을 입력한다.

③ 시뮬레이션을 진행하고 'V_{out}'의 DB, Phase 그래프를 'Scope' 창에 도시하면 그림 9.13과 같은 결과를 얻을 수 있다.

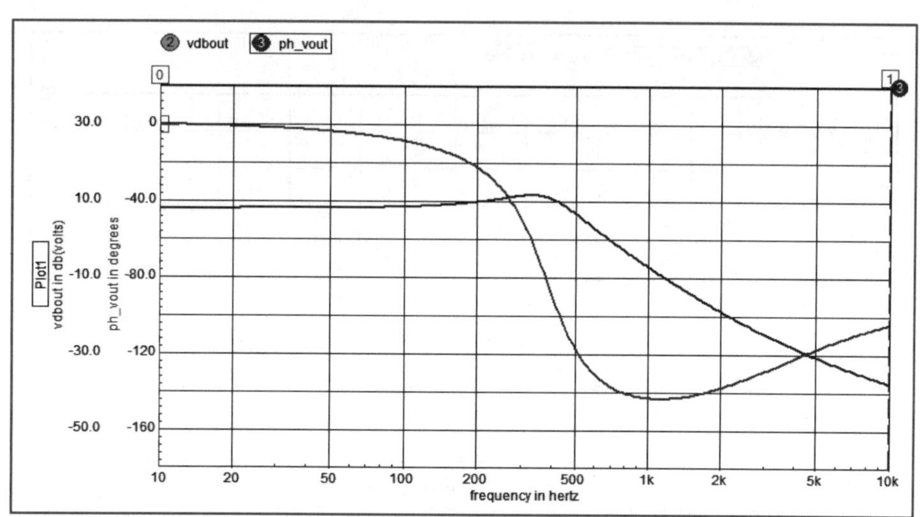

┃ 그림 9.13 Forward Converter의 $G_d(s) \cdot A_c/V_m$ 특성 ┃

(2) 오차 증폭기 특성 시뮬레이션

① 오차 증폭기에 대한 시뮬레이션에서는 출력 전압을 받는 제어단의 전압원 V_2의 'AC' 파라미터에 '1'을 입력하고 이 전에 설정한 V_{con}의 'AC' 파라미터의 값을 삭제한다.

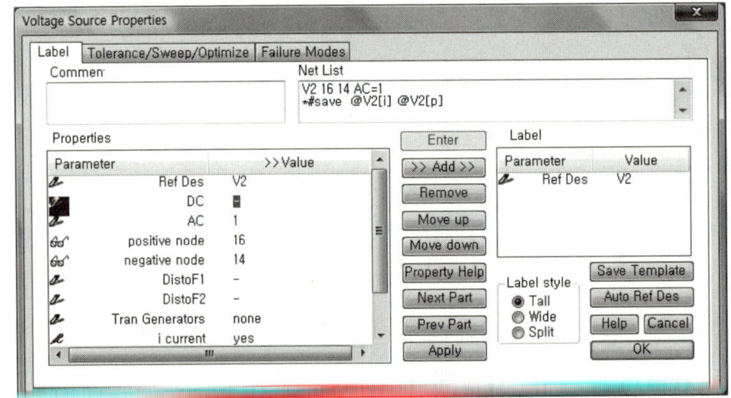

┃ 그림 9.14 전압원 V_2의 'AC' 파라미터 설정 ┃

② 그 다음, 시뮬레이션을 하고 이번엔 오차 증폭기의 출력인 'Erramp_loop'의 위상 및 DB 데이터를 도시하면 그림 9.15와 같은 그래프를 확인할 수 있다.

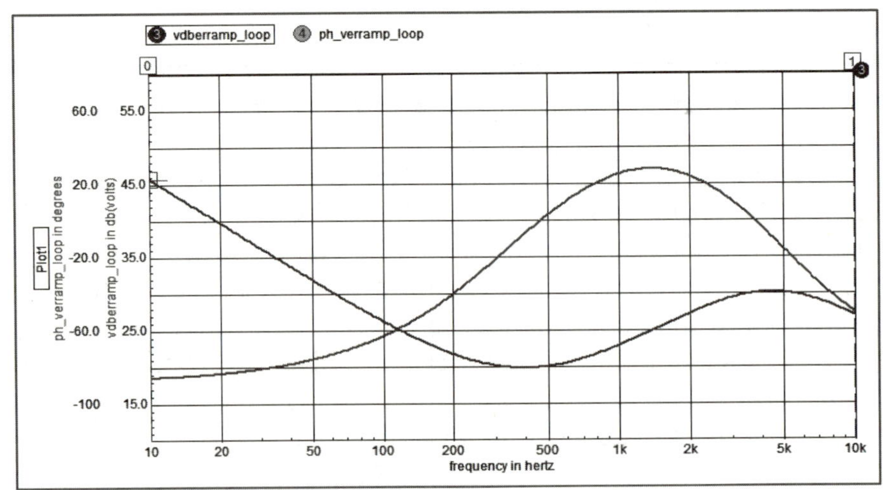

┃ 그림 9.15 제어 회로의 오차 증폭기 특성 ┃

(3) 루프 이득 특성 시뮬레이션

① 루프 이득에 대한 특성 곡선을 보기 위해서 이번엔 V_{con} 전압원의 'AC' 파라미터를 '1'로 입력하고, 마찬가지로 이 전에 설정했던 V_2 전압원의 'AC' 파라미터값을 삭제한다.

② 루프 이득은 $G_d(s) \cdot A(s) \cdot A_c/V_m$ 각각의 이득과 오차 증폭기의 보상 회로를 거쳐서 나오는 특성이기 때문에 'Erramp_loop'의 그래프를 확인하도록 한다.

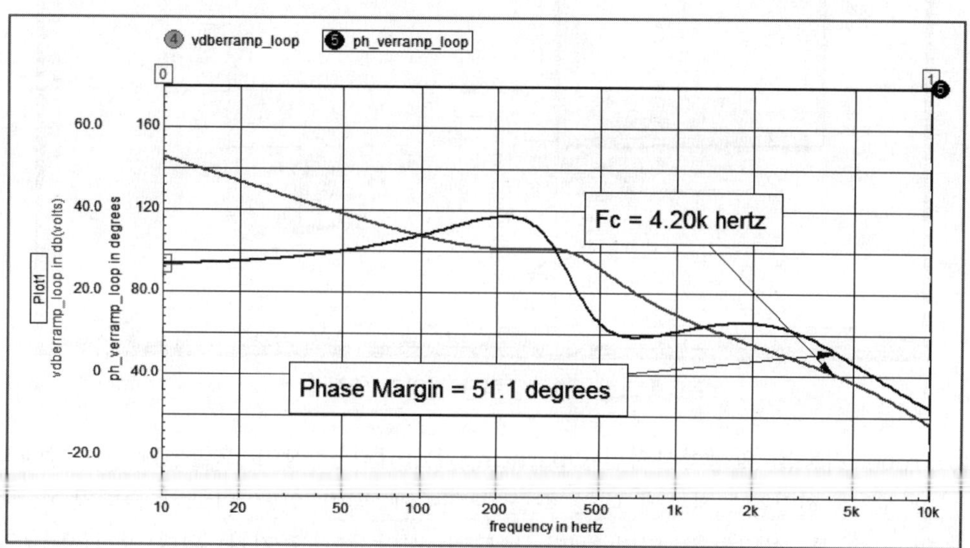

┃ 그림 9.16 Forward Converter의 루프 이득 특성 ┃

③ Phase Margin이나 교차 주파수의 경우 위와 같이 Label로 표기할 수 있다.

④ 시뮬레이션 결과 Phase Margin의 경우, 51.5°로서 안정성 설계 기준에 합당한 값을 보이고 있다. 한편 교차 주파수의 경우 4.2kHz로서 설계값인 5kHz와 약간 차이를 보이고 있으나, 이는 설계 시 오차 증폭기의 연산 증폭기는 이상적인 연산 증폭기를 가정한 반면, 시뮬레이션의 경우 오차 증폭기는 실제 TL494 IC 내부의 연산 증폭기를 사용한데서 오는 오차로 간주할 수 있다.

(4) 출력 전압 및 전류값 확인

① 출력 전압 및 전류값은 'Operating Point Analysis'의 데이터로 확인할 수 있으며, 시뮬레이션 후에 SpiceNet 창의 우측에 'Probe' 아이콘을 클릭하거나 메뉴 바에서 'Action' → 'Probe'를 클릭한다.

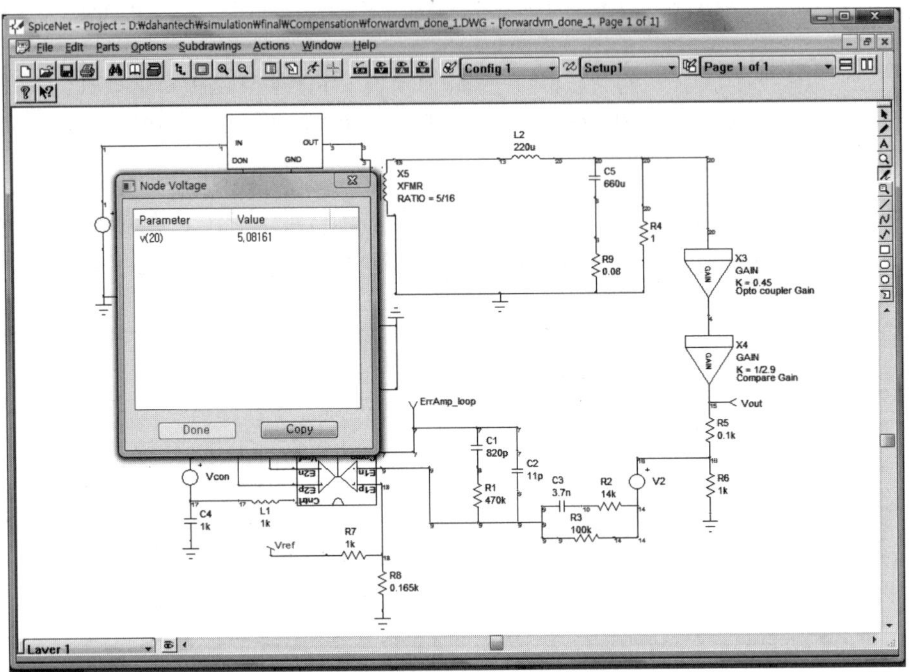

┃ 그림 9.17 출력단 전압값 측정 ┃

② Probe 기능을 활성화시키면 Operating Point라는 창이 호출된다. 이 창에서 클릭한 node 전압 및 전류에 대한 값을 보여주게 되며 실습 회로의 출력단 node인 20번 node를 클릭하게 되면 해당 노드의 전압값이 표기가 된다(그림 9.18의 왼쪽 창 : 5.08161V).

③ 저항 R_4를 클릭하면 출력 전류값(i 파라미터)을 확인해 볼 수 있다(그림 9.18의 오른쪽 창 : $i = 5.08161A$).

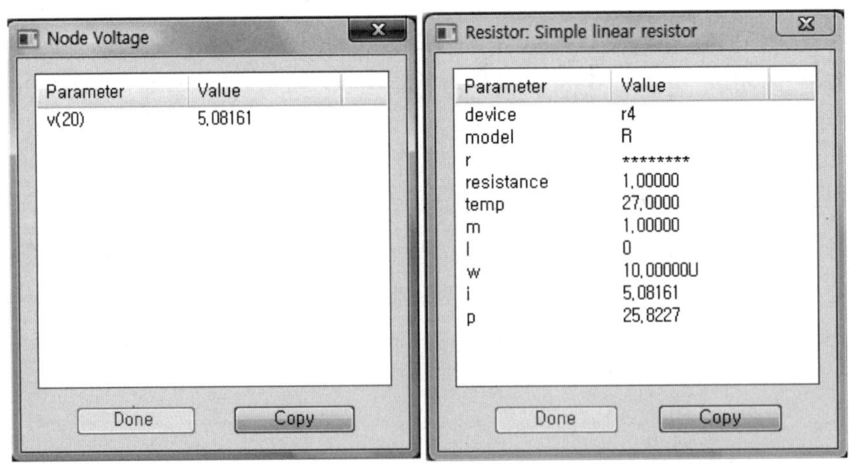

┃ 그림 9.18 OP Analysis의 출력 전압(왼쪽)과 출력 전류(오른쪽) 값 ┃

05   Flyback Converter의 보상 회로 구성

그림 9.19는 보상 회로 설계를 위한 Flyback Converter의 회로도를 나타낸다. 제어 회로는 제어용 IC로 TL494를 이용하고 있으며 $R_1 \sim R_3$, $C_1 \sim C_3$가 오차 증폭기의 보상 회로를 구성한다. 또한 입·출력 절연을 위하여 Opto Coupler를 사용하고 있다. 따라서 이 경우 Opto Coupler의 이득까지 고려한 루프 이득은 이미 식 (9.9)로 나타내었다.

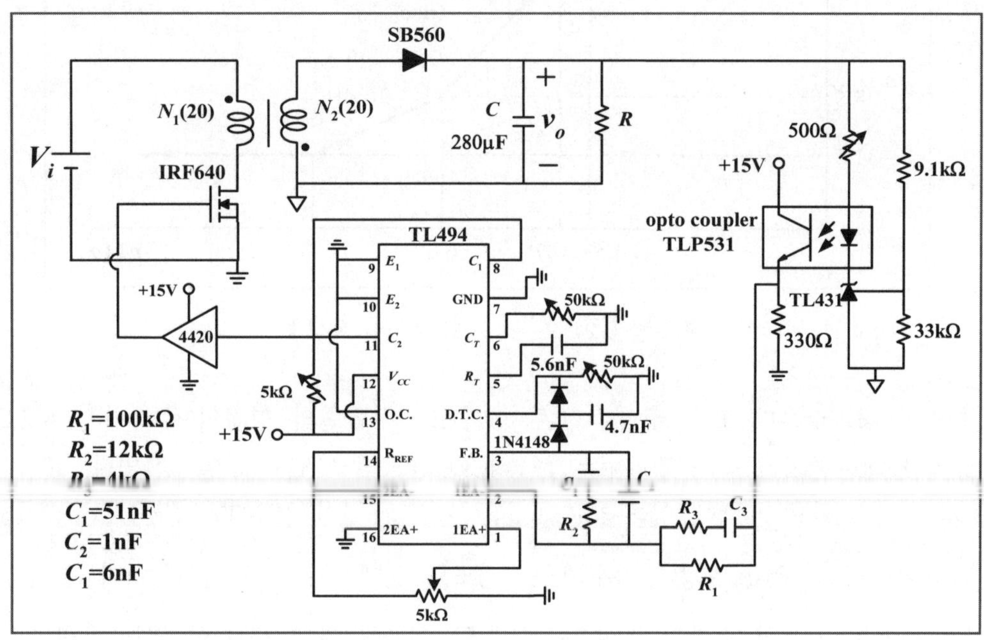

그림 9.19 보상 회로 설계를 위한 Flyback Converter

그림 9.19의 Flyback Converter의 회로 정수들을 정리하여 나타내면 다음과 같다.

입력 전압(V_i) : 28V
출력 전압(V_o) 및 전류(I_o) : 8V, 2A
트랜스포머의 권선비 : $n = \dfrac{N_s}{N_p} = 1$
스위칭 주파수 : 33kHz
비교기 이득 : $\dfrac{1}{V_m} = \dfrac{1}{2.9}$
$L = 280\mu\mathrm{H}$
$C = 286\mu\mathrm{F}$
Opto Coupler 이득(A_c) : 0.25
ESR : $r_c = 0.045\,\Omega$

그림 9.20 Flyback Converter의 회로 정수

이를 통하여 루프 이득에서 오차 증폭기의 이득 $A(s)$를 제외한 $G_d(s) \cdot A_c/V_m$을 구하여 점근 근사법에 의한 주파수 특성을 구하면 그림 9.21과 같다.

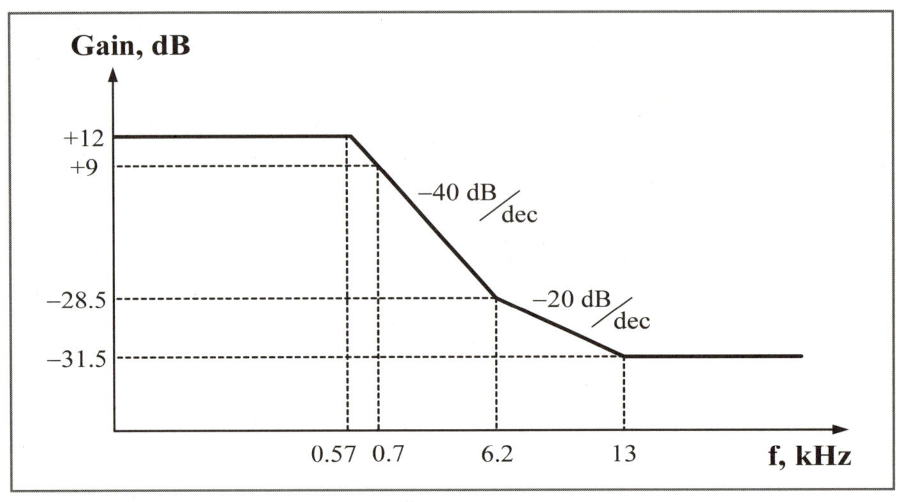

▌그림 9.21 $\dfrac{G_d}{V_m} \times A_c$의 주파수 특성 ▌

이 그림의 결과로부터 고유 주파수 f_0는 570Hz, 우반면의 영점의 주파수 f_e=6.2kHz, ESR에 의한 좌반면의 영점의 주파수는 f_{cz}=13kHz가 되고 있음을 알 수 있다.

따라서 보상 회로의 실계에 있어서 Flyback Converter의 경우 Forward Converter에서처럼 교차 주파수 f_c를 스위칭 주파수의 $\dfrac{1}{5}$ 정도로 설계하는 것은 불가능하다.

왜냐하면 그림 9.21의 주파수 특성으로부터 알 수 있듯이 6.2kHz에 있는 우반면의 영점은 위상이 지연되는 특성을 갖고 있어서, Forward Converter에서와 같이 설계하는 경우 교차 주파수 f_c에서의 위상이 이 우반면의 영점의 영향으로 $-180°$보다 더 지연되어 시스템이 불안정해질 확률이 매우 높게 되기 때문이다.

이러한 이유로 해서 Flyback Converter에서의 교차 주파수 f_c는 우반면의 영점이 영향을 미치지 못하는 영역에 오도록 해야 하며 그 설계 지침으로서 우반면의 영점 주파수의 약 $\dfrac{1}{10}$ 근방의 값으로 정하는 것이 보통이다. 따라서 f_c의 값이 Forward Converter의 경우보다 작은 값이 되어 Converter의 과도 응답 시간의 지연을 피할 수 없게 된다.

본 Flyback Converter의 보상 회로 설계의 경우 교차 주파수 f_c는 우반면의 영점의 주파수 9.2kHz의 약 $\dfrac{1}{9}$인 700Hz로 정하는 것으로 하는 경우, 그림 9.21에서 700Hz에서의 이득이 +9dB이 되므로 오차 증폭기의 이득 $A(s)$는 교차 주파수 f_c에서 +9dB이 되어야 하며 기울기는 +20dB/dec가 되어야 한다.

이러한 기준을 토대로 오차 증폭기는 Forward Converter의 예시처럼 그림 9.3의 3-pole, 2-zero의 증폭기를 선정하는 것으로 한다. 여기서 2개의 영점은 고유 주파수에서의 위상 지연을 보상하기 위한 것으로 고유 주파수보다 약간 아래의 주파수로 $f_{z1}=f_{z2}=260\text{Hz}$를 택한다. 그리고 우반면의 영점을 보상하기 위해 f_{p1}을 우반면의 영점의 주파수인 6.2kHz에, ESR의 영점을 보상하기 위하여 f_{p2}를 ESR의 영점 주파수인 13kHz에 위치하도록 하면 오차 증폭기의 주파수 특성을 그림 9.22와 같이 구할 수 있다.

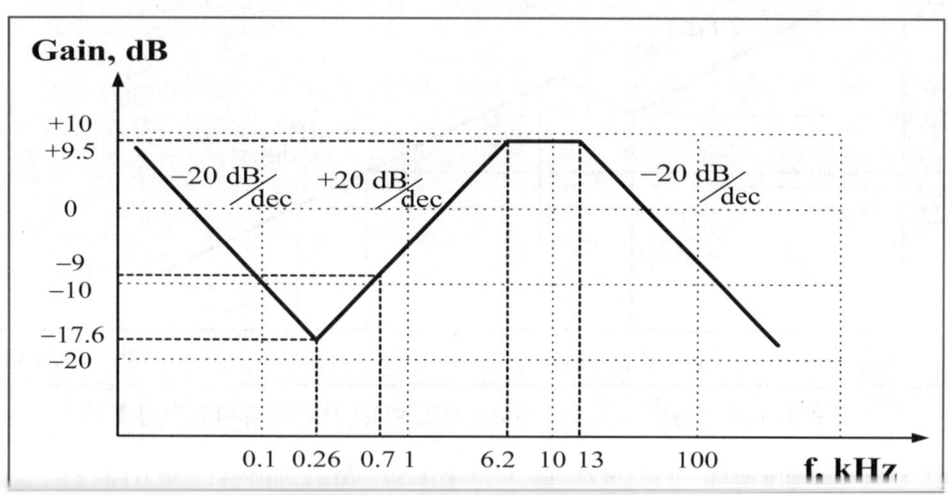

▌ 그림 9.22 오차 증폭기의 주파수 특성 ▌

이상의 결과로부터 얻어진 f_{z1}, f_{z2}, f_{p1} 및 f_{p2}의 값을 가지고 보상 요소인 저항 및 커패시터의 값을 다음과 같이 구할 수 있다. 편의상 R_1을 100kΩ으로 정하는 경우, R_2를 포함한 나머지 R, C값은 다음 식과 같은 과정으로 구한다.

$$R_2 = A_{v1} \cdot R_1 = 0.134 \times 100\,\text{k}\Omega = 13.4\,\text{k}\Omega$$
$$(\text{표준 저항값 } 12\text{k}\Omega\text{으로 정함})$$

$$R_3 = \frac{R_2}{A_{v2}} = \frac{12\text{k}\Omega}{3} = 4\,\text{k}\Omega$$

$$C_1 = \frac{1}{2\pi f_{z1} R_2} = 51\,\text{nF}$$

$$C_2 = \frac{1}{2\pi f_{p2} R_2} = 1\,\text{nF}$$

$$C_3 = \frac{1}{2\pi f_{z2} R_1} = 6\,\text{nF}$$

$$\cdots\cdots\cdots\cdots (9.12)$$

　이 값들은 그림 9.19의 Flyback Converter의 보상 회로에 적용된다. 최종적으로 그림 9.21 및 그림 9.22을 통하여 Flyback Converter에서 안정하게 설계된 루프 이득 $T(s)$의 주파수 특성을 그림 9.23과 같이 구할 수 있다.

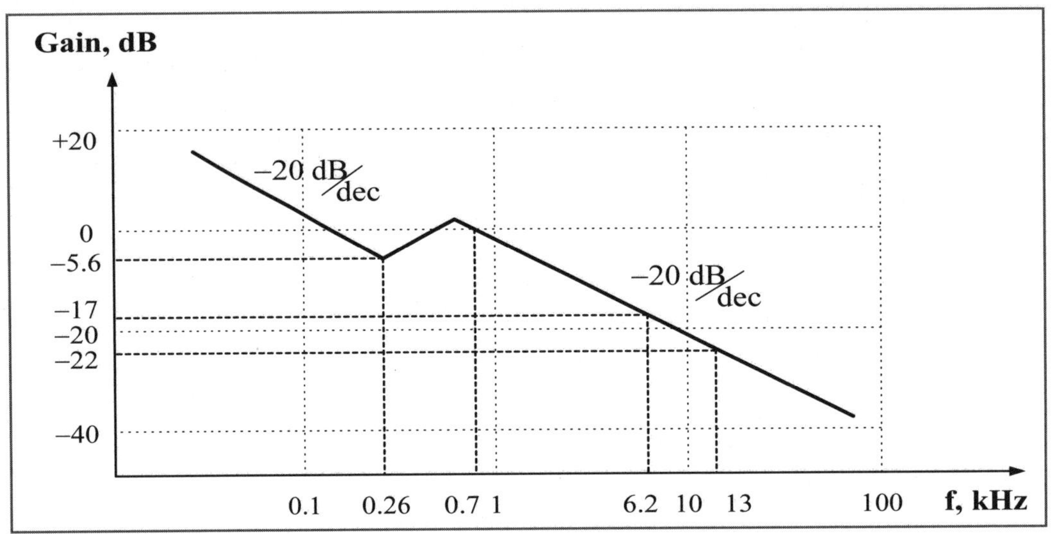

▌ 그림 9.23　Flyback Converter의 루프 이득 $T(s)$의 주파수 특성 ▌

　이 그림을 보면 예상했던 바와 같이 교차 주파수가 700Hz가 되고 있으며 이 교차 주파수에서 이득의 십뻐울이 −20dB/dec기 피프로 인징된 씨스뎀이 되고 있음을 알 수 있다.

06　Flyback Converter IsSpice 회로도 구성 및 시뮬레이션

① Flyback Converter의 회로 구성

　① 그림 9.24는 Flyback Converter의 AC 분석을 위해 구성된 원 회로도에서 추출한 시뮬레이션 회로도이다.

　‘Flybackvm’ 라이브러리는 Flyback Converter의 AC 분석을 실행할 때 사용되는 전용 모델이며, Opto Coupler의 이득과 비교기의 이득값을 ‘Gain’ 라이브러리를 이용하여 나타냈다.

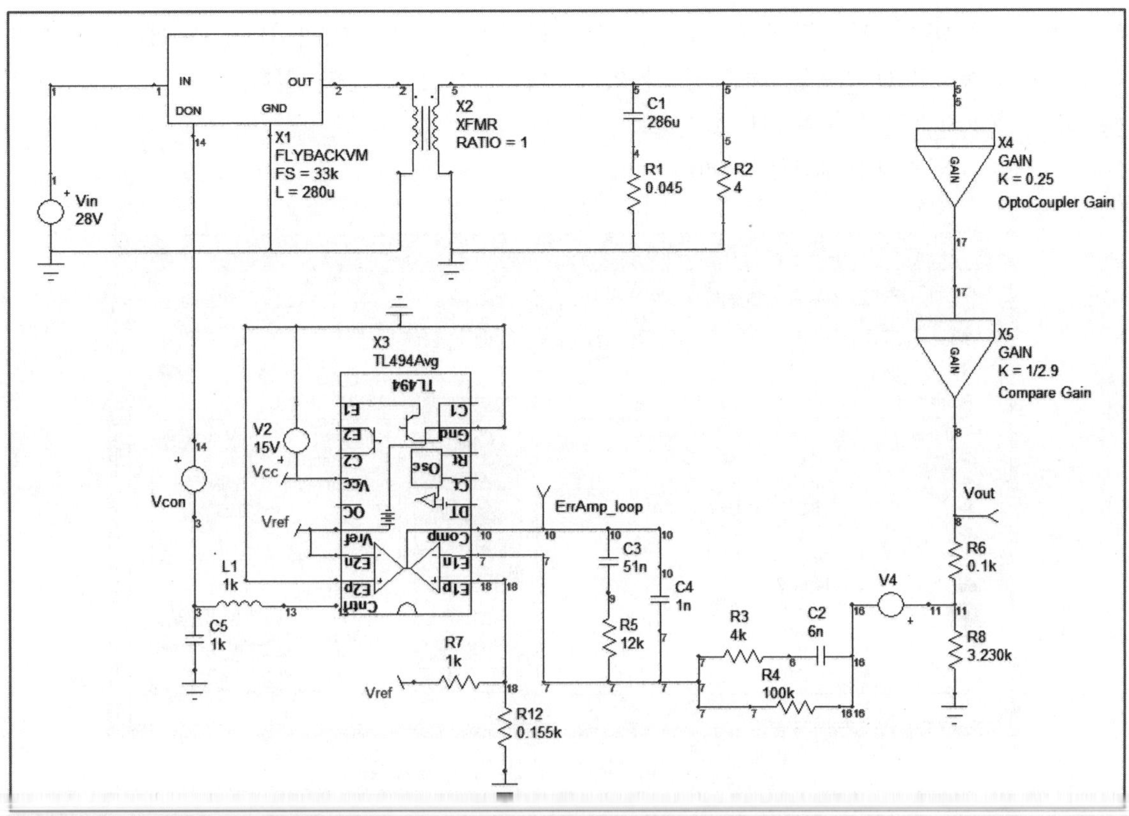

그림 9.24 Flyback Converter 시뮬레이션을 위한 회로도

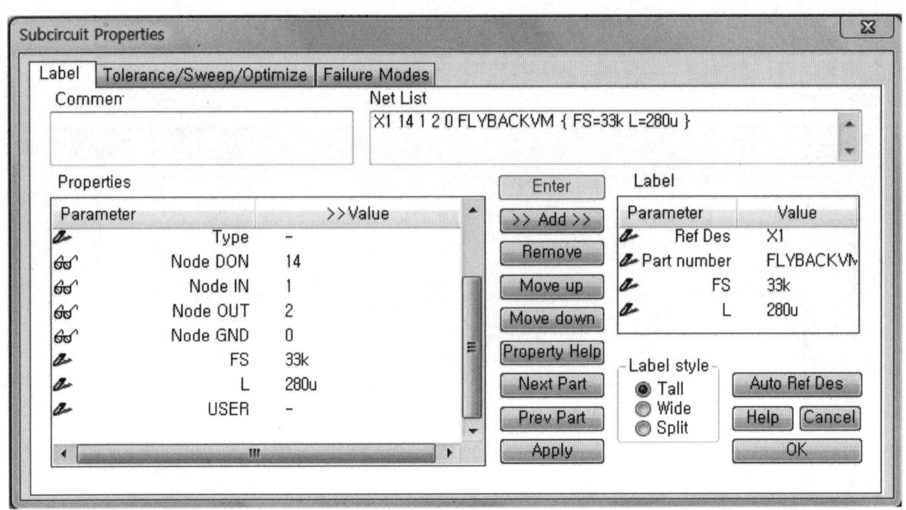

그림 9.25(a) Flybackvm의 설정

② 그림 9.25(a)는 'Flybackvm'의 설정 화면이다. 내부 파라미터를 앞서 구한 회로 정수에 맞게 입력을 해준다. 각 파라미터의 의미는 다음과 같다.

　㉠ FS(스위칭 주파수[Hz]) : 33k

　㉡ L(인덕턴스 값[H]) : 280u

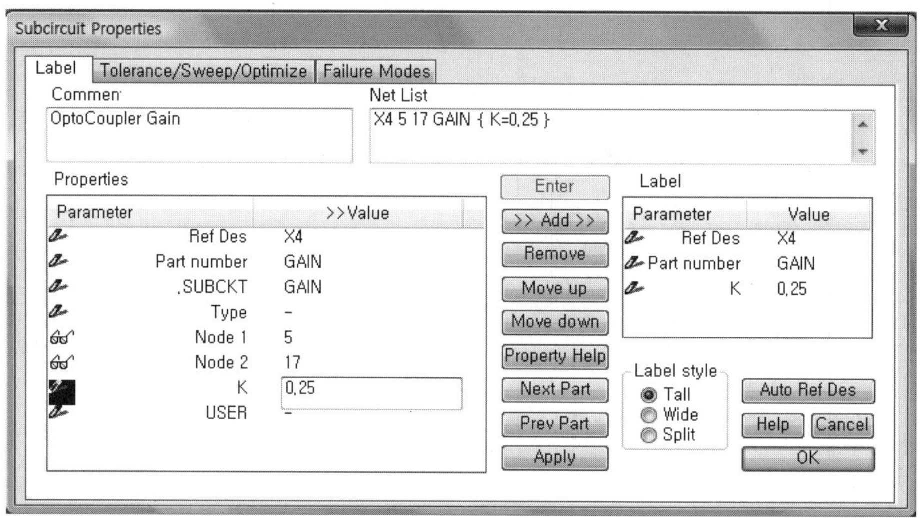

┃ 그림 9.25(b) Gain 라이브러리 설정 창 ┃

③ 그림 9.25(b)는 'Gain' 라이브러리의 설정 화면이며 K 파라미터에 각각의 비교상수 입력한다.

　㉠ Opto Coupler : 0.25

　㉡ 비교기 : 1/2.9

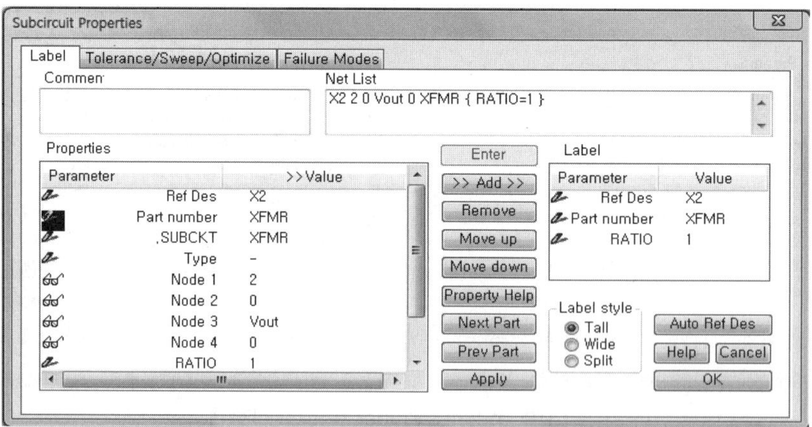

┃ 그림 9.25(c) Transformer의 턴비 설정 ┃

④ Transformer 역시 앞서 구한 회로 정수를 참고하여 그림 9.25(c)와 같이 턴비를 입력한다(Ratio : 1).

02 시뮬레이션 환경 설정

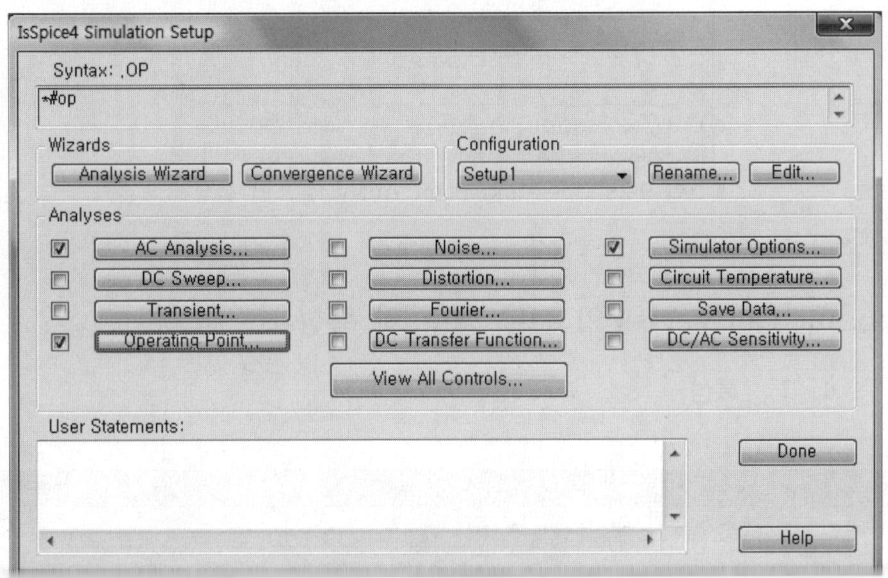

▐ 그림 9.26 시뮬레이션 설정 창 ▐

① 시뮬레이션은 기본적으로 주파수 분석을 의미하는 AC Analysis와 출력 전압 및 전류값을 확인하기 위한 Operating Point Analysis를 수행한다(그림 9.26).

② Flyback Converter의 AC Analysis에 대한 조건 설정을 그림 9.27에 표기했다. 이를 참조해 시뮬레이션 조건을 설정한다. Option 설정은 Forward Converter와 동일하다.

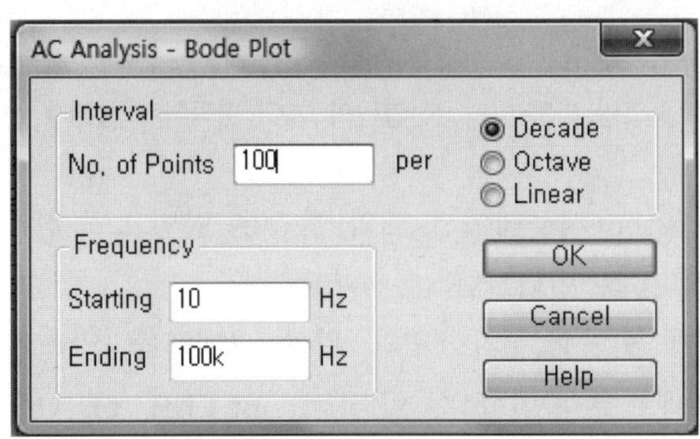

▐ 그림 9.27 AC Analysis 조건 설정 ▐

③ 출력단 전압과 전류값을 보기 위한 Operating point Analysis를 그림 9.28을 참고하여 설정한다.

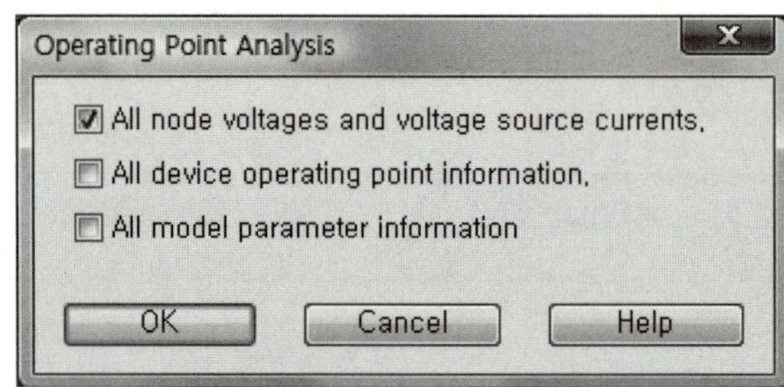

‖ 그림 9.28 Operating Point Analysis 조건 설정 ‖

⓪③ Flyback Converter의 전달 함수 및 특성

(1) $G_d(s) \cdot A_c / V_m$ 특성

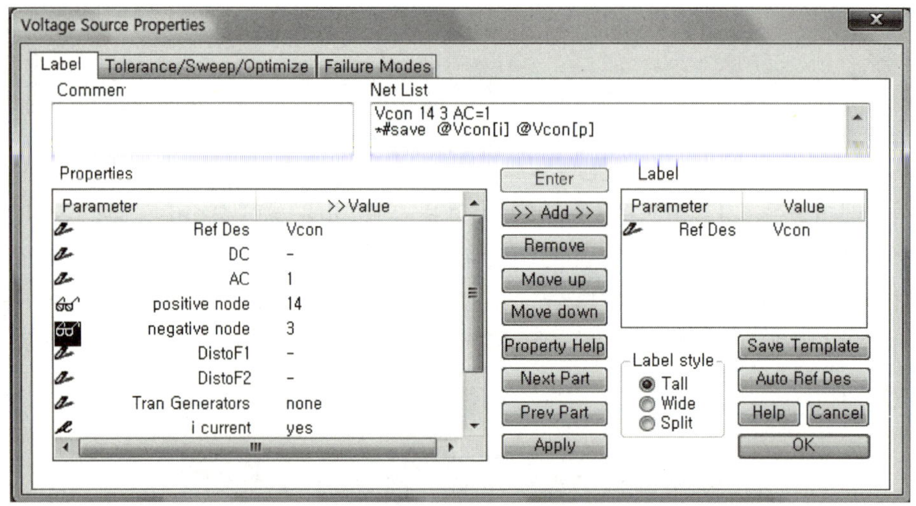

‖ 그림 9.29 V_{con} 전압원의 'AC' 파라미터 설정 ‖

① Forward Converter 시뮬레이션 때와 똑같은 방법으로 진행한다. 전압원 'V_{con}'의 'AC' 파라미터에 '1'을 입력한다.

② 시뮬레이션 진행 후 'V_{out}'의 DB와 위상 그래프를 'Scope' 창에 도시하면 그림 9.30과 같은 그래프를 확인할 수 있다(vdbout : DB, ph_vout : 위상).

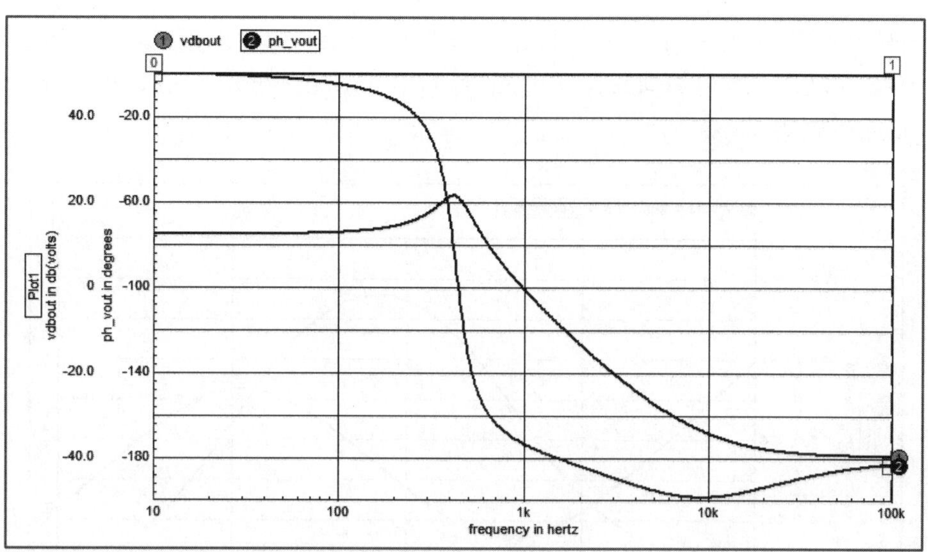

그림 9.30 Flyback Converter의 $G_d(s) \cdot A_c / V_m$ 특성

참고 시뮬레이션 직후 IsSpice4 창에서 그래프가 보이지 않는 이유는 Operating Point Analysis와 AC Analysis에 대한 동시 분석을 했기 때문이다.
그래프를 보려면 Simulation Control 창에서 Type을 'AC1'으로 선택을 하면 그래프가 표시된다. Scope 창에서도 마찬가지로 Type을 'AC1'으로 선택하고 그래프를 도시하도록 한다.

(2) 오차 증폭기의 전달 함수 특성

① 전압원 'V_{con}'의 'AC' 파라미터를 지우고, 'V_4' 전압원의 'AC' 파라미터를 '1'로 설정한다(그림 9.31).

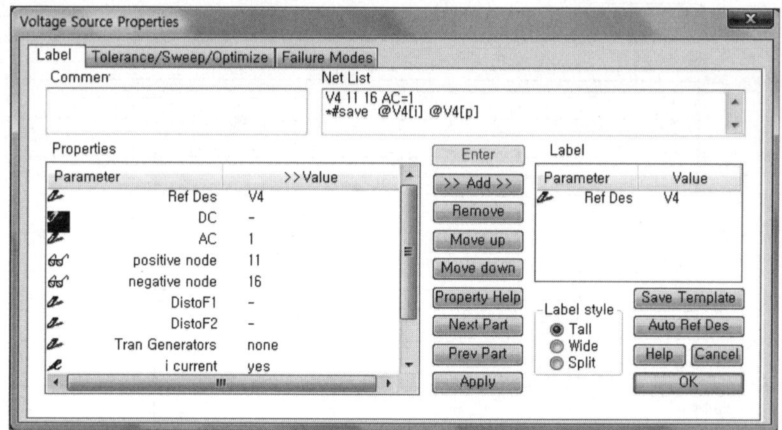

그림 9.31 전압원 V_4의 AC 파라미터 설정

② 시뮬레이션 진행 후 'Erramp_loop'의 DB와 Phase 그래프를 Scope 창에 도시하면 그림 9.32와 같은 그래프를 확인할 수 있다(vdberramp_loop : DB, ph_verramp _loop : 위상).

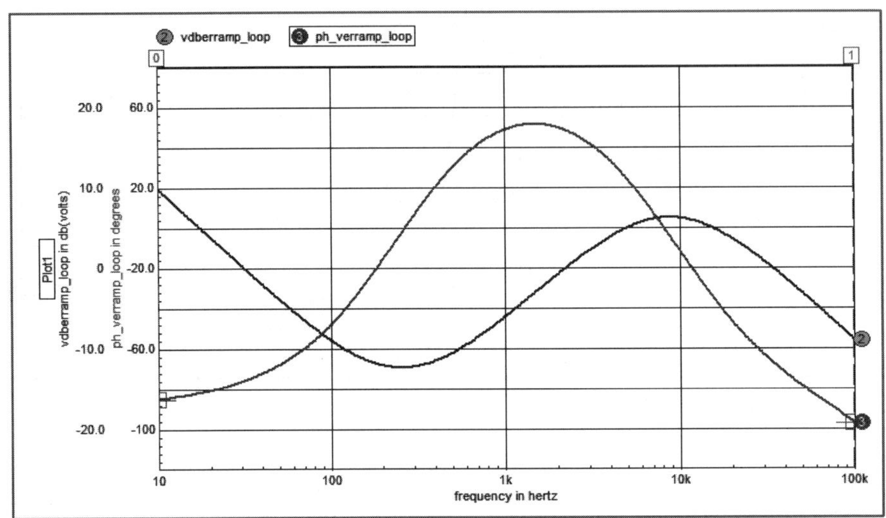

┃ 그림 9.32 오차 증폭기의 전달 함수 특성 ┃

(3) 루프 이득 특성 시뮬레이션

이번엔 'V_{con}' 전압원의 'AC' 파라미터를 '1'로 입력하고, 마찬가지로 이 전에 설정했던 V_4 전압원의 'AC' 파라미터를 지우도록 한다. 루프 이득은 $G_d(s) \cdot A(s) \cdot A_c / V_m$ 각각의 이득과 오차 증폭기의 보상 회로를 거쳐서 나오는 특성이기 때문에 'Erramp _loop'의 그래프를 확인하도록 한다.

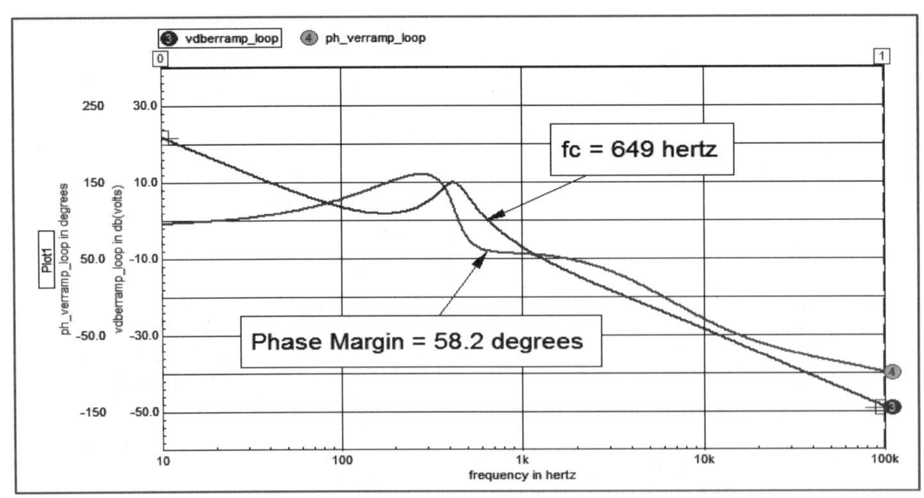

┃ 그림 9.33 Flyback Converter의 루프 이득 특성 ┃

시뮬레이션 결과 Phase Margin의 경우 58.2°로서 안정성 설계 기준에 합당한 값을 보이고 있다. 한편 교차 주파수의 경우, 649Hz로서 설계값인 700Hz와 약간 차이를 보이고 있으나, 이는 설계 시 오차 증폭기의 연산 증폭기는 이상적인 연산 증폭기를 가정한 반면, 시뮬레이션의 경우 오차 증폭기는 실제 TL494 IC 내부의 연산 증폭기를 사용한데서 오는 오차로 간주할 수 있다.

(4) 출력 전압 및 전류값 확인

① 출력 전압 및 전류값은 'Operating Point Analysis'의 데이터로 확인할 수 있으며, 시뮬레이션 후에 'SpiceNet' 창의 우측에 'Probe' 아이콘을 클릭하거나 메뉴 바에서 'Action' → 'Probe'를 클릭한다.

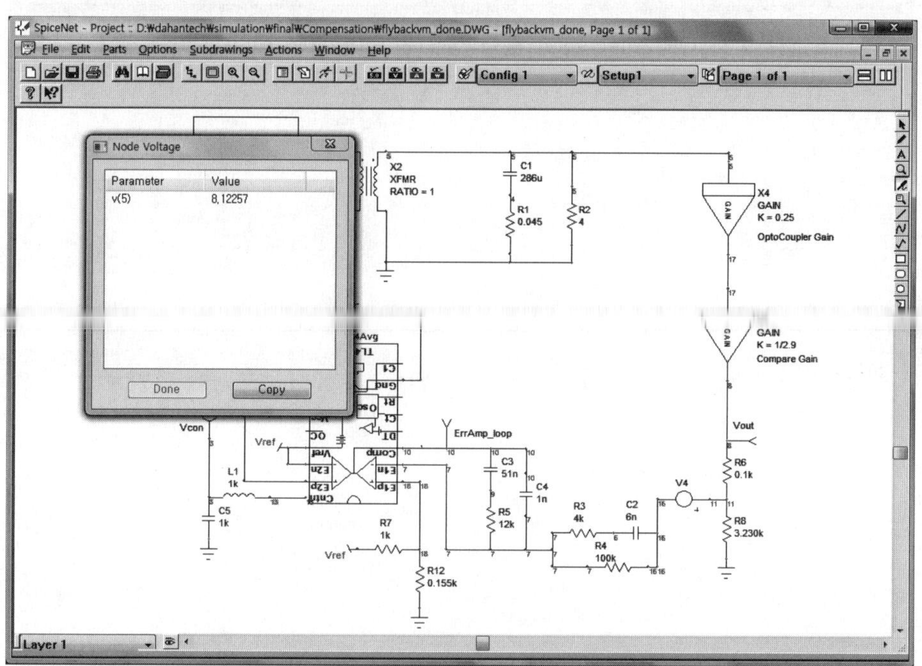

┃ 그림 9.34 출력단 전압값 측정 ┃

② Probe 기능을 활성화시키면 평소와는 달리 'Node Voltage'라는 창이 호출된다. 이 창에서 클릭한 전압 및 전류에 대한 값을 보여주게 되며 실습 회로의 출력단 node인 5번 node를 클릭하게 되면 해당 노드의 값이 표기가 된다(그림 9.35의 오른쪽창 : 8.12257V).

③ 저항 R_2를 클릭하면 출력 전류값(i)을 확인해 볼 수 있다(그림 9.35의 왼쪽창 $i = 2.03064A$).

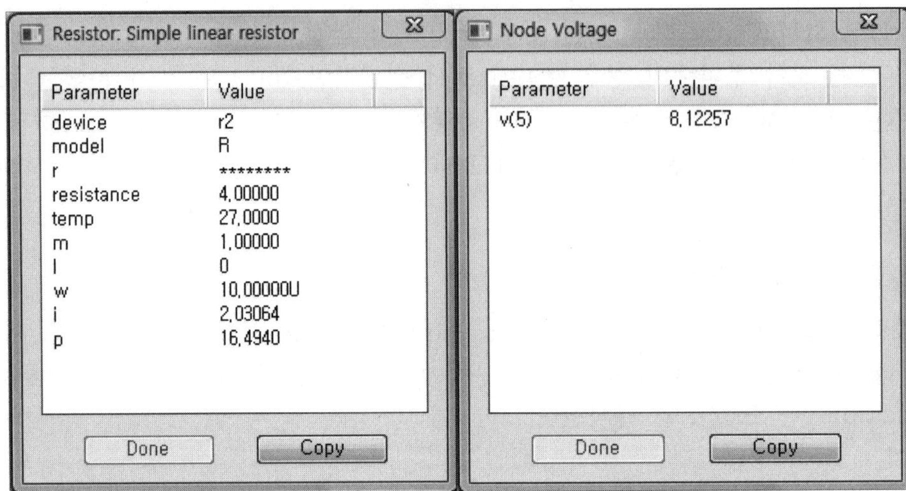

▌그림 9.35 OP Analysis의 출력 전류(왼쪽)와 출력 전압(오른쪽) 값 ▌

Bridge Converter

Bridge Converter는 절연형 컨버터의 또 다른 종류로서 출력 용량이 500W급 이상의 중대 전력용으로 많이 응용되고 있는 컨버터이다. 이 컨버터 역시 Forward Converter와 같이 고주파 절연 트랜스포머를 제외하면 Buck Converter와 그 기본 동작이 동일하다.

한 가지 중요한 특징은 스위치의 전압 스트레스의 크기가 컨버터의 입력 전압과 동일한 값으로 주어짐으로써 앞서서 지금까지 다루었던 절연형 컨버터들 중에서 가장 낮다는 점이다. 따라서 110V 및 220V 겸용의 Off-Line 스위칭 전원 응용에 매우 적합한 컨버터 회로라고 할 수 있다.

Bridge Converter 회로는 스위치의 개수와 위치 형태에 따라 Half-Bridge Converter와 Full-Bridge Converter로 나눌 수 있다. 두 가지 회로에 대하여 시뮬레이션 실습을 진행해야 하겠지만 안타깝게도 Full Bridge Converter에서 사용된 IC는 현재 시뮬레이션 툴에서 지원이 되지 않고 있다. 이런 이유 때문에 이번 절에서는 Half-Bridge Converter에 대해서만 시뮬레이션을 진행하도록 한다.

01 Half-Bridge Converter의 동작 원리

그림 10.1(a)~(b)는 Half-Bridge Converter의 기본 회로도 및 각 부의 이론적인 파형을 나타낸다. 회로도를 보면 입력 커패시터, 두 개의 스위치, 트랜스포머, 다이오드, 출력 필터 등으로 구성되어 있다.

그림 10.1(b)의 파형을 참고로 하여 이 컨버터의 동작은 다음과 같이 설명할 수 있다. 스위치 Q_1이 도통되면 입력 전류는 Q_1과 트랜스포머 1차 권선을 통하여 흐름과 동시에 2차측으로 전달되고 다이오드 D_{F1}을 도통시켜 출력 필터 인덕턴스 L을 통하여 출력측으로 흐르게 된다. 이때 L에는 에너지가 축적되며, 트랜스포머 1차측 권선에는 흑점을 기준으로 할 때 $V_i/2$의 전압이 걸린다. 그 다음 스위치 Q_1, Q_2가 모두 차단되면 L에 축적되어 있던 에너지는 다이오드 D_{F1}, D_{F2}를 환류 패스로 하여 출력측으로 방출되며, 이때 트랜스포머의 전압은 0이 된다.

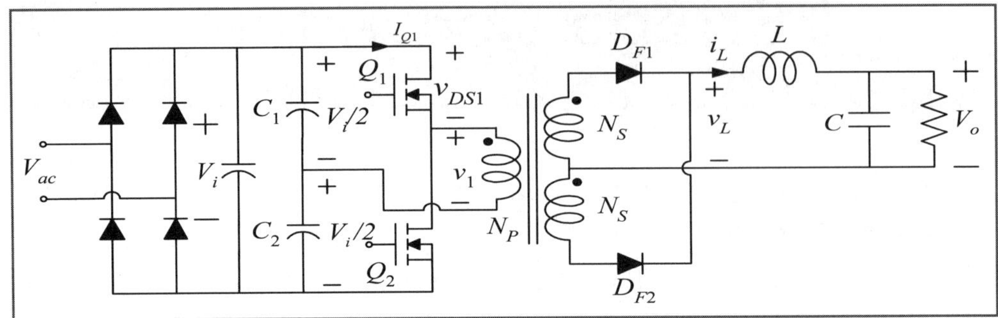

▌ 그림 10.1(a) Half-Bridge Converter 회로도 ▌

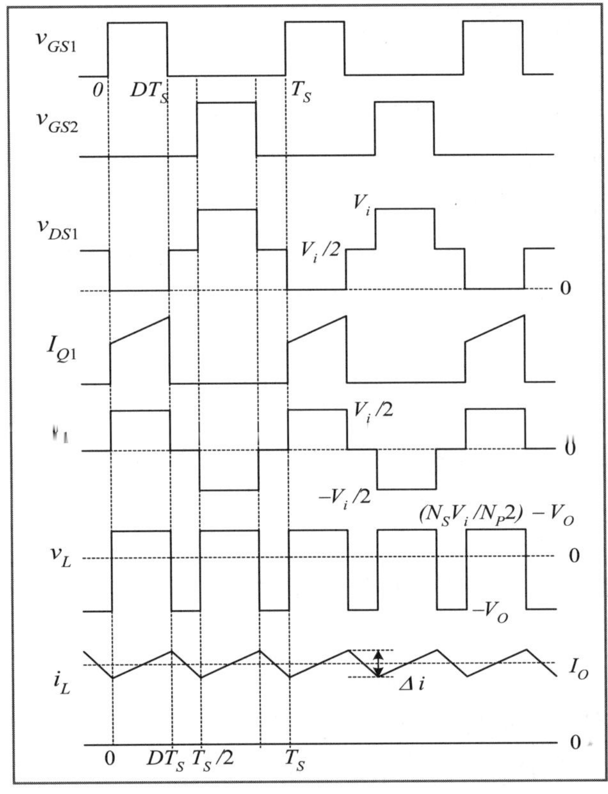

▌ 그림 10.1(b) Half-Bridge Converter 각 부의 파형 ▌

　　스위치 Q_2가 도통하면 입력 전류(C_2의 전압으로부터의)는 트랜스포머의 1차측 권선과 Q_2를 통하여 흐름과 동시에 2차측으로 전달되고 D_{F2}를 도통시켜 L을 통하여 출력단으로 흐르게 된다. 이때 L에는 다시 에너지가 축적하게 되며 트랜스포머 1차측 권선에는 흑점을 기준으로 할 때 $-V_i/2$의 전압이 걸린다. 다음, Q_1과 Q_2 모두가 차단되면 L에 축적됐던 에너지는 D_{F1}과 D_{F2}를 환류 패스로 하여 출력단으로 방출되며 트랜스포머의 전압은 0이 된다.

이 과정을 한 주기로 지속적인 반복이 이루어지면서 컨버터가 동작하게 되는데 그림 10.1(b)의 파형으로부터도 알 수 있듯이 스위치 Q_1 및 Q_2가 도통·차단되는 동작은 서로 대칭적이므로 출력측에서의 파형(V_L 및 i_L)을 고려할 때는 스위칭 주파수가 2배로 증가함을 알 수 있다. 입·출력 전압의 관계식을 구하면 아래와 같다.

$$\frac{V_o}{V_i} = \frac{N_S}{N_P}D \qquad \cdots\cdots\cdots\cdots\cdots\cdots\cdots\cdots\cdots (10.1)$$

따라서 Half−Bridge Converter 역시 Buck Converter와 그 기본 특성이 동일한 컨버터임을 알 수 있다.

Half−Bridge Converter의 설계에서 기본 설계식은 표 10.1과 같다.

‖ 표 10.1 Half-Bridge Converter의 기본 설계식 ‖

항목	설계식	비고
트랜스포머	$N_P = \dfrac{D_{\max} V_{i\min} T_S}{4\Delta B \cdot A_e}$ $N_S = \dfrac{V_S}{\dfrac{V_{imin}}{2}} \cdot N_P = \dfrac{V_o + V_F + V_l}{D_{\max} V_{i\min}} \cdot N_P$	L_m : 1차측 자화 인덕턴스 A_e : 코어의 유효 면적 V_F : 다이오드 순방향 전압 V_l : 인덕터 권선 저항에서의 전압 강하 V_R : 역저지 전압 I_F : 다이오드 전류의 최대치 Δv_o : 출력 전압 리플 Δi : 인덕터 전류 리플
주스위치	$V_{DS\max} = V_{i\max}$ $I_{D\max} = \dfrac{N_S}{N_P}\left(I_{o\max} + \dfrac{\Delta i}{2}\right) = \dfrac{N_S}{N_P}\left(I_{o\max} + I_{o\min}\right)$	
환류 다이오드	$V_R = \dfrac{N_S}{N_P}V_{i\max}$ $I_F = I_{o\max} + \dfrac{\Delta i}{2} = I_{o\max} + I_{o\min}$	
출력 필터	$L \geq \dfrac{V_o\left(\dfrac{1}{2} - D_{\min}\right)T_S}{2I_{o\min}}$ $C = \dfrac{V_o\left(\dfrac{1}{2} - D_{\min}\right)T_S^2}{8L\Delta v_o}$ $I_{crms} = \dfrac{\Delta i}{2\sqrt{3}}$	

02 Half-Bridge Converter 시뮬레이션

(1) 회로 구성

① 그림 10.2는 시뮬레이션을 위해 구성된 Half-Bridge Converter 회로도로서 제어 회로에는 PWM 제어 IC인 'TL494'를 이용했다.

② 몇몇 소자들에 대해서는 대체 소자를 배치하였다.

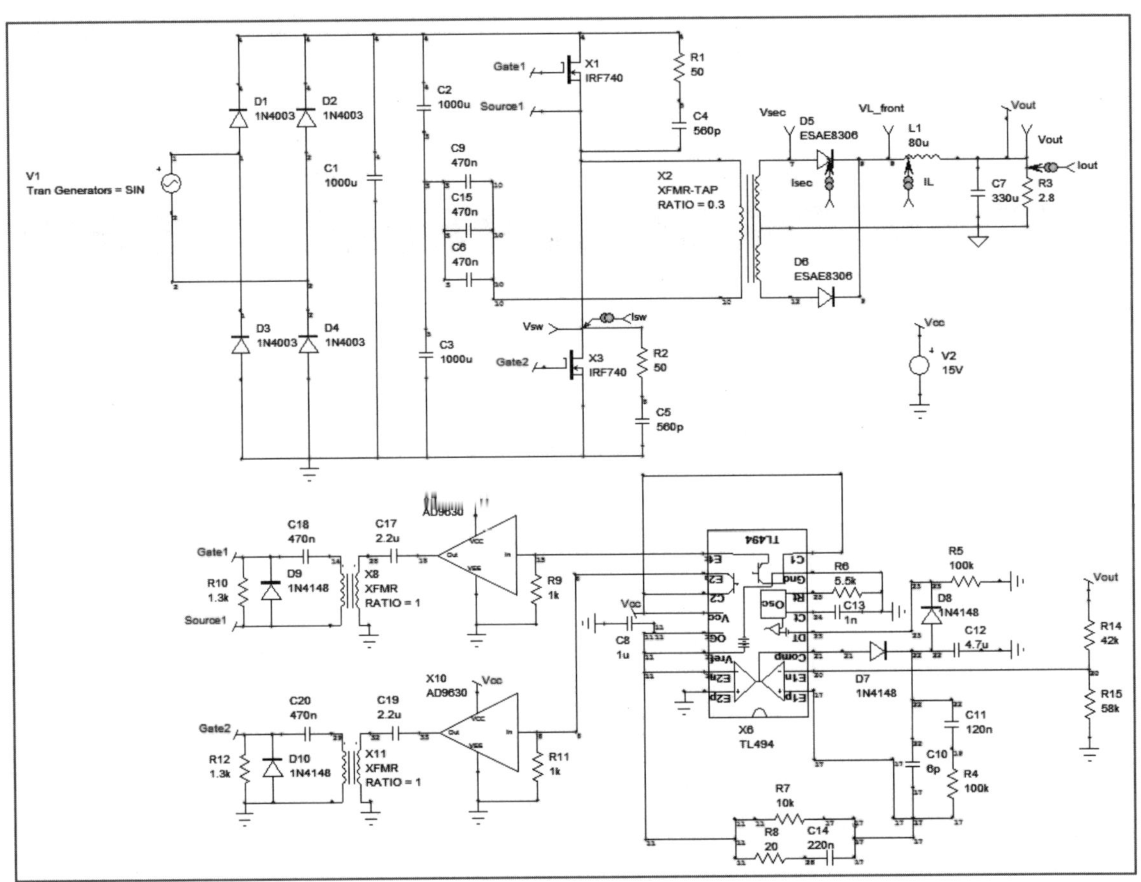

┃ 그림 10.2 시뮬레이션을 위한 Half-Bridge Converter의 회로도 ┃

(2) 회로 구성 방법

① 회로에 사용된 센터 탭 변압기는 그림 10.3과 같이 'Part Browser' 창의 검색 창을 사용하여 배치하고 변압기의 'Property' 창을 열어 1차와 2차측의 권선비를 나타내는 'Ratio' 항목을 '0.3'으로 설정한다(Ratio : 0.3).

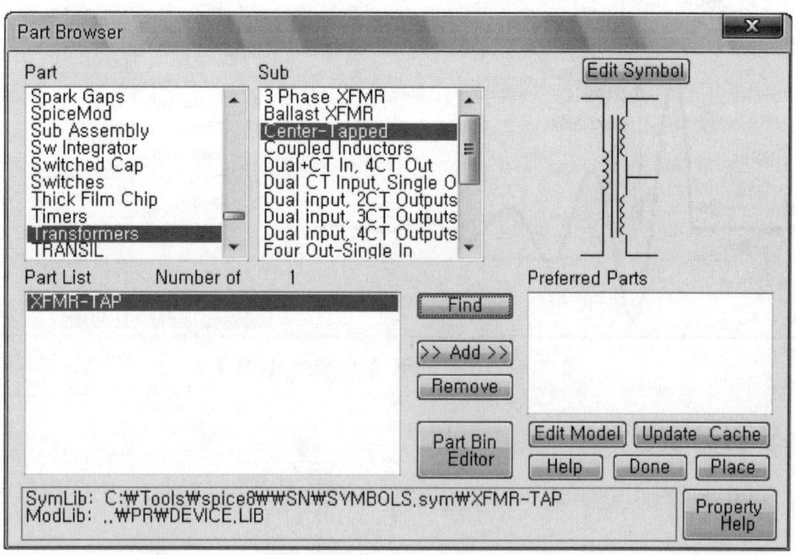

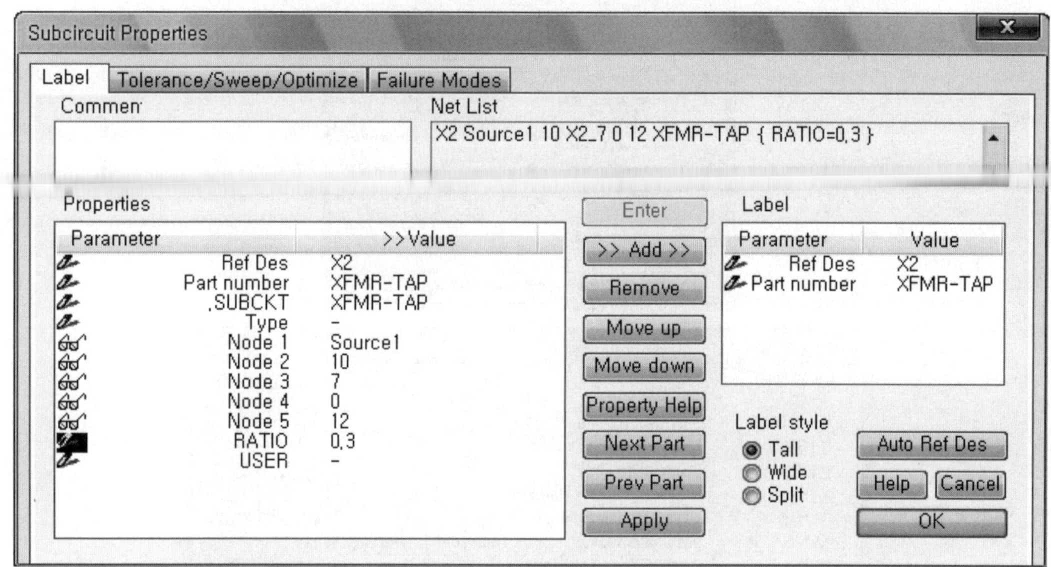

▌그림 10.3 센터 탭 변압기의 배치 및 설정 ▌

② 입력 전압원 'V_1'은 'Properties' 창의 'Tran Generator' 항목을 클릭하여 그림 10.4와 같이 60Hz의 SIN 형태로 설정한다.

　㉠ Offset : 0

　㉡ Peak Amplitude : 155.6

　㉢ Frequency : 60

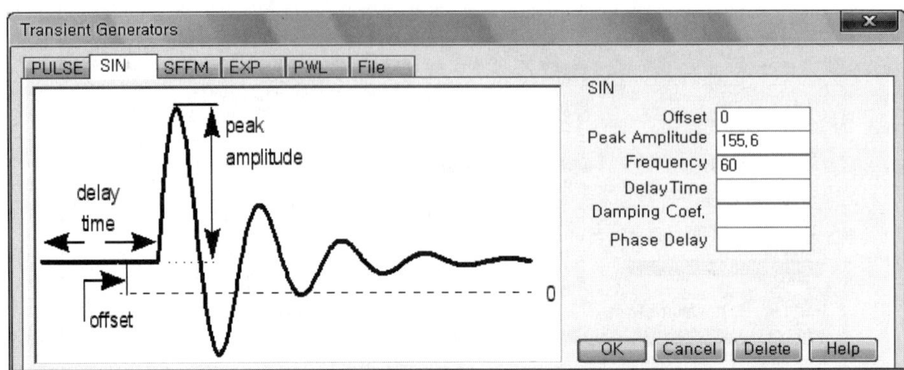

■ 그림 10.4 입력 전압원의 설정 ■

(3) 시뮬레이션 환경 설정

Transient Analysis와 Simulation Options에 대한 설정은 그림 10.5를 참고하여 설정한다.

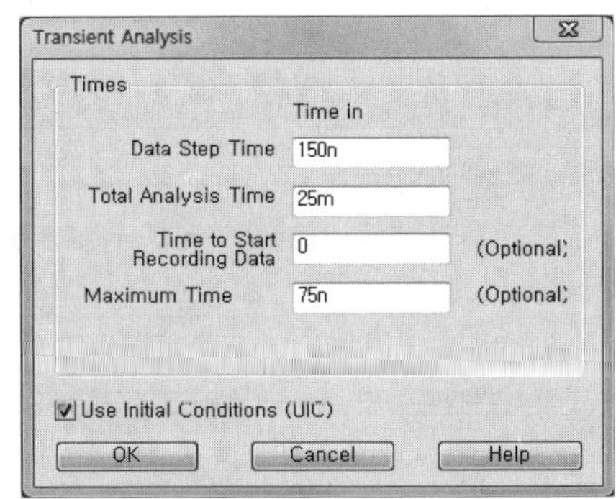

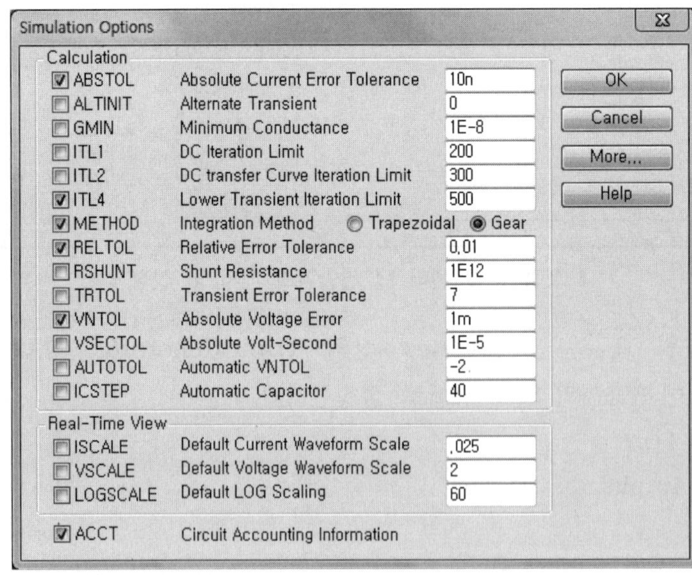

■ 그림 10.5 Transient & Simulation Option 설정 창 ■

① Transient Analysis
  ㉠ Data Step Time : 150n
  ㉡ Total Analysis Time : 25m
  ㉢ Maximum Time : 75n
② Simulation Options
  ㉠ ABSTOL : 10n
  ㉡ ITL4 : 500
  ㉢ METHOD : Gear
  ㉣ RELTOL : 0.01
  ㉤ VNTOL : 1m

(4) 시뮬레이션 결과

그림 10.6(a)~(d)는 Half-Bridge Converter의 시뮬레이션 결과를 보여주고 있으며 입 · 출력 조건은 V_i=155.6V, V_o=14.3V, I_o=5A이다.

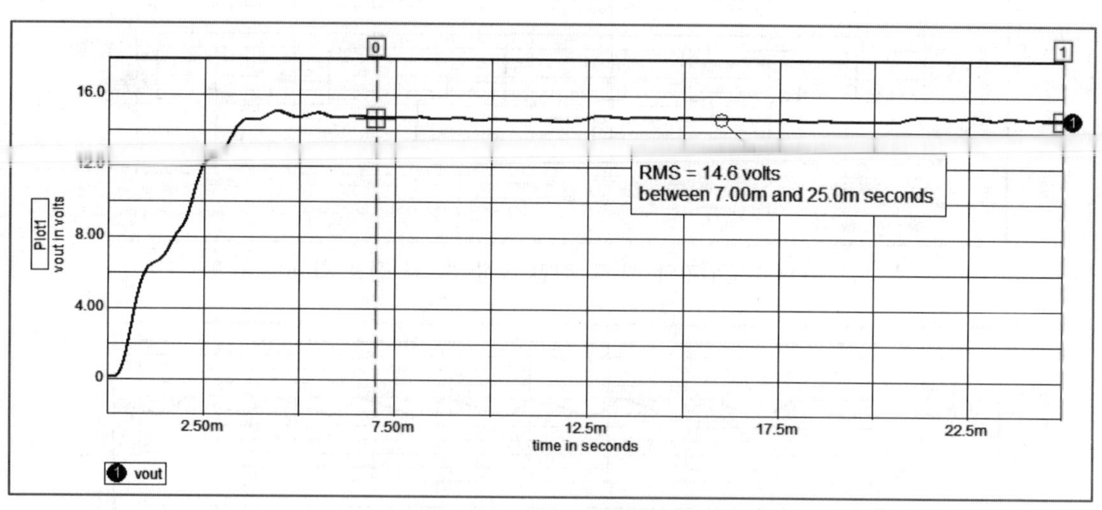

▌ 그림 10.6(a) 출력 전압 파형 ▌

그림 10.6(a)에서 출력 전압값은 14.6V로 설계값 14.3V와 약간 오차를 보이고 있으나, 이는 측정 포인트에서의 오차로서 보다 더 뒤쪽, 즉 충분한 정상 상태의 포인트에서 측정할 경우 오차는 거의 제거될 수 있을 것이다.

그림 10.6(b)~10.6(d)에 시뮬레이션 결과로서 각 부의 파형을 보여주고 있으며, 그 결과 예상했던 파형과 거의 일치한 파형을 나타내고 있음을 확인할 수 있다.

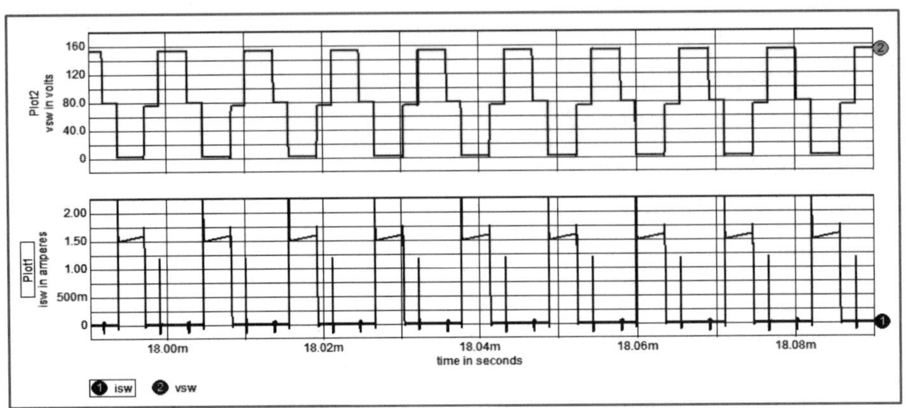

‖ 그림 10.6(b) 스위치(X3)의 양단간 전압(위)과 전류 파형(아래) ‖

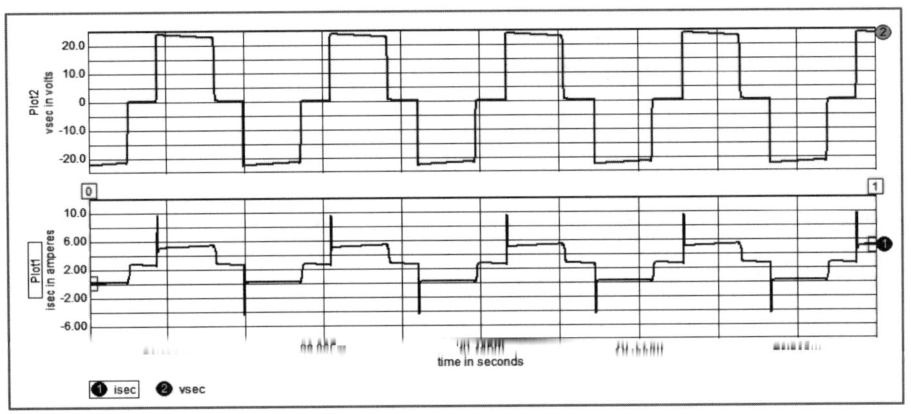

‖ 그림 10.6(c) 변압기의 2차측 전압 파형(위) 및 전류 파형(아래) ‖

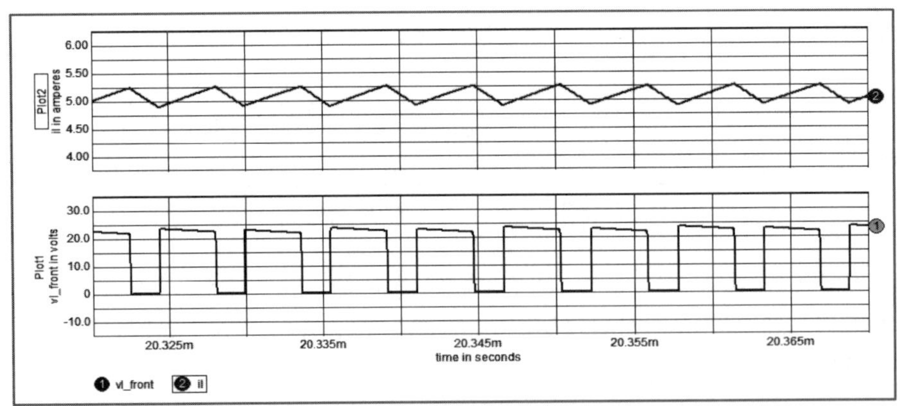

‖ 그림 10.6(d) 인덕터 전류 파형(위) 및 전압 파형(아래) ‖

참고 시뮬레이션을 진행하면서 관측하고자 하는 데이터가 나오게 되는 경우에 더 이상 시뮬레이션을 할 필요가 없다고 한다면 ESC 키를 이용하여 시뮬레이션을 도중에 중단시킬 수도 있다.

전류 모드 제어 Converter

스위칭 전원은 반도체 스위치 소자를 통하여 도통 시비율을 변화시켜서 출력 전압의 Regulation을 수행하는 장치이다. 이 도통 시비율을 제어하는 방법의 하나로서 기존의 전압 제어형 PWM 제어 방법과는 달리 일정 주파수의 클록 신호로서 스위치를 도통시키고 스위치 전류 또는 인덕터 전류가 출력 전압의 오차에 대응한 설정값에 도달한 순간에 스위치를 차단시켜 도통 시비율을 제어하는 방법이 있는데 이를 전류 모드 제어(Current Mode Control)라고 한다.

이 방식의 특징을 요약하면 다음과 같다.

① 출력 전류의 최댓값이 제어 전류에 의해 직접 결정되므로 제어 전류의 최댓값을 제한함으로써 스위치 전류의 최댓값을 제한할 수 있다.

② 병렬 동작 시 각 컨버터의 전류 밸런스가 쉽게 잡히고 공통의 제어 신호에 의한 복수의 컨버터의 병렬 동작이 가능하다.

③ 고유한 Feedforward 특성으로 인해 Line Regulation 특성이 향상된다.

④ 소신호 근사 모델링에 있어서 1차의 특성을 가짐으로써 제어 보상 회로의 설계가 간단하고 과도 특성의 향상을 달성할 수 있다.

01 기본 동작

그림 11.1은 전류 모드 제어 컨버터의 회로도, 그림 11.2는 제어의 원리를 나타내고 있으며 이 회로의 기본 동작은 다음과 같다. 일정 주파수의 Clock 신호에 의해 R-S Latch가 세트된다. 이 세트에 의해 스위치 Q의 구동 펄스가 출력되어 Q가 도통되면 인덕터 전류 i_L은 상승하기 시작한다.

한편 비교기는 검출된 i_L의 피크값과 오차 증폭기의 출력 i_C를 비교하고 있다. 이때 i_L이 i_C의 설정값에 도달한 순간 Latch는 리셋되어 Q는 차단된다. 이러한 과정을 통하여 스위치의 도통 시비율 D가 결정되고 이 동작이 반복됨으로써 출력 전압이 제어된다.

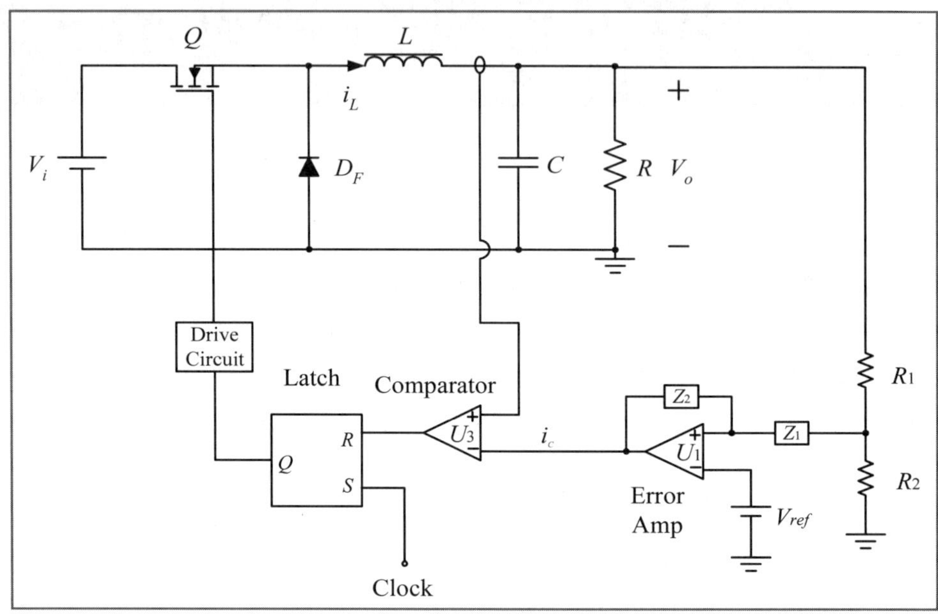

┃ 그림 11.1 전류 모드 제어의 회로도 ┃

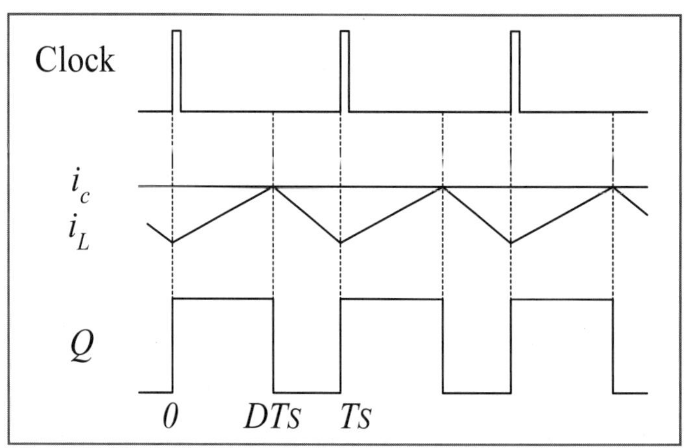

┃ 그림 11.2 전류 모드 제어의 동작 파형 ┃

전류 모드 제어형 DC–DC Converter에 있어서 출력 전압의 제어는 종래의 전압 제어형 PWM Converter와 비교했을 때, 전압 궤환 이외에 내부 전류 궤환을 설정함으로써 다중 궤환에 의해 이루어진다. 이 경우 전류 궤환은 컨버터 내부 루프로 작용하므로 전류 궤환을 포함하는 컨버터를 새로운 컨버터로 간주하여 i_C를 제어 변수로 택하면 기존의 PWM 제어 방식의 컨버터와 유사한 방법으로 해석이 가능하게 된다.

전류 모드 제어의 2개의 궤환 루프 중에서 전류를 검출하여 비교기의 입력으로 주어지는 내부 궤환 루프에는 시비율의 크기와 관련하여 불안정한 영역이 존재한다.

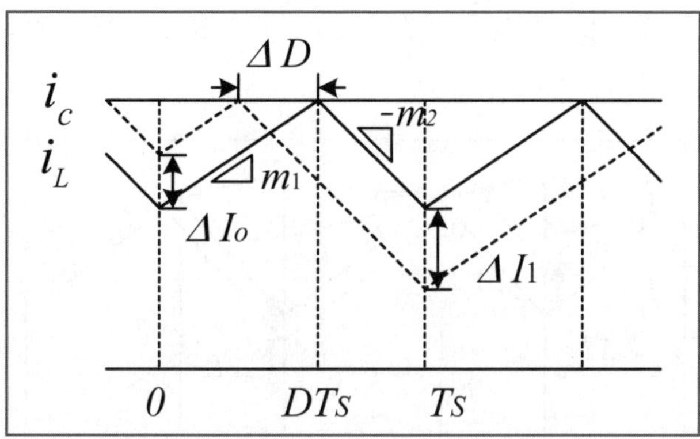

❙ 그림 11.3 인덕터 전류 및 제어 전류 ❙

그림 11.3은 인덕터 전류를 검출한 경우로 인덕터 전류 i_L과 제어 전류 i_C를 나타낸다. 이 그림으로부터 기울기 m_1 및 m_2 사이의 관계는

$$m_1 D = m_2 D' \quad \cdots\cdots\cdots\cdots\cdots\cdots\cdots (11.1)$$

가 됨을 알 수 있다. 만약 i_L에 미소 변동이 발생한 경우 그 파형은 점선으로 표현되며, 이때 $t = 0$에서의 전류 변동분 ΔI_o와 $t = T_s$에서의 변동분 ΔI_1 사이에는 다음과 같은 관계가 성립한다

$$\frac{\Delta I_1}{\Delta I_o} = \frac{m_2}{m_1} = \frac{D}{D'} \quad \cdots\cdots\cdots\cdots\cdots\cdots\cdots (11.2)$$

이 식을 보면 '$D > 0.5$'인 경우에 스위칭이 반복됨에 따라 식 (11.2)의 값이 증가하는 불안정 현상이 나타나게 된다. 따라서 이러한 불안정성을 해결하는 방법으로서 그림 11.4와 같이 기울기가 m인 Ramp 파형을 i_C에 중첩시켜 준다.

이 경우에는

$$\Delta I_1 = \frac{m_2 - m}{m + m_1} \Delta I_o \quad \cdots\cdots\cdots\cdots\cdots\cdots\cdots (11.3)$$

와 같은 관계식이 성립하게 되고, 안정 Ramp의 기울기 m을

$$m > \frac{m_2 - m_1}{2} \quad \cdots\cdots\cdots\cdots\cdots\cdots\cdots (11.4)$$

으로 택하면 불안정 현상은 제거되며, 특히 $m = m_2$인 경우에는 한 주기 후의 ΔI_1이 0으로 된다.

대부분의 전류 모드 제어용 IC에는 내부적으로 안정 Ramp가 발생되는 회로가 내장되어 있다.

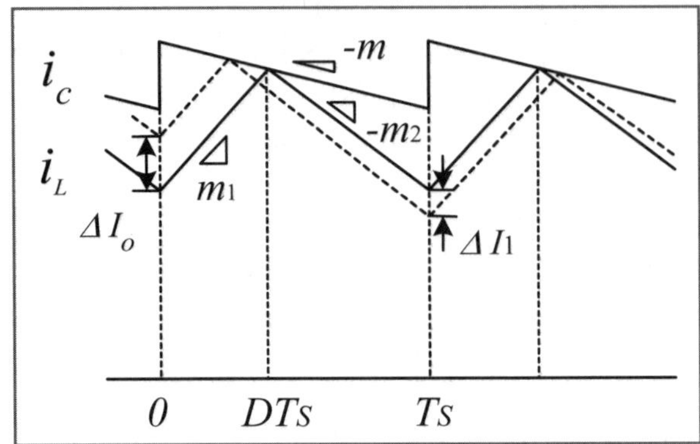

▌ 그림 11.4 안정 Ramp가 중첩된 제어 전류 ▌

02 전류 모드 제어의 기본 회로

그림 11.5는 전류 모드 제어 회로의 기본 동작 원리를 이해할 수 있는 기본 구성도를 나타낸다. 내부 루프를 형성하기 위해 인덕터 전류를 검출하여 이용하고 있으며 파워 스테이지로는 Buck Converter를 예로 들고 있다.

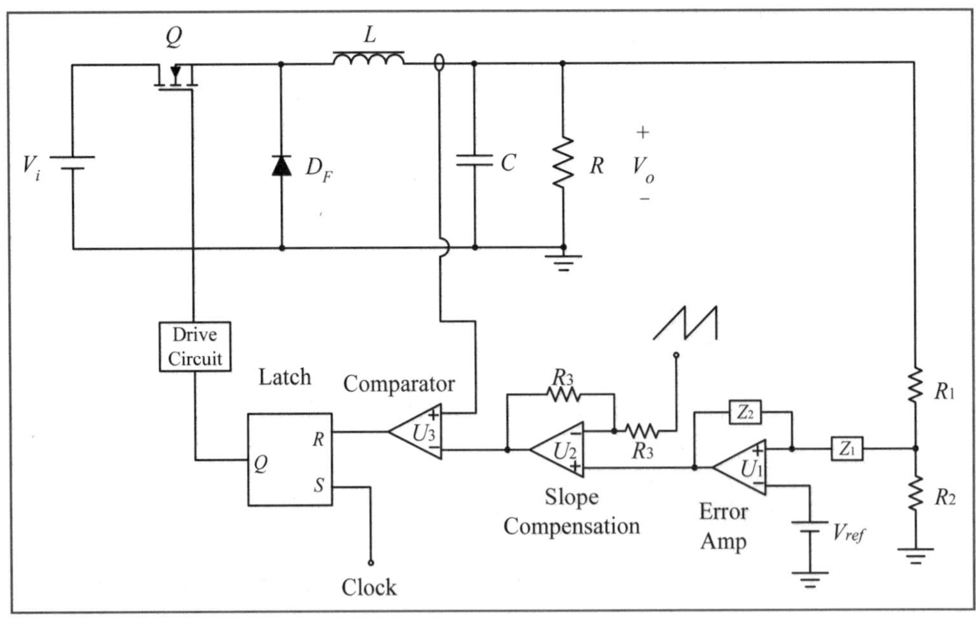

▌ 그림 11.5 전류 모드 제어 회로의 기본 구성도 ▌

제어 회로 부분에서 비교기와 오차 증폭기 사이에 첨가되어 있는 증폭기 U_2는 오차 증폭기의 출력에 안정 Ramp를 중첩시키는 회로로서 안정 Ramp 파형은 Clock 신호에 동기화시킨 삼각파를 U_2의 반전 입력에 가해줌으로써 중첩시킬 수 있다.

전류 모드 제어 회로의 원리를 이해하기 위하여 각 부분을 개별 소자에 의하여 구성해보는 것으로 하고 이하 각각의 부분에 대한 회로 예를 제시해서 그 동작을 살펴보기로 한다.

오차 증폭기 부분은 기존의 전압 제어 모드 PWM Converter에서의 예와 동일하므로 설명을 생략하는 것으로 하고 안정 Ramp를 중첩시키는 회로에서부터 보기로 하는데 그 회로 구성 및 파형을 그림 11.6(a)~(b)에 나타낸다.

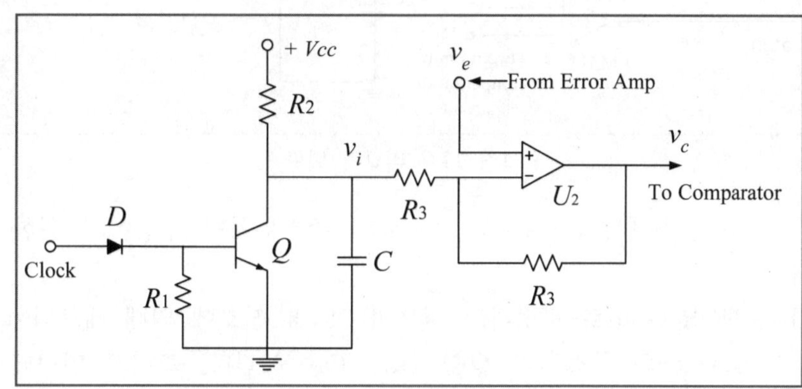

■ 그림 11.6(a) 안정 Ramp 중첩 회로 ■

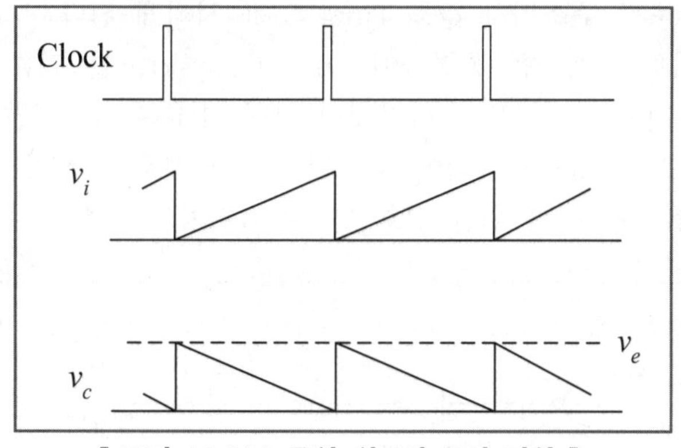

■ 그림 11.6(b) 중첩 회로의 동작 파형 ■

BJT Q, 저항 R_1, R_2, 다이오드 D, 커패시터 C로 구성되는 회로에 의해서 입력의 Clock 신호는 삼각파로 출력되며 이를 증폭기 U_2의 반전 입력으로 가해줌으로써 오차 증폭기의 출력 v_e에 안정 Ramp가 중첩된 형태의 v_c의 파형으로 출력된다.

그림 11.7은 비교기 부분의 회로 구성도를 나타낸다. 앞에서도 언급한 바와 같이 Buck Converter의 인덕터 L의 전류 i_L을 2차 권선을 통하여 검출하고 있으며 이를 R_1, R_2, D, C의 필터 회로를 통하여 고주파 노이즈 성분을 제거하여 비교기의 비반전 단자에 입력

함으로써 오차 증폭기의 (램프 보상된) 출력 v_c와 비교되어 Latch 회로의 리셋 입력으로 인가된다.

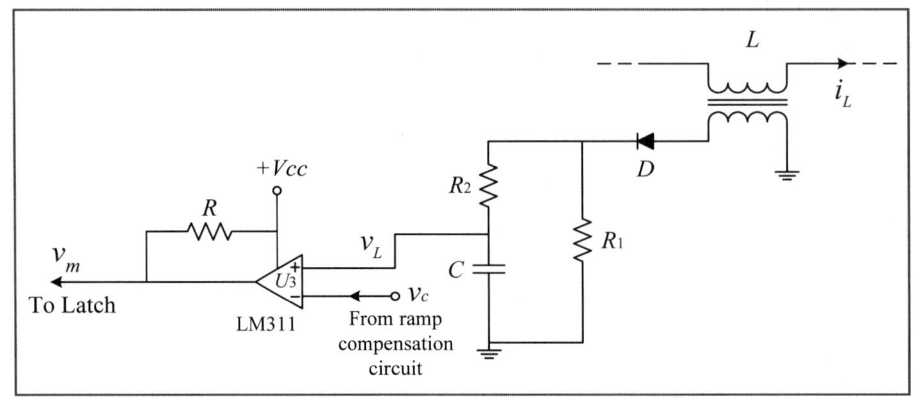

┃ 그림 11.7 비교기 회로 ┃

그림 11.8은 Latch 회로와 Buck Converter의 주스위치를 구동하기 위한 구동 회로를 나타내고 있다.

$R-S$ Latch는 NOR Gate로 구성하고 있으며 Clock 신호에 의해 세트되어 구동 회로를 통하여 Buck Converter의 주스위치 Q를 Turn ON 시킨다. 그리고 인덕터 전류의 피크 값이 출력 전압 오차의 설정치 v_c에 달했을 때 비교기로부터 v_m이 출력되어 Latch 회로의 리셋 입력에 가해짐으로써 주스위치 Q를 Turn OFF 시키게 된다.

지금까지 설명한 회로의 예들을 종합하여 Buck Converter를 전류 모드 제어에 의해 구동시키는 회로를 시뮬레이션 회로도로 나타내면 그림 11.10과 같이 된다.

이 회로도에서 $R-S$ Latch의 입력에 부가된 Clear 신호는 컨버터의 기동 시 주스위치의 최대 도통 시비율을 제한하기 위한 신호로서 주스위치의 파손을 방지할 수 있다.

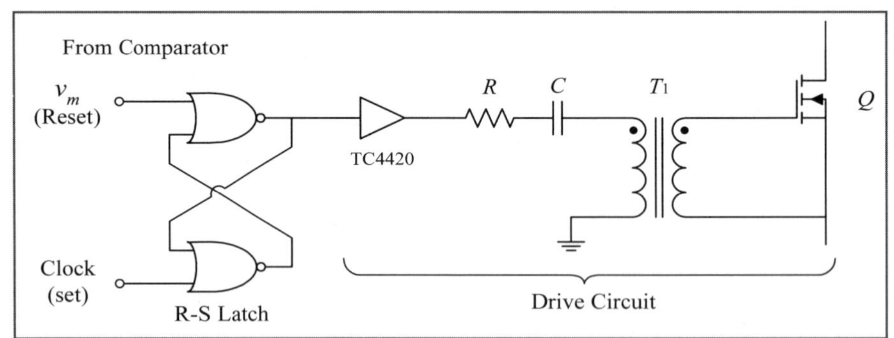

┃ 그림 11.8 Latch 회로 및 구동 회로 ┃

03 평균 전류 모드 제어의 기본 회로

2단락에서 다룬 전류 모드 제어는 인덕터 전류의 피크치와 전압 오차 증폭기의 출력의 비교를 통하여 인덕터 전류와 출력 전압을 제어하고 있는 점이 이 제어 방법의 기본 동작이 되고 있다. 그러나 이 제어 방법은 컨버터의 시비율이 50% 이상인 경우 기울기 보상을 위한 회로가 추가되어야 한다는 점과 인덕터 전류의 피크치를 비교하는 동작에 있어서 노이즈에 의한 오동작이 발생하기 쉽다는 점 등의 단점을 가지고 있다.

이러한 단점을 극복하기 위한 한 방법으로서 이 제어 방법의 전류 루프에 전류 오차 증폭기를 삽입하고 인덕터 전류의 평균치와 삼각파를 비교하여 인덕터 전류와 출력 전압을 제어하는 방법을 들 수 있는데 이를 평균 전류 모드 제어라고 한다.

그림 11.9(a)~(b)는 평균 전류 모드 제어의 기본 동작의 원리를 알 수 있는 회로도 및 주요 동작 파형을 나타내고 있으며 파워 스테이지는 Buck Converter를 예를 들고 있다.

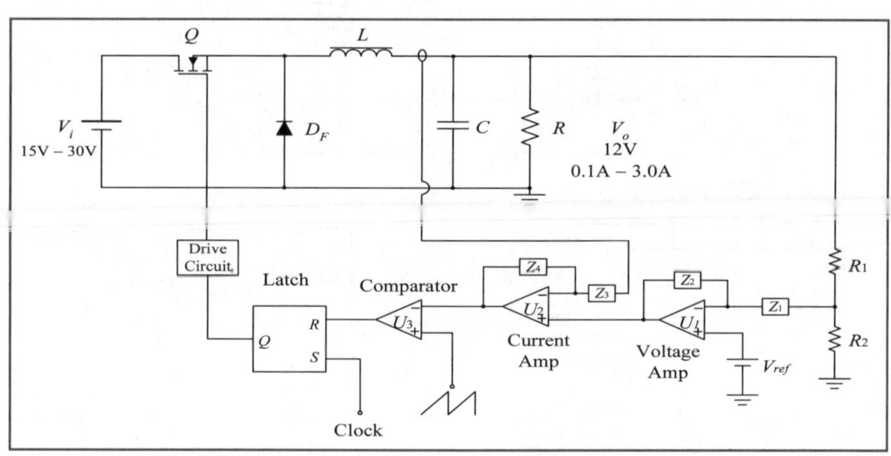

▌ 그림 11.9(a) 평균 전류 모드 제어의 원리도 ▌

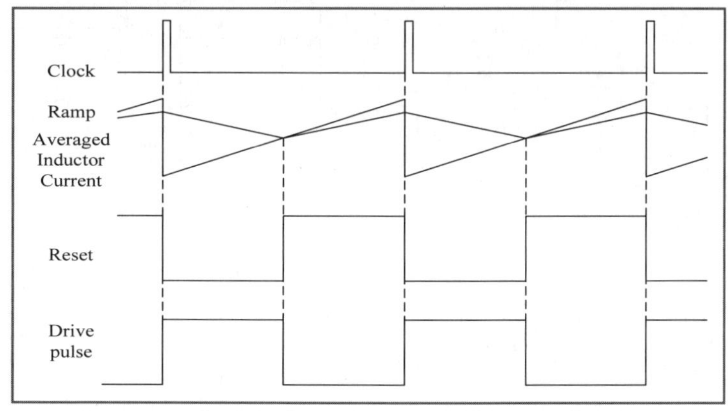

▌ 그림 11.9(b) 평균 전류 모드 제어 회로의 동작 파형 ▌

그림 11.9(a)와 같이 검출된 인덕터 전류가 U_2의 전류 오차 증폭기를 통하여 평균화되고 U_3의 비교기에서 삼각파와 비교됨으로써 스위치 구동 펄스의 도통 시간이 결정된다. 이 기본 동작을 제외한 회로의 나머지 부분은 2단락에서 설명한 전류 모드 제어의 동작과 동일하므로 여기서는 나머지 부분의 동작 설명은 생략하는 것으로 한다.

04 전류 모드 제어 Buck Converter의 시뮬레이션

01 전류 모드 제어 Buck Converter 시뮬레이션

(1) 회로도 구성 및 설정

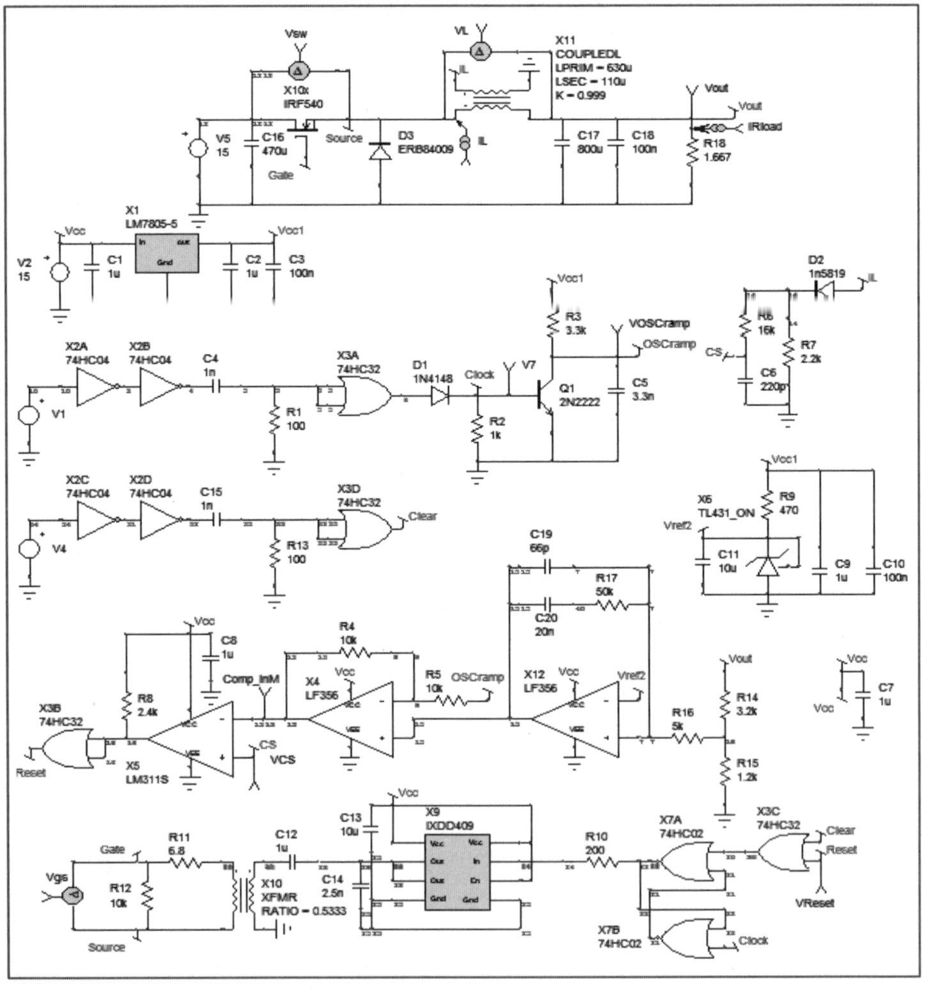

┃ 그림 11.10 전류 모드 제어 Buck Converter 시뮬레이션 회로도 ┃

① 그림 11.10은 전류 모드 제어에 대한 Buck Converter 시뮬레이션 회로도이다. 위 그림을 참고하여 회로를 작성하도록 한다.

② 회로도 내부의 전압원 V_1과 V_4는 구형파 발생 신호 대체용으로 사용하였으며 인가할 Pulse 신호를 아래와 같이 설정한다.

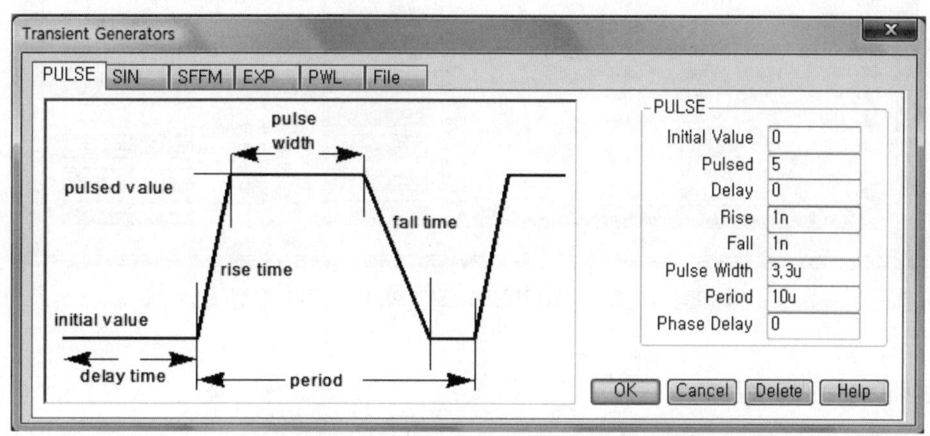

▌ 그림 11.11(a) 전압원 V_1의 Pulse 파형 설정 ▌

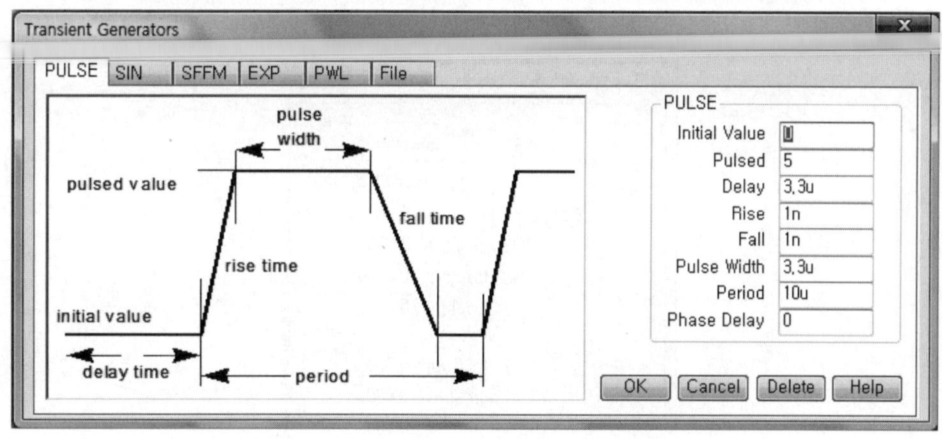

▌ 그림 11.11(b) 전압원 V_4의 Pulse 파형 설정 ▌

③ Transformer 모델 'COUPLEDL'을 배치하고 내부 파라미터를 아래와 같이 설정한다.

　㉠ LPRIM : 630u

　㉡ LSEC : 110u

　㉢ K : 0.999

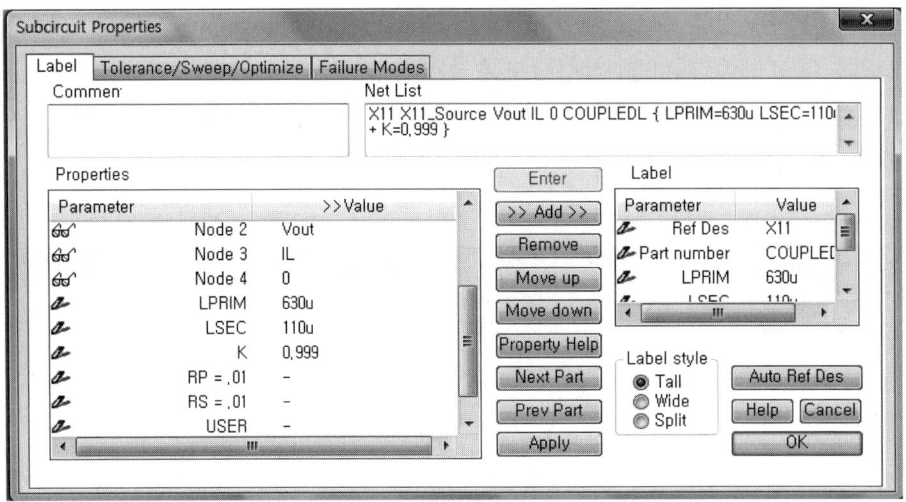

▌그림 11.12 COUPLEDL 모델의 파라미터 설정 ▌

(2) 시뮬레이션 환경 설정

① 디지털 소자의 논리값 레벨을 정해주기 위해 'Mixed Signal Properties' 창을 오픈하여 아래 그림 11.13과 같이 설정한다.

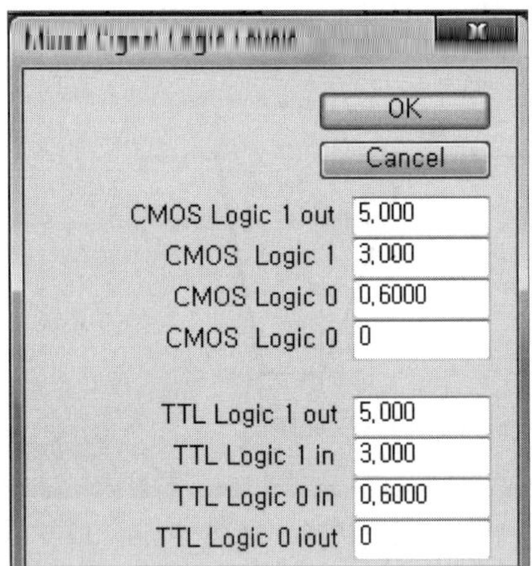

▌그림 11.13 Mixed Signal Properties 설정 ▌

② 그림 11.14(a)를 참고하여 Transient Analysis 조건을 설정한다.

　㉠ Data Step Time : 1u

　㉡ Total Analysis Time : 40m

　㉢ UIC : Check

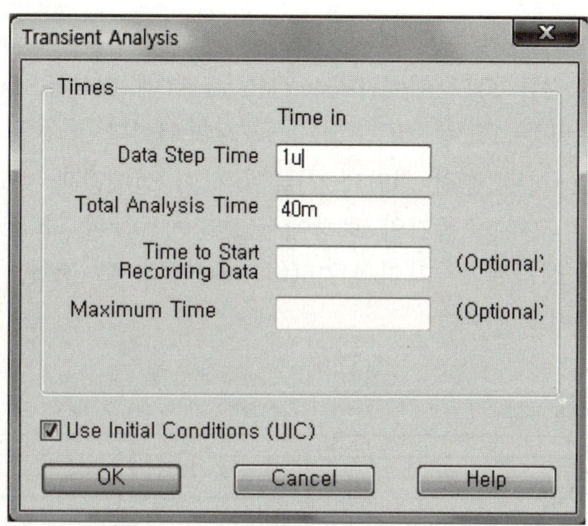

┃ 그림 11.14(a) Transient Analysis 설정 ┃

③ 그림 11.14(b)를 참고하여 Simulation Options 조건을 설정한다.

ㄱ ABSTOL : 1E-9

ㄴ GMIN : 1E-7

ㄷ ITL1 : 300

ㄹ ITL2 : 200

ㅁ ITL4 : 300

ㅂ METHOD : Gear

ㅅ RELTOL : 0.007

┃ 그림 11.14(b) Simulation Options 설정 ┃

(3) 시뮬레이션 결과

그림 11.15(a)~(e)는 전류 모드 제어 Buck Converter에 대한 Simulation 결과 데이터이다. 시뮬레이션 조건은 $V_i = 15[V]$, $V_o = 5[V]$, $I_o = 3[A]$이다.

그림 11.5(a)의 결과에서는 출력 전압과 전류의 값이 설계값과 비교했을 때 약간 오차가 발생하고 있으나, 이는 오차 증폭기의 보상에서 DC 이득값이 약 10배로서 충분하지 못한 데서 나타나는 것으로 생각된다. 그림 11.15(b)~(e)의 각 부 전압, 전류 파형은 예상치와 거의 일치한 결과를 보이고 있다.

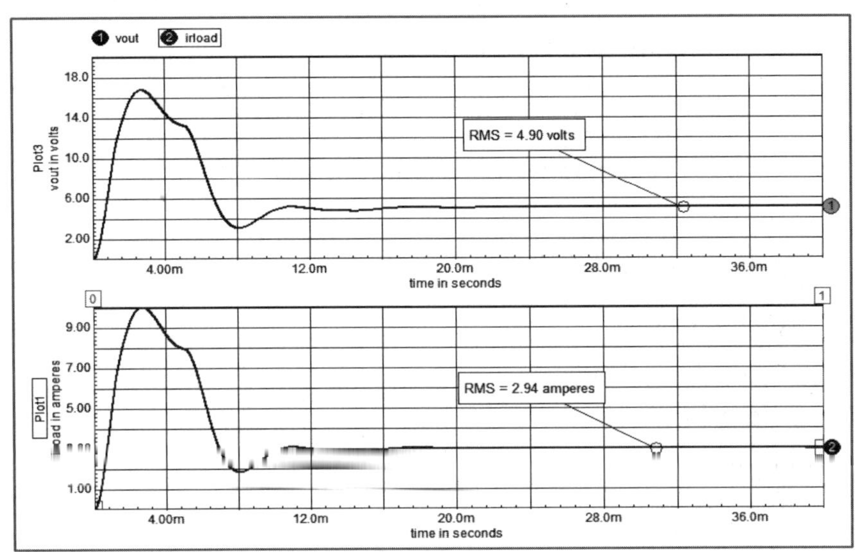

▌ 그림 11.15(a) 출력 전압(위)과 전류 파형(아래) ▌

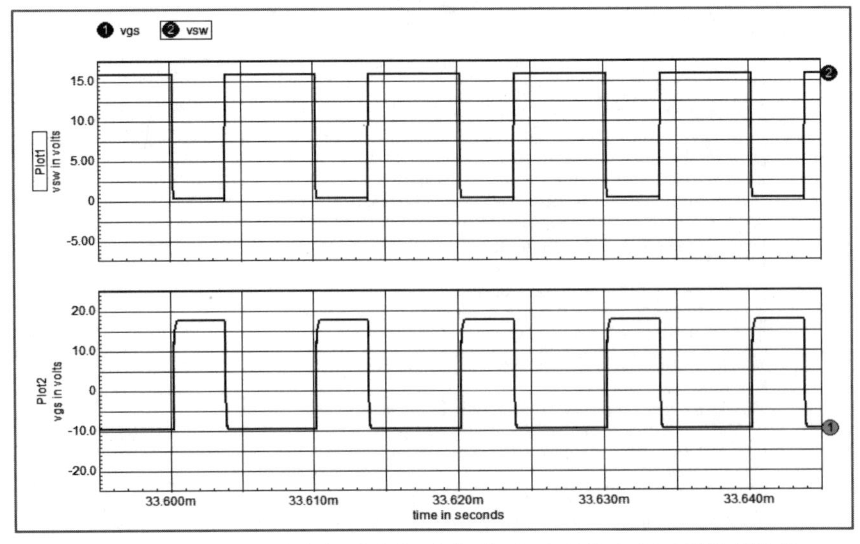

▌ 그림 11.15(b) 스위치의 양단간 전압(위)과 스위치 구동 파형(아래) ▌

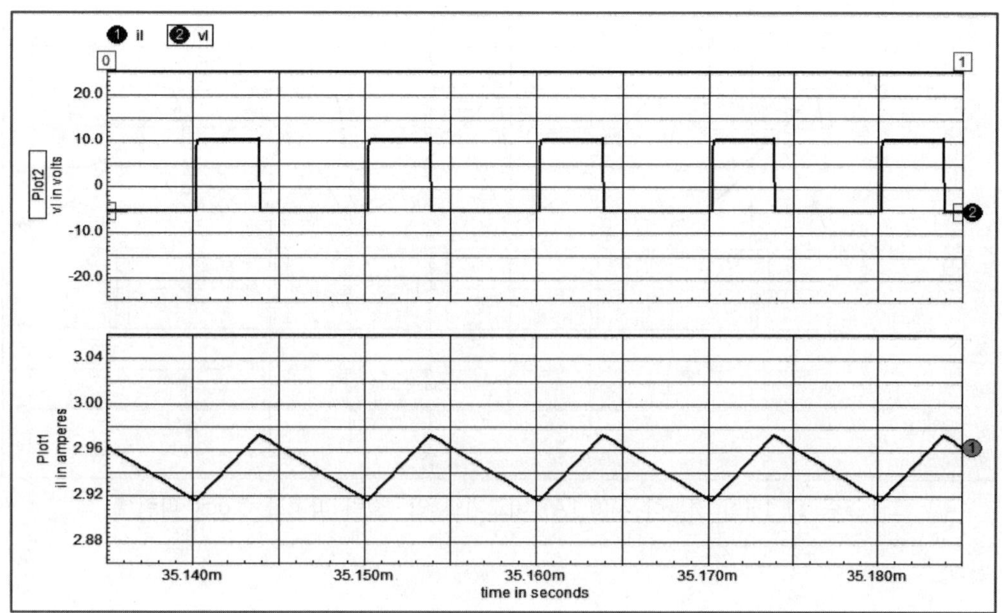

▌그림 11.15(c) 인덕터의 양단 전압(위)과 전류 파형(아래) ▌

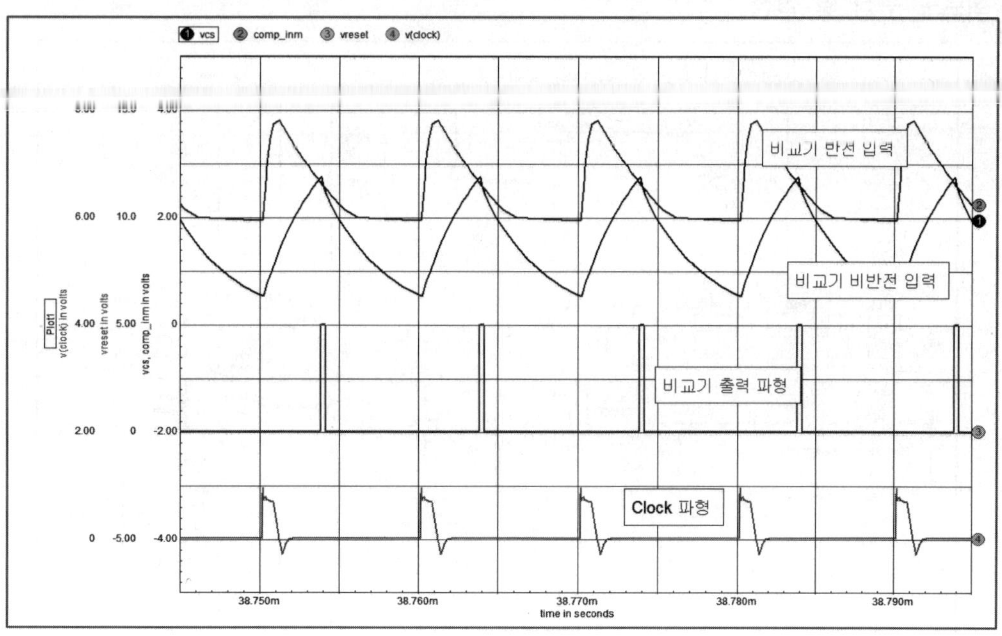

▌그림 11.15(d) 중부하 시(3A) 비교기의 입·출력 파형과 출력 및 Clock 파형 ▌

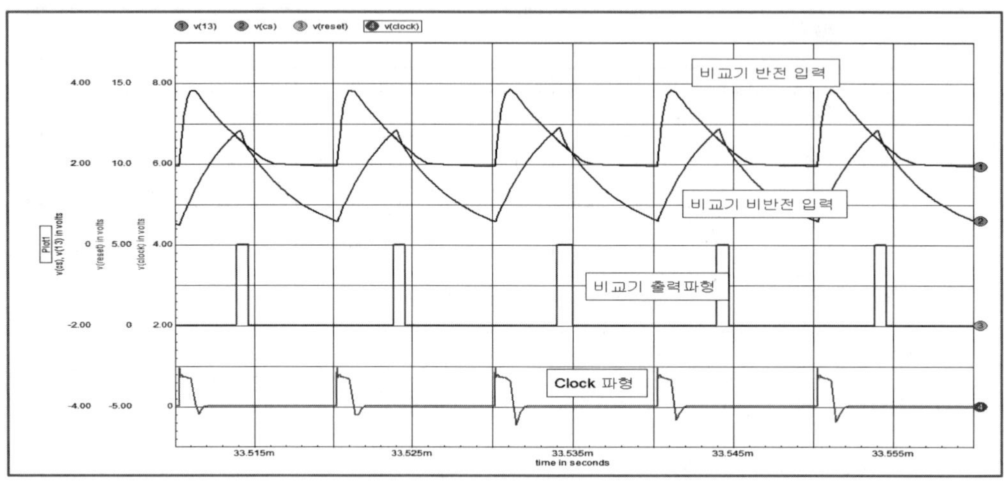

▌ 그림 11.15(e) 경부하 시(0.1A) 비교기의 입·출력 파형과 Clock 파형 ▌

02 평균 전류 모드 제어 Buck Converter의 시뮬레이션

(1) 회로도 구성 및 설정

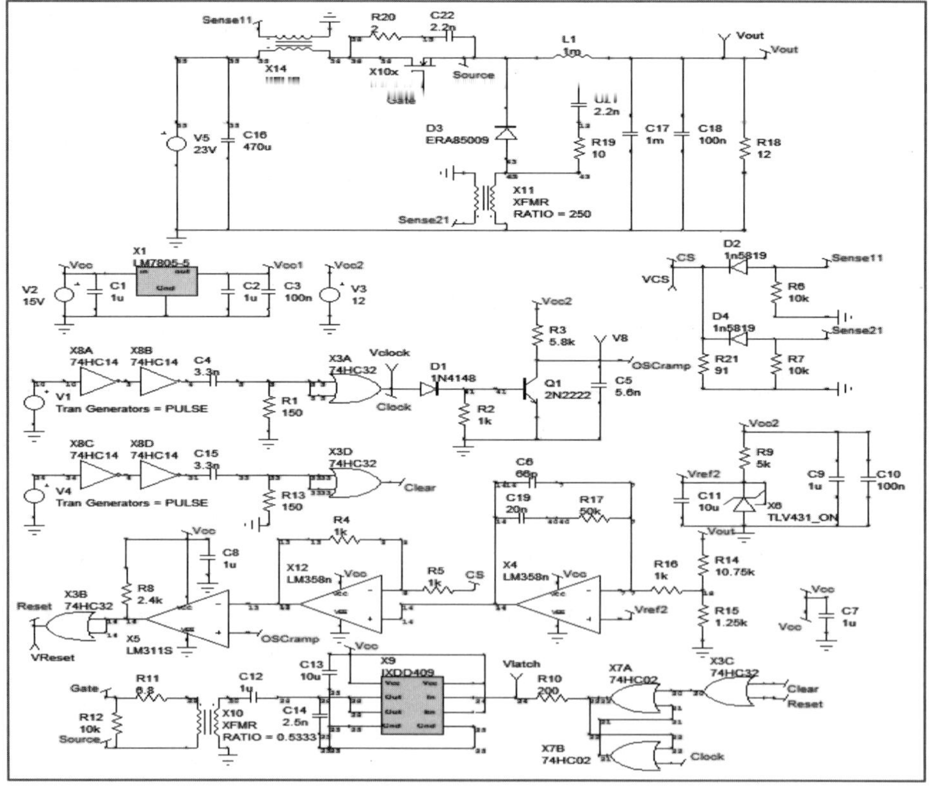

▌ 그림 11.16 평균 전류 모드 제어 Buck Converter 시뮬레이션 회로도 ▌

① 그림 11.16은 평균 전류 제어 모드 Buck Converter의 회로도이다. 위 그림을 참고하여 회로도를 작성하도록 한다.

② 평균 전류 모드 제어의 실험 회로도를 나타낸다. 인덕터 전류 검출을 스위치 전류와 환류 다이오드 전류를 검출하는 것으로 대신하고 있다. 또한 입력 전압의 변화 범위에 따른 시비율의 폭넓은 변화에 대응하기 위해 구동 회로를 사용하였다.

③ 회로도 내부의 전압원 V_1과 V_4는 구형파 발생 신호 대체용으로 사용하였으며 인가할 Pulse 신호를 아래와 같이 설정한다.

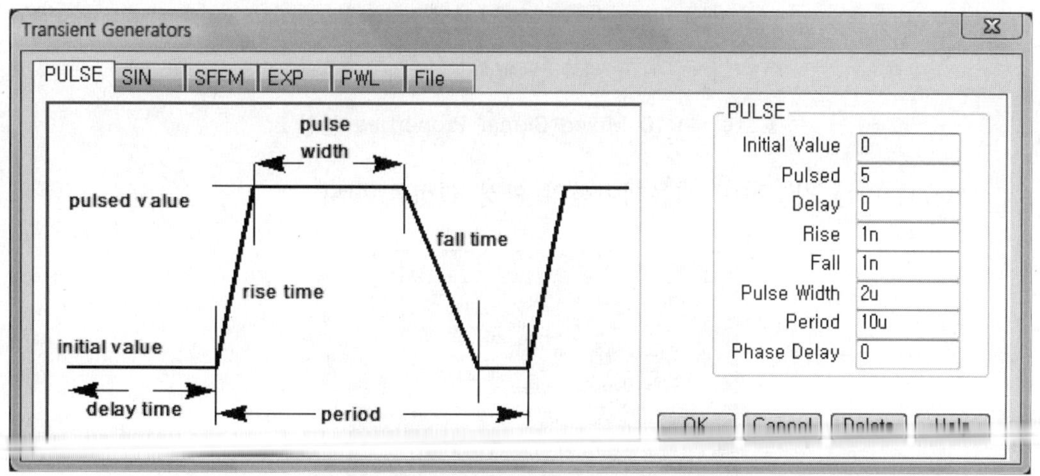

▌ 그림 11.17(a) 전압원 V_1의 Pulse 신호 설정 ▌

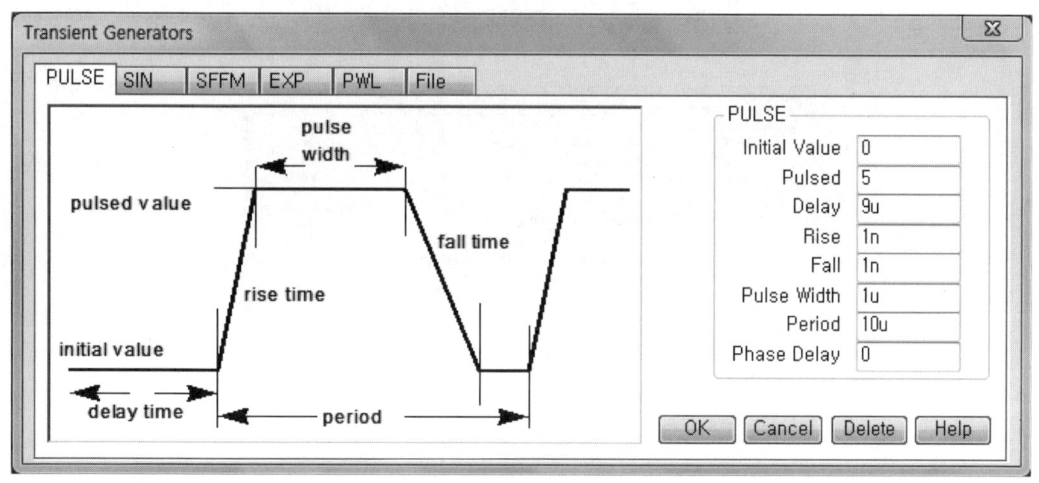

▌ 그림 11.17(b) 전압원 V_4의 Pulse 신호 설정 ▌

(2) 시뮬레이션 환경 설정

① 디지털 소자의 논리값 레벨을 정해주기 위해 'Mixed Signal Properties' 창을 다시 오픈하여 아래 그림 11.18과 같이 설정한다.

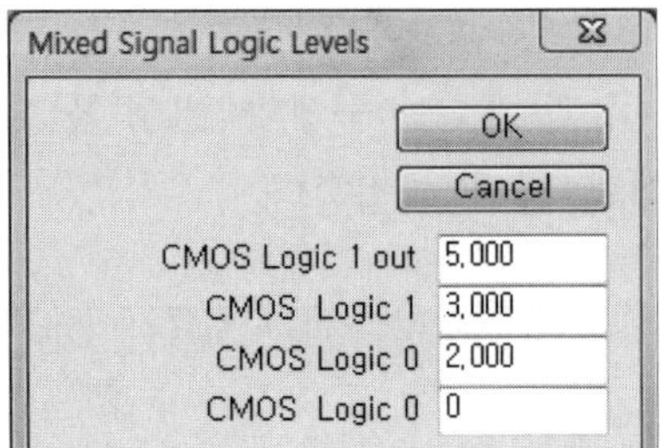

❚ 그림 11.18 Mixed Signal Properties 설정 ❚

② 그림 11.19를 참고하여 시뮬레이션의 환경 설정을 한다.

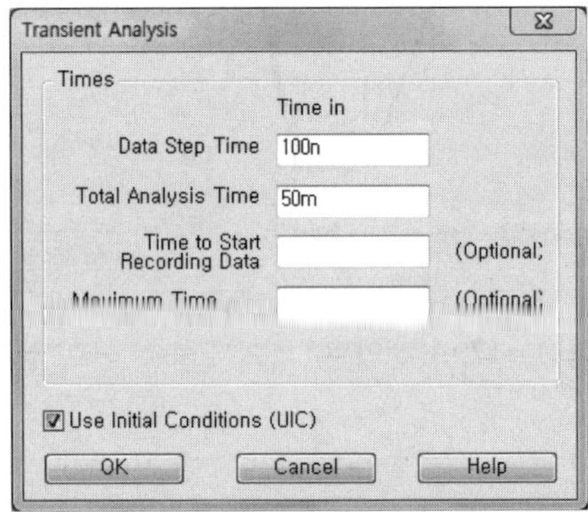

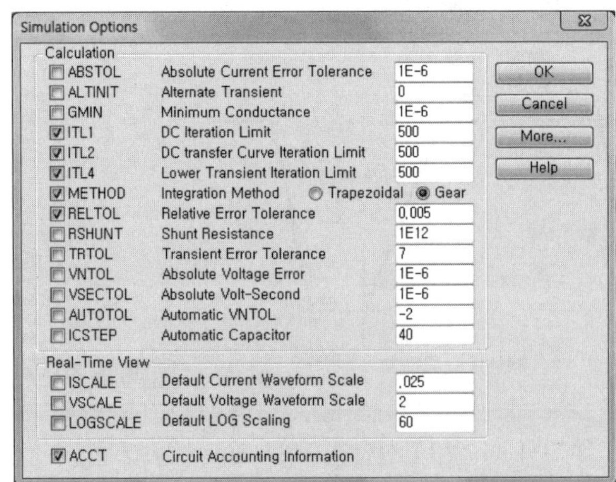

❚ 그림 11.19 Transient Analysis & Simulation Options 설정 ❚

㉠ Transient Analysis
- Data Step Time : 100n
- Total Analysis Time : 50m
- UIC : Check

㉡ Simulation Options
- ITL1 : 500
- ITL2 : 500
- ITL4 : 500
- METHOD : Gear
- RELTOL : 0.005

(3) 시뮬레이션 결과

그림 11.20(a)~(d)는 각 부의 실험 파형을 나타내고 있다. 시뮬레이션 조건은 $V_i=23$V, $V_o=12$V, $I_o=1$A이다.

그림 11.20(a)의 출력 전압 결과는 설계값과 좋은 일치를 보이고 있으며, 이는 오차 증폭기의 보상에서 DC 이득값이 약 50으로 앞서 전류 모드 제어에서의 경우에 비해 5배 큰 값으로 설정한데 따른 것이다. 그림 11.20(b)~(d)의 각 부 전압, 전류 파형은 예상치와 거의 일치한 결과를 보이고 있다.

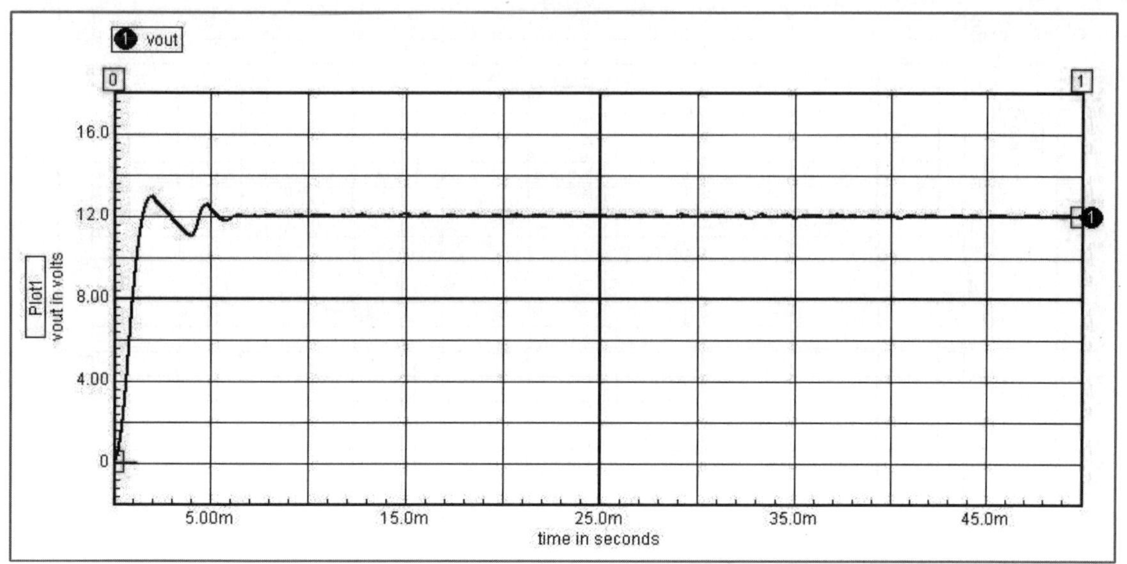

▌ 그림 11.20(a) 출력 전압 파형 ▌

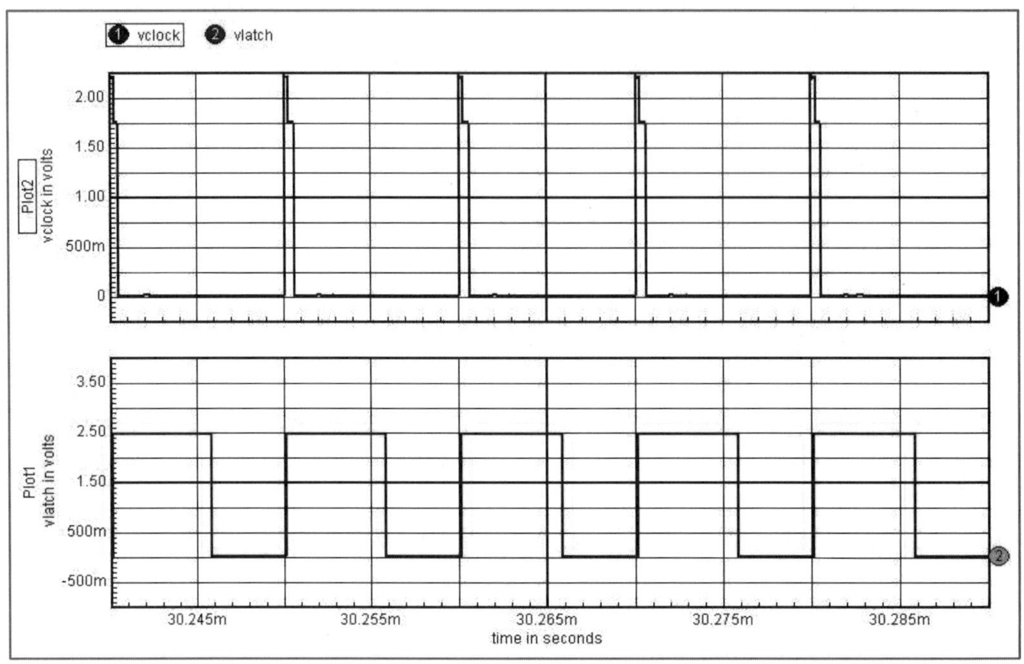

▌ 그림 11.20(b) 입력 Clock 파형(위)과 Latch 회로 출력 파형(아래) ▌

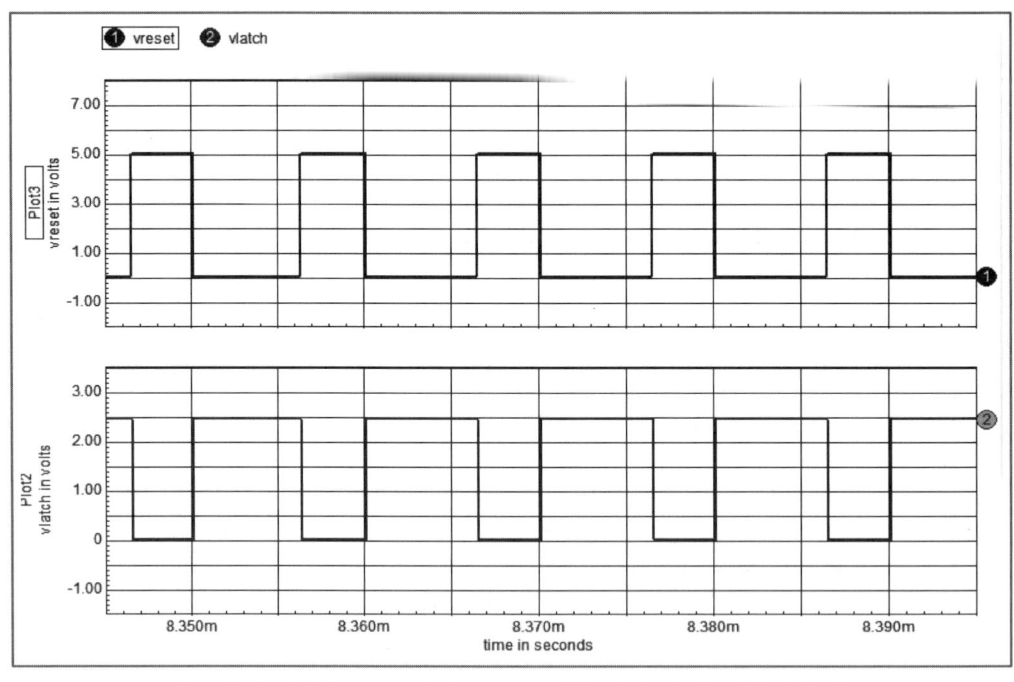

▌ 그림 11.20(c) Latch 회로 Reset 파형(위)과 출력 파형(아래) ▌

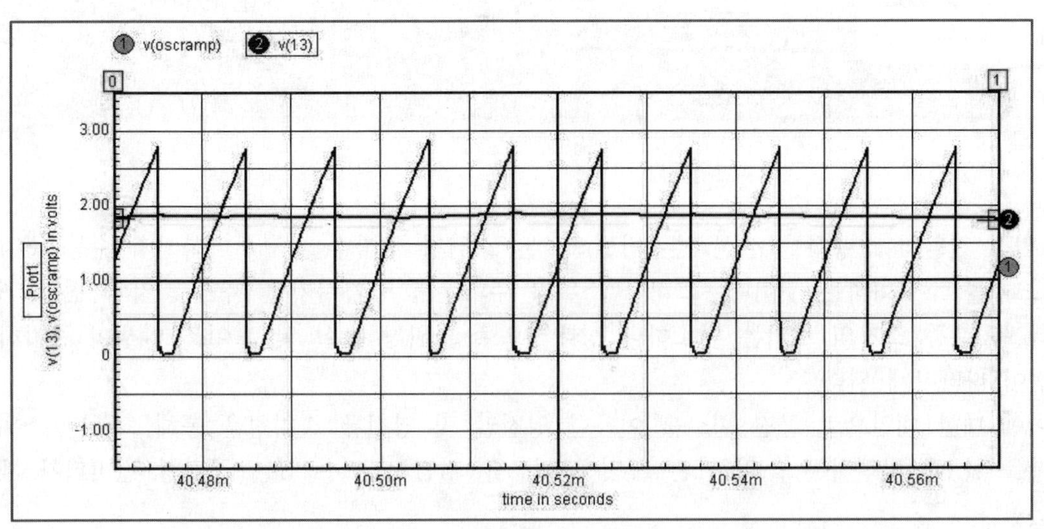

▌ 그림 11.20(d) 비교기 삼각 펄스(①)와 반전 단자의 입력 신호(②) ▌

소프트 스위칭 Converter

스위칭 전원의 소형화를 실현하는 방법으로는 스위칭 주파수를 고주파화시켜 수동 소자들의 크기를 소형화하는 것이다. 그러나 스위칭 주파수를 증가시키면 자기 소자와 평활 커패시터 등 수동 소자의 크기는 감소하나 상대적으로 스위칭 손실 및 노이즈 발생이 증가하는 단점이 나타나게 된다.

이에 대한 대안으로 공진 회로를 이용한 영전압 및 영전류 스위칭을 통해 고주파 스위칭 동작을 할 때 발생하는 스위칭 손실 및 노이즈를 저감시킬 수 있는 공진형 컨버터가 제안되었었다.

그러나 공진형 컨버터는 공진 현상을 이용함으로 해서 PWM Converter에 비하여 공진용 인덕터 및 커패시터가 필요하고 스위치의 전압 혹은 전류 스트레스가 크며 모델링이 복잡하다는 단점이 있다. 또한 공진형 컨버터는 스위칭 손실은 상당히 줄일 수 있으나 전류, 전압에 대한 스트레스의 증가로 인한 전도 손실이 증가한다.

따라서 스위칭 전원이 더 높은 효율을 가지고 고전력 밀도를 실현시키기 위해서는 기존의 PWM Converter와 같이 전압 및 전류 스트레스가 작으며 공진형 컨버터와 같이 영전류 혹은 영전압 스위치을 하여 스위칭 손실을 저감시켜 고주파에서도 고효율의 실현이 가능하고 기존의 PWM Converter의 제어와 동일한 방법으로 제어가 가능한 소프트 스위칭 Converter가 이상적이라 할 수 있다.

이 절에서는 소프트 스위칭 Converter의 예로서 영전압 스위칭 준 구형파 컨버터(Zero Voltage Switching Quasi-Square-Wave Converter ; ZVS-QSC)와 능동 클램프 영전압 스위칭 Forward Converter의 기본 설계 및 시뮬레이션 실습에 대하여 서술하고자 한다.

01 영전압 스위칭 준 구형파 컨버터의 동작 원리

그림 12.1은 영전압 스위칭 준구형파 컨버터(이하 ZVS-QSC라 함)의 회로도를 나타낸다. 컨버터 회로의 종류로서는 Buck Converter의 예를 나타냈으며 기존의 Buck Converter의 환류 다이오드를 보조 스위치 S_1으로 대치하고 있는 것이 특징이다.

또한 각 스위치에 병렬로 연결되고 있는 커패시터 및 다이오드는 각각 MOSFET 스위치의 기생 용량 및 Body 다이오드를 나타낸다.

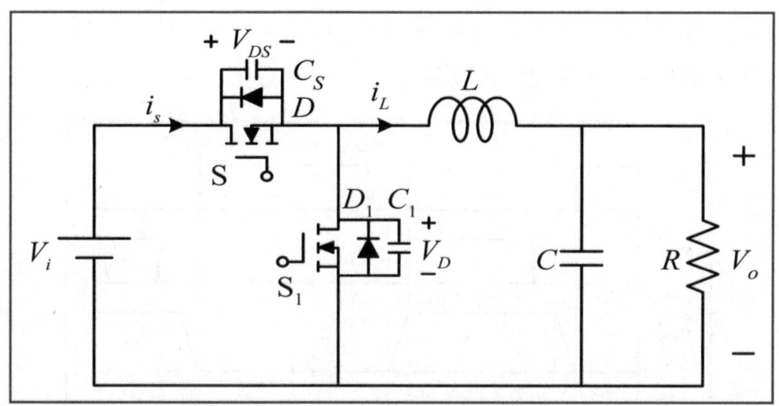

▎ 그림 12.1 영전압 스위칭 준 구형파 컨버터의 회로도 ▎

그림 12.2는 각 부의 동작 파형을 나타내고 있으며 영전압 스위칭이 이루어지도록 S 및 S_1의 두 스위치가 동시에 차단되는 Dead Time 구간 T_{d1} 및 T_{d2}가 존재하고 있다. ZVS-QSC의 동작 원리로서 한 주기 동안 각 구간의 동작을 설명하면 다음과 같다.

(1) 모드 1($T_0 \sim T_1$)

$t = T_0$에서 주스위치 S가 턴 오프되면 인덕터 전류 i_L은 C_S를 충전하고, 동시에 C_1을 방전한다. 따라서 S의 전압 V_{DS}는 0에서 V_i로 선형적으로 상승하고 S_1의 전압 V_D는 바대로 V_i에서 0으로 감소한다. 이때 S의 턴 오프는 영전압 스위칭으로 이루어진다.

(2) 모드 2($T_1 \sim T_2$)

$t = T_1$에서 V_{DS}가 V_i가 되고 V_D가 0이 될 때 C_S 및 C_1의 충·방전이 완료되고 D_1이 턴 온된다. D_1이 턴 온 됨과 동시에 인덕터 L에서는 에너지의 환류가 시작되며 이 구간 동안 S_1을 턴 온시키면 영전압 턴 온이 이루어진다. 따라서 S 및 S_1의 영전압 스위칭 조건은 T_{d1}이 C_S 및 C_1의 충·방전 시간 T_{c1}보다 길거나 같아야 함을 알 수 있다.

(3) 모드 3($T_2 \sim T_3$)

$t = T_2$에서 S_1이 턴 오프되면 i_L은 C_1을 충전하고 C_S를 방전한다. 따라서 S_1의 전압 V_D는 0에서 V_i로 선형적으로 상승하고 S의 전압 V_{DS}는 V_i에서 0으로 선형적으로 감소한다. 이때 V_D의 턴 오프는 영전압 스위칭으로 이루어진다.

(4) 모드 4($T_3 \sim T_4$)

$t = T_3$에서 V_D가 V_i가 되고 V_{DS}가 0이 될 때 C_1 및 C_S의 충·방전이 완료되고 D가 턴 온된다. D가 도통하는 동안에 S를 턴 온시키면 영전압 턴 온이 이루어진다. 이 역시

두 스위치 S_1 및 S가 영전압 스위칭으로 동작할 조건으로 T_{d2}가 C_1 및 C_S의 충·방전 시간 T_{c2}보다 길거나 같아야 함을 알 수 있다.

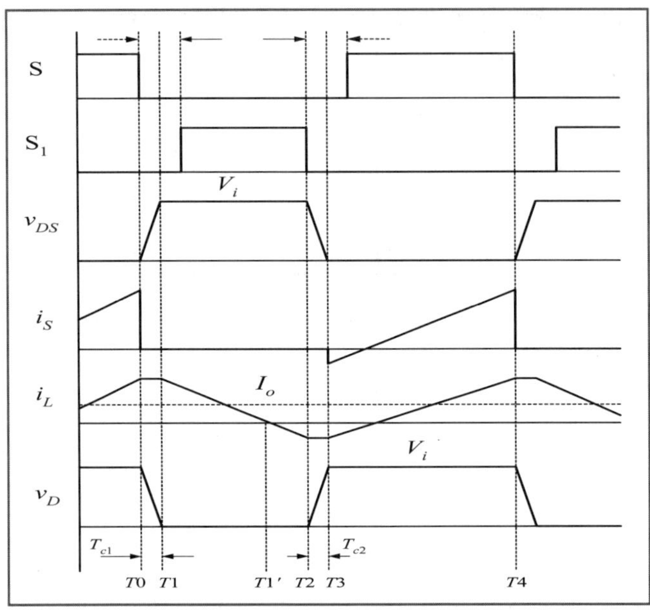

▮ 그림 12.2 각 부의 동작 파형 ▮

이상을 종합하면 ZVS-QSC가 영전압 스위칭으로 동작하기 위해서는 그림 12.2의 파형에서 알 수 있듯이 Dead Time T_{d1}, T_{d2}가 C_1 및 C_S의 충·방전 시간 T_{c1}, T_{c2}보다 길거나 같아야 되고 최대 부하의 동작에서도 인덕터 전류 i_L이 음이 되는 구간이 존재해야 함을 알 수 있다.

여기서 T_{c1}과 T_{c2}는 그림 12.2의 파형에서 i_L의 양의 최댓값이 I_{m1}, 음의 최댓값이 I_{m2}라고 할 때에 아래와 같이 구할 수 있다.

$$T_{c1} = \frac{(C_1 + C_S)V_i}{I_{m1}}, \quad T_{c2} = \frac{(C_1 + C_S)V_i}{I_{m2}} \quad \cdots\cdots\cdots\cdots\cdots\cdots (12.1)$$

또한 T_{c1}, T_{c2}가 스위칭 주기에 비해 충분히 짧다고 가정하면 V_{DS}의 파형은 구형파로 근사할 수 있으며 출력 전압은 통상의 PWM Buck Converter에서와 같이

$$V_o = DV_i \quad \cdots\cdots\cdots\cdots\cdots\cdots\cdots\cdots\cdots\cdots\cdots\cdots (12.2)$$

로 나타낼 수 있다.

따라서 출력 전압은 PWM Converter에서와 같이 시비율에 의해서 제어할 수 있음을 알게 된다. ZVS-QSC의 설계 과정은 2절에서 다룬 기존의 Buck Converter의 설계 과정과

거의 유사하나 한 가지 인덕터의 설계 과정만이 다르다. 이것은 앞서 지적한 바와 같이 영전압 스위칭의 조건으로서 인덕터 전류가 전부하 범위 중에서 음의 값을 갖는 구간이 존재해야 하기 때문이다. 그림 12.3은 연속 모드와 불연속 모드의 경계에서의 인덕터 전류 및 전압의 파형을 나타낸다. 이때 인덕터 전류의 평균치는 I_{LB}는 아래와 같다.

$$I_{LB} = I_{om\,ax} = \frac{D' T_S V_o}{2L} \qquad \cdots\cdots\cdots\cdots\cdots\cdots\cdots (12.3)$$

이 식으로부터 영전압 스위칭을 위한 L의 값은

$$L \leq \frac{D' V_o T_S}{2I_{om\,ax}} \qquad \cdots\cdots\cdots\cdots\cdots\cdots\cdots\cdots (12.4)$$

가 되어야 함을 알 수 있다.

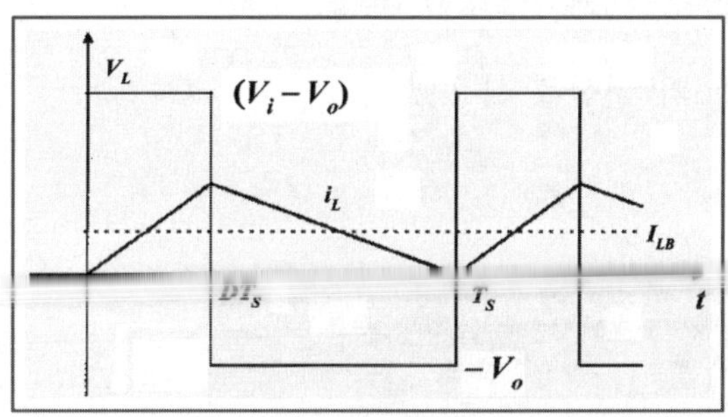

▌ 그림 12.3 인덕터 전류 및 전압 파형 ▌

02 ZVS-QSC(영전압 스위칭 준 구형파 Converter)의 설계

그림 12.1의 ZVS-QSC 회로의 설계 및 실험을 다음과 같은 설계 사양을 가정하여 수행했다. 컨버터의 설계 사양은 다음과 같다.

입력 전압(V_i) : $20 \sim 32V_{DC}$
출력 전압(V_o) : $12V_{DC}$
최대 부하 전류($I_{o\max}$) : $2A$
스위칭 주파수(f_s) : $100kHz$
출력 전압 리플(Δv_o) : $100mV$

▌ 그림 12.4 설계 사양 ▌

❶ 파워 스테이지 설계

(1) 인덕터 L

식 (12.4)로부터

$$L \leq \frac{V_o(1-D)}{2I_{o\max}f_s} = \frac{12 \times (1-0.6)}{2 \times 2 \times 100 \times 10^3} = 12\,\mu\mathrm{H} \qquad \cdots\cdots\cdots (12.5)$$

여기서 $D=0.6$으로 가정한다.

영전압 스위칭의 조건을 만족시키기 위하여 $L=10\mu\mathrm{H}$로 결정한다. 코어로는 TDK사의 PC40 재질로 EE1916Z를 선정했다. 권선수는 0.4mm의 Air Gap을 상정하여

$$N = \sqrt{\frac{L}{AL}} = \sqrt{\frac{10 \times 10^{-6}}{110 \times 10^{-9}}} \simeq 10\mathrm{T} \qquad \cdots\cdots\cdots\cdots\cdots (12.6)$$

으로 했고 지름은 0.8mm의 권선을 사용했다.

(2) 커패시터 C

$$I_{cr\,ms} = \frac{\Delta i}{2\sqrt{3}} = \frac{2}{2\sqrt{3}} = 0.58\,\mathrm{A}$$

$$ESR = \frac{\Delta v_{or\,ms}}{I_{cr\,ms}} = \frac{28.87}{0.58} = 29.45\,\mathrm{m}\Omega \qquad \cdots\cdots\cdots\cdots (12.7)$$

이 값을 참고로 하여 전해 커패시터(1,500μF)와 OS 커패시터(100μF)를 병렬로 연결하여 사용했다.

(3) MOSFET 스위치 S, S₁

$$\text{전압 스트레스}: V_{im\max} = 32\mathrm{V}$$
$$\text{최대 전류}: I_{sm\max} = I_{om\max} = 2\mathrm{A} \qquad \cdots\cdots\cdots\cdots (12.8)$$

이 값을 참고로 하여 IR사의 MOSFET IRF540(100V, 28A)을 사용했다.

⑫ 제어 회로부

제어 회로는 전용 IC인 UC3842를 사용하여 전류 모드 제어의 방식을 택하는 것으로 하였다. 제어 회로의 구성 요소 중의 한 부분인 Dead Time 설정 회로 및 스위치 구동 회로에 대하여 설명하는 것으로 한다.

(1) Dead Time 설정 회로

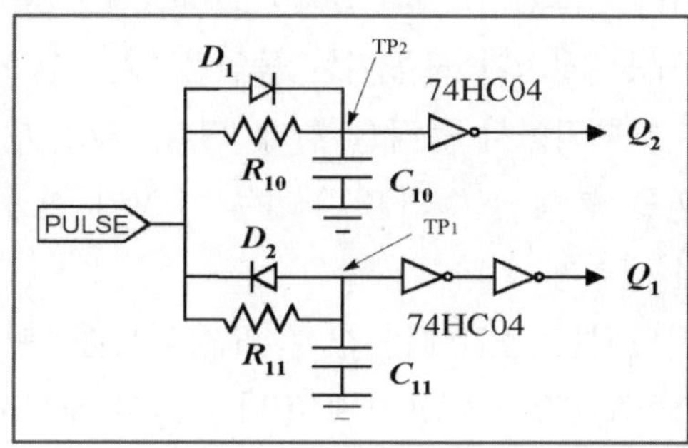

┃ 그림 12.5 Dead Time 설정 회로 설계 ┃

그림 12.5 및 12.6은 각각 Dead Time 설정 회로 및 각 부의 동작 파형을 나타낸다. 제어 IC에서부터 출력되는 구동 펄스를 인버터를 사용하여 보조 스위치 S_1을 위한 구동 펄스(Q_2)와 버퍼를 사용하여 주스위치 S를 위한 구동 펄스(Q_1)를 생성한다.

한편 Dead Time은 RCD 회로를 이용하고 있으며 Q_2쪽의 Dead Time은 C_{10}(시정수 : $R_{10}C_{10}$)의 방전을 Q_1쪽의 Dead Time은 C_{11}(시정수 : $R_{11}C_{11}$)의 충전을 이용하여 설정하고 있다. 여기서 Dead Time의 크기는 각 시정수의 크기를 조절함으로써 제어할 수 있음을 알 수 있다.

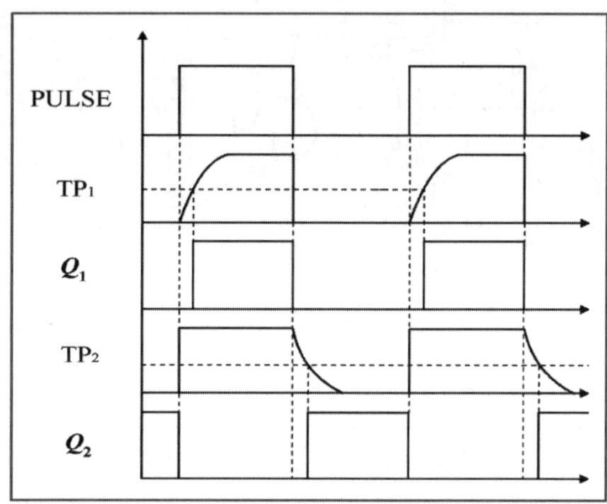

┃ 그림 12.6 Dead Time 설정 회로 및 내부 동작 파형 ┃

(2) 주스위치 구동 회로

그림 12.7은 주스위치 구동 회로를 나타내고 있는데 주스위치의 확실한 구동을 위해 Bootstrap 회로를 이용하고 있다. 즉, 앞서 Dead Time 설정 회로로부터 출력되는 구동 펄스는 진폭이 5V 밖에 되지 않기 때문에 주스위치를 확실히 구동시키기에는 부족하다. 그러므로 구동 펄스의 진폭을 증가시키기 위하여 Bootstrap 회로를 이용하고 있다. Bootstrap 회로는 그림 12.7의 회로에서 Q_6, Q_7, Q_8, D_3, R_{13}, C_{16}의 소자들로 구성되어 있다. 이 회로의 동작을 살펴보면 우선, 그림 12.6의 Dead Time 설정 회로의 Q_1 출력으로부터 구동 펄스가 입력되는데 이 구동 펄스가 도통되는 동안은 Q_6, Q_8이 도통되고, 이 구동 펄스가 차단되는 동안은 Q_7이 도통되면서 동작을 하게 된다. Q_6, Q_8이 도통되는 기간에 커패시터 C_{16}에는 다이오드 D_3를 통해 $V_{CC}(+18V) - V_D \simeq 11V$의 전압이 충전되고 Q_8의 양단에는 $V_{DS}(\mathrm{on}) \simeq 0V$의 전압이 걸리게 된다.

다음으로 구동 펄스가 차단되는 동안에는 Q_7이 도통되는데, 이때 Q_7의 턴 온을 위한 구동 전압은 C_{16}에 충전된 전압(11V)을 이용하게 된다. Q_7이 도통되는 기간 동안 Q_8의 양단에는 $V_{CC}(18V) - V_{DS}(\mathrm{on}) \simeq V_{CC}(18V)$의 전압을 출력하게 된다. 결국 진폭이 5V인 구동 펄스가 Bootstrap 회로를 거치면서 진폭이 18V로 증가된 구동 펄스로 변환된 셈이 된다. Q_8의 양단에 출력된 +18V의 이 구동 펄스는 C_{17}을 거치면서 직류 성분이 제거된 펄스 파형(시비율이 50%인 경우 $\pm 9V$)으로 바뀌면서 주스위치를 확실히 구동시키기에 충분한 구동 펄스가 된다.

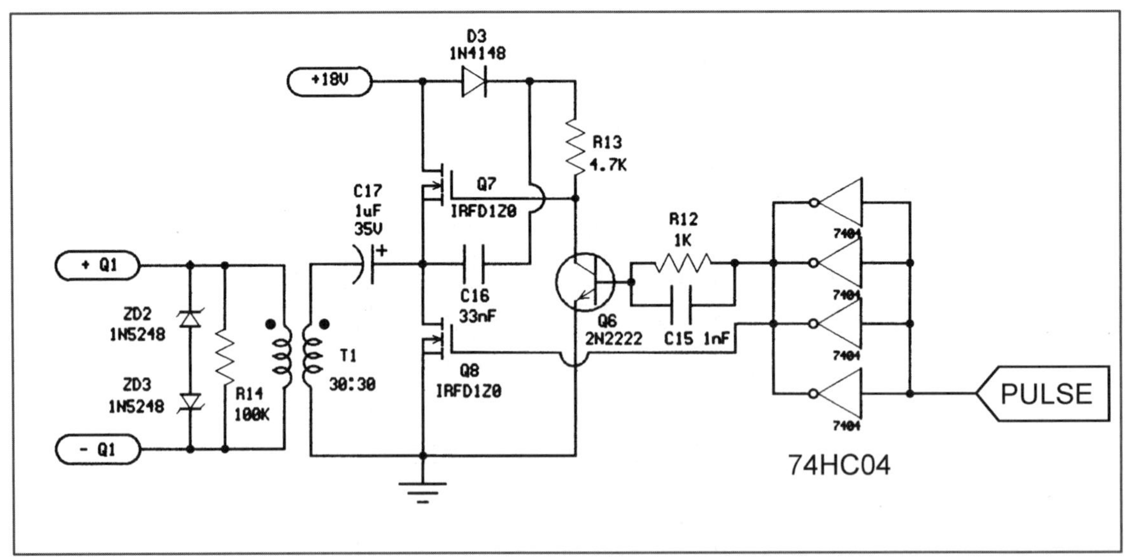

┃ 그림 12.7 주스위치 구동 회로 ┃

⓪③ ZVS-QSC의 시뮬레이션

위 내용에서 같이 설계한 회로를 토대로 ZVS-QSC의 시뮬레이션을 수행하였다. 그림 12.8에 ZVS-QSC의 시뮬레이션 회로도를 나타낸다. 전류 모드 제어 전용의 IC 'UC3842'를 이용하고 있으며 Dead Time 설정 회로, 주스위치 구동을 위한 Bootstrap 회로 등이 추가되어 있다.

(1) 회로 구성

그림 12.8은 ZVS-QSC의 시뮬레이션 회로도이다. 원활한 시뮬레이션을 위해 몇몇 소자의 값을 변경하였다.

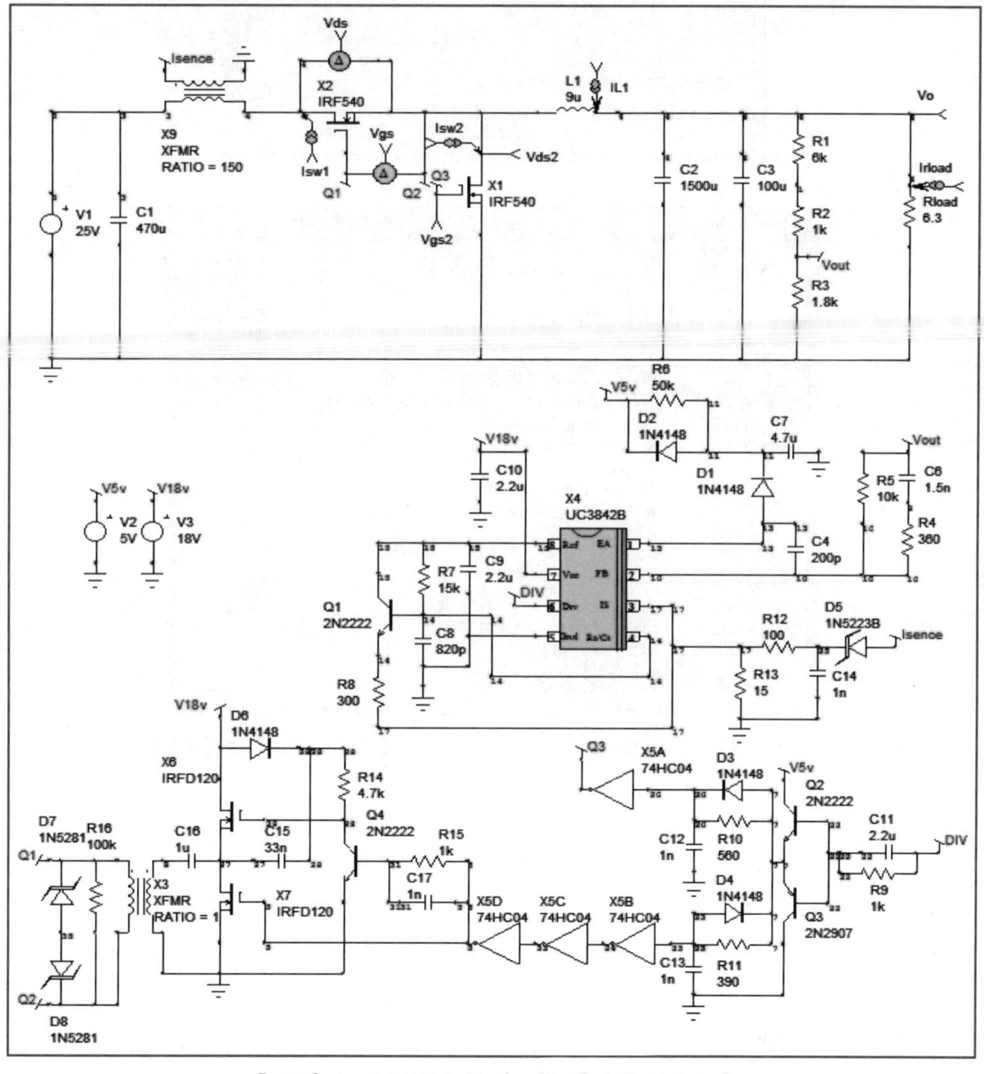

┃ 그림 12.8 ZVS-QSC의 시뮬레이션 회로도 ┃

(2) 시뮬레이션 환경 설정

다음 그림 12.9와 같이 시뮬레이션의 환경 설정을 한다.

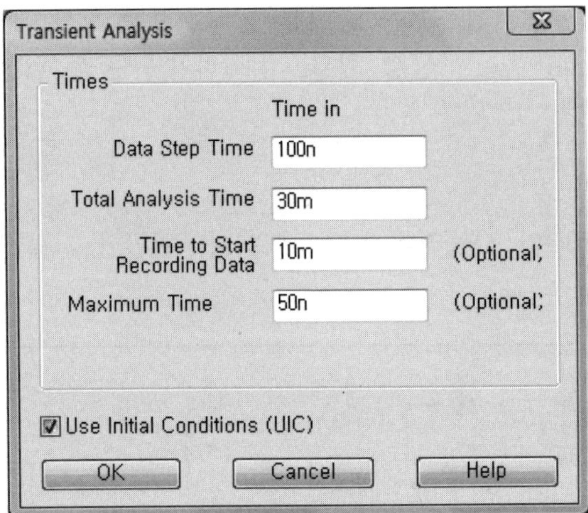

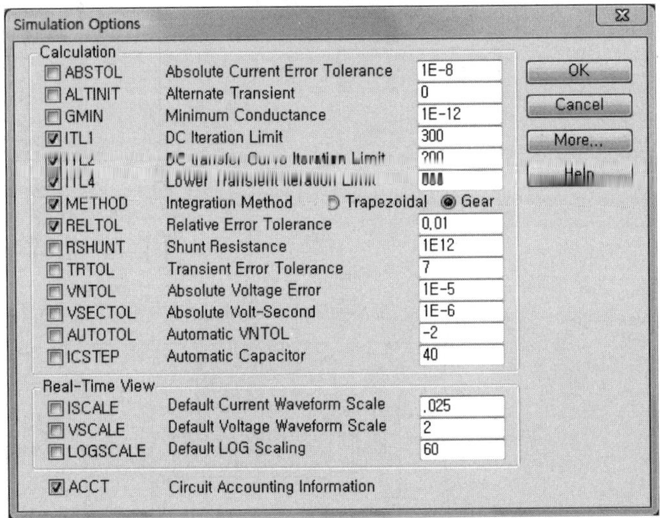

▮ 그림 12.9 Transient Analysis & Simulation Options 설정 ▮

① Transient Analysis
   ㉠ Data Step Time : 100n
   ㉡ Total Analysis Time : 30m
   ㉢ Time to Start Recording Data : 10m
   ㉣ Maximum Time : 50n
   ㉤ UIC : Check

② Simulation Options
  ㉠ ITL1 : 300
  ㉡ ITL2 : 200
  ㉢ ITL4 : 500
  ㉣ METHOD : Gear
  ㉤ RELTOL : 0.01

(3) 시뮬레이션 결과

① ZVS−QSC 회로도에 대한 시뮬레이션 결과 파형을 확인해보자. 이 컨버터의 시뮬레이션 조건은 V_i=25V, V_o=12V, I_o=2.0A이며, 그림 12.10(a)∼(f)는 ZVS−QSC의 출력 전압과 각 부의 시뮬레이션 파형을 나타낸다. 모든 결과가 예상치와 거의 일치한 결과를 보이고 있다. 특히 그림 12.10(c) 및 그림 12.10(d)의 파형으로부터 두 스위치 모두 영전압 스위칭이 이루어지는 것을 확인할 수 있다.

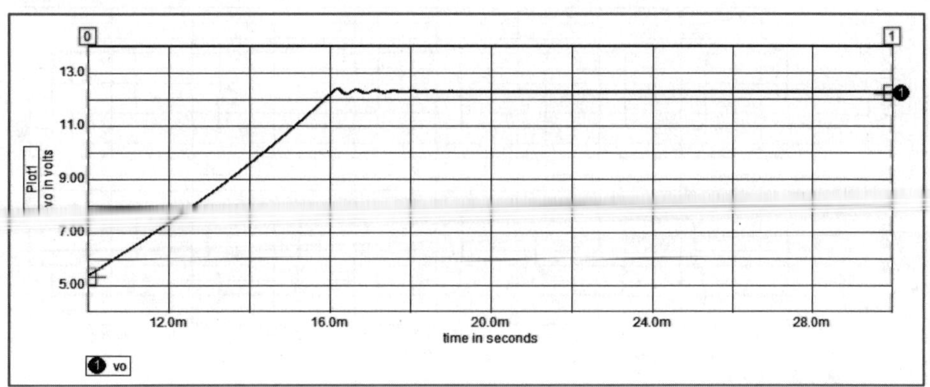

┃ 그림 12.10(a) 출력 전압 파형 ┃

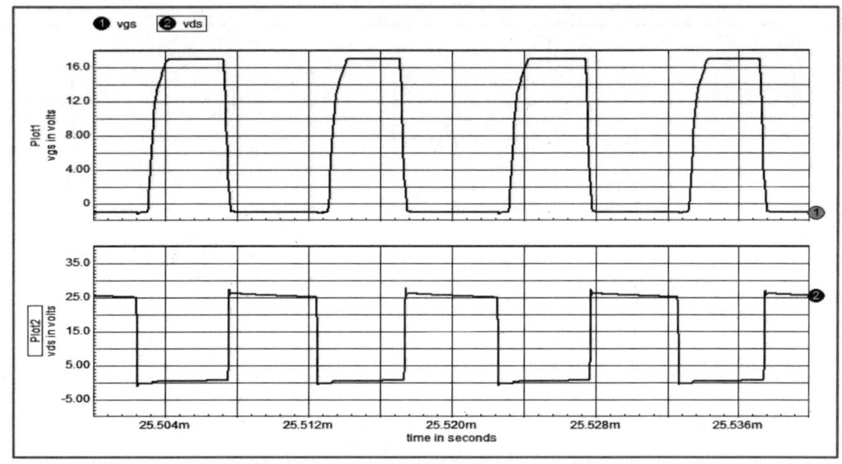

┃ 그림 12.10(b) 주스위치의 V_{GS}(위) 및 V_{DS}(아래)의 파형 ┃

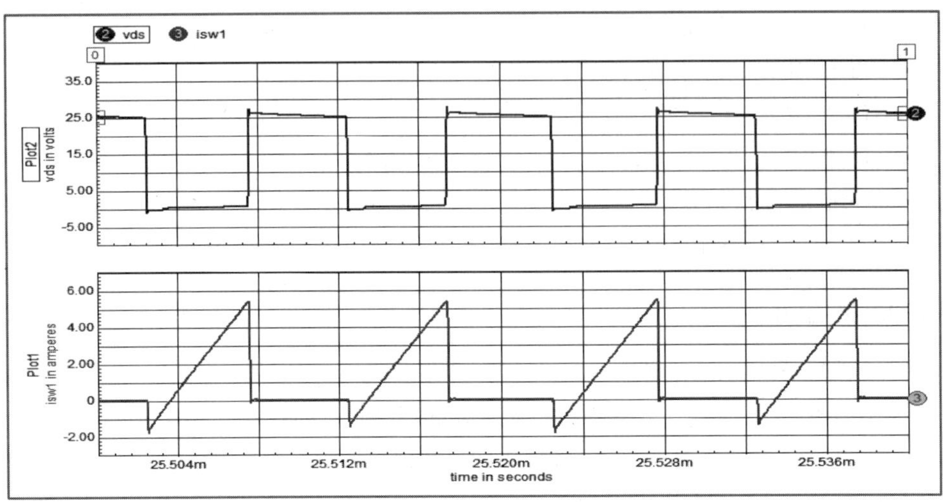

▌ 그림 12.10(c) 주스위치의 V_{DS}(위) 및 i_s(아래)의 파형 ▌

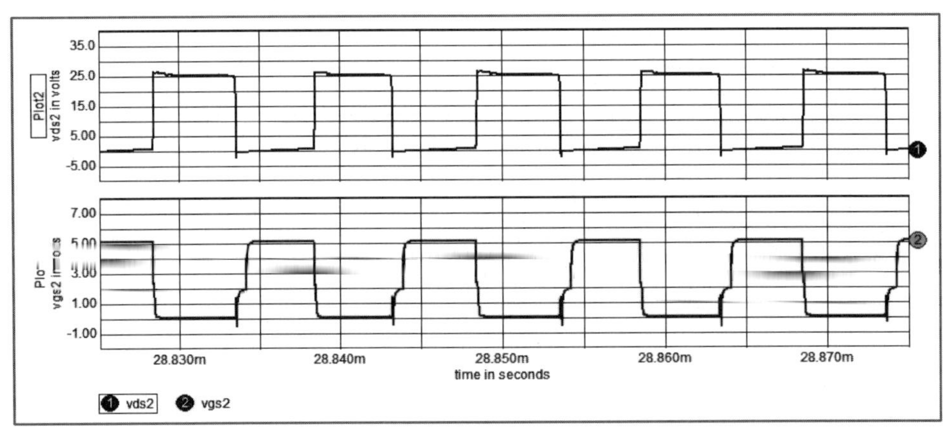

▌ 그림 12.10(d) 보조 스위치의 V_{DS}(위) 및 V_{GS}(아래)의 파형 ▌

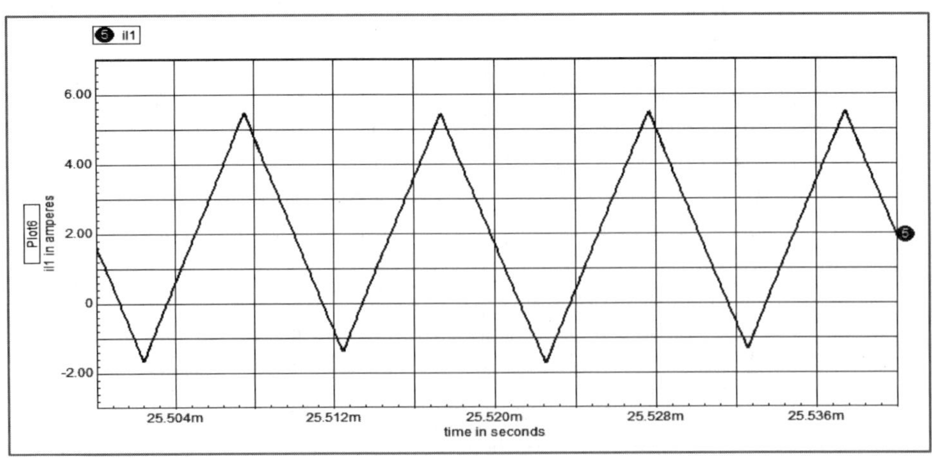

▌ 그림 12.10(e) 인덕터 전류 i_L의 파형 ▌

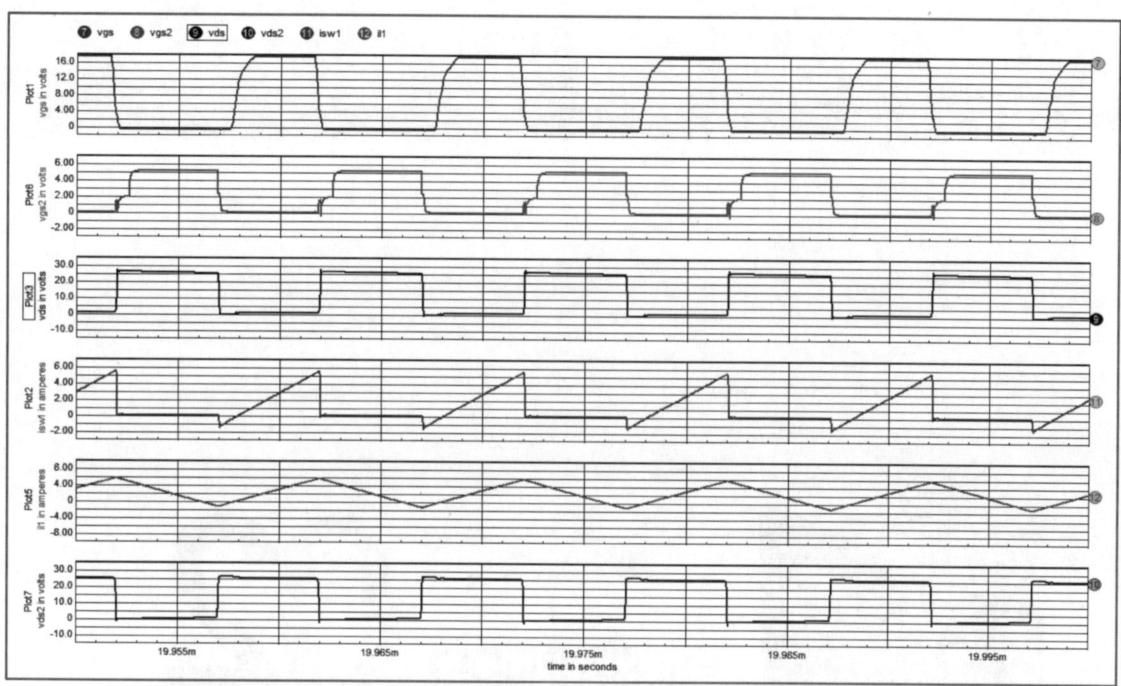

▌ 그림 12.10(f) 각 부 동작 비교 파형 ▌

② 그림 12.11은 입력 전압의 변화에 대한 출력 전압이 걸과를 나타낸다. 입력 전압이 20V에서 30V까지 변화하는 범위에서 출력 전압이 12.2V로 잘 제어되고 있음을 확인할 수 있다.

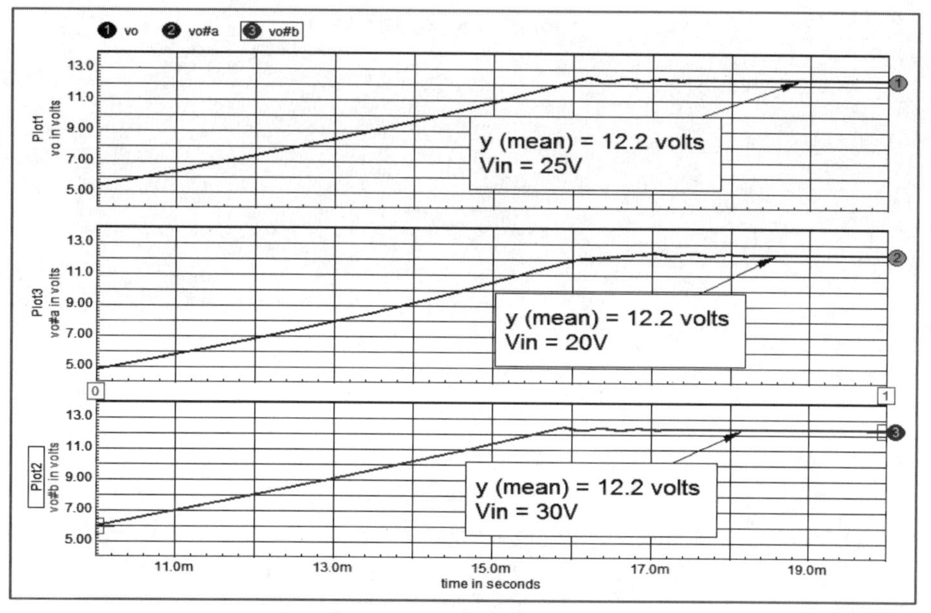

▌ 그림 12.11 Line Regulation ▌

ICAP/4의 정식 Version과 다르게 Demo Version은 SpiceNet에 설계하게 되는 회로도의 Node와 Library 수에 제약이 있다. 그렇기 때문에 본 교재에 수록한 회로들은 첨부된 Demo Version에서는 실습이 불가능하다. 이 Sub Note는 ICAP/4의 Demo Version으로 Simulation할 수 있게끔 재구성한 회로가 실려 있다. Demo 프로그램의 제약 때문에 각 회로도는 Open loop로 구성을 하였으며 원래 회로도와 비교, 대체 소자를 사용했기 때문에 본 교재에서의 결과값은 다소 차이가 있을 수 있다.

Sub Note

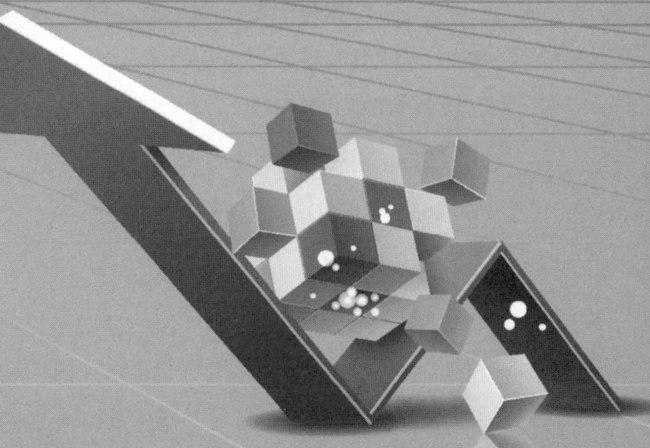

Buck Converter

01 회로 구성

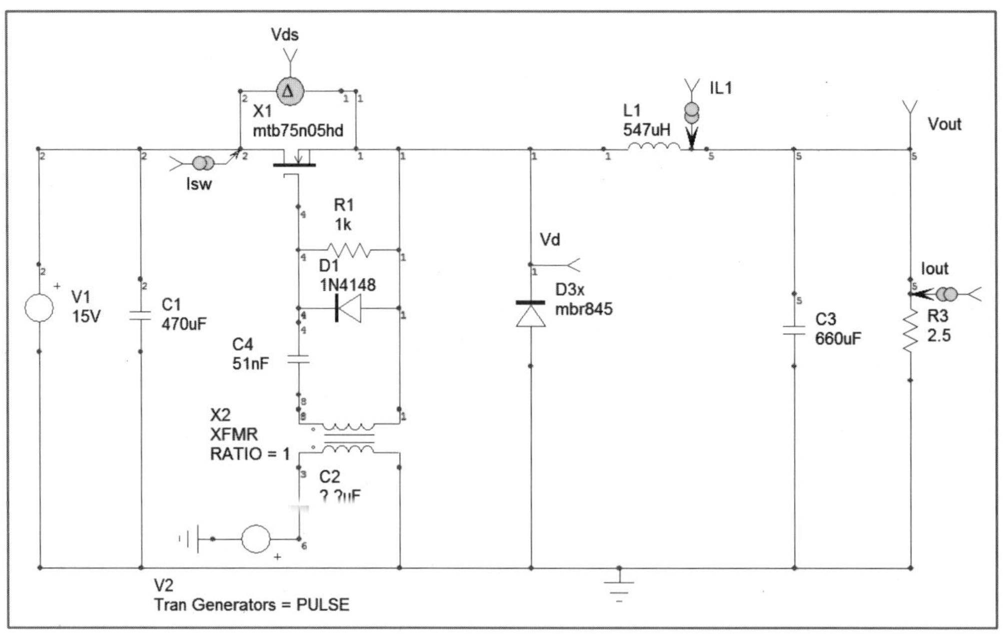

┃ 그림 1.1 Buck Converter의 시뮬레이션 회로도 ┃

그림 1.1은 메인 교재의 Buck Converter를 데모 버전에 맞게 수정한 회로도이다.

데모 버전에서 지원하지 않는 MOSFET과 Diode를 'mtb75n05hd'와 'mbr845'로 대체하였고 게이트 파형을 일반 전압원으로 대체했다.

02 회로 소자 및 시뮬레이션 설정

(1) Transformer

'Transformer'를 더블클릭하고 'Property' 창에서 1차와 2차측 권선비를 의미하는 'Ratio'에 '1'을 입력한다.

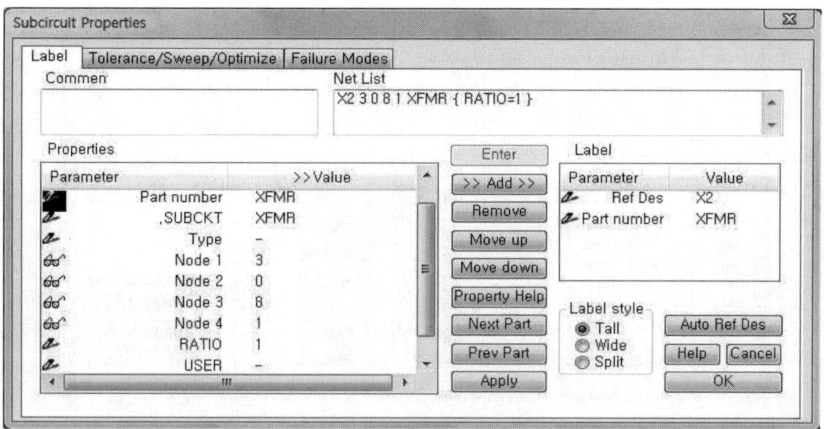

┃ 그림 1.2 Transformer의 권선비 설정 ┃

(2) Pulse Voltage Source

회로도의 V_2 전압원을 더블클릭하여 MOSFET의 Gate단에 인가되는 전압 파형을 그림 1.3과 같이 설정한다.

① Initial Value : 0

② Pulsed : 15

③ Rise/Fall : 1n

④ Pulse Width : 10.11u

⑤ Period : 30.3u

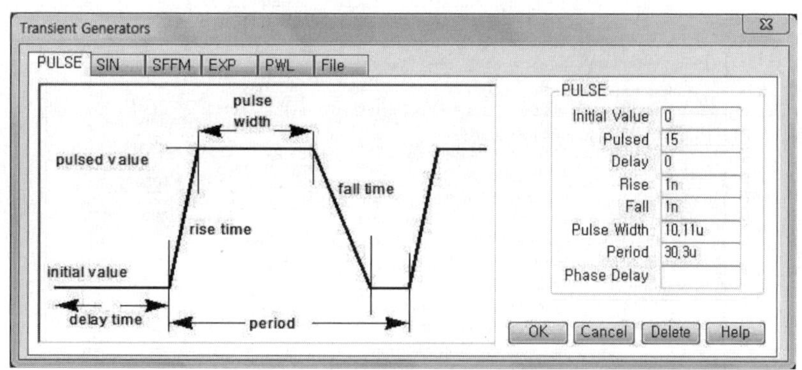

┃ 그림 1.3 게이트 전압원 설정 ┃

(3) Input Volage Source

입력 전압원의 'DC' Parameter에 DC 15V를 인가하기 위해 '15V'를 입력한다. 여기서 단위인 V(Volt)는 입력을 하지 않아도 무방하다.

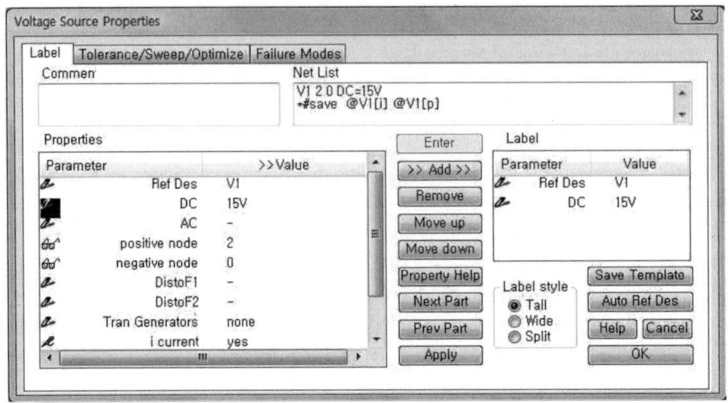

┃ 그림 1.4 입력 전원 설정 ┃

(4) 시뮬레이션 환경 설정

┃ 그림 1.5 Transient Analysis & Simulation Options 설정 ┃

그림 1.5를 참조하여 Transient Analysis 및 Simulation Options을 설정한다.
 ① Transient Analysis
   ㉠ Data Step Time : 300n
   ㉡ Total Analysis Time : 50m
 ② Simulation Options
   ㉠ ITL4 : 500
   ㉡ METHOD : Gear

03 회로도 각 부 파형

 그림 1.6(a)~(c)는 시뮬레이션 결과 그래프로 Buck Converter 내부의 파형을 나타내고 있다.
 회로의 입·출력 조건은 1장의 Buck Converter의 조건과 동일하며 대체 소자를 이용했기 때문에 실제 결과는 1장의 결과와 다소 차이는 있다.

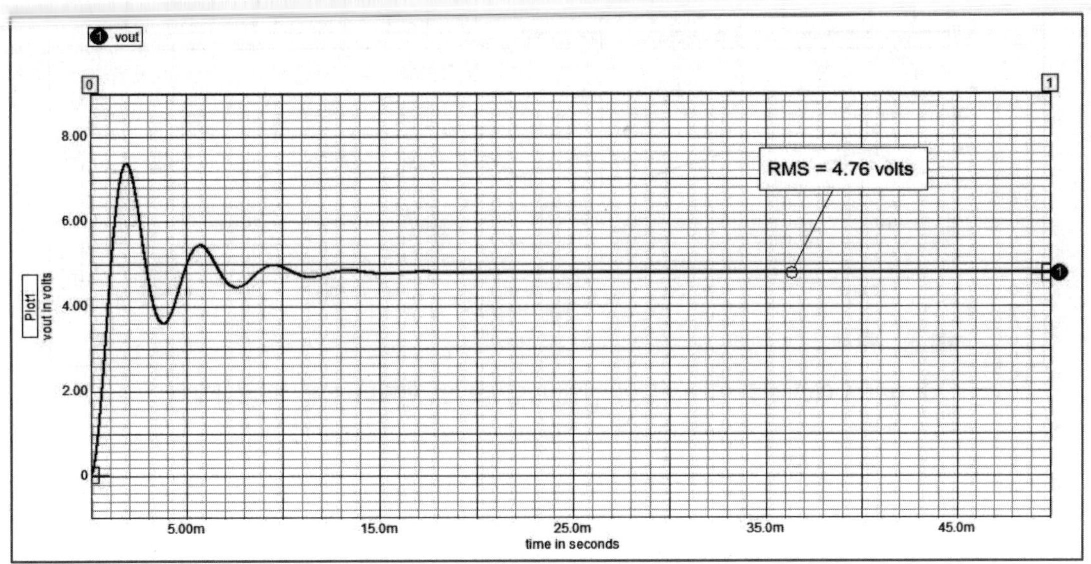

┃ 그림 1.6(a) 출력 전압 파형 ┃

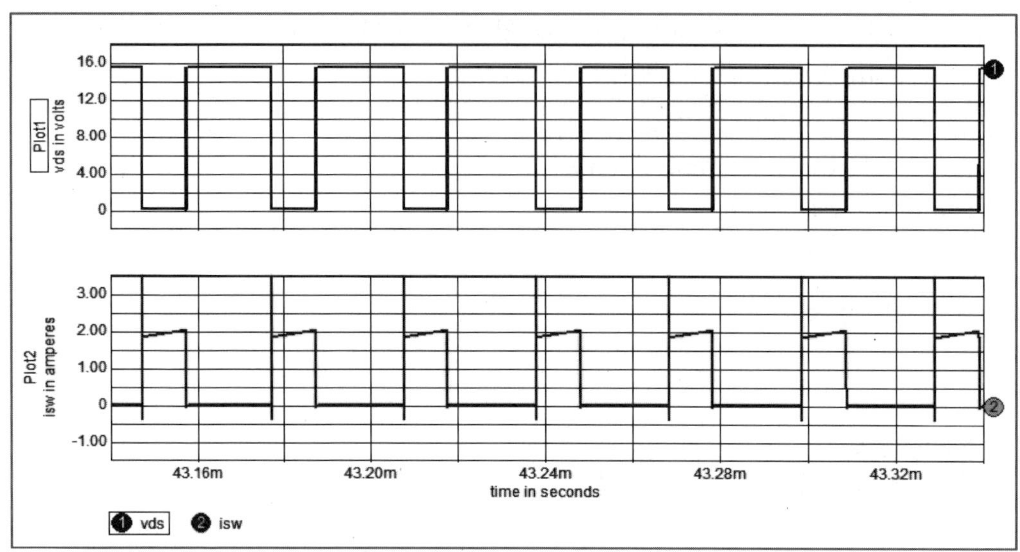

■ 그림 1.6(b) 스위치 양단간 전압 파형(위) 및 스위치 전류 파형(아래) ■

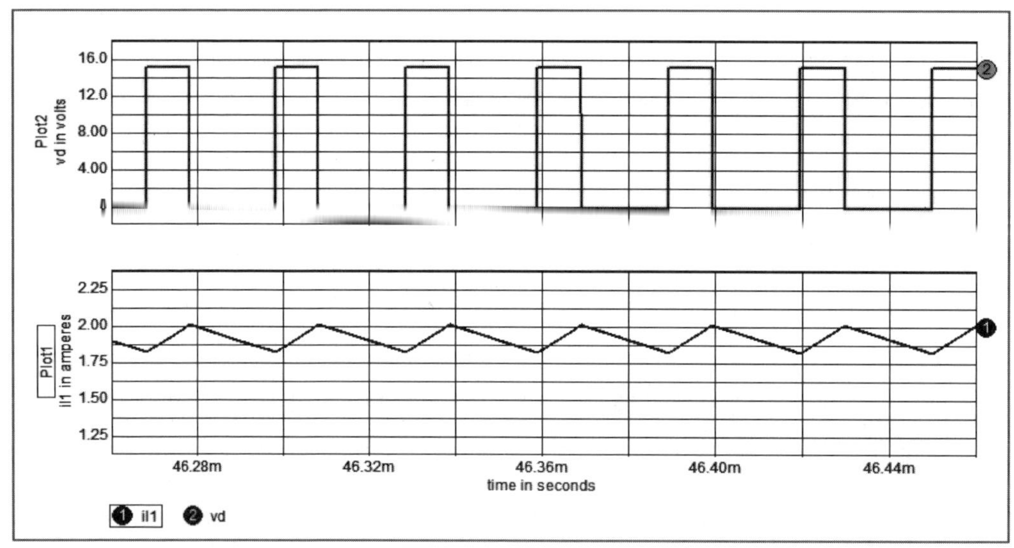

■ 그림 1.6(c) 환류 다이오드의 전압 파형(위) 및 인덕터 전류 파형(아래) ■

Boost Converter

회로도 구성

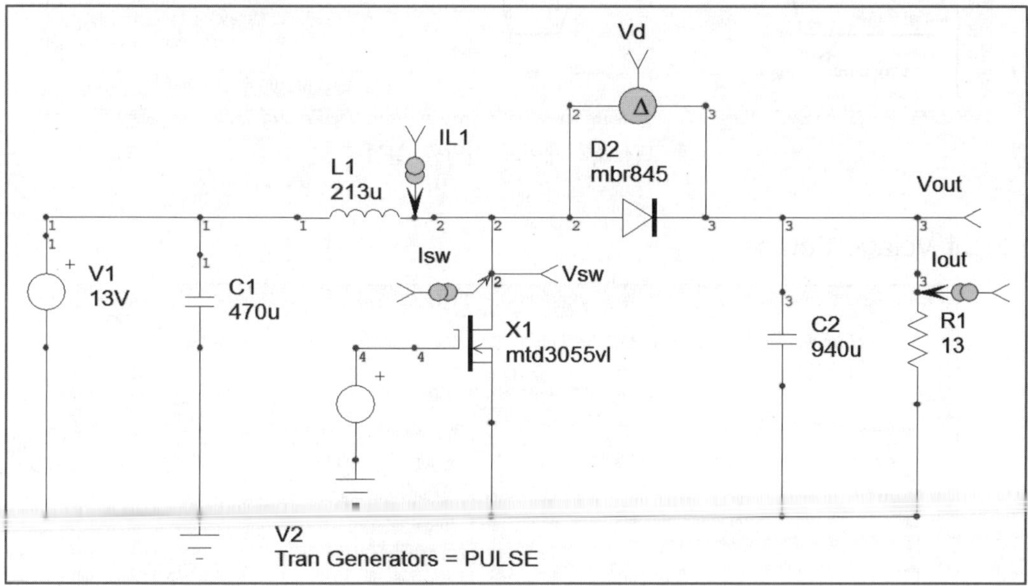

∥ 그림 2.1 Boost Converter 회로도 ∥

1장의 Boost Converter를 바탕으로 회로도를 구성하였고 데모 버전에서 지원하지 않는 MOSFET과 Diode를 각각 'mtd3055vl'과 'mbr845'로 대체한다.

회로 소자 설정 및 시뮬레이션 설정

(1) Pulse Voltage Source

그림 2.2를 참고하여 MOSFET의 Gate단에 인가되는 전압원을 설정한다.

① Initial Value : 0

② Pulsed : 15

③ Rise/Fall : 1n

④ Pulse Width : 11.1u

⑤ Period : 30.3u

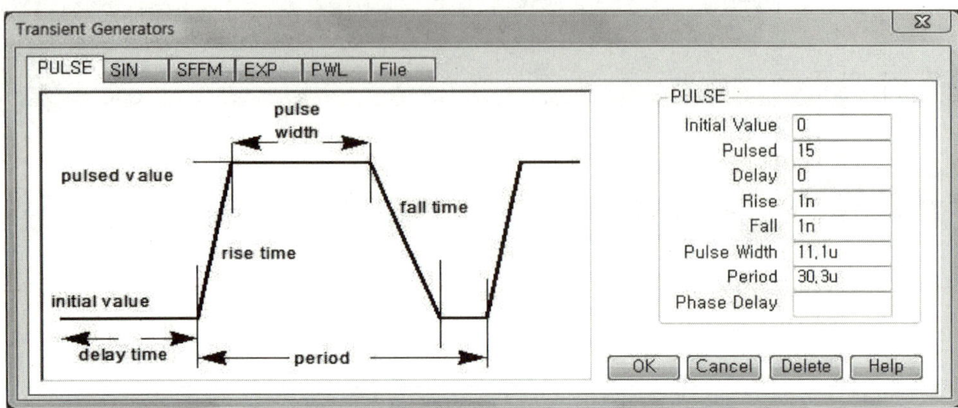

▌ 그림 2.2 게이트 전압원 설정 ▌

(2) Input Volage Source

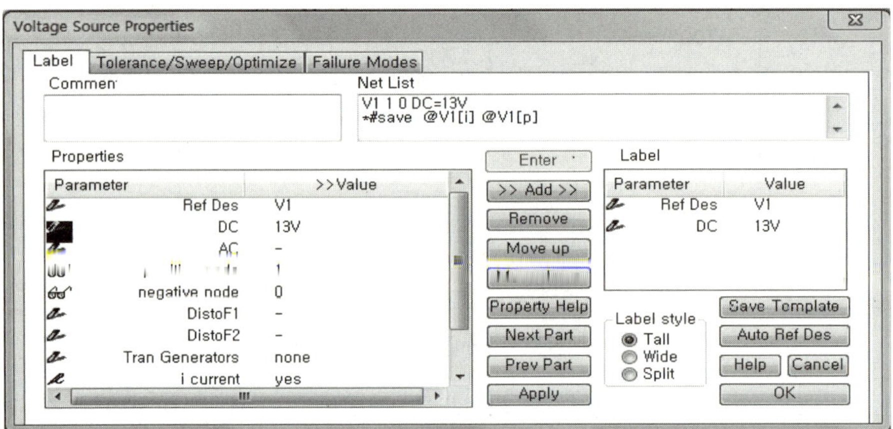

▌ 그림 2.3 입력 전압원 설정 ▌

입력 전압원의 'DC' Parameter에 DC 13V를 인가하기 위해 '13V'를 입력한다.

(3) 시뮬레이션 환경 설정

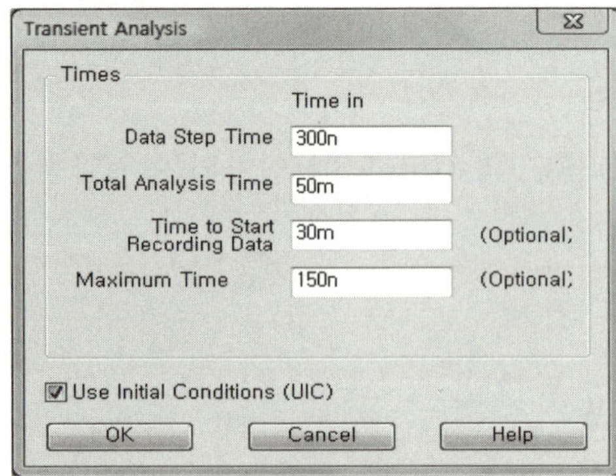

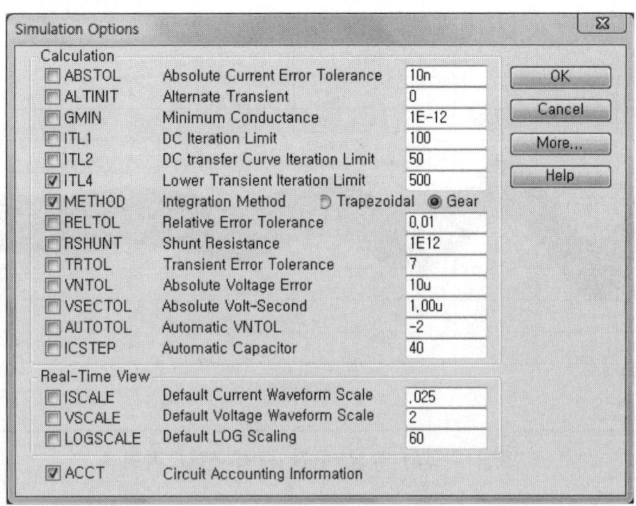

┃ 그림 2.4 Transient Analysis & Simulation Option 설정 창 ┃

그림 2.4를 참고하여 Transient Analysis 및 Simulation Options을 아래와 같이 설정한다.

① Transient Analysis
- ㉠ Data Step Time : 300n
- ㉡ Total Analysis Time : 50m
- ㉢ Time to start Recording Data : 30m
- ㉣ Maximum Time : 150n

② Simulation Option
- ㉠ ITL4 : 500
- ㉡ METHOD : Gear

03 회로도 각 부 파형

① 그림 2.5(a)~(c)는 시뮬레이션 결과 그래프로 Boost Converter의 내부 동작 파형을 보여주고 있다. 입·출력 동작은 1장의 회로와 동일하며 역시 대체 소자를 이용했기 때문에 1장의 결과와 다소 차이가 있을 수 있다.

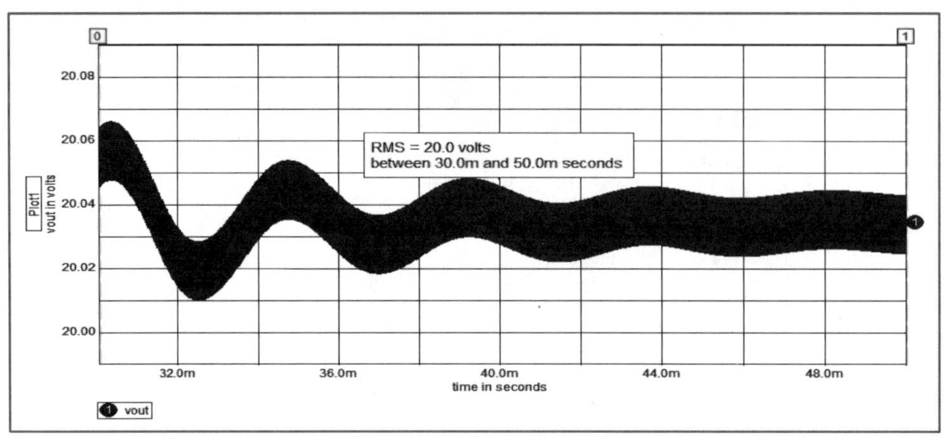

▌ 그림 2.5(a) 정상 구간 출력 전압 파형 ▌

② 시뮬레이션 설정 부분에서 Time to start Recording Data를 '30m'로 설정했기 때문에 과도 구간을 제외한 정상 구간에서의 그래프만 출력되었다.

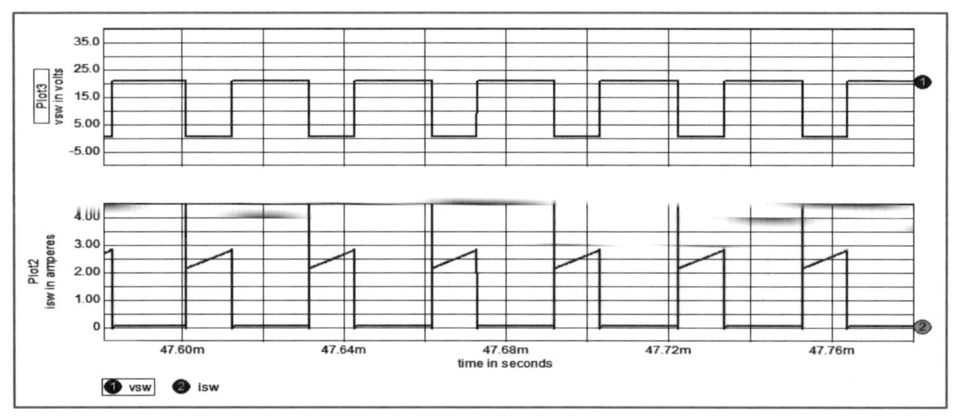

▌ 그림 2.5(b) 스위치 양단간 전압 파형(위) 및 스위치 전류 파형(아래) ▌

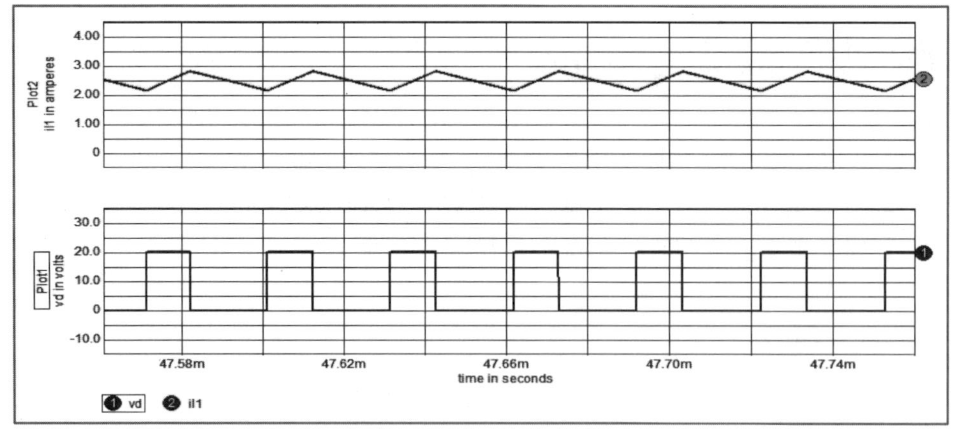

▌ 그림 2.5(c) 인덕터 전류 파형(위) 및 다이오드 전압 파형(아래) ▌

Buck-boost Converter

01 회로도 구성

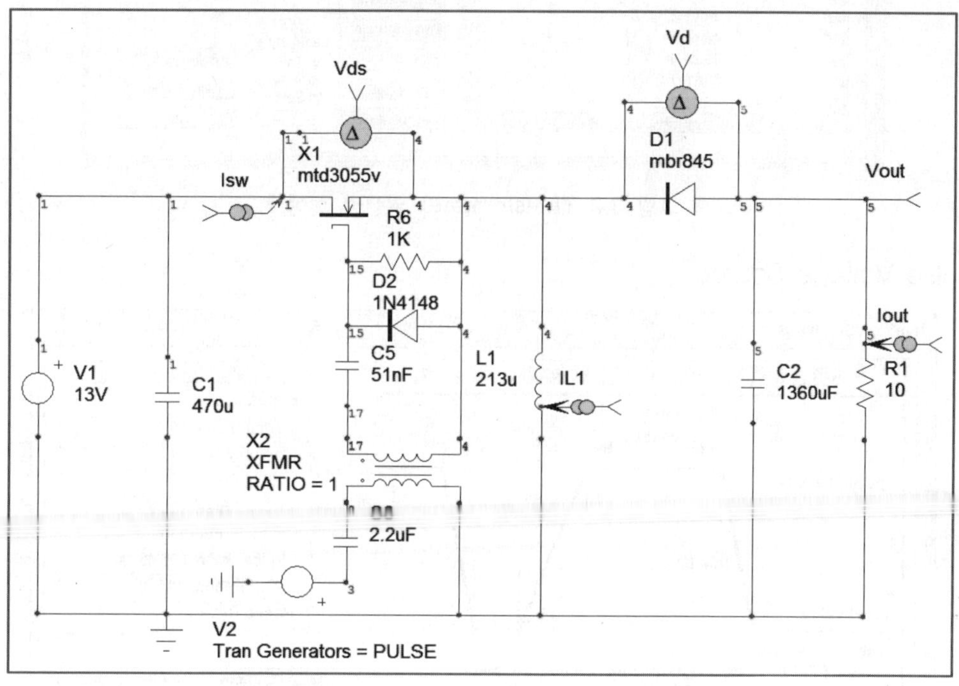

▌ 그림 3.1 Buck-boost Converter 회로도 ▌

그림 3.1은 1장의 Buck-boost Converter를 데모 버전에 맞게 수정한 회로도이다.

데모 버전에서 지원하지 않는 MOSFET과 Diode를 'mtd3055v'와 'mbr845'로 대체하였고 게이트 파형을 일반 전압원을 사용하여 Pulse 신호를 인가하였다.

02 회로 소자 및 시뮬레이션 설정

(1) Transformer

'Transformer'를 더블클릭하고 'Property'창에서 1차와 2차측 권선비를 의미하는 'Ratio'에 '1'을 입력한다.

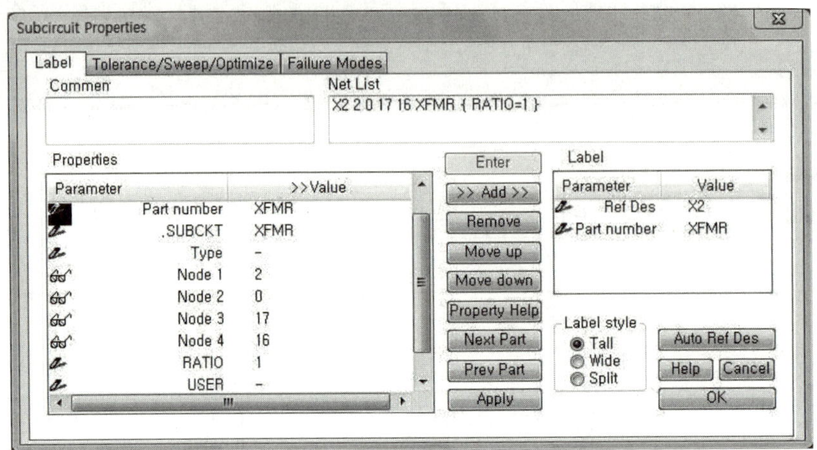

┃ 그림 3.2 Transformer의 권선비 설정 ┃

(2) Pulse Voltage Source

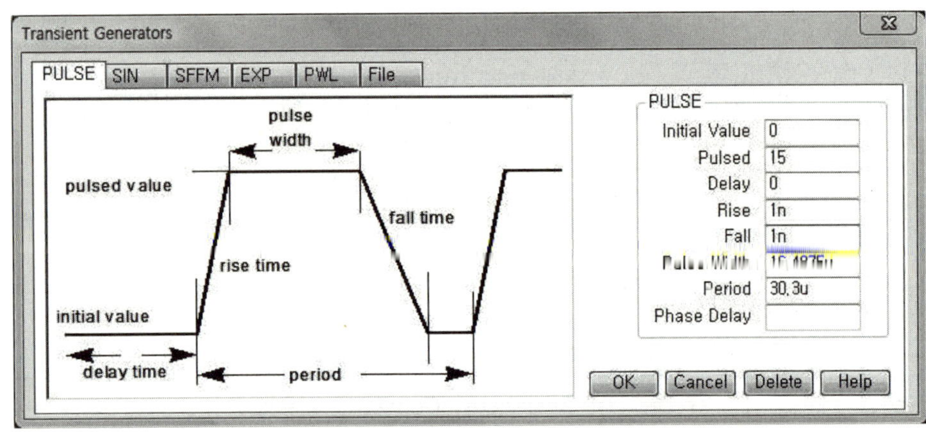

┃ 그림 3.3 Pulse Voltage Source의 설정 ┃

회로도의 'V_2' 전압원을 더블클릭하여 MOSFET의 Gate단에 인가되는 전압 파형을 그림 3.3과 같이 설정한다.

① Initial Value : 0

② Pulsed : 15

③ Rise/Fall : 1n

④ Pulse Width : 16.4875u

⑤ Period : 30.3u

(3) Input Voltage Source

입력 전압원의 'DC'에 DC 13V를 인가하기 위해 '13V'를 입력한다.

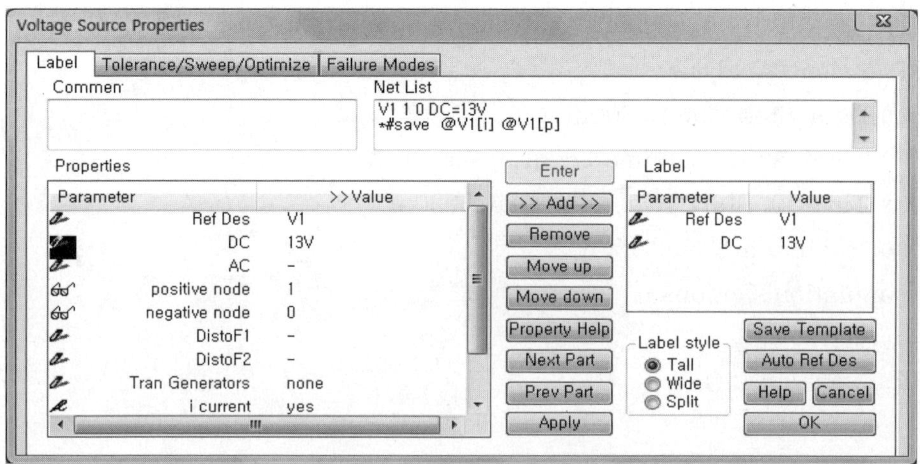

▌ 그림 3.4 입력 전압원 설정 ▌

(4) 시뮬레이션 환경 설정

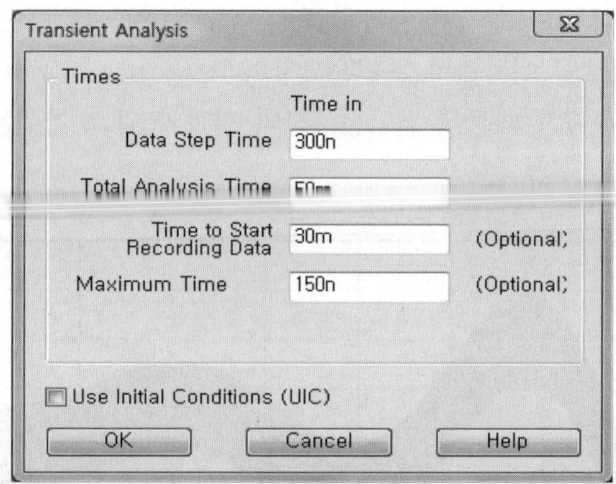

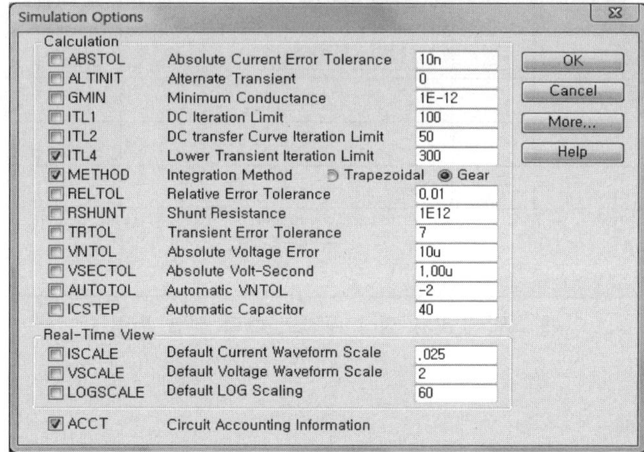

▌ 그림 3.5 Transient Analysis & Simulation Options 설정 ▌

그림 3.5를 참고하여 Transient Analysis 및 Simulation Options을 설정한다.

① Transient Analysis
　　㉠ Data Step Time : 300n
　　㉡ Total Analysis Time : 50m
　　㉢ Time to Start Recording Data : 30m
　　㉣ Maximum Time : 150n
② Simulation Options
　　㉠ ITL4 : 300
　　㉡ METHOD : Gear

03 회로도 각 부 파형

① 그림 3.6(a)~(c)는 시뮬레이션 결과 그래프로 Buck-boost Converter 내부의 파형을 나타내고 있다. 회로의 입·출력 조건은 1장의 Buck-boost Converter의 조건과 동일하며 대체 소자를 이용했기 때문에 결과는 1장의 결과와 다소 차이는 있다.

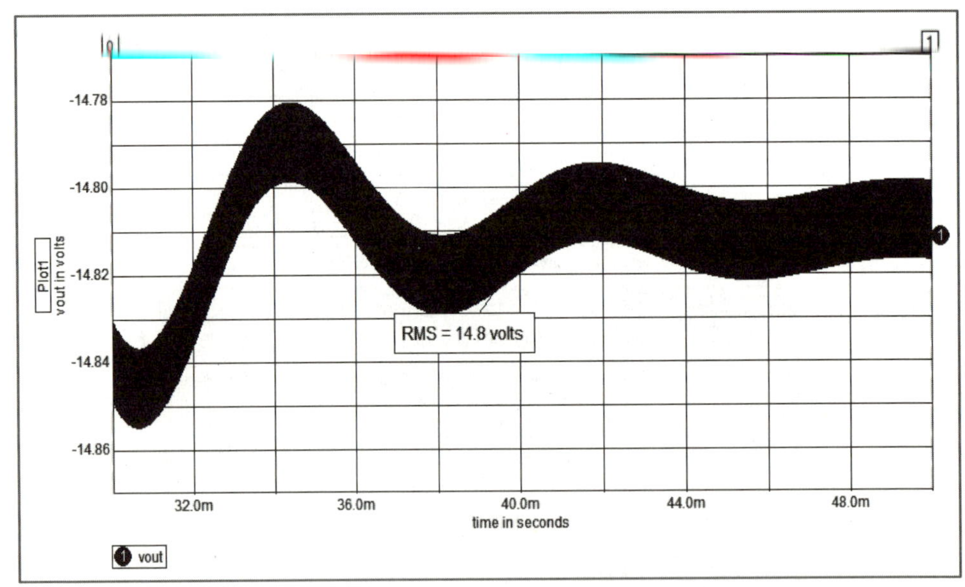

▌ 그림 3.6(a) 정상 구간의 출력 전압 파형 ▌

② Transient Analysis 설정에서 Time to start Recording Data를 '30m'로 설정 했기 때문에 과도 구간을 제외하고 30ms부터의 정상 구간 출력 전압 데이터가 기록이 되었다.

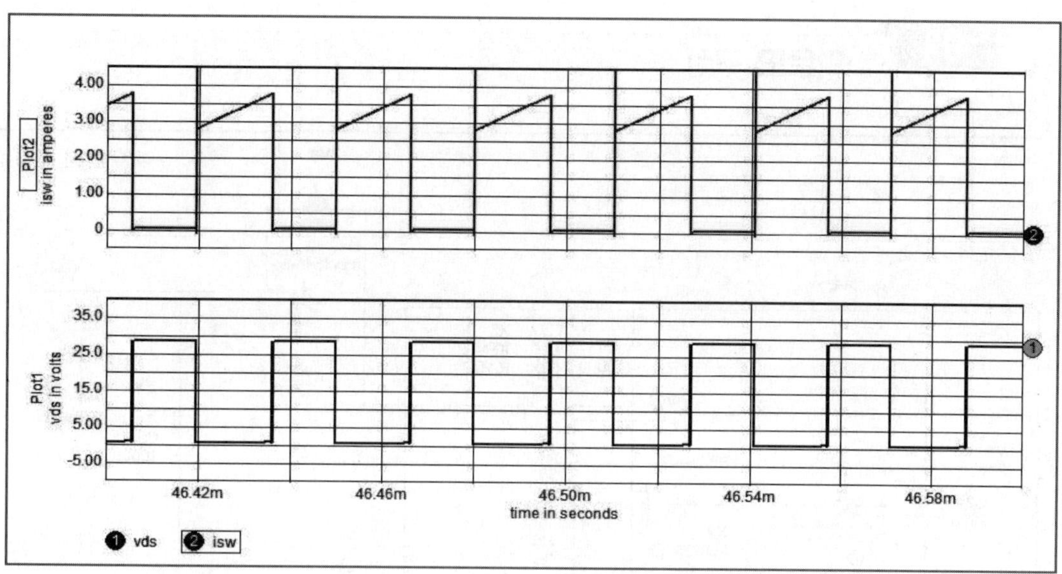

┃ 그림 3.6(b) 스위치 양단간 전압 파형(아래) 및 스위치 전류 파형(위) ┃

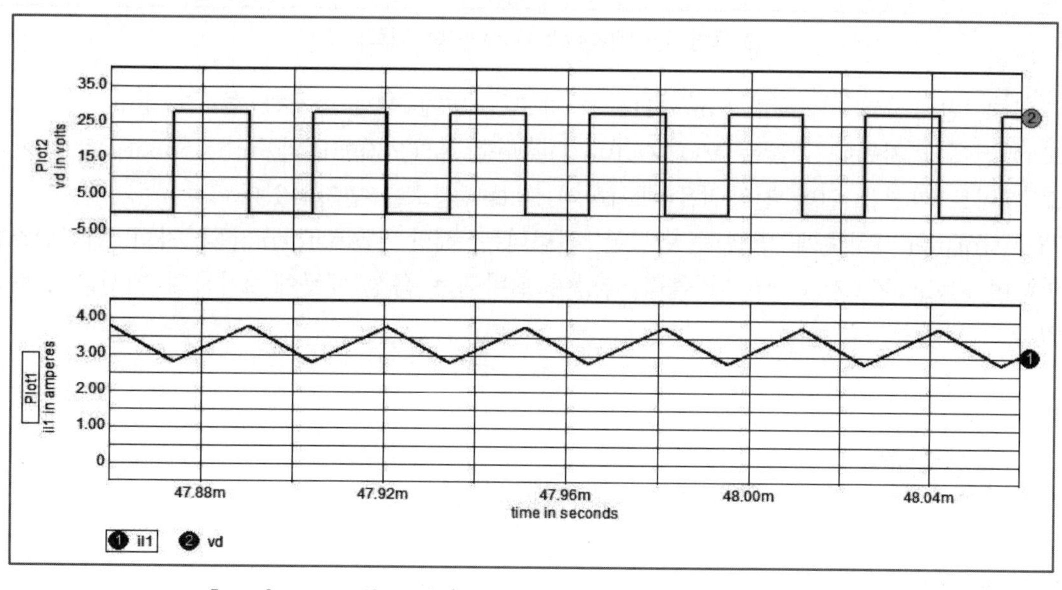

┃ 그림 3.6(c) 환류 다이오드 전압 파형 및 인덕터 전류 파형 ┃

Flyback Converter

01 회로도 구성

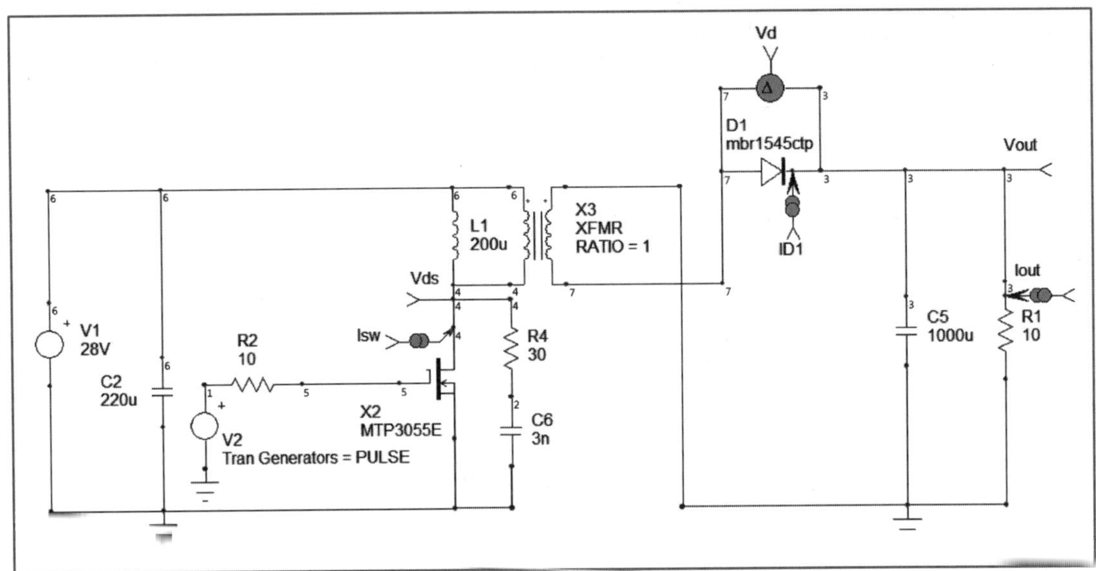

┃ 그림 4.1 Flyback Converter 회로도 ┃

그림 4.1은 1장의 Flyback Converter를 데모 버전에 맞게 수정한 회로도이다.
데모 버전에서 지원하지 않는 MOSFET과 Diode를 'MTP3055E'와 'mbr1545ctp'로 대체하였고 게이트 파형을 일반 전압원을 배치하여 Pulse 신호를 인가하였다.

Transformer 1차측에 병렬로 연결한 인덕터는 해당 Transformer의 자화 인덕턴스를 의미하며 Flyback Converter의 출력 극성이 뒤바뀌는 특성 때문에 2차측의 배선을 반대로 하였다.

02 회로 구성 소자 및 시뮬레이션 설정

(1) Transformer

'Transformer'를 더블클릭하고 'Property' 창에서 1차와 2차측 권선비를 의미하는 'Ratio'에 '1'을 입력한다.

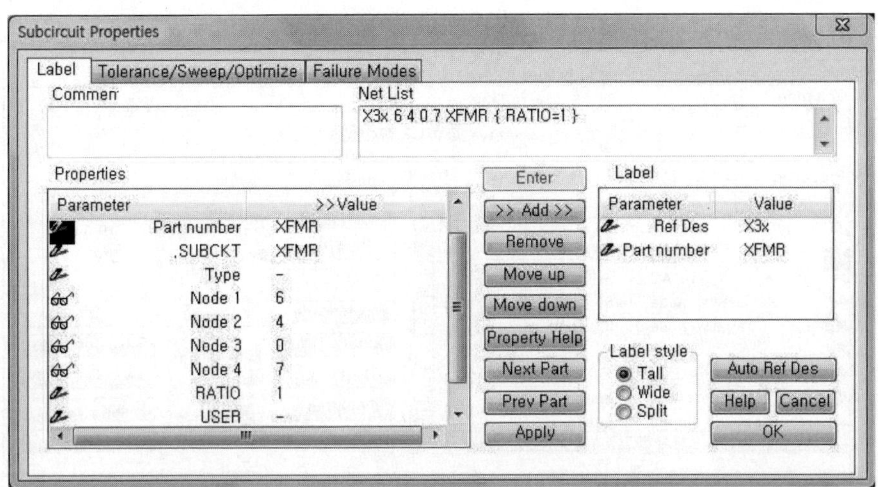

▌ 그림 4.2 Transformer의 권선비 설정 ▌

(2) Pulse Voltage Source

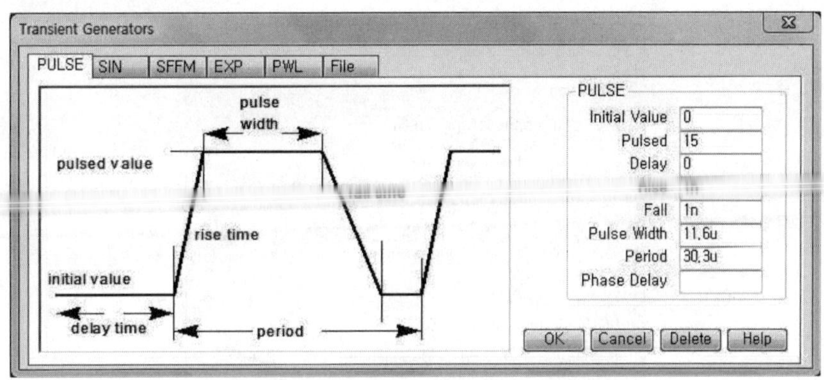

▌ 그림 4.3 Pulse Voltage Source 설정 ▌

회로도의 'V_2' 전압원을 더블클릭하여 MOSFET의 Gate단에 인가되는 전압 파형을 그림 4.3과 같이 설정한다.

① Initial Value : 0

② Pulsed : 15

③ Rise/Fall : 1n

④ Pulse Width : 11.6u

⑤ Period : 30.3u

(3) Input Voltage Source

입력 전압원의 'DC'에 DC 28V를 인가하기 위해 '28V'를 입력한다.

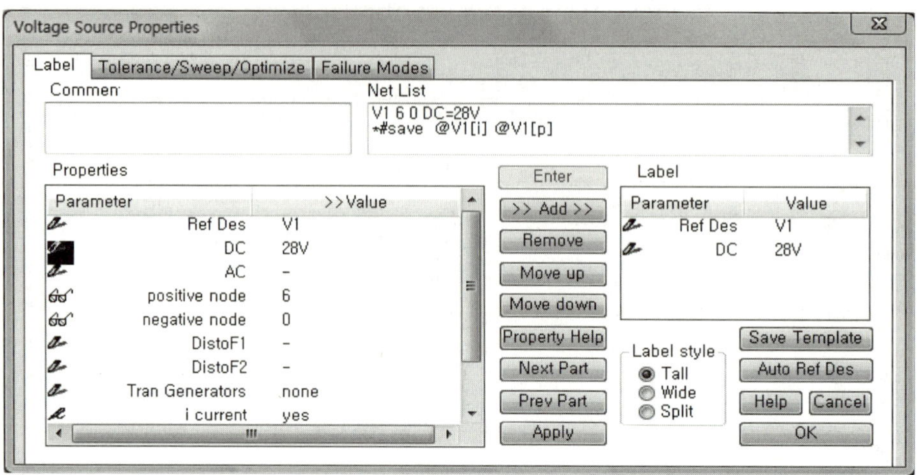

▌ 그림 4.4 입력 전압원 설정 ▌

(4) 시뮬레이션 환경 설정

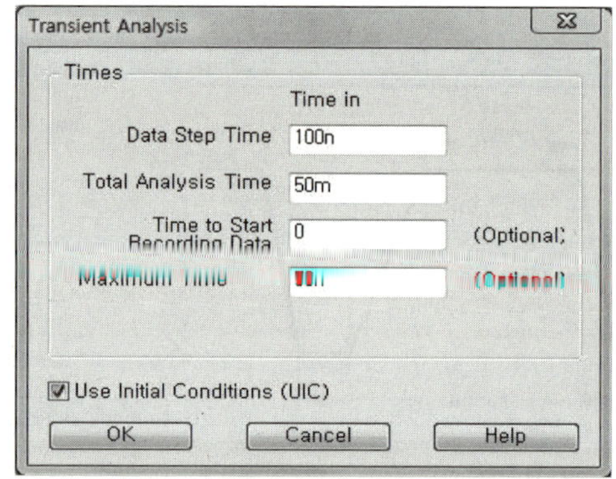

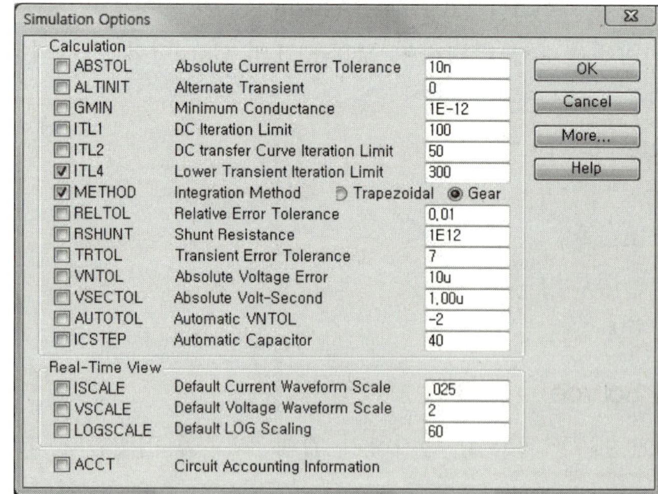

▌ 그림 4.5 Transient Analysis 및 Simulation Options 설정 ▌

그림 4.5는 Transient Analysis와 Simulation Options에 대한 설정을 보여주고 있다.
위 그림을 참고하여 각각을 설정한다.

① Transient Analysis
  ㉠ Data Step Time : 100n
  ㉡ Total Analysis Time : 50m
  ㉢ Maximum Time : 50n
  ㉣ UIC : Check
② Simulation Options
  ㉠ ITL4 : 300
  ㉡ METHOD : Gear

03 회로도 각 부 파형

① 그림 4.6(a)~(c)는 시뮬레이션의 결과로 Flyback Converter의 내부 동작 파형을
   보여주고 있다. 대체 소자를 사용하고 있기 때문에 시뮬레이션 결과는 1장과 다소
   차이가 있으며 입·출력 조건은 1장의 조건과 동일하다.

> **참고** 정상 구간의 데이터를 확인했기 때문에 더 이상 시뮬레이션이 불필요하다 싶으면 도중
> 에 ESC 키를 눌러 시뮬레이션을 중단시킬 수 있다.

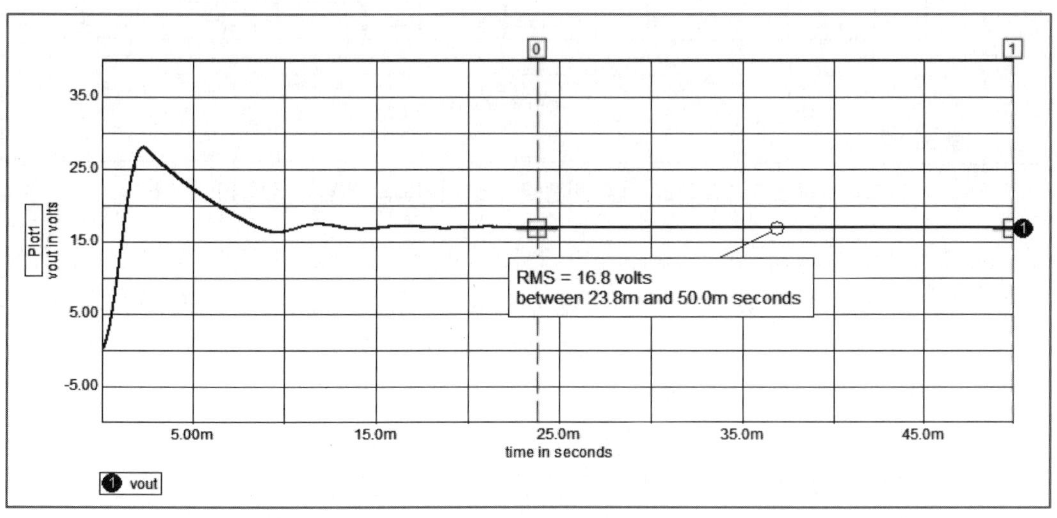

▌ 그림 4.6(a) Flyback Converter의 출력 전압 파형 ▌

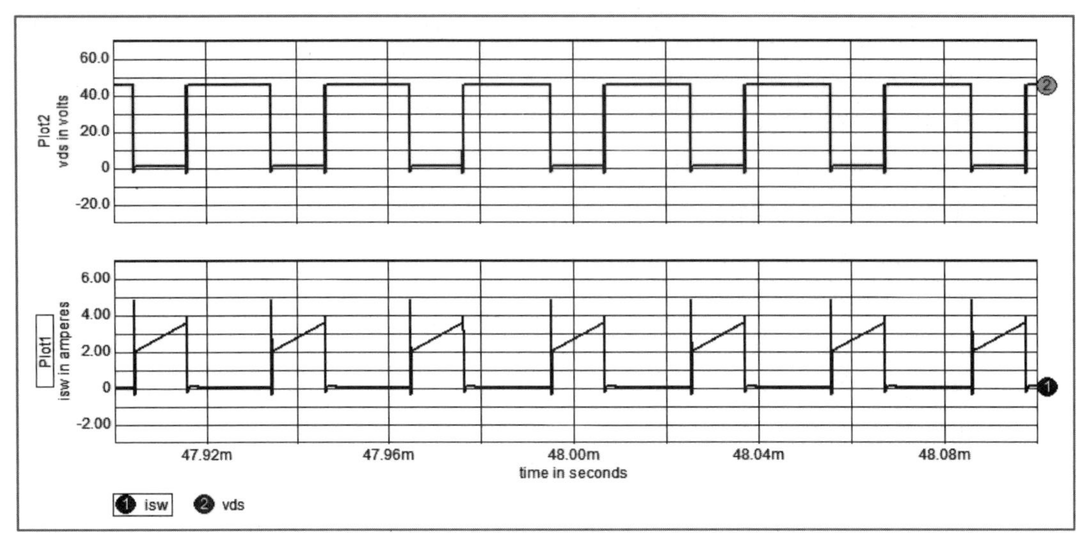

▌ 그림 4.6(b) 스위치 양단간 전압(위) 및 스위치 전류 파형(아래) ▌

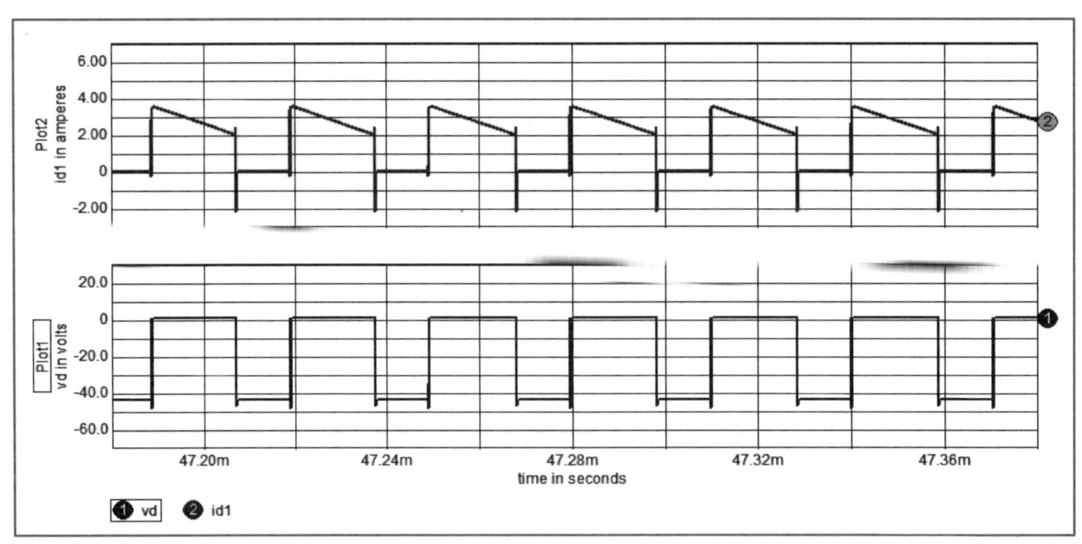

▌ 그림 4.6(c) 다이오드의 전류 파형(위) 및 다이오드 양단간 전압(아래) ▌

② 시뮬레이션을 진행해 보면 과도 구간에서의 전압이나 전류의 값이 너무 크게 측정되는 것을 확인할 수가 있는데 이는 입력 전압이 0V가 아닌 28V에서 시작되기 때문이다. 초기 시작 전압이 갑자기 크게 걸리기 때문에 이런 과도 구간이 생기는 것이므로 입력 전압을 0V 상태에서 서서히 올라가도록 설정을 하면 과도 구간에서 전압 및 전류의 급격한 증가가 해소되는 것을 확인할 수 있다. 즉, 그림 4.7(a)와 같이 입력 전압을 재설정하여 입력 전압의 상승 시간을 10msec로 늦춰주면, 그림 4.7(b)의 결과처럼 과도 기간 동안 다이오드 전류가 약 34A로 급격히 증가하는 것을 그림 4.7(c)의 결과처럼 약 6A로 낮춰서 과도 특성을 개선할 수 있다.

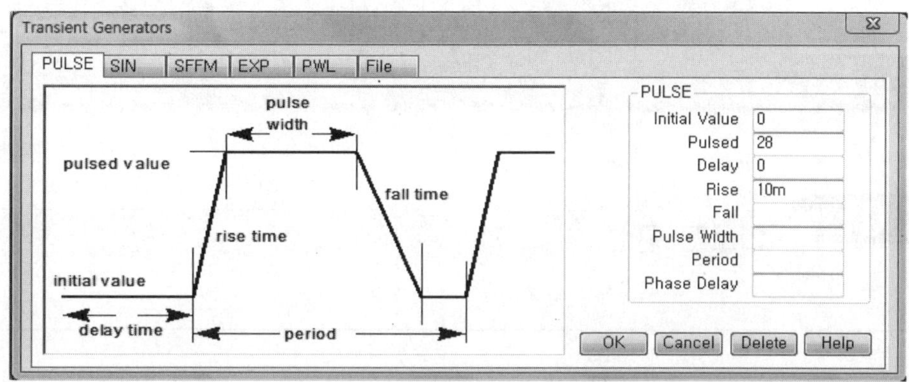

▎ 그림 4.7(a) 입력 전압원의 재설정 ▎

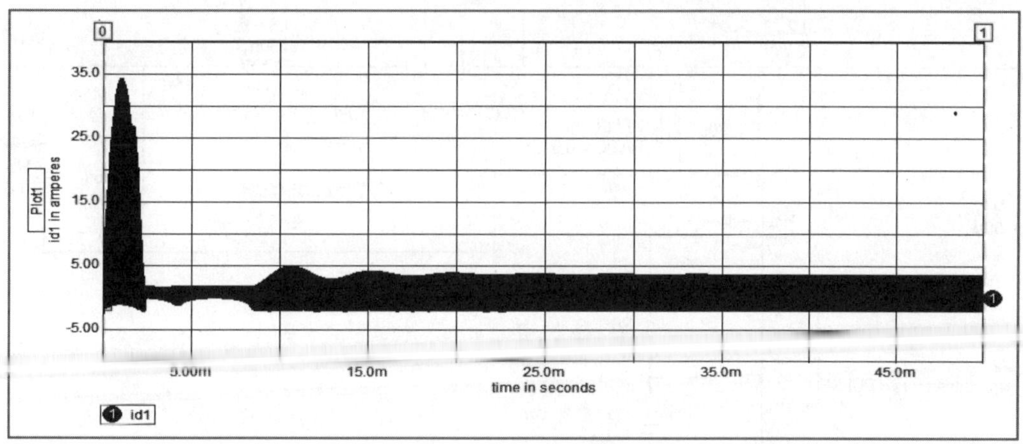

▎ 그림 4.7(b) DC 28V를 입력하여 나타난 다이오드 전류 파형 ▎

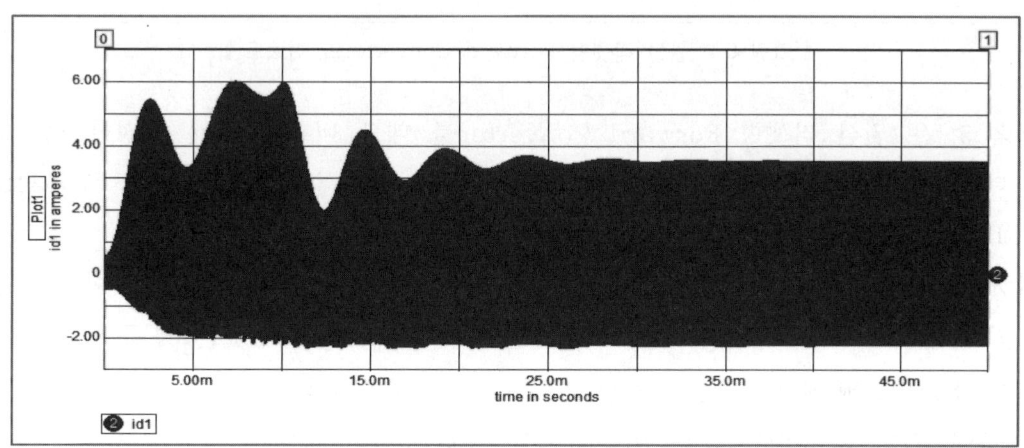

▎ 그림 4.7(C) Pulse 신호를 입력하여 나타난 다이오드 전류 파형 ▎

③ 위 사항은 앞선 회로들이나 이어서 시뮬레이션을 진행할 회로들에도 해당되므로 개별
적으로 확인해보도록 한다.

Forward Converter(Reset Winding)

01 회로도 구성

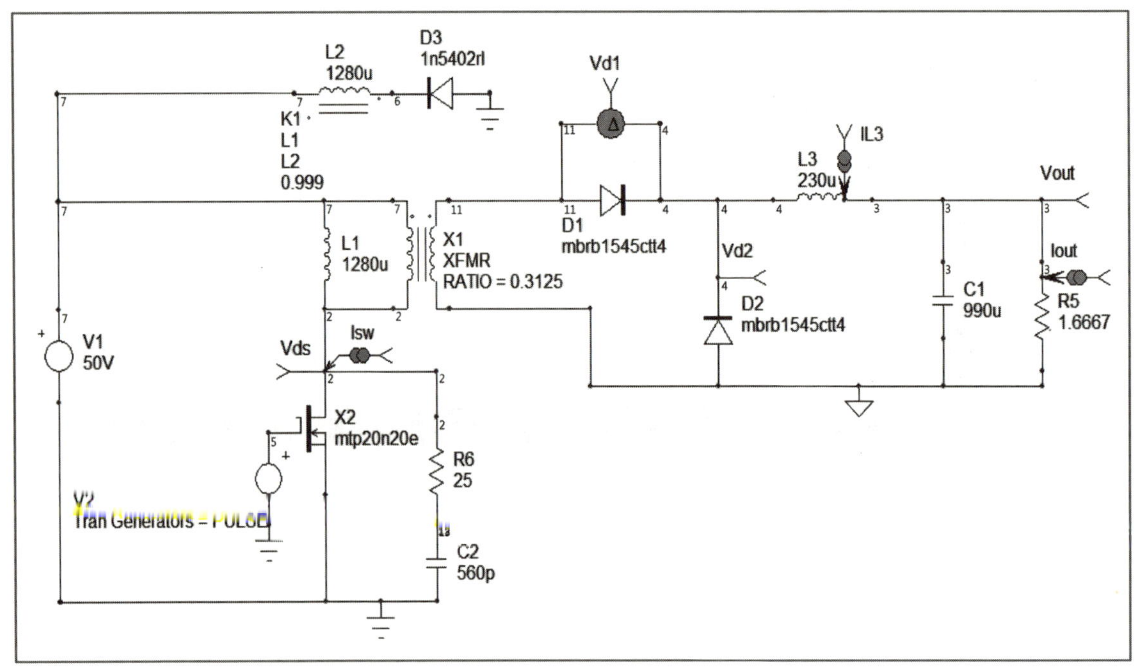

┃ 그림 5.1 권선 리셋형 Forward Converter의 회로도 ┃

그림 5.1은 권선 리셋형 Forward Converter를 데모 버전에 맞게 수정한 회로도이다. 데모 버전에서 지원하지 않는 MOSFET과 Diode를 'MTP20N20E'와 '1N5402rl', 'MBRB1545CTT4'로 대체한다.

리셋 권선을 표현하기 위해 인덕터를 추가 배치하고 리셋 인덕터(L_2)와 자화 인덕턴스 표현용 인덕터(L_1)를 Coupling Factor로 연결했다. Coupling Factor는 'K'를 입력하여 배치하며, 회로도상에 배치된 것은 '2K'를 입력하여 배치하면 된다.

2차측에 다른 접지 심벌을 사용했으며 '2O'를 타이핑하여 배치한다. 같은 모양의 접지를 배치해도 시뮬레이션 실행에는 문제가 없다.

02 회로 소자 및 시뮬레이션 설정

(1) Transformer

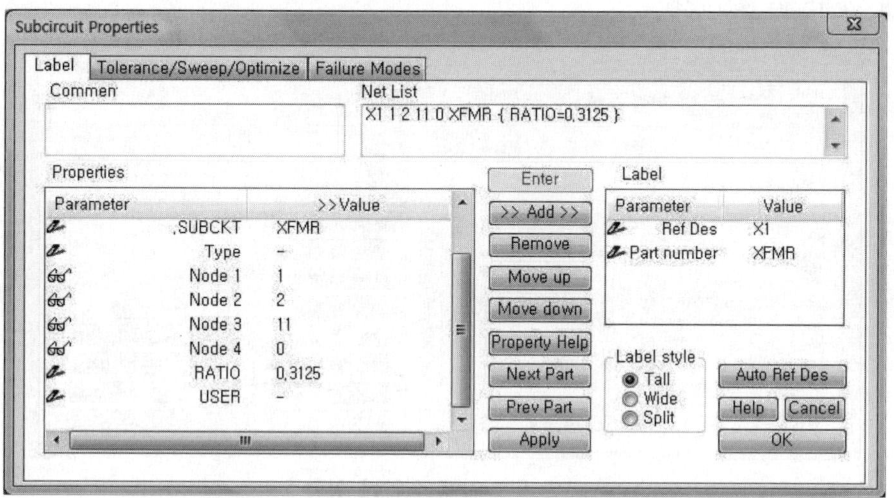

┃ 그림 5.2 Transformer 권선비 설정 ┃

Transformer의 1차와 2차측의 권선비를 의미하는 'Ratio'에 0.3125를 입력한다

(2) Pulse Voltage Source

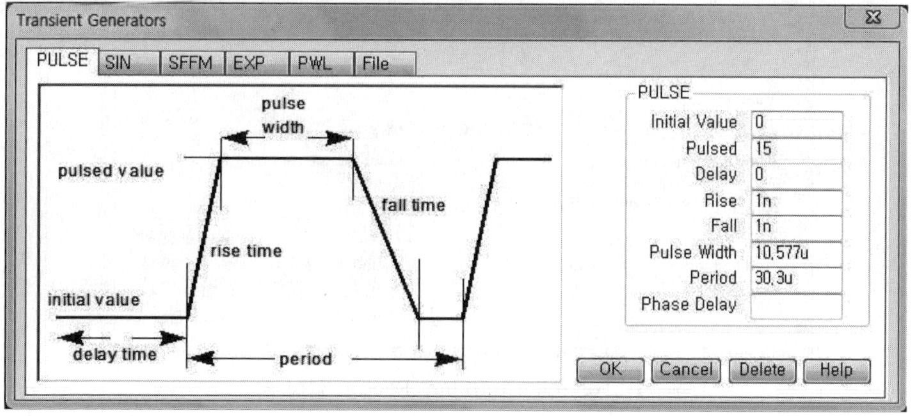

┃ 그림 5.3 게이트 전압원 설정 ┃

그림 5.3은 스위치의 게이트 단자에 인가되는 전압 파형의 설정을 보여주고 있다. 그림 5.3을 참고하여 전압 파형을 설정하도록 한다.

① Initial Value : 0

② Pulsed : 15

③ Rise/Fall : 1n
④ Pulse Width : 10.577u
⑤ Period : 30.3u

(3) Input Voltage Source

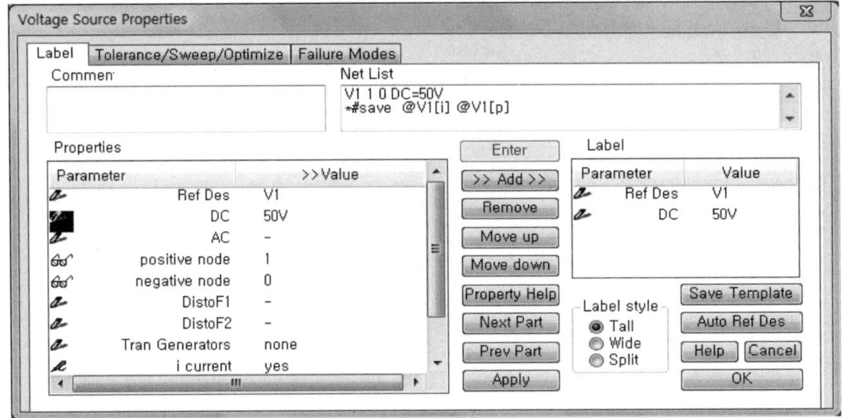

┃ 그림 5.4 입력 전압원 설정 ┃

입력 전압원의 'DC'에 DC 50V를 인가하기 위해 '50V'을 입력한다.

(4) Coupling Factor

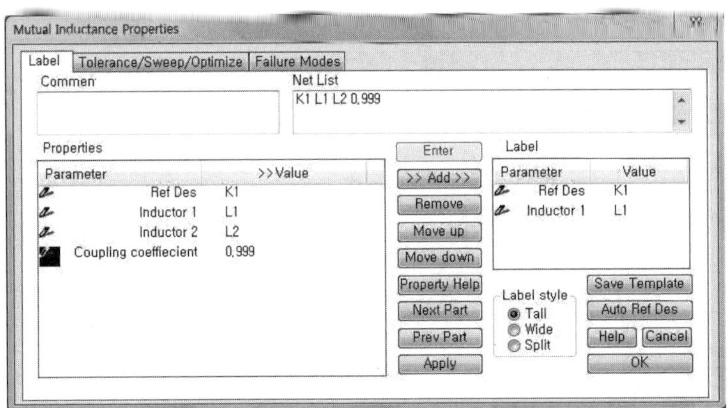

┃ 그림 5.5 Coupling Factor 설정 ┃

Coupling Factor는 서로 다른 인덕터를 Coupling 연결하는 Library로 배치한 후 더블클릭하여 연결시킬 인덕터를 입력하고 Coupling 계수를 위와 같이 설정한다.

① Inductor 1 : L_1
② Inductor 2 : L_2
③ Coupling Coeffiecient : 0.999

(5) 시뮬레이션 환경 설정

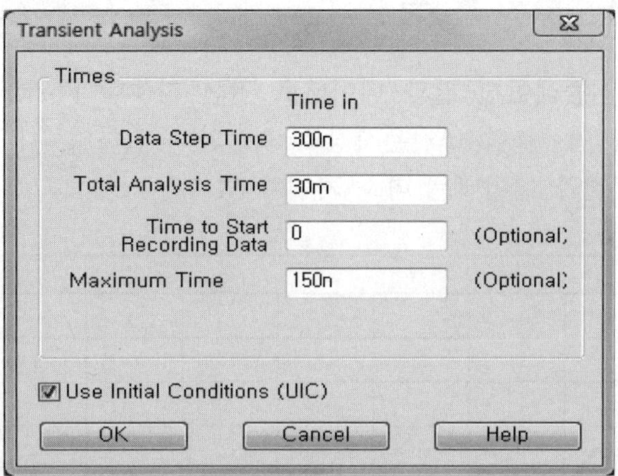

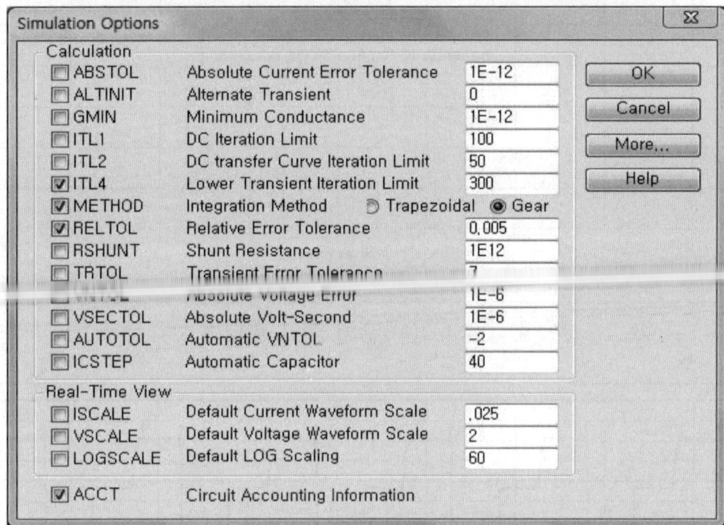

▌그림 5.6 Transient Analysis & Simulation Options 설정 ▌

그림 5.6과 같이 Transient Analysis와 Simulation Options을 설정한다.

① Transient Analysis
   - ㉠ Data Step Time : 300n
   - ㉡ Total Analysis Time : 30m
   - ㉢ Maximum Time : 150n
   - ㉣ UIC : Check

② Simulation Options
   - ㉠ ITL4 : 300
   - ㉡ METHOD : Gear
   - ㉢ RELTOL : 0.005

03 회로도 각 부 파형

그림 5.7(a)~(d)는 시뮬레이션 결과 데이터로 권선 리셋형 Forward Converter의 내부 동작 파형이다. 회로의 입·출력 조건은 1장의 회로와 동일하며, 대체 소자를 이용하여 회로를 구성했기 때문에 결과 데이터는 다소 차이가 있다.

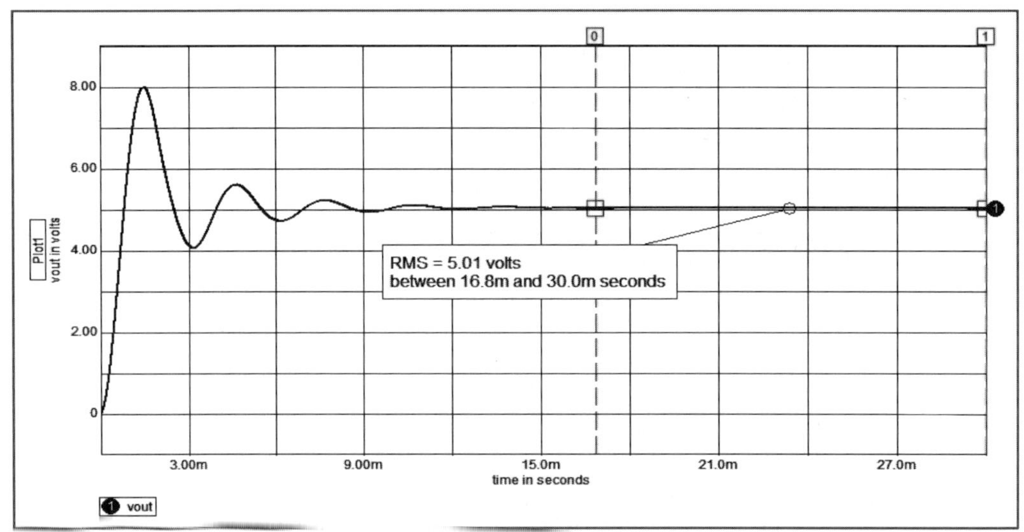

▌ 그림 5.7(a) 출력 리플 파형 ▌

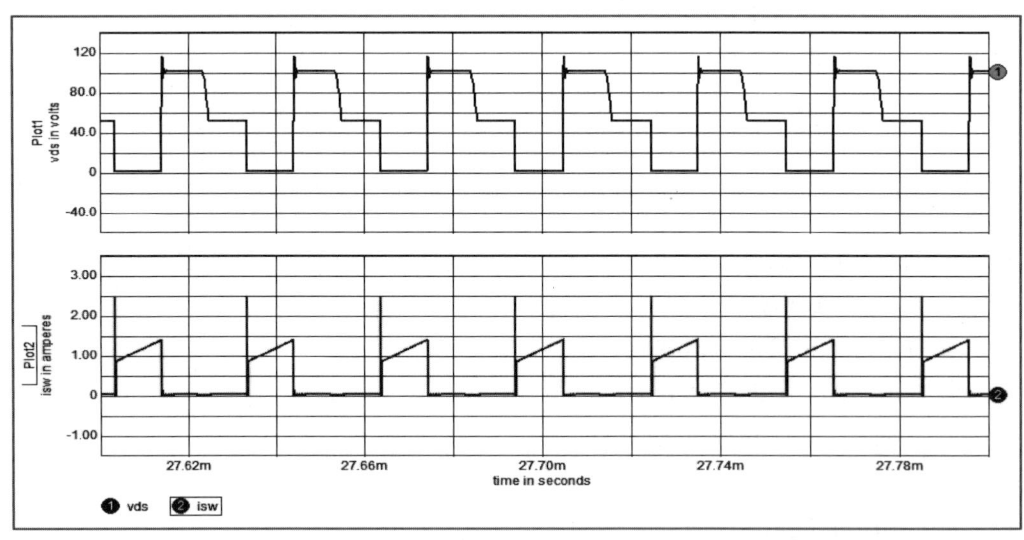

▌ 그림 5.7(b) 스위치 양단 전압 파형(위) 및 스위치 전류 파형(아래) ▌

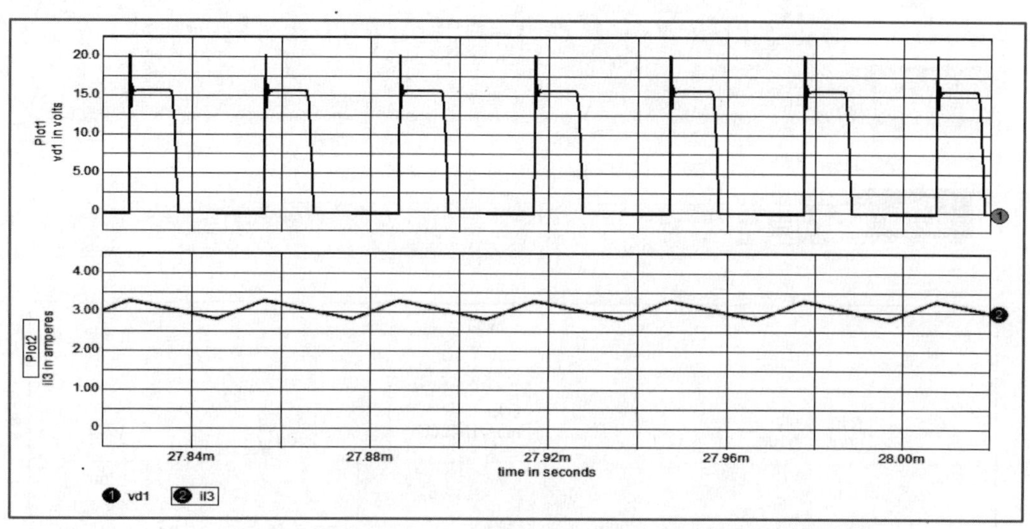

▌그림 5.7(c) 순방향 다이오드 양단 전압(위) 및 인덕터 전류 파형(아래) ▌

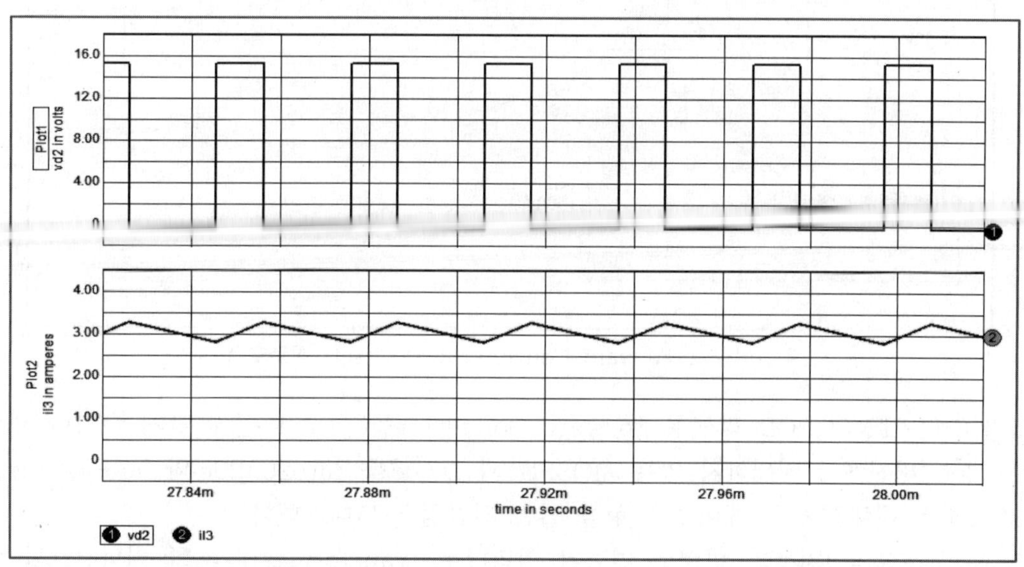

▌그림 5.7(d) 환류 다이오드 양단 전압 파형(위) 및 인덕터 전류 파형(아래) ▌

Forward Converter(RCD Reset)

01 회로도 구성

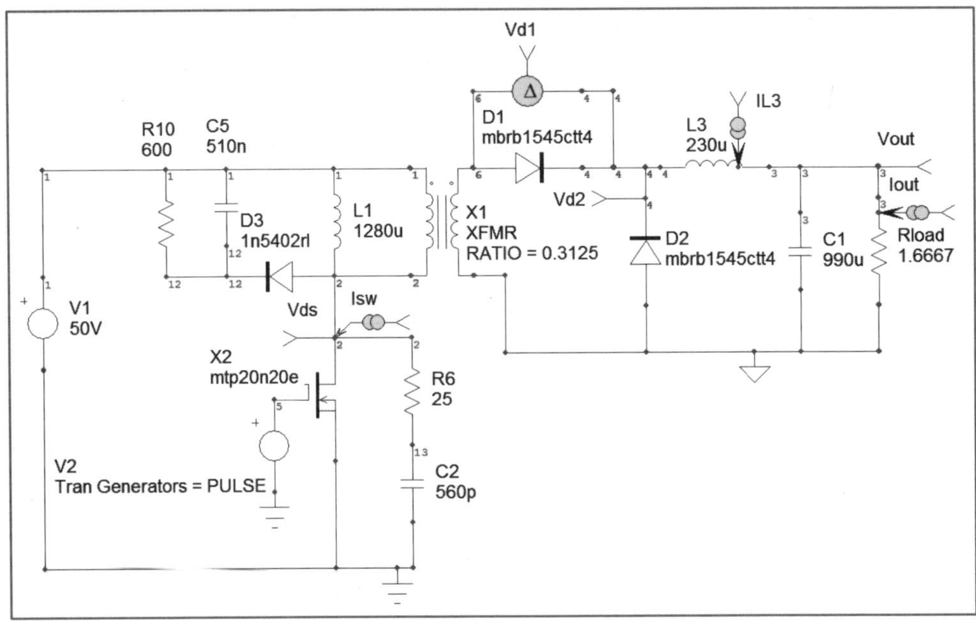

▌ 그림 6.1 Forward Converter(RCD Reset) 회로도 ▌

그림 6.1은 1장의 RCD 리셋형 Forward Converter를 데모 버전에 맞게 수정한 회로도이다. 데모 버전에서 지원하지 않는 MOSFET과 Diode를 'mtb20n20e'와 'mbrb1545ctt4', '1n5402rl'로 대체했으며, 게이트 파형을 일반 전압원으로 대체했다.

Transformer의 1차측과 병렬로 연결된 인덕터는 Transformer의 자화 인덕턴스를 의미하며 RCD 회로를 이용하여 Transformer의 포화를 방지한다.

02 회로 소자 및 시뮬레이션 설정

(1) Transformer

Transformer의 1차와 2차측의 권선비를 의미하는 'Ratio'에 '0.3125'를 입력한다.

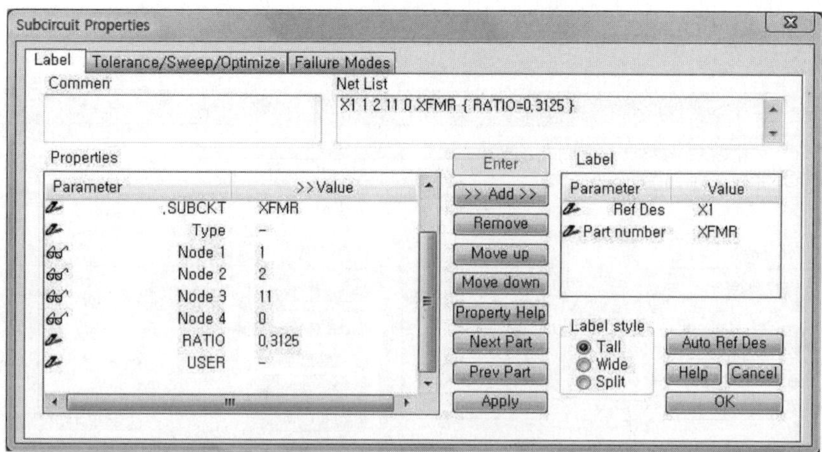

▌ 그림 6.2 Transformer 설정 ▌

(2) Pulse Voltage Source

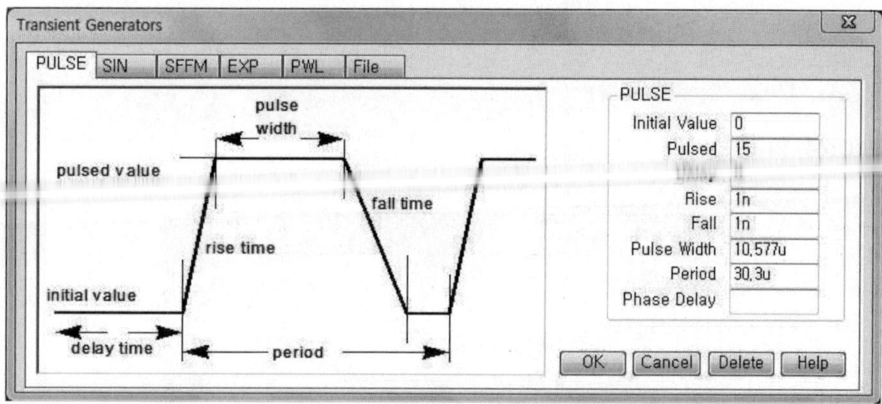

▌ 그림 6.3 게이트 전압원 설정 ▌

회로도의 'V_2' 전압원을 더블클릭하여 MOSFET의 Gate단에 인가되는 전압 파형을 그림 6.3과 같이 설정한다.

① Initial Value : 0

② Pulsed : 15

③ Rise/Fall : 1n

④ Pulse Width : 10.577u

⑤ Period : 30.3u

(3) Input Voltage Source

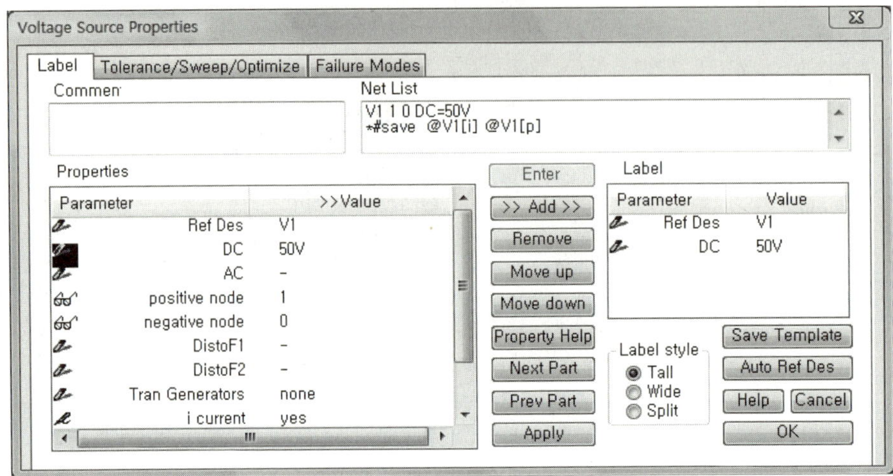

┃ 그림 6.4 입력 전압원 설정 ┃

입력 전압원의 'DC'에 DC 50V를 인가하기 위해 '50V'을 입력한다.

(4) 시뮬레이션 환경 설정

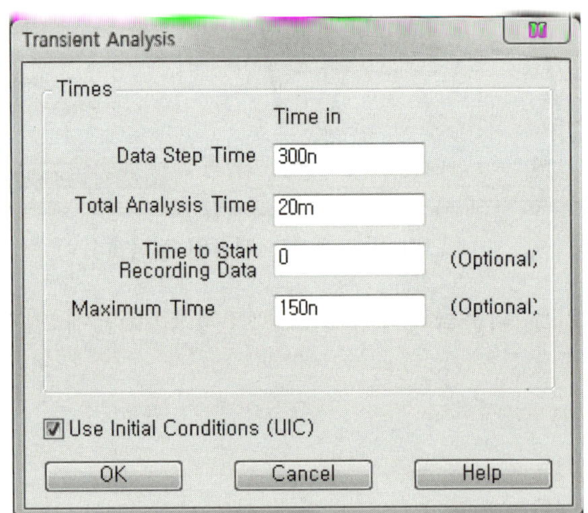

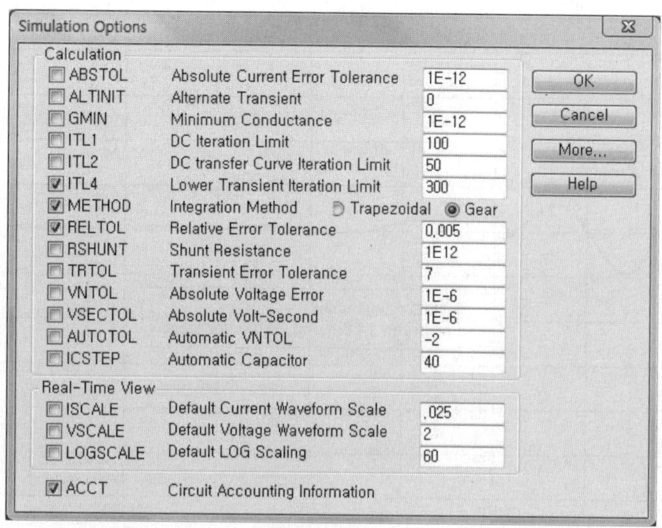

▌ 그림 6.5 Transient Analysis & Simulation Options 설정 ▌

그림 6.5와 같이 Transient Analysis와 Simulation Options을 설정한다.

① Transient Analysis
- ㉠ Data Step Time : 300n
- ㉡ Total Analysis Time : 20m
- ㉢ Maximum Time : 150n
- ㉣ UIC : Check

② Simulation Options
- ㉠ ITL4 : 300
- ㉡ METHOD : Gear
- ㉢ RELTOL : 0.005

03 회로도 각 부 파형

그림 6.6(a)~(d)는 시뮬레이션 결과 데이터로 RCD 리셋형 Forward Converter의 내부 동작 파형이다. 회로의 입·출력 조건은 1장의 회로와 동일하며 대체 소자를 이용하여 회로를 구성했기 때문에 결과 데이터는 다소 차이가 있다.

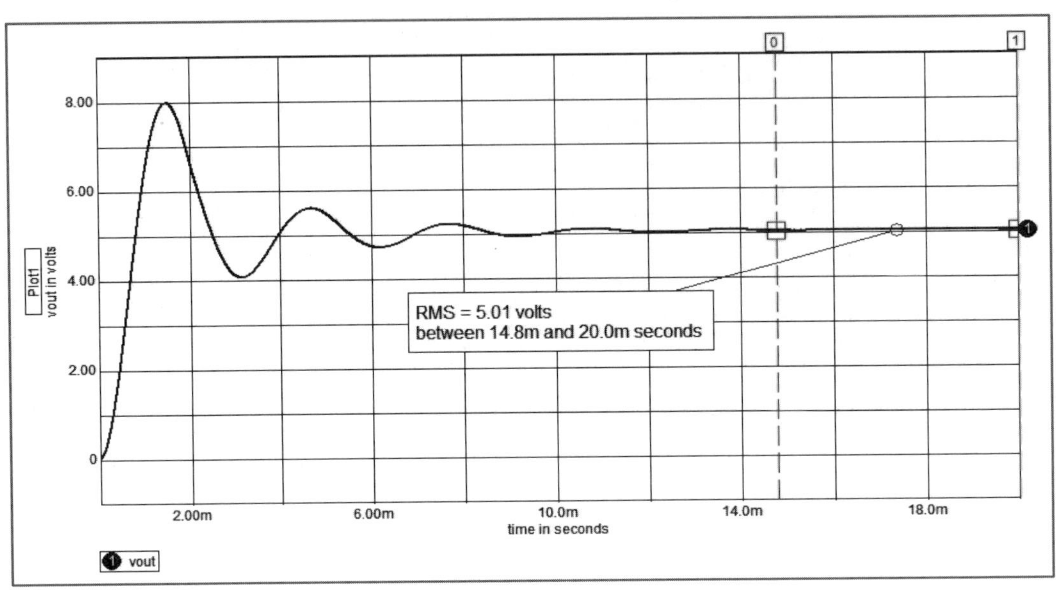

▌ 그림 6.6(a) 출력 전압 파형 ▌

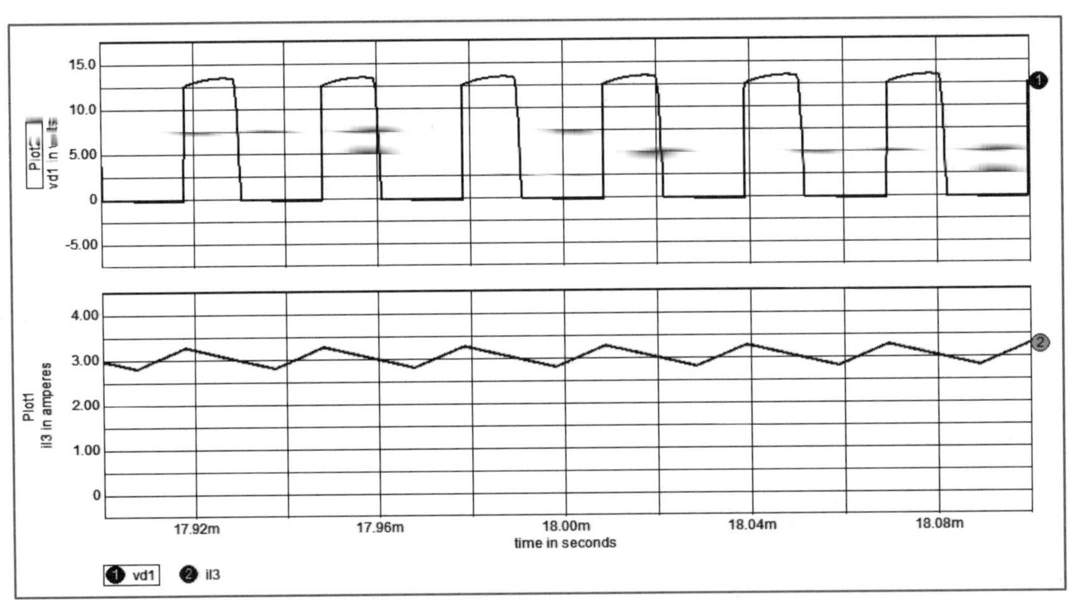

▌ 그림 6.6(b) 순방향 다이오드의 양단 전압(위) 및 인덕터 전류 파형(아래) ▌

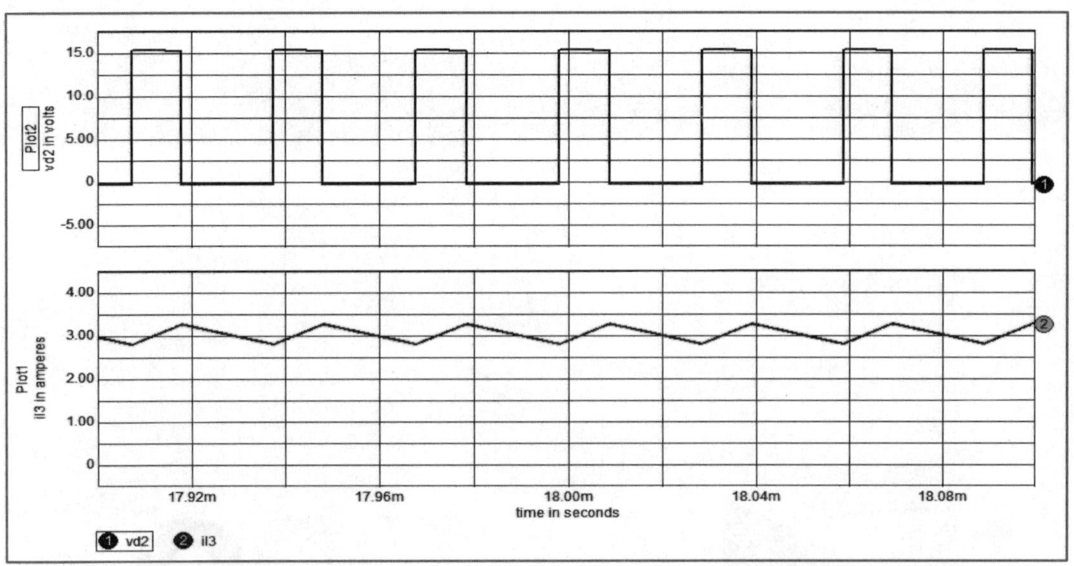

‖ 그림 6.6(c) 환류 다이오드의 양단 전압(위) 및 인덕터 전류 파형(아래) ‖

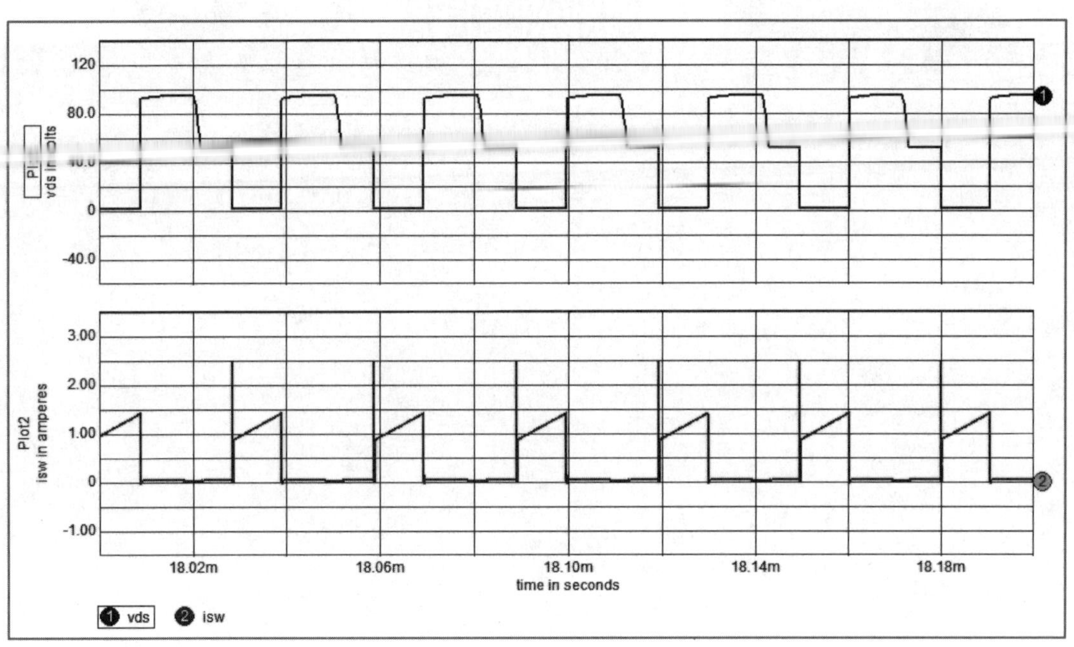

‖ 그림 6.6(d) 스위치 양단간 전압 파형(위) 및 스위치 전류 파형(아래) ‖

본 내용은 설계된 회로도를 시뮬레이션하는 IsSpice의 설치 및 활용에 관한 가이드이다. ICAP/4 Windows는 IsSpice의 정식 명칭으로 이 가이드를 통해서 독자 여러분들은 회로도를 직접 시뮬레이션 프로그램상에서 설계하고 원하는 결과값을 확인할 수 있을 것이다.

Manual

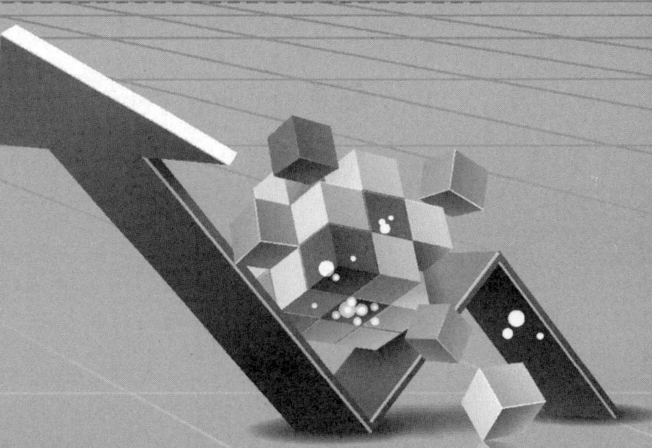

IsSpice 설치하기

설치 과정은 간단하게 진행되며 작성 내용은 Sub-Note용 데모 버전 기준으로 작성되었다.

순서는 다음과 같다,

① 동봉된 ICAP/4 데모 CD를 CD 드라이브에 삽입한다. CD를 넣으면 설치 화면이 자동 실행되며 일련의 로딩 과정을 거쳐 설치 과정으로 넘어간다. 그림 1.1과 같이 화면이 나타나게 되면 'Next' 버튼을 클릭한다.

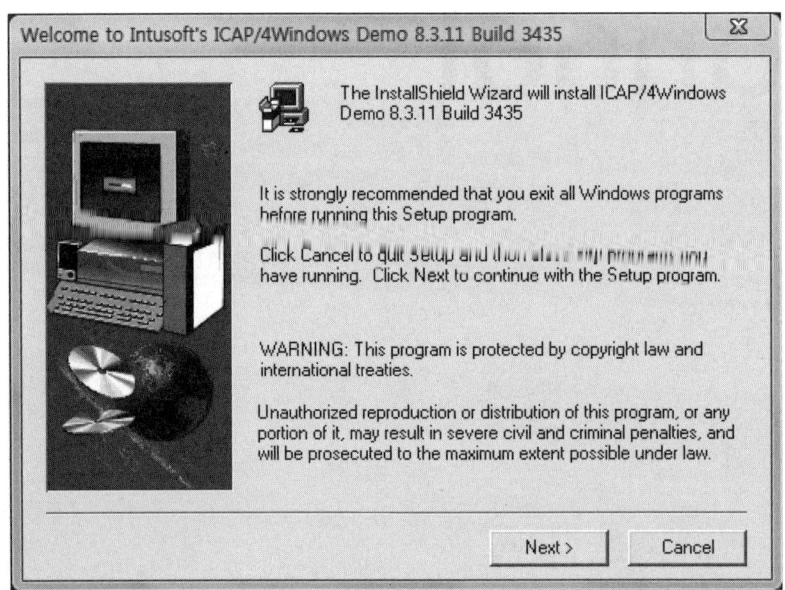

┃ 그림 1.1 ICAP/4 데모 버전 설치 초기 화면 ┃

② 그림 1.2는 사용자의 정보를 입력하는 창으로 사용자의 이름과 소속을 입력한다.

참고 정식 버전 설치에서는 시리얼 번호를 입력하는 칸이 추가된다.

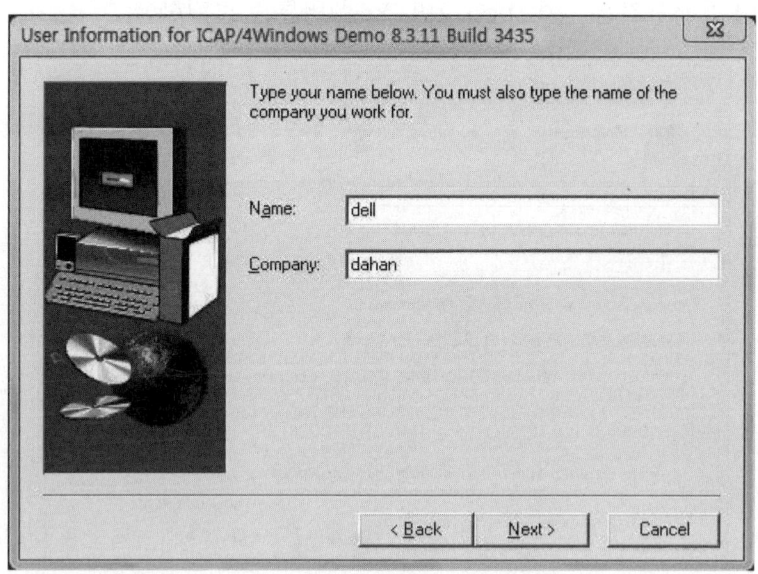

┃ 그림 1.2 사용자 정보 입력 창 ┃

③ 그림 1.3은 On Semiconductor에서 제공하는 솔루션의 설치 여부인데 이를 설치하면 On Semicond-uctor에서 제공하는 예제 회로도와 추가적인 라이브러리를 설치할 수 있다. 그림 1.3의 창에서 '예(Y)' 버튼을 클릭하다

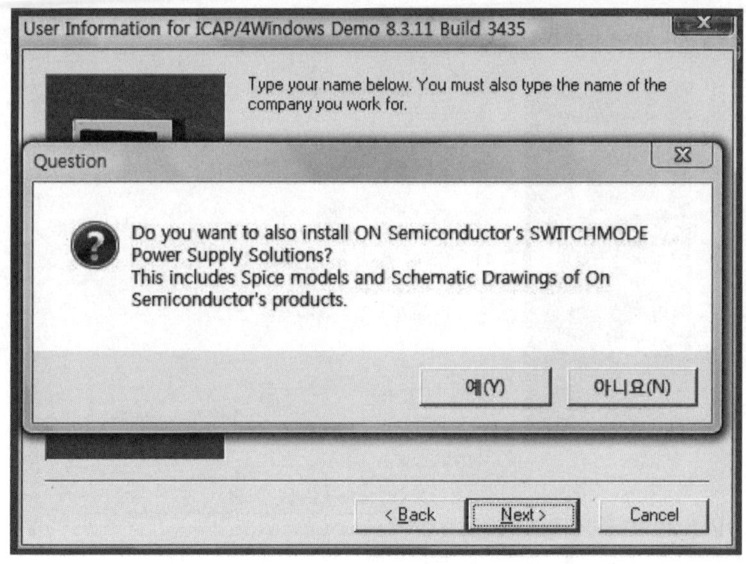

┃ 그림 1.3 On Semiconductor의 솔루션 설치 ┃

④ 이어서 그림 1.4와 같은 창이 나타나면 'Yes' 버튼을 클릭한다.

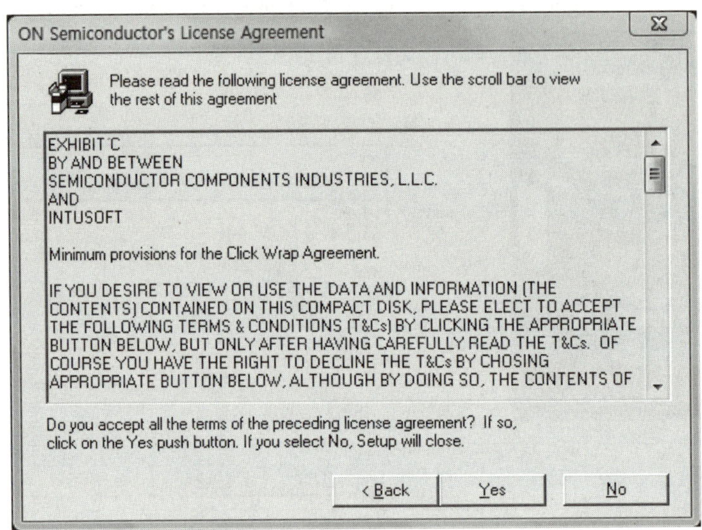

▌그림 1.4 라이선스 동의 여부 창 ▌

⑤ 그림 1.5와 같이 프로그램 설치 경로를 설정하고 'Next'를 클릭하면 설치가 진행된다. 기본 설치 경로는 'C : ₩spice8d'이며 'Browse' 버튼을 클릭하여 다른 폴더에도 설치가 가능하다.

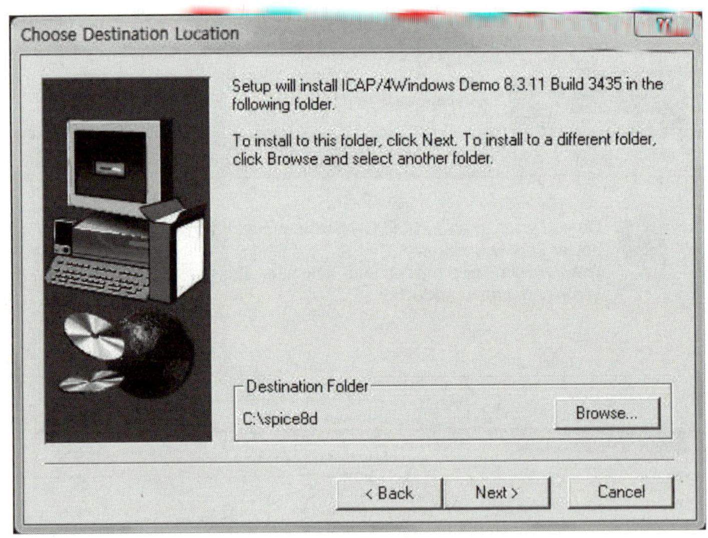

▌그림 1.5 프로그램 설치 경로 설정 ▌

참고 정식 버전은 기본 경로에 d가 빠져있다.

⑥ 설치가 완료되면 그림 1.6과 같이 창이 뜨며 'Finish' 버튼을 클릭하여 설치를 종료한다.

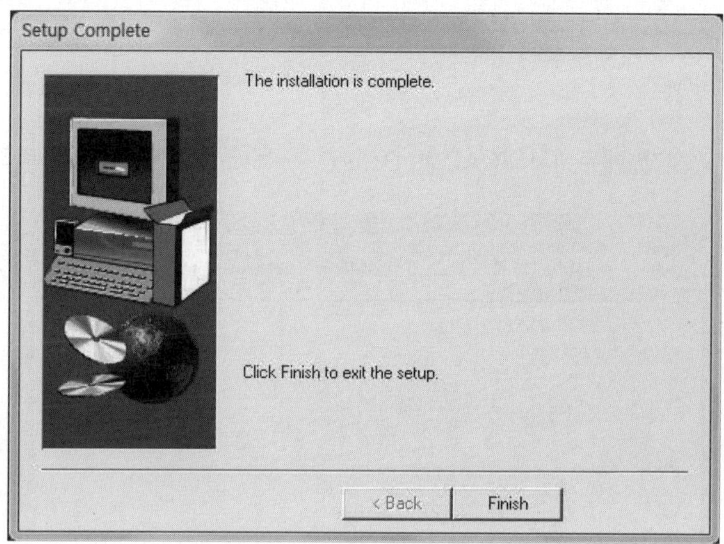

┃ 그림 1.6 프로그램 설치 완료 ┃

⑦ 데모 버전은 정식 버전과 다르게 구성되는 회로의 노드 수에 제한이 있다. 설계한 회로도가 그 제한수를 넘겨 시뮬레이션을 하게 되면 그림 1.7과 같이 시뮬레이션 창 오른쪽의 'Errors and Status' 창에 'Sorry, circuit too complex for this version'이라는 에러 메시지와 함께 시뮬레이션이 종료가 된다.

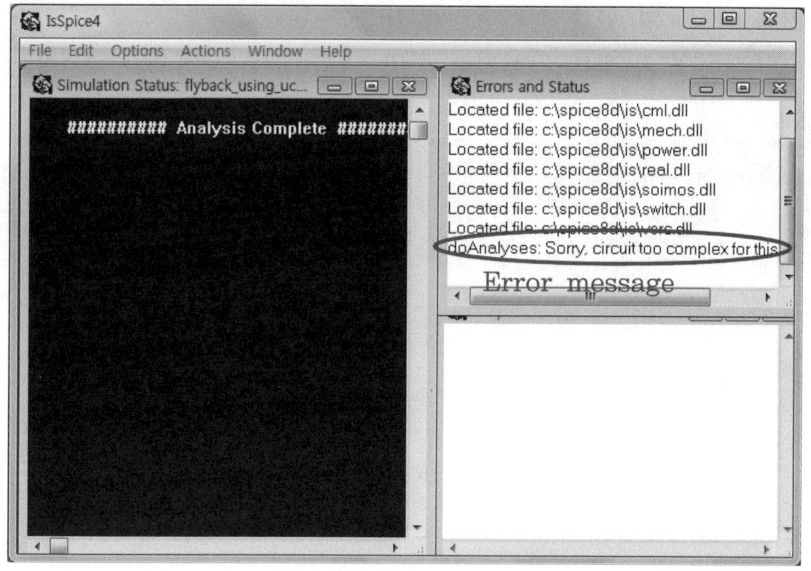

┃ 그림 1.7 노드 제한수 초과 회로의 시뮬레이션 에러 메시지 ┃

IsSpice 따라잡기

프로그램은 윈도 시작 메뉴에서 'ICAP_4 Demo' → 'Start ICAPS'를 클릭하면 실행된다.

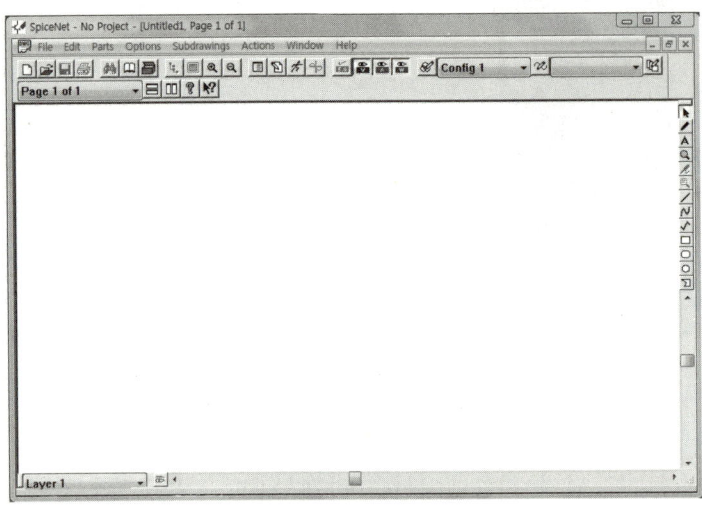

. ▌ 그림 2.1 SpiceNet 창 ▌

가장 먼저 만나는 창은 그림 2.1과 같이 'SpiceNet' 창이다. 이 창에서 사용자가 구성하고자 하는 회로를 작성하면 된다.

회로를 구성한 뒤에 해석 방법을 설정해 주면 'SpiceNet' 창에서의 작업은 끝나게 된다.

- Transient Analysis : 시간 해석(가장 일반적인 해석 방법)
- AC Analysis : 주파수 해석(주파수별 이득과 위상 변화를 볼 때에 이용)
- DC Sweep : 가변 DC 해석(보통 다이오드나 트랜지스터 계열의 특성곡선 파악용으로 이용)

간단하게 다이오드를 이용한 반파 정류기를 그려보자.

SpiceNet 메뉴 → Options → Drawing → Show Grid를 클릭하면 회로도 작성 시트의 Grid를 없앨 수 있다.

(1) 부품 배치

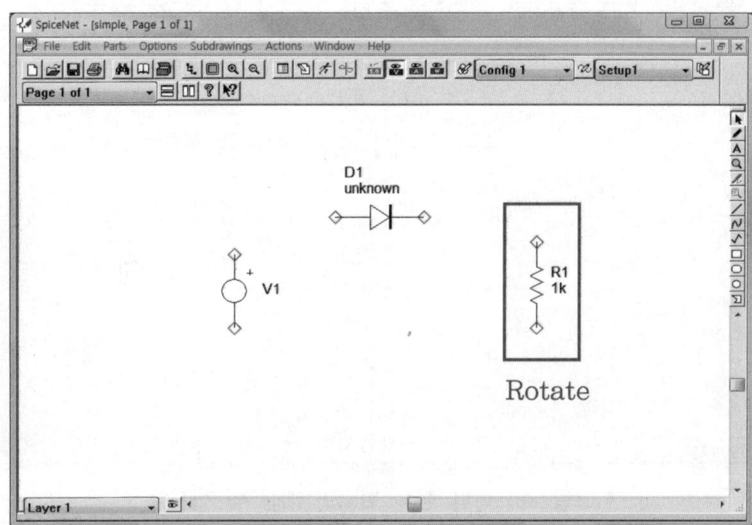

▌ 그림 2.2 반파 정류 회로의 부품 배치 ▌

먼저 회로에서 사용되는 부품(이하 라이브러리라 함)을 그림 2.2와 같이 배치한다.

① V키, D키, R키로 전압원, 다이오드, 저항을 각각 배치한다.

② 저항은 가로로 배치가 되므로 그림 2.2와 같이 세로 방향으로 회전시킨다. 배치한 저항에 커서를 위치하고 마우스 왼쪽 버튼을 길게 클릭하여 저항을 선택한다. 이러한 상태에서 키보드의 +키를 누르면 90°씩 시계 방향으로 회전이 된다.

단축키로 배치되는 라이브러리는 Ideal 라이브러리이며, Help 메뉴의 Hotkeys를 클릭하면 그 목록을 확인할 수 있다.

(2) 라이브러리 간의 배선과 접지

라이브러리가 배치되면 그림 2.3을 참조하여 각각을 배선하고 접지시킨다.

① 라이브러리 간의 배선

'SpiceNet' 메뉴에서 'Parts' → 'Wire'를 클릭한다.

② 접지

'SpiceNet' 메뉴에서 'Parts' → 'Ground'를 클릭한다.

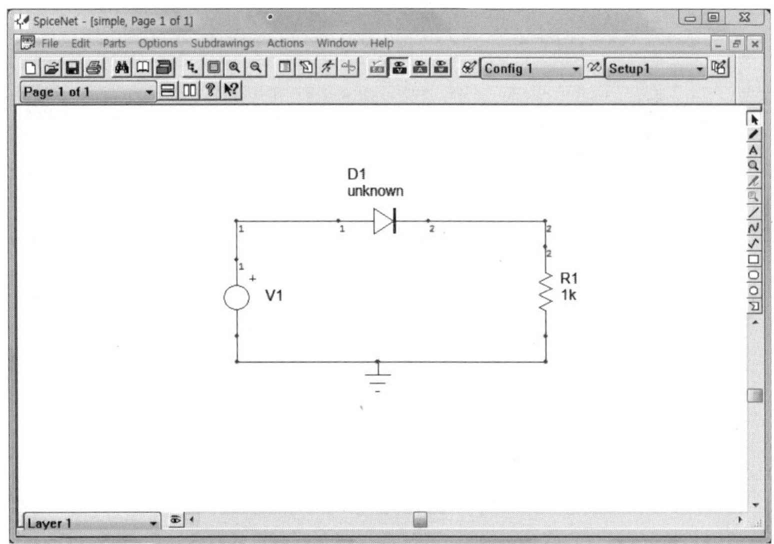

■ 그림 2.3 반파 정류 회로의 배선 및 접지 ■

(3) 라이브러리의 설정

① 전압원 설정

전압원을 더블클릭하고 좌측 하단 'Tran Generators' 항목 오른쪽의 'none'을 더블클릭하면 파형을 설정하는 창이 나타나는데 'SIN' 탭을 클릭하여 그림 2.4와 같이 설정한다.

㉠ Offset : 0

㉡ Peak Amplitude : 10

㉢ Frequency : 1k

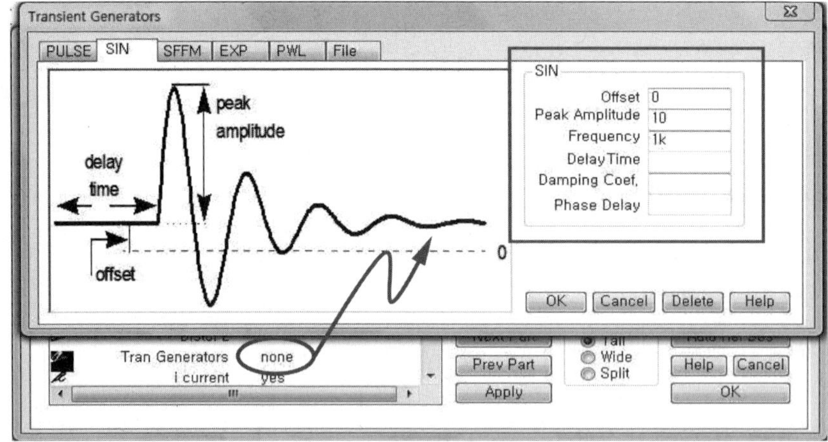

■ 그림 2.4 전압원의 설정 ■

파형의 설정을 마치면 'OK' 버튼을 클릭하여 설정 창을 닫는다.

② 다이오드 설정

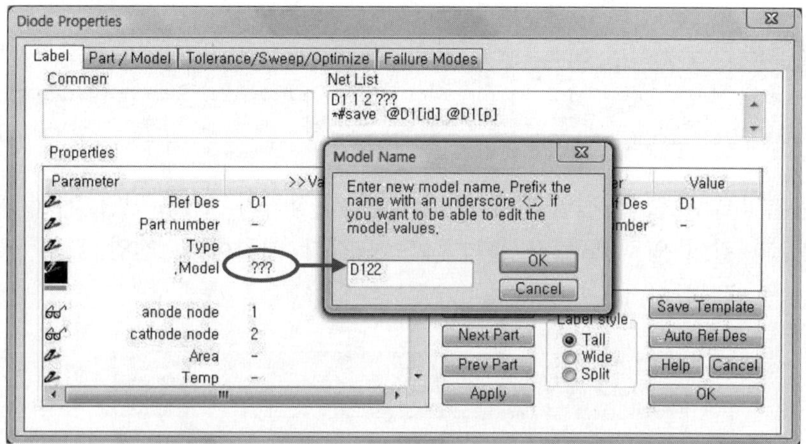

▌ 그림 2.5 다이오드의 Model Name 설정 ▌

다이오드를 더블클릭하고 '.Model' 항목의 "???"를 더블클릭하면 Model Name을 입력하는 창이 나타난다. 그림 2.5의 'Model Name' 창을 보면 다이오드이기 때문에 먼저 'D'를 입력하였고 그 뒤의 숫자는 임의대로 입력했다. 이와 같이 Model Name은 앞에 그 Library의 단축키를 입력하고 (Diode−D, BJT−Q, JFET−J ……) 뒤에 임의의 숫자를 입력한다.

단축키로 배치되는 라이브러리(R, L, C 제외)는 위와 같이 설정 창에 들어가서 Model Name을 반드시 입력해줘야 한다.

③ 저항 설정

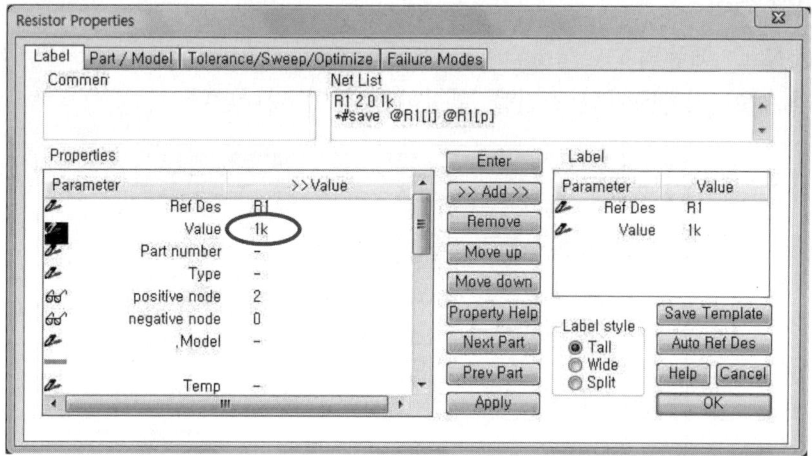

▌ 그림 2.6 저항 설정 ▌

ㄱ 저항을 더블클릭하고 'Value' 항목의 '???'를 클릭하여 1k를 입력한다.

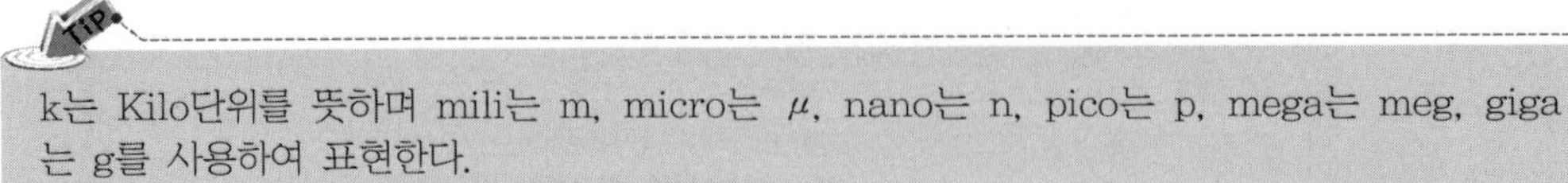

k는 Kilo단위를 뜻하며 mili는 m, micro는 μ, nano는 n, pico는 p, mega는 meg, giga 는 g를 사용하여 표현한다.

ㄴ 마지막으로 출력 전압과 입력 전압을 측정하기 위해 전압 Test Point를 그림 2.7과 같이 입력 노드와 출력 노드에 각각 배치한다. 전압 Test Point는 Y키를 눌러 배치한다.

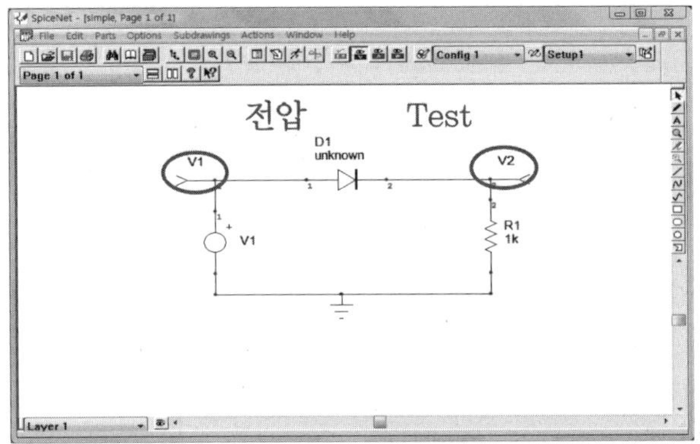

▌ 그림 2.7 완성된 반파 정류 회로 ▌

ㄷ 그림 2.7과 같이 회로 구성이 완료기 되면 회로도를 저상하나, 내기시 파일 이름과 저장되는 경로에 한글이 들어가게 되면 파일이 정상적으로 읽히지 않기 때문에 파일의 이름과 저장 경로는 반드시 영문으로 지정하도록 한다.

(4) 시뮬레이션 설정

① 'SpiceNet' 메뉴의 'Actions' → 'Simulation Setup' → 'Edit'를 클릭하면 그림 2.8과 같이 시뮬레이션 조건을 설정하는 창이 나타난다.

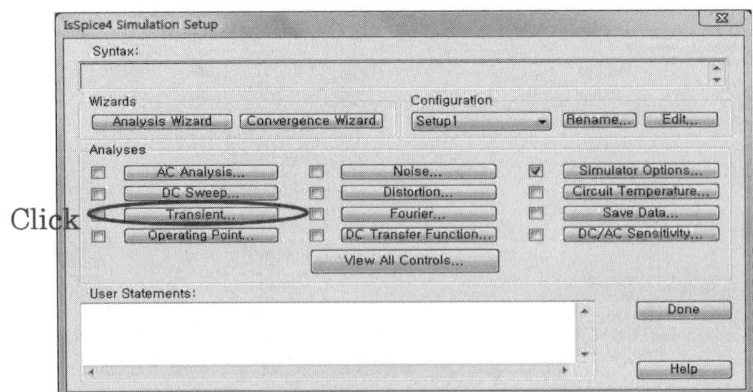

▌ 그림 2.8 시뮬레이션 설정 창 ▌

② 여기서 Transient를 클릭하고 그림 2.9와 같이 각 파라미터를 입력한다.
　㉠ Data Step Time : 1u
　㉡ Total Analysis Time : 5m

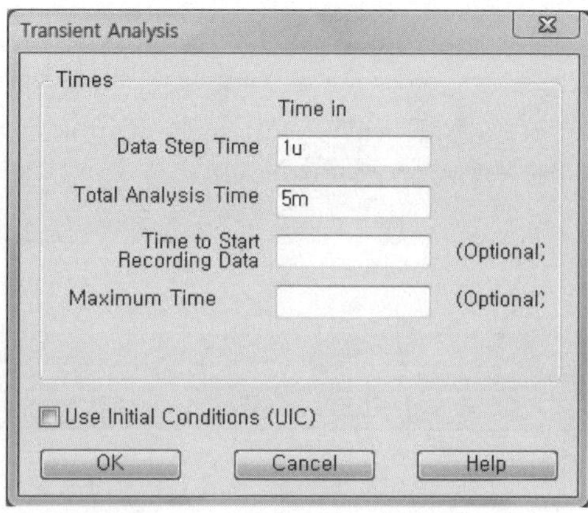

▌ 그림 2.9 Transient Analysis 설정 창 ▌

(5) 시뮬레이션 실행

① 'SpiceNet' 메뉴에서 'Actions' → 'Simulate'를 클릭하면 시뮬레이션을 수행할 수 있다.

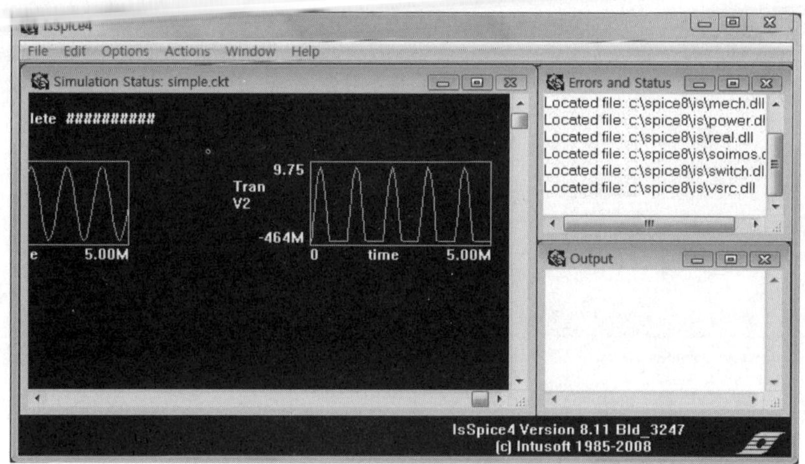

▌ 그림 2.10 시뮬레이션 실행 창 ▌

② 'IsSpice4' 창에서는 설계된 회로도를 가지고 시뮬레이션을 수행하며 Test Point로 지정된 데이터의 개략적인 결과 파형을 확인할 수 있다.

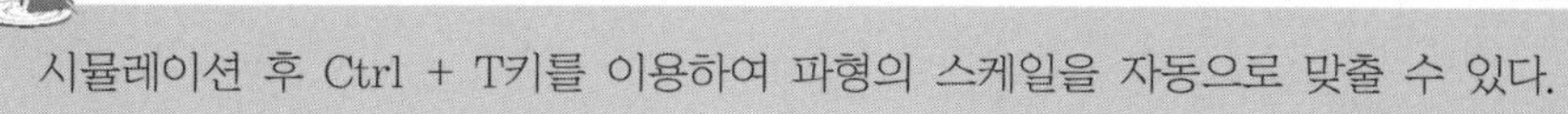

시뮬레이션 후 Ctrl + T키를 이용하여 파형의 스케일을 자동으로 맞출 수 있다.

(6) Scope 창에서 그래프 확인

① 'IsSpice4' 창의 메뉴에서 'Actions' → 'Scope'를 클릭하면 'Scope', 'Add waveform', 'Scaling' 창이 각각 나타나게 된다.

Scope 창이 나타나면서 Add waveform 창과 Scaling 창이 나타나지 않을 경우에는 Scope 창의 Window Menu → Add waveform 항목과 Scaling 항목을 체크하면 나타나게 된다.

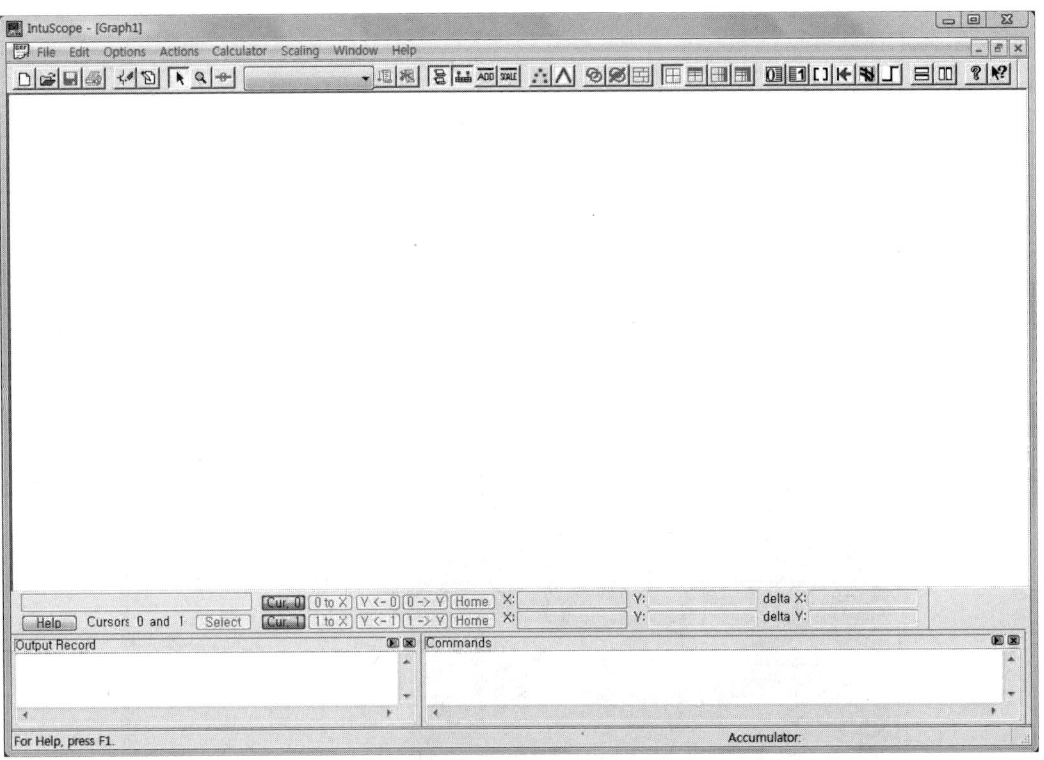

▌ 그림 2.11 IntuScope 창 ▌

② 그림 2.11은 'Scope' 창이며 이 창과 함께 그림 2.12 우측의 그림과 같이 'Add waveform' 창이 같이 나타나게 된다.

③ 'Add waveform' 창의 좌측 'Y' 항목에서 전압 Test Point의 이름을 찾아 더블클릭하면 'Scope' 창에 그림과 같이 해당 그래프가 출력된다.

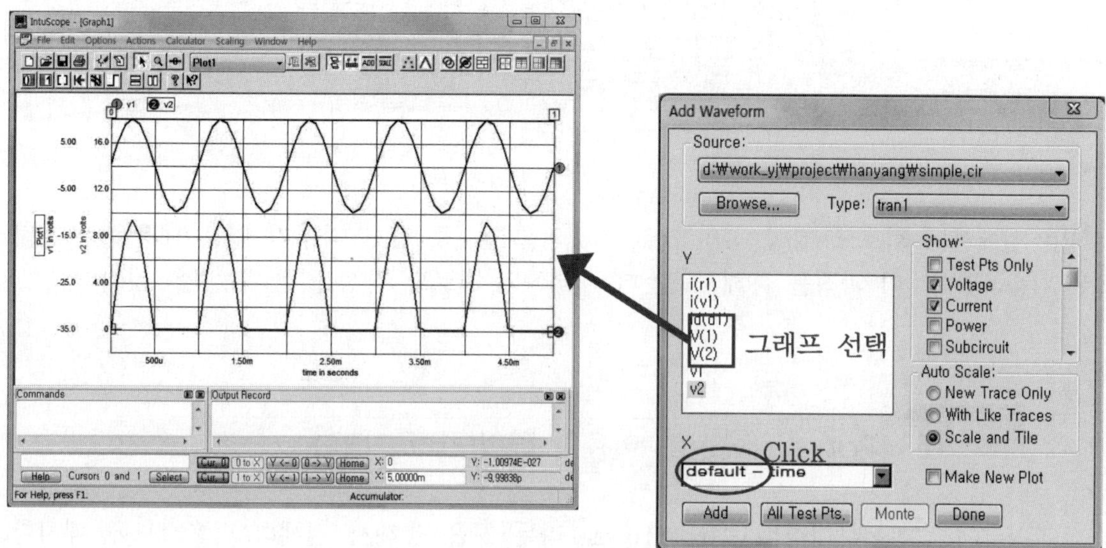

▌그림 2.12 Scope 창에 그래프 추가 ▌

④ 지금까지 IsSpice를 이용하여 어떠한 과정을 통해 시뮬레이션 작업이 이루어지는가 알아보았다. 다른 Spice계열의 프로그램도 위의 설정 과정에서 크게 벗어나지 않으므로 이 과정을 잘 숙지하도록 한다.

IsSpice의 자세한 기능은 다음 장부터 알아보도록 한다.

SECTION 03 SpiceNet을 이용한 회로도 작성 및 시뮬레이션 설정

이번 절에서는 회로도 작성 창인 SpiceNet의 기능 중 앞서 다루지 않은 내용을 추가적으로 기술하였다. 이 과정을 통해서 좀 더 세분화된 회로도 작성을 할 수 있을 것이다.

01 Part Browser를 이용한 라이브러리 배치

SpiceNet에서 라이브러리는 Part browser라는 창을 통해서 검색하고 회로도에 배치할 수 있다. 그림 3.1은 호출된 'Part Browser' 창으로 'SpiceNet' 메뉴의 'Parts' → 'Part Browser'를 선택하거나 단축키 X를 누르면 'Part browser' 창을 불러올 수 있다.

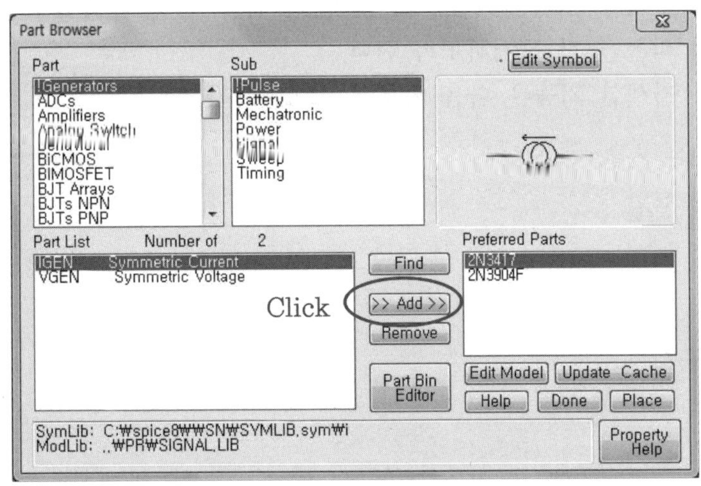

┃ 그림 3.1 Part browser 창 ┃

원하는 라이브러리를 찾기 위해 창 중간에 'Find' 버튼을 클릭한다.

Find what에 문자열을 입력하고 'Find First' 버튼을 클릭하면 입력한 문자열이 포함된 첫 번째 라이브러리가 검색된다. 'Find Next', 'Find Previous' 버튼으로 입력한 문자열이 포함된 다른 라이브러리 검색도 가능하다.

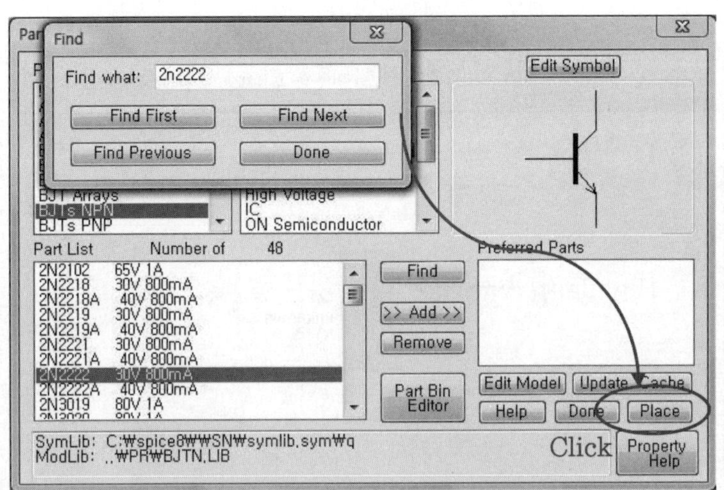

┃ 그림 3.2 Find 버튼을 이용한 검색 ┃

그림 3.2는 2N2222라는 BJT를 검색한 것으로 검색된 라이브러리는 우측 하단의 'Place' 버튼을 클릭하여 SpiceNet상에 배치할 수 있다. 1N4148, 2N2222같이 실제로 사용되는 라이브러리는 각각의 특성들이 다르기 때문에 단축키가 아닌 'Part Browser' 창을 통해서 배치해야 한다.

이러한 라이브러리를 Real 라이브러리라 하며 이들은 Model Name이 지정되어 있으므로 따로 설정할 필요가 없다.

02 라이브러리의 편집

SpiceNet에서는 회로도 작성 시트에 배치된 라이브러리를 선택하여 이동시키거나 복사, 삭제 같은 편집 기능을 지원한다.

(1) 라이브러리의 선택 및 이동

① 라이브러리의 선택은 마우스로 이루어진다. 선택할 라이브러리에 마우스 커서를 위치하고 왼쪽 버튼을 길게 누르고 있으면 그림 3.3과 같이 라이브러리가 회색 바탕으로 하이라이트되면서 선택이 된다.

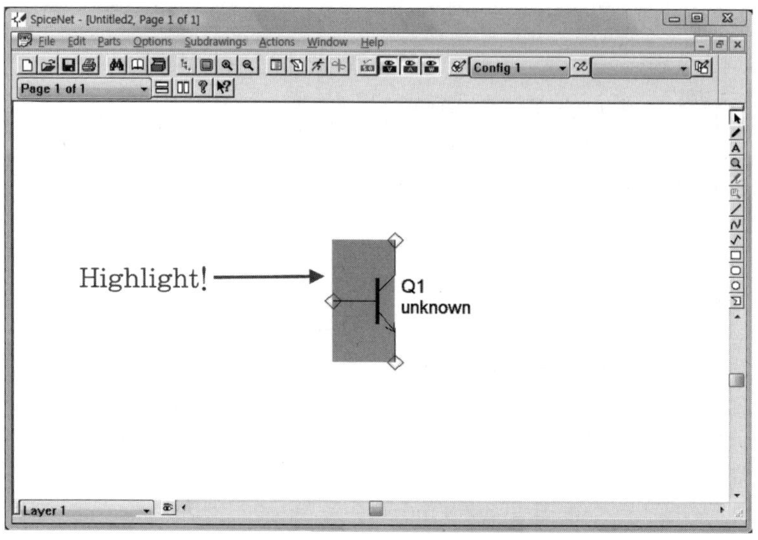

▍ 그림 3.3 라이브러리의 선택 ▍

② Shift키를 누르고서 선택할 라이브러리를 클릭하거나 일정 영역을 마우스로 드래그하면 동시에 여러 개의 라이브러리들을 선택할 수 있다. 그리고 선택된 라이브러리는 키보드의 화살표키와 마우스 드래그로 이동시킬 수 있다.

(2) 라이브러리의 편집

복사, 붙여넣기, 삭제와 배지된 라이브러리의 위치를 변경시키는 식십를 통하여 SpiceNet 상의 라이브러리들을 편집할 수 있다.

위와 관련된 작업들을 할 수 있는 단축키를 표 3.1에 정리하였다.

▍ 표 3.1 라이브러리 편집 단축키 ▍

기능	단축키
복사	Ctrl + C
붙여넣기	Ctrl + V
삭제	DEL
Rotate	+키
Flip	−키
Cut	Ctrl + X
Undo	Ctrl + Z
Redo	Ctrl +Shift + Z

03 전류원, 전압원의 배치 및 설정

전압원과 전류원의 배치에 대해서 알아보고 DC, AC 파형을 어떻게 인가하며, 생성할 수 있는 AC 파형 종류를 알아보자.

전류원의 배치는 단축키 I, 전압원은 단축키 V를 사용하여 배치할 수 있다. 그림 3.4와 같이 배치를 한다. 설정 방법은 같기 때문에 전압원만 알아보도록 하자.

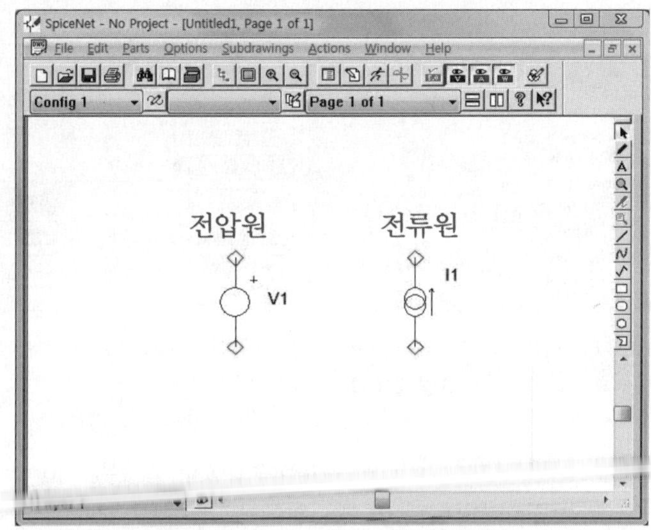

▌ 그림 3.4 전압원과 전류원의 배치 ▌

전압원을 더블클릭하면 그림 3.5와 같은 설정 창이 뜬다(Properties Window). 이 창에서 인가할 전압의 종류와 전압값을 설정할 수 있다.

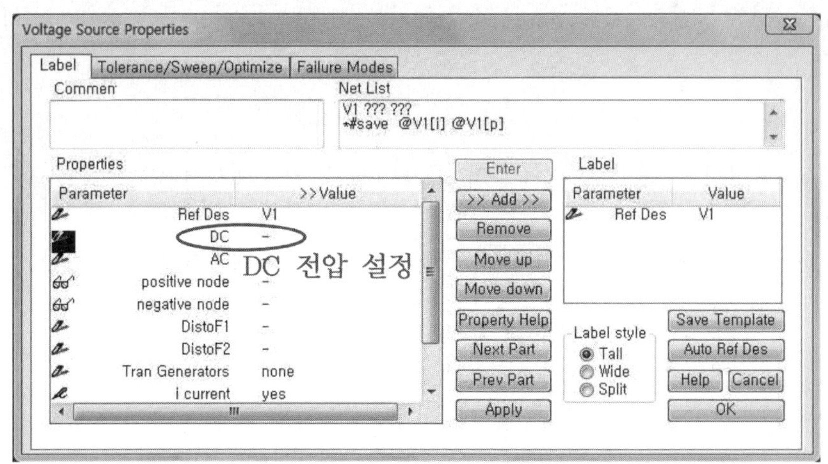

▌ 그림 3.5 전압원의 설정 창 ▌

왼쪽에는 전압원과 관련된 파라미터들이 나열되어 있는데 이 전압원에 DC 파형을 인가하기 위해서 DC 파라미터에 전압값을 입력한다.

예를 들어 전압원에 DC 20V의 전압을 인가하고 싶다면 DC에 '20'을 입력한다.

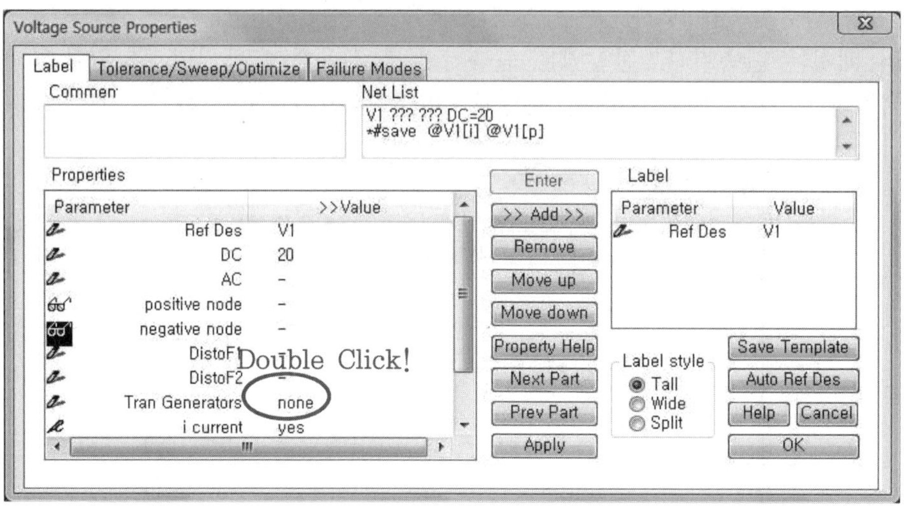

▌그림 3.6 DC 20V 인가 ▌

AC 파형을 인가하려면 그림 3.6처럼 Tran Generators 우측의 'none'을 더블클릭한다.

'Transient Generators' 탭에 나타나는 상 위쪽에 메뉴을 보면 지원하는 신호 타입이 PULSE, SIN, SFFM, EXP, PWL, File임을 알 수 있다.

가장 많이 사용되는 PULSE와 SIN에 대해서 살펴보자.

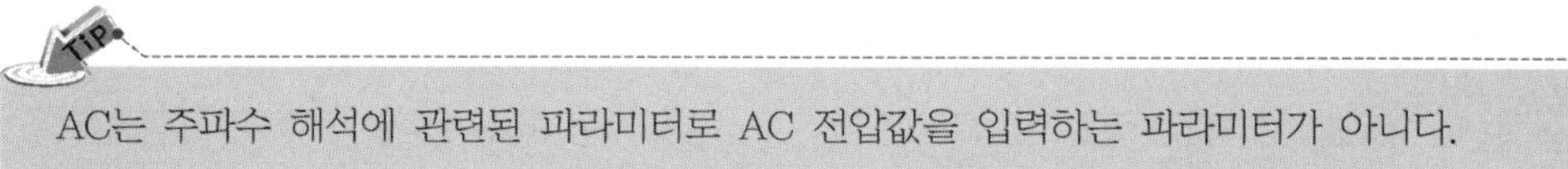

AC는 주파수 해석에 관련된 파라미터로 AC 전압값을 입력하는 파라미터가 아니다.

(1) PULSE

펄스 파형을 생성하는 탭으로 오른쪽의 파라미터를 이용해서 다양한 조건의 펄스 파형을 생성할 수 있다.

각 파라미터의 의미는 그림 3.7의 왼쪽 그림에서 유추할 수 있다.

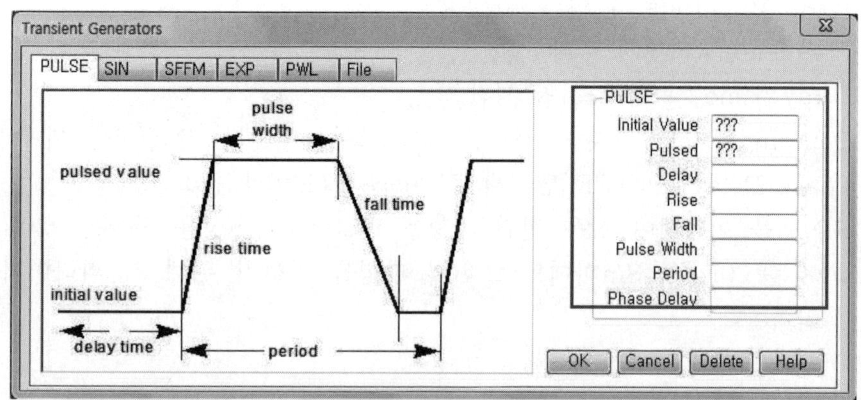

▌ 그림 3.7 전압원의 Pulse 파형을 생성하는 PULSE 탭 ▌

① Initial Value : 펄스파의 초깃값

② Pulsed : 펄스파의 최대 상승값

③ Delay : 파형의 지연 시간

④ Rise / Fall : 파형의 상승 시간, 하강 시간

⑤ Pulse Width : 파형이 상승 후 유지되는 시간

⑥ Period : 파형의 한 주기

⑦ Phase Delay : 위상 지연값

(2) SIN

① Sin파를 설정하는 탭으로 오른쪽 박스의 파라미터를 이용해서 다양한 조건의 파형을 만들어 낼 수 있다. 각 파라미터의 의미는 그림 3.8의 왼쪽 그림에서 유추할 수 있다.

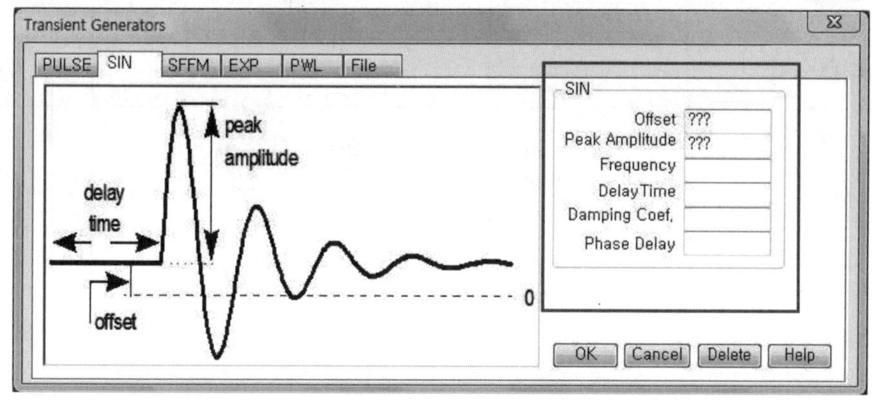

▌ 그림 3.8 전압원의 Sin 파형을 생성하는 SIN 탭 ▌

㉠ Offset : 파형의 Offset 값(1을 입력하면 파형의 초깃값은 1)

ⓛ Peak Amplitude : 파형의 Peak값

ⓒ Frequency : 파형의 주파수값

ⓔ Delay Time : 파형의 지연 시간

ⓜ Damping Coef. : 파형의 진폭을 점차 줄어들게 하는 Damping 계수값

ⓗ Phase Delay : PULSE 탭에서의 'Phase Delay'와 동일

② 이 SIN탭을 이용하여 상용 전원 파형을 만들어보자. 상용 전원은 220V의 실효값을 가지는 60Hz의 Sin파이므로 위의 파형을 만들기 위해 각 파라미터를 아래와 같이 입력한다.

㉠ Offset : 0

ⓛ Peak Amplitude : 312(실효값의 $\sqrt{2}$배)

ⓒ Frequency : 60

04 Test Point 사용 방법

작성된 회로도에서 사용자가 원하는 데이터를 보기 위해서는 Test Point를 배치해야 한다. IsSpice에서 지원하는 Test Point의 종류와 그 용도를 표 2.2에 정리했다.

▌표 3.2 IsSpice의 Test Point ▌

그림	종류	설명	단축키
	Voltage	전압 측정용	Y
	Current	전류 측정용	3Y
	Power	전력 측정용	4Y
	Differential Voltage	양단간의 차동 전압 측정용	2Y
	Current Subcircuit	Subcircuit 라이브 러리의 전류 측정용	6Y

Test Point는 전압과 전류, 그리고 전력 측정용으로 나누어지는데 전압은 접지 기준의 단일 노드 전압 측정용과 두 개의 노드 간 차동 전압 측정용으로 나누어진다.

전류는 일반 라이브러리와 Subcircuit 라이브러리 전용 Test Point로 나누어진다.

 Subcircuit 라이브러리란 복수의 일반 라이브러리로 구성된 라이브러리를 의미한다. 일반적인 IC 소자가 적당한 예라고 할 수 있다.

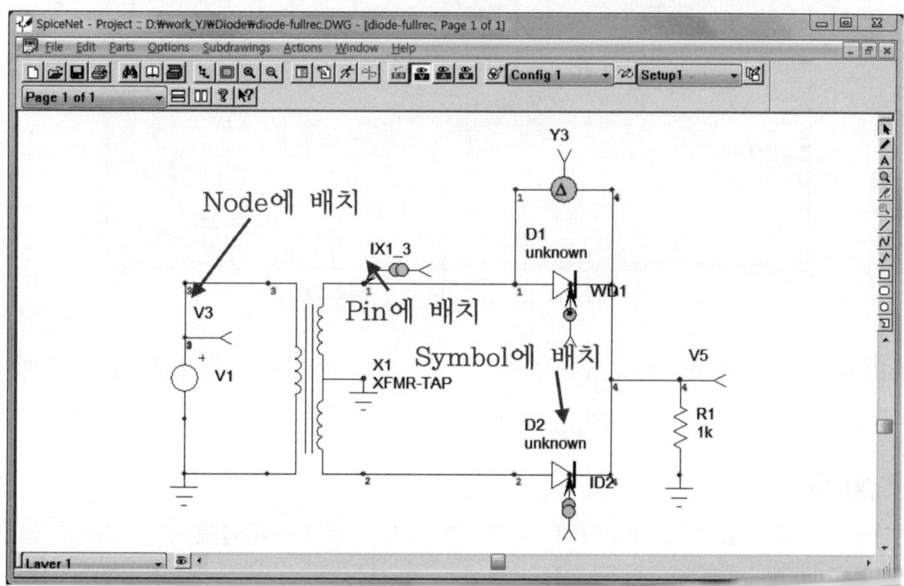

‖ 그림 3.9 Test Point 배치 위치 ‖

각각의 Test Point가 회로에서 어떻게 배치되는가를 그림 3.9에서 알 수 있다.

전압 Test Point는 노드에 배치하고 전류와 전력용은 라이브러리의 심벌 위에, Subcircuit용 Test Point는 라이브러리의 Connection Pin에 배치한다.

05 시뮬레이션 설정

시뮬레이션 설정 단계는 시뮬레이션 결과 데이터와 밀접하게 연관되어있기 때문에 특히 신경 쓸 부분이다.

IsSpice에서는 여러 가지의 분석 방법을 지원하는데 자주 사용되는 Transient Analysis와 DC Sweep, AC Analysis에 대해서 알아보자.

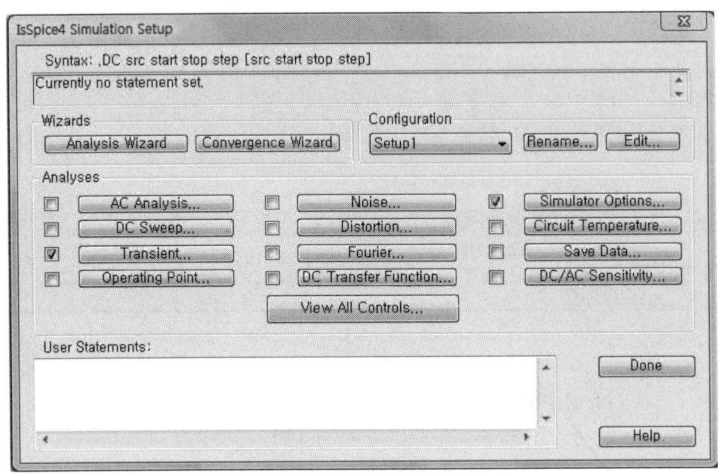

┃ 그림 3.10 Simulation 설정 창 ┃

그림 3.10은 앞서 확인한 시뮬레이션 설정 창이다. 원하는 분석 방법을 선택해서 설정하는 방식으로, 실행할 분석을 체크하며 복수 실행 역시 가능하다.

(1) AC Analysis

① 그림 3.11은 AC Analysis의 설정 창으로 주파수 대역에서의 DB나 Magnitude, Phase 등의 변화를 볼 수 있는 주파수 분석이다.

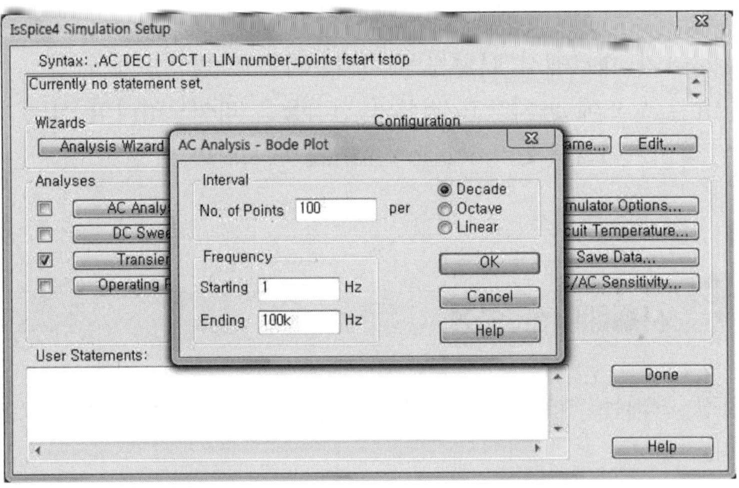

┃ 그림 3.11 AC Analysis의 설정 창 ┃

② Interval은 데이터의 Sampling 관련 영역이다.
　㉠ No. of Points : 단위 주파수당 data point 개수
　㉡ Decade : 변화 주파수 단위 10배
　㉢ Octave : 변화 주파수 단위 2배

    ㉣ Linear : 선형적으로 증가

③ Frequency는 분석 주파수 대역 설정 영역이다.

    ㉠ Starting : 분석 시작 주파수

    ㉡ Ending : 분석 끝 주파수

④ 그림 3.12는 AC Analysis의 결과이며, Phase, Magnitude, DB, Real, Image 데이터를 확인할 수 있다.

각 데이터에 대한 설명은 아래에 있으며, 선택하여 추가하는 법은 다음 절에서 소개하기로 한다.

    ㉠ Mag : 이득과 관련된 데이터로 '20log' 값을 적용하지 않은 데이터

    ㉡ Real, Imag : L과 C가 있는 회로에서 표현되는 데이터로 실·허수부의 데이터

    ㉢ Phase : 위상과 관련된 데이터

    ㉣ dB : Mag에 '20log' 값을 취하여 dB로 변환된 데이터

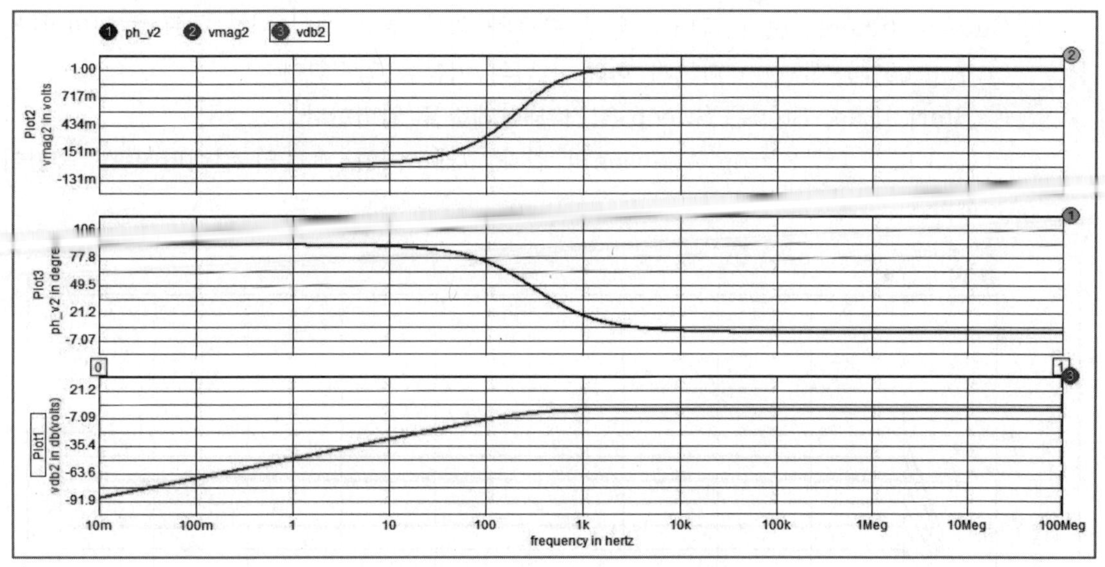

▌그림 3.12 AC Analysis 결과 ▌

(2) DC sweep Analysis

① 그림 3.13은 DC sweep Analysis 설정 창으로 이 분석으로 DC 파형이 인가된 전압원과 전류원에 대한 값을 설정한 범위 내에서 Sweep 시키며 그에 대한 데이터의 변화를 볼 수 있다. 또한 각 소자의 $I\!-\!V$ 특성 곡선을 보고자 할 때 유용하게 쓸 수 있다.

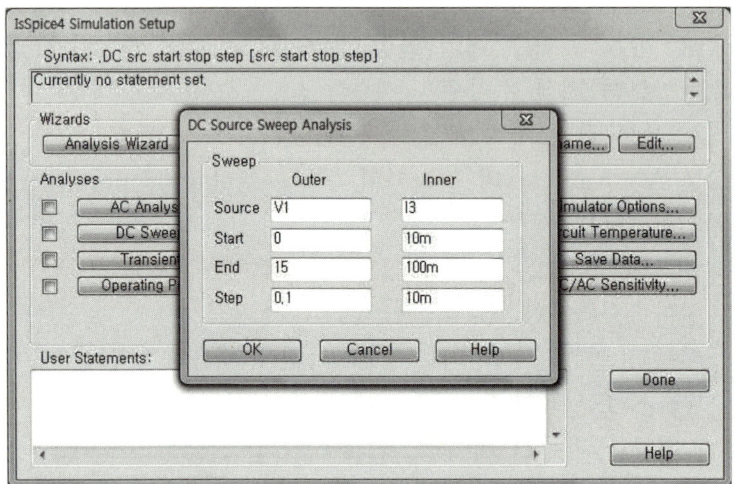

┃ 그림 3.13 DC sweep Analysis 설정 창 ┃

② Outer와 Inner는 문자 그대로 외부 루프와 외부 루프 속의 내부 루프를 의미한다.
　㉠ Source에는 Sweep 하고자 하는 전원의 이름을 입력한다.
　㉡ Start, End, Step은 Sweep 범위와 단계값을 입력한다.
③ 그림 3.14는 DC Sweep Analysis의 결과 그래프이며, BJT의 컬렉터 특성 곡선이
　되겠다.

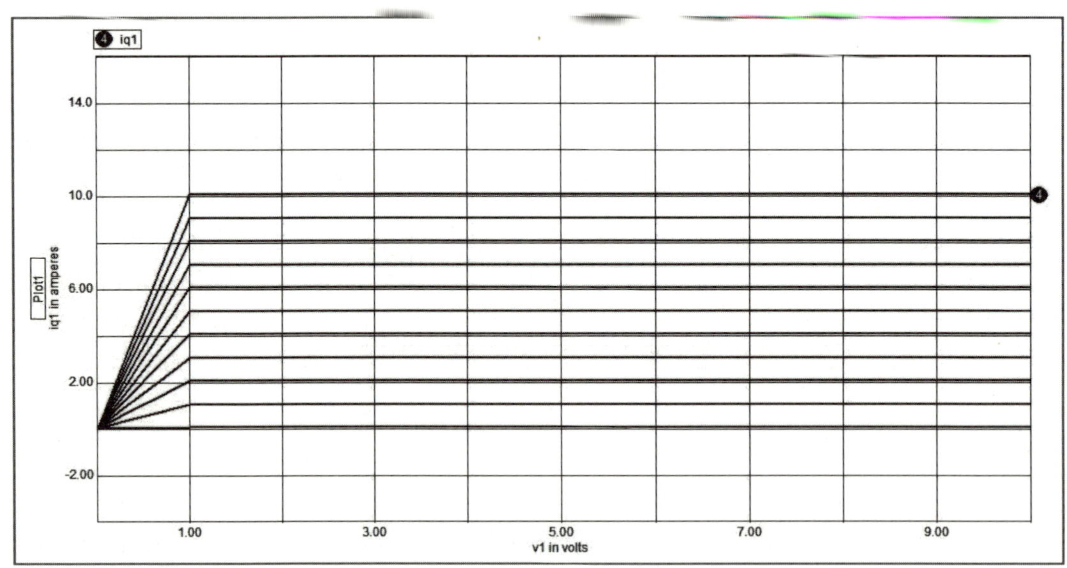

┃ 그림 3.14 DC Sweep Analysis 결과 ┃

(3) Transient Analysis

① 그림 3.15는 Transient Analysis의 설정 창으로 일명 과도 구간 분석이라고 한다. 쉽게 말해 시간 축상에서의 데이터 변화를 알 수 있는 방법이다.

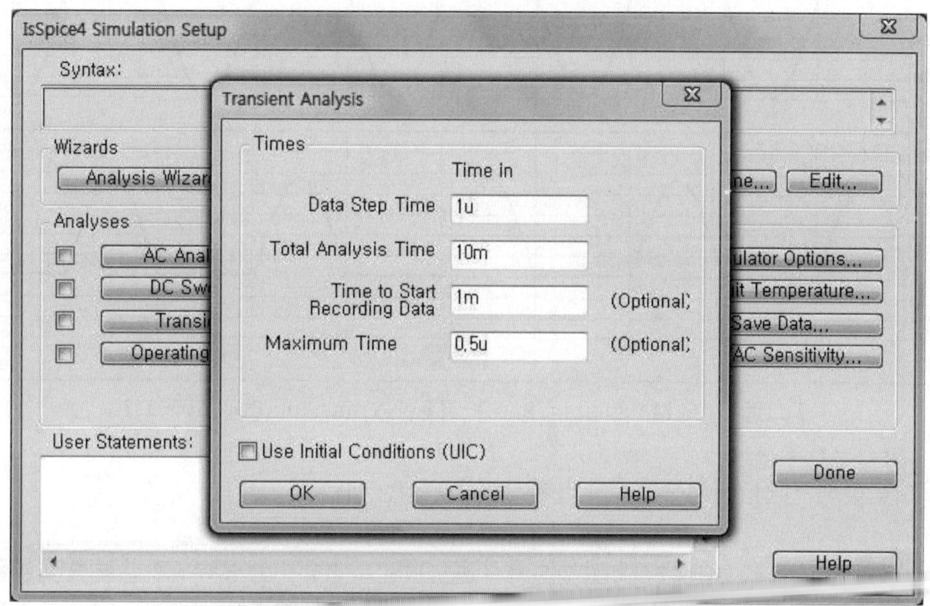

┃ 그림 3.15 Transient Analysis 설정 창 ┃

㉠ Data Step Time : 데이터 간의 Sampling 단계 시간

㉡ Total Analysis Time : 전체 분석 시간

㉢ Time to Start Recording Data(Optional) : 데이터가 기록되는 최초 시간 설정

㉣ Maximum Time(Optional) : 데이터의 보간 기능 역할을 하는 파라미터로 Data Step Time 값의 30~50%의 값을 넣는다.

② 'Time to Start recording data'와 'Maximum Time'은 Optional 파라미터로 입력하지 않아도 시뮬레이션에는 지장이 없다. 하지만 'Maximum Time' 파라미터 같은 경우는 그래프 데이터의 보간 기능을 담당하기 때문에 데이터를 좀 더 면밀히 보기 위해 자주 사용된다.

③ 그림 3.16은 그림 2.3의 실습 회로도에서 Maximum Time을 적용한 Transient Analysis의 결과 그래프이다. 이전 결과와 비교해보면 곡선이 많이 매끄러워진 것을 확인할 수 있다.

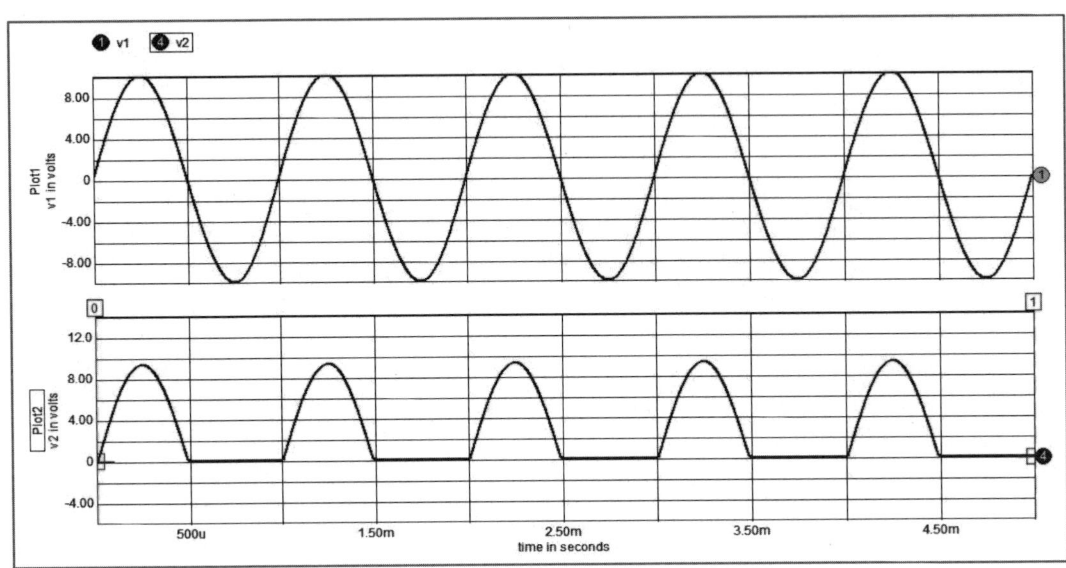

| 그림 3.16 Maximum Time을 적용한 Transient 결과 그래프 |

④ 회로도에 대한 설정을 모두 마쳤다면 저장을 한다.

> **참고** 회로도를 저장하는 데 있어서 유의점은 파일이 저장되는 경로와 파일 이름에 한글이 포함되면 안 된다.

시뮬레이션과 Scope 창을 이용한 세부 분석

01 시뮬레이션 실행

그림 4.1은 IsSpice4의 구성을 보여주고 있다. 회로도를 저장한 후 단축키 'Ctrl+G'키를 이용하거나 'SpiceNet'의 메뉴에서 'Actions' → 'Simulate'를 클릭하면 시뮬레이션 작업을 할 수가 있다.

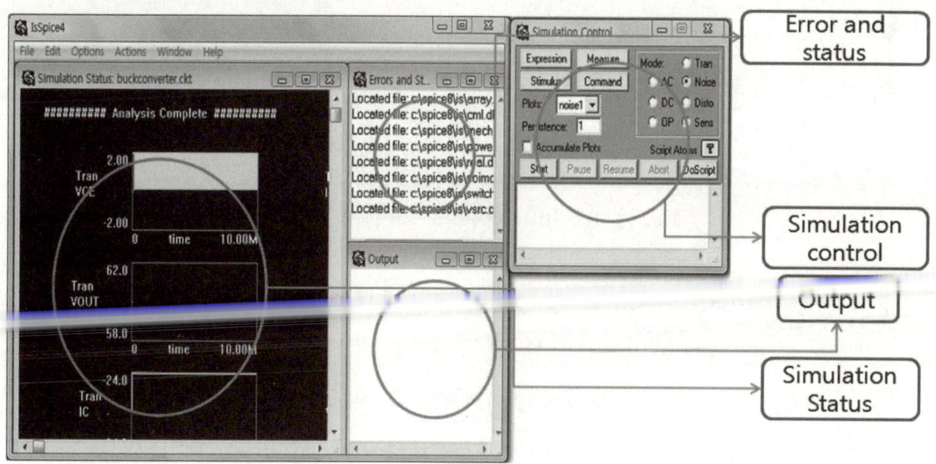

▐ 그림 4.1 IsSpice4의 구성 ▐

① Simulation Status : 'SpiceNet' 창에서 설계된 회로도의 Simulation 결과를 대략적으로 보여주는 창이다. 'Ctrl+T'키를 통하여 출력 그래프의 Auto scaling이 가능하다.

② Error and Status : Simulation 간에 생기는 진행 상태나 Error에 관한 Message를 출력하는 창이다.

③ Output : Simulation의 결과를 Text로 보여주는 창이다.

④ Simulation Control : IsSpice4의 여러 가지 기능들을 사용 및 제어하는 창이다.

가운데 파란색 바탕의 창에서 Test Point로 지정한 데이터를 간략하게 확인할 수 있다. 'Ctrl+T'키를 통하여 그래프의 Scale을 조정할 수 있다.

02 Scope 창에서의 결과 분석

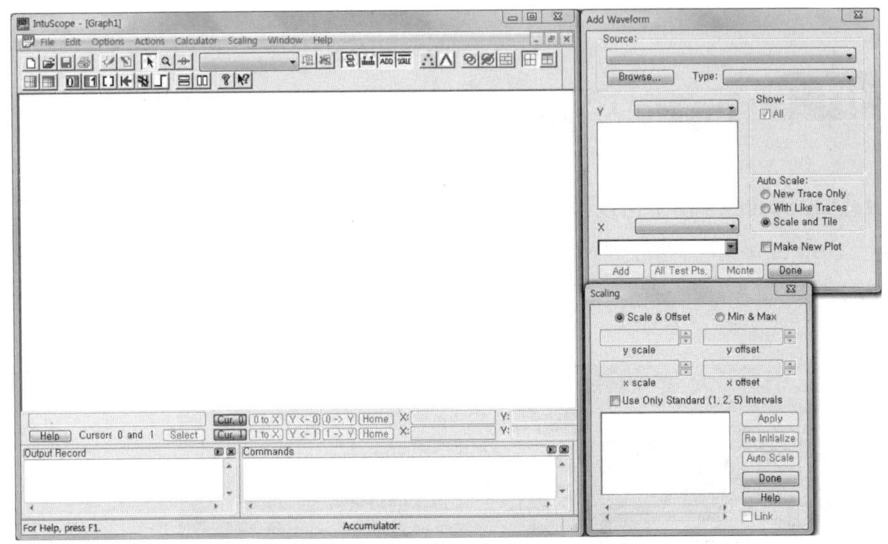

┃ 그림 4.2 IntuScope의 초기 구성 화면 ┃

그림 4.2는 IntuScope의 초기 구성 화면으로 시뮬레이션 완료 후 'IsSpice4' 메뉴에서 'Actions' → 'Scope'를 클릭하면 나타난다.

주의할 점은 Scope 사용 도중에 'IsSpice4' 창을 닫으면 누락되는 시뮬레이션 데이터들이 있기 때문에 꼭 'IsSpice4' 창을 띄워놓고 작업을 해야 한다는 것이다.

IntuScope는 아래와 같이 3가지의 창으로 구성된다.

- Scope : 시뮬레이션 데이터를 그래프로 표시하는 창이다. Cursor들을 이용한 여러 가지 연산 및 측정 기능을 지원한다.
- Add Waveform : 'IntuScope' 창에 표시할 그래프를 선택하는 창이다.
- Scaling : 표시된 그래프의 Scale을 조정하는 창이다.

(1) Add Waveform

① 'Add Waveform' 창은 원하는 데이터를 선택하여 'Scope' 창에 표시하는 창이다.

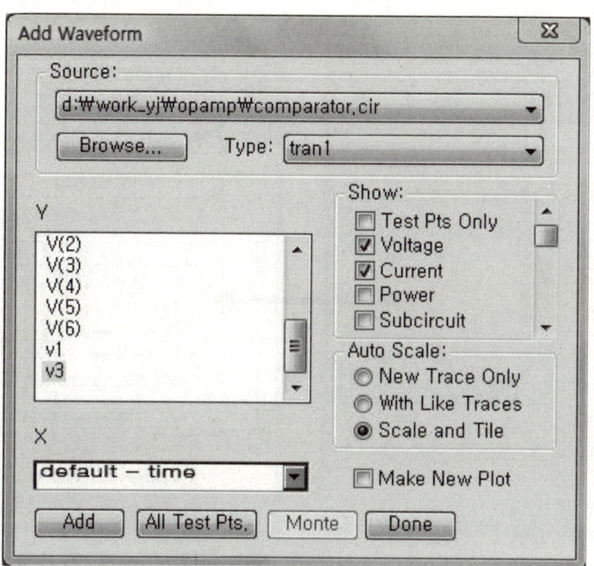

┃ 그림 4.3 Add Waveform ┃

② 그림 4.3은 'Add Waveform' 창이며 왼쪽의 'Y' 항목에서는 Y축이 될 Vector를 표시하는데 이곳에 표시되는 Vector들은 오른쪽의 'Show' 항목에서 설정할 수 있다.

　㉠ Test Pts Only : 회로도 상에서 설정한 Test Point Vector를 표시

　㉡ Voltage : 전압 관련 Vector를 표시

　㉢ Current : 전류 관련 Vector를 표시

　㉣ Power : 전력 관련 Vector를 표시

　㉤ Subcircuit : Subcircuit과 관련된 Vector를 표시(Subcircuit Current Test Point)

③ X는 X축에 대한 Vector로 디폴트값은 해당 분석법에 관한 것으로 설정되어 있다 (Transient → Time , AC Analysis → Frequency…).

Auto Scale은 그래프를 추가할 때 자동적으로 실행되는 Scale 조정에 대한 옵션이다.

　㉠ New Trace Only : 새롭게 추가되는 그래프에 대해서만 Scale 조정

　㉡ With Like Traces : 추가하는 그래프의 Y축 Scale을 이전의 그래프와 통일해 사용

　㉢ Scale and Tile : 새롭게 그래프가 추가될 때 마다 모든 그래프에 Scale을 조정

④ 'Scope' 창에 그래프를 표기하려면 'Y' 항목에서 보고 싶은 Vector를 선택한 후 'ADD' 버튼을 클릭하거나 더블클릭하면 생성이 된다. 그림 4.4에서 이를 확인할 수 있다.

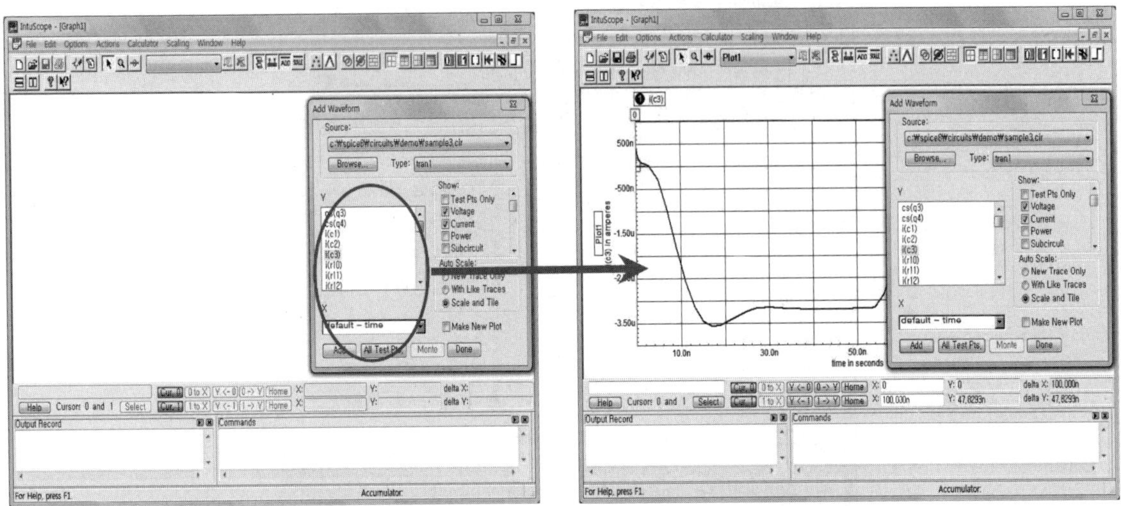

▌그림 4.4 Add waveform 창을 통한 그래프 추가 ▌

▌그림 4.5 AC Analysis 실행 후의 Add waveform 창 ▌

⑤ AC Analysis를 수행하게 되면 DB와 Phase 외에 여러 종류의 데이터가 생성되는 데 'Y' 항목의 위쪽에 새로운 스크롤 탭이 하나 생성된다. 이 탭을 클릭하면 AC Analysis의 분석 데이터 종류가 표시가 되며 표시되는 데이터를 선택하여 그래프를 추가할 수 있다. 그리고 만약에 두 개 이상의 분석을 동시에 실행했다면 'Add waveform' 창 상단에 'Type'이라는 스크롤 탭이 있는데 이를 선택하여 표기할 분석 데이터를 선택할 수 있다(Transient : Tran, AC Analysis : ac, DC Sweep Analysis : dc).

⑥ 그리고 우측 하단의 'Make New Plot'을 체크하면, 그래프를 새로 추가할 때 기존 Plot에 추가하지 않고 새로운 Plot에 추가한다. 그림 4.6에서 이를 확인할 수 있다.

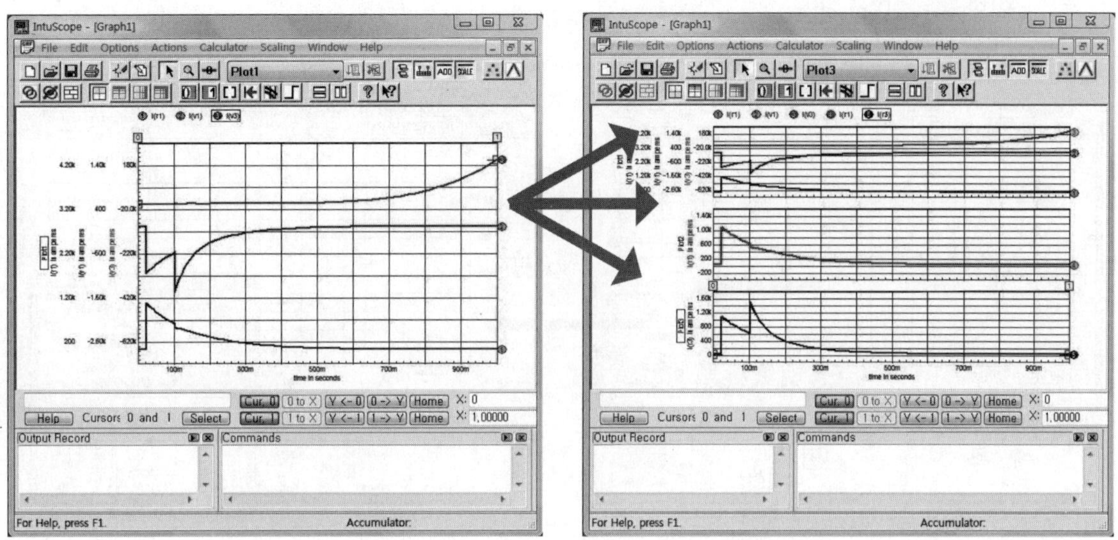

┃ 그림 4.6 Make New Plot을 이용한 출력 그래프의 분류 ┃

(2) Scaling

① 그림 4.7은 'Scaling' 창으로 그래프의 Scale 조정을 위한 창이다.

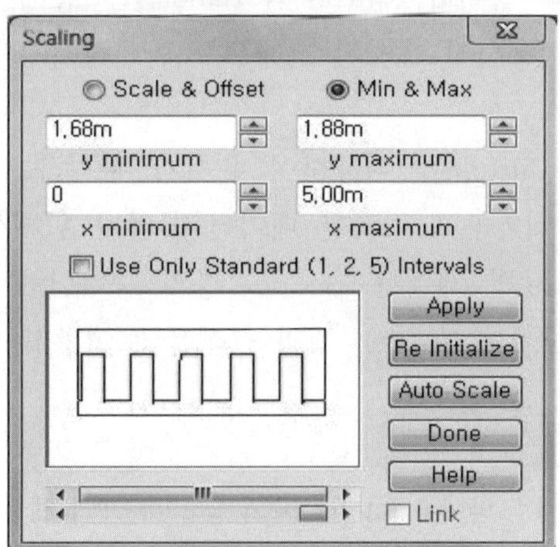

┃ 그림 4.7 Scaling ┃

② 'Scaling' 항목은 Scale & Offset, Min & Max로 나눌 수 있다.
　㉠ Scale & Offset : X, Y 축의 Offset 값과 Division의 값으로 그래프의 Scale 조정
　㉡ Min & Max : X, Y 축의 최솟값과 최댓값으로 그래프의 Scale 조정

③ 오른쪽 'Apply' 버튼은 조정한 Scale 값을 적용하고 Re Initialize는 초기 상태로 Scale 값을 Reset한다. 그림 4.8에서 'Scaling' 창을 통한 Scale 조정 결과를 확인할 수 있다.

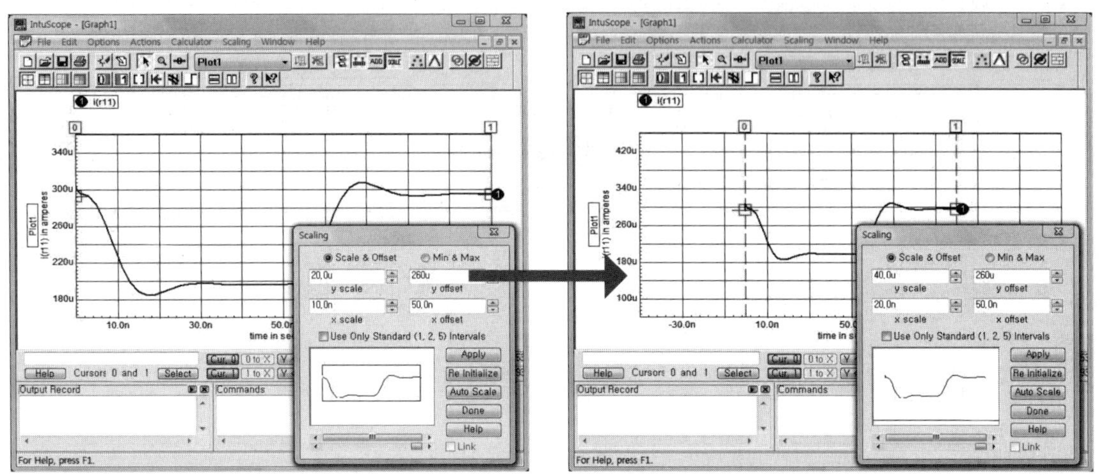

▌ 그림 4.8 그래프의 Scale 조정 ▌

(3) Scope

'Scope' 창은 회로의 시뮬레이션 결과를 Add Waveform과 Scaling 창을 통해 조정된 그래프들 보여주는 팝업 윈도우이다. Cursor와 Label을 이용해서 그래프에 대한 세밀한 분석을 하고 Zoom 기능을 이용하여 표시된 그래프를 확대하여 볼 수도 있다.

① Cursor

'Scope' 창에서는 Cursor를 이용하여 유저가 분석하고자 하는 구간을 설정할 수 있다. 그래프에서 세밀하고 정확한 데이터를 얻기 위해서는 Cursor의 정확한 제어가 필요하며 Cursor의 제어는 'Scope' 창의 중하단에 있는 Cursor 제어 탭에서 이루어진다. 그림 4.9는 Cursor 탭의 구성을 보여주고 있다.

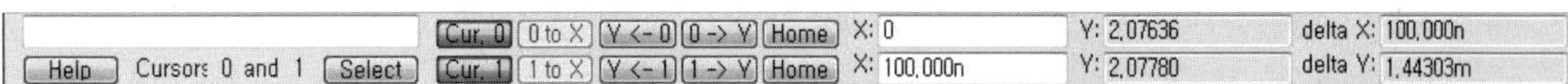

▌ 그림 4.9 IntuScope의 Cursor 제어 탭 ▌

㉠ Cur.0, Cur.1 : Cursor 0, 1을 사용하거나 없앨 때 이 버튼을 클릭하여 제어

㉡ 0 to X, 1 to X : Cursor 탭 가장 좌측의 Edit Box에 기입된 X축의 값으로 각 Cursor들을 이동

ⓒ Y←0, Y←1 : 클릭할 때마다 Cursor 0, 1이 좌측으로 데이터 단위로 이동, Accumulator(왼쪽 Edit Box)에 일정한 값을 넣고 클릭하면 그 값으로만 이동

ⓔ 0→Y, 1→Y : 클릭할 때마다 Cursor 0, 1이 우측으로 데이터 단위로 이동, Accumulator에 일정한 값을 넣고 클릭하면 그 값으로만 이동

ⓜ Home : 각 Cursor를 현재 관측 구간의 그래프상의 맨 좌측과 우측으로 이동

ⓗ X, Y : 각 Cursor의 현재 X축값과 Y축값을 표시, X는 Edit Box로 되어있는데 여기에 데이터의 X축값을 넣고 'Scope' 창을 클릭하면 지정된 X값으로 Cursor가 이동

ⓢ delta X, Y : Cursor 0과 1 사이의 delta 값을 표시

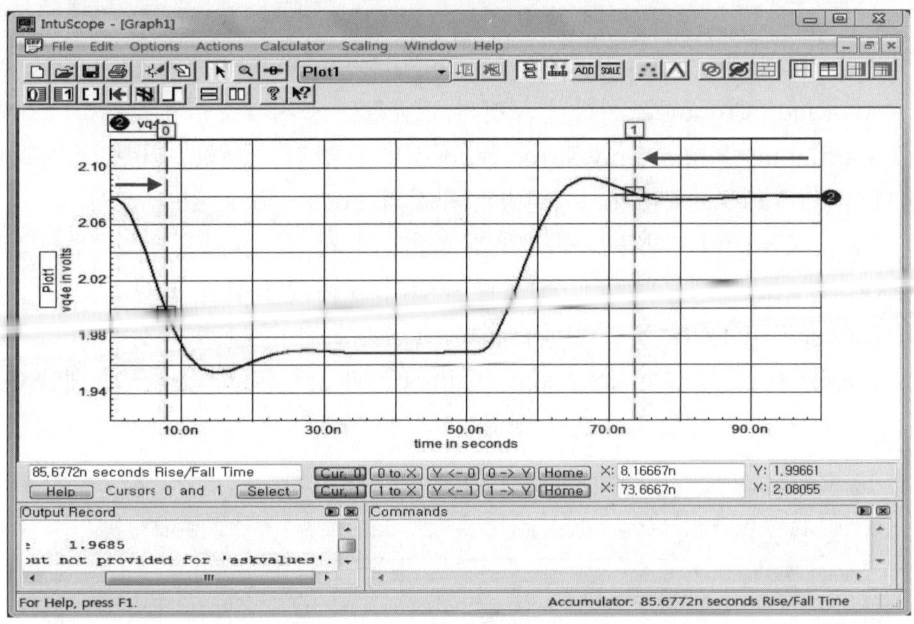

▌ 그림 4.10 Cursor를 이용한 특정 구간 설정 ▐

위처럼 세밀하게 Cursor를 조정할 수도 있고 단순 마우스 드래그로 조정할 수 있다. Cursor의 꼭대기 부분인 숫자를 클릭하고 드래그하면 이동시킬 수 있다.

② Label

그래프의 특정값을 Scope에 표시해 주는 기능이다.

'Scope' 창에서 오른쪽 마우스 버튼을 클릭하면 나타나는 팝업 메뉴의 Label이나 'Scope' 메뉴의 'Calculator' → 'Labels'에서 이용할 수 있다.

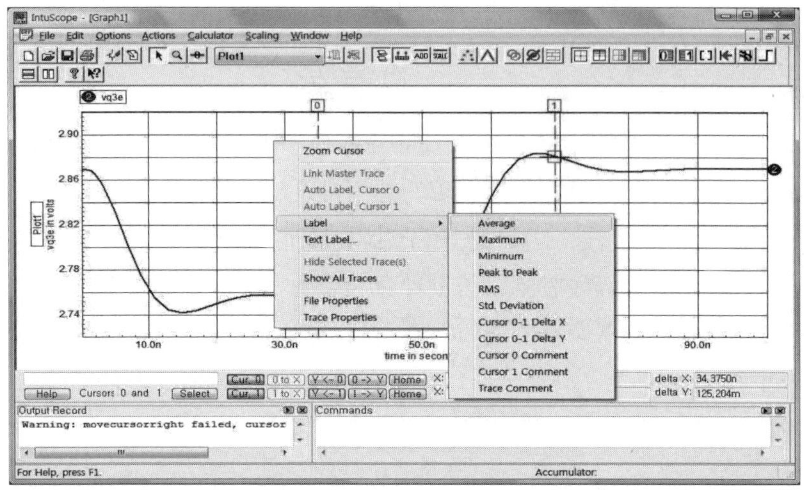

▌ 그림 4.11 Label 메뉴 호출 창 ▌

㉠ Average : Cursor로 설정된 구간의 평균값을 표시

㉡ Maximum, Minimum : Cursor로 설정된 구간의 최댓값·최솟값을 표시

㉢ Peak to Peak : Cursor로 설정된 구간의 Peak-Peak 값을 표시

㉣ RMS : Cursor로 설정된 구간의 실효값을 표시

㉤ Std.Deviation : Cursor로 설정된 구간의 표준 편차값을 표시

㉥ Cursor 0·1 Delta X, Delta Y : Cursor 0과 1 사이의 Delta X, Delta Y값을 표시

㉦ Cursor 0·1, Trace Comment : Cursor 0과 1, 그리고 그래프에 대한 Comment 를 추가할 수 있는 Label을 생성

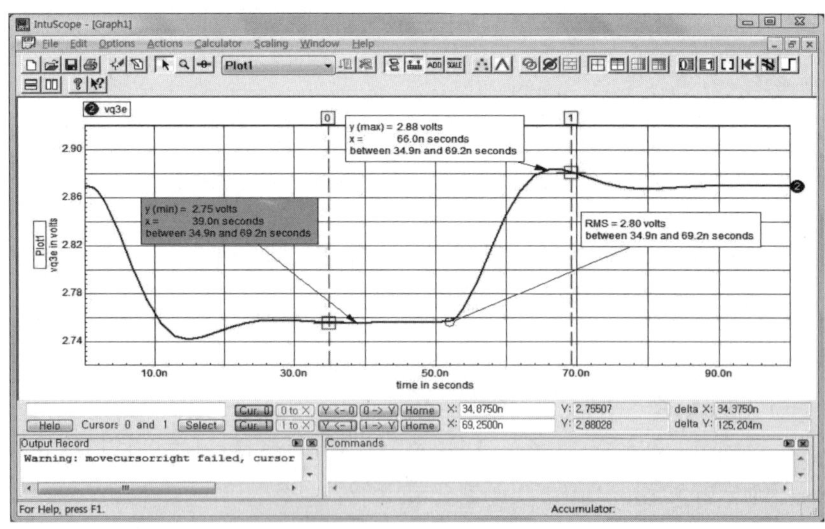

▌ 그림 4.12 Label을 이용한 최대, 최소, 실효 값 측정 ▌

③ Zoom

표시된 그래프를 Zoom in, Zoom out하는 방법은 'Scope' 창의 위쪽에 돋보기 모양의 아이콘을 클릭하거나 'Scope' 창의 빈 공간에 마우스 오른쪽 버튼을 클릭하게 되면 나오는 Pop-up 메뉴에서 'Zoom Cursor'를 클릭하면 커서 모양이 돋보기 모양으로 바뀌게 된다. 이때 그래프에서 원하는 구간을 드래그하여 선택하면 해당 구간만큼 Zoom in이 되고 다시 빈공간을 클릭하면 원상태로 Zoom out이 된다.

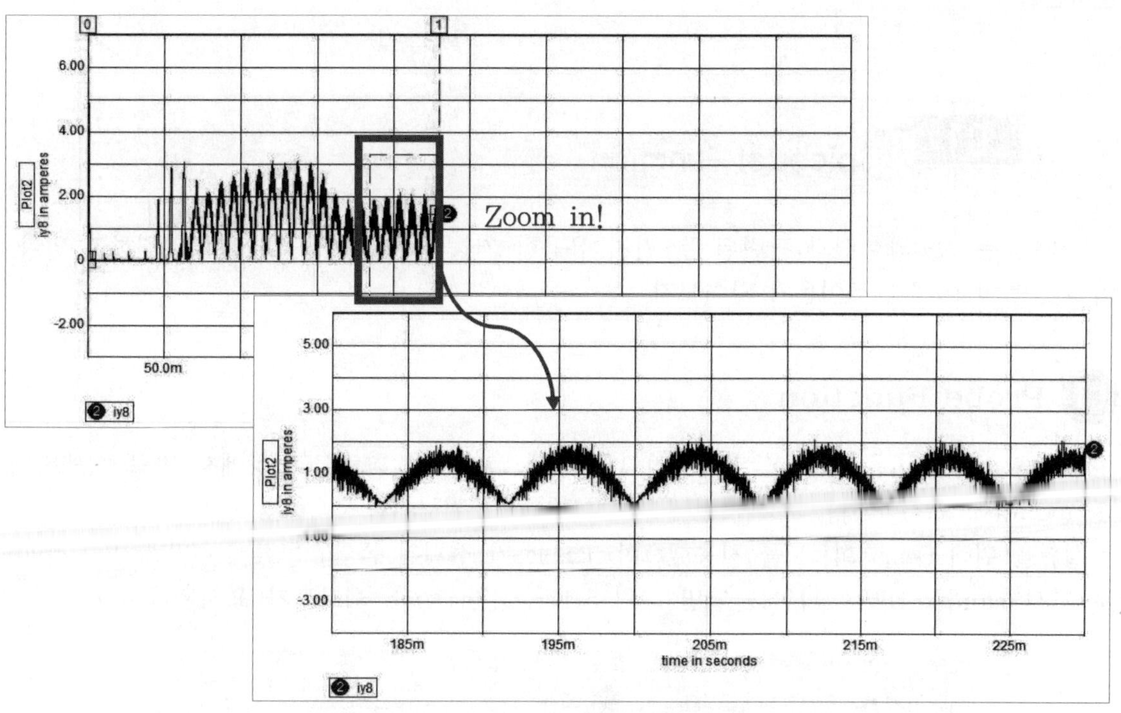

┃ 그림 4.13 Zoom Cursor를 이용한 그래프의 Zoom Action ┃

이상으로 시뮬레이션과 'Scope' 창의 자세한 운용법에 대해서 알아보았다.

다음 절에는 지금까지 배운 기본적인 기능 외에 파라미터의 Sweep과 같은 부가적인 기능에 대해서 알아보겠다.

추가적인 기능들

이번 절에서는 IsSpice에서 지원하는 부가 기능들에 대해서 살펴보고 어떻게 사용하는지 알아본다.

01 SpiceNet Function

IsSpice는 시뮬레이션과 관련된 두 가지 유용한 기능인 Probe와 Alter를 지원하고 있다. 이 기능들이 어떻게 쓰이는지 알아보자.

01 Probe Function

Probe Function은 'Scope' 창에서만 나타내던 그래프를 회로 도면상에서 바로 선택하여 'Scope' 창에 표시하거나 회로 도면에 직접 표시하는 기능이다.

실습을 위해 Demo 회로도를 사용했으며, IsSpice가 설치된 폴더(예 : W.spice8WcnWsample) 로 가서 'sample.DWG' 파일을 열면 그림 5.1과 같은 Demo 회로도가 표시된다.

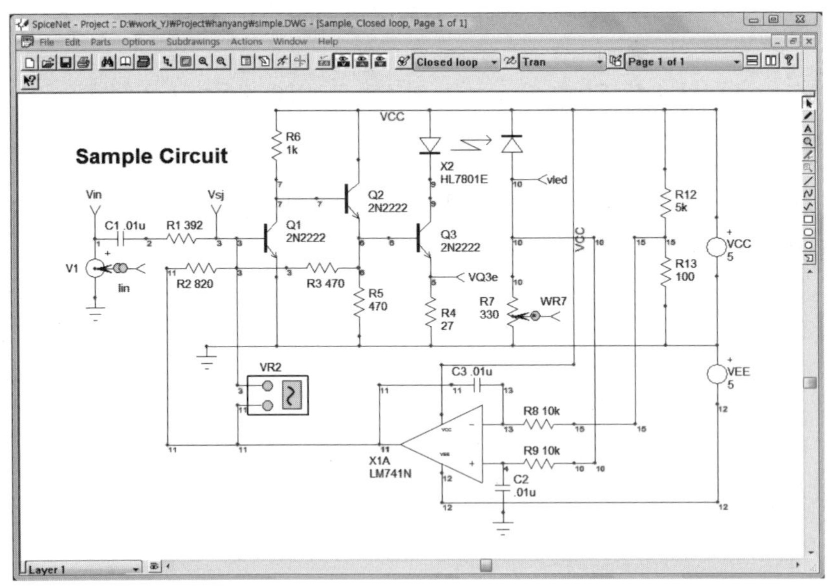

그림 5.1 Probe, Alter Function 실습 회로도

Probe Function을 이용하기 위해서 먼저 시뮬레이션을 실행한다. Demo 회로도에는 시뮬레이션 설정이 이미 되어 있으므로 앞서 배운 방법대로 시뮬레이션을 실행한 후에 SpiceNet의 'Actions' 메뉴를 보면 그림 5.2처럼 Probe 탭이 활성된 것을 확인할 수 있다.

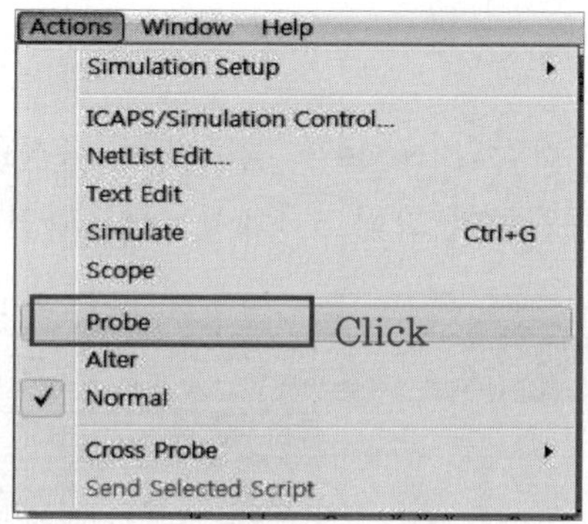

▌ 그림 5.2 활성화된 Probe Function ▌

시뮬레이션 창을 닫지 않은 상태로 'Probe'를 클릭하면 마우스 커서 모양이 바뀌면서 Probe Function을 사용할 수 있게 된다.

Probe Function으로 측정 가능한 것은 전류, 전압, 양단간 차동 전압이다.

(1) 전류

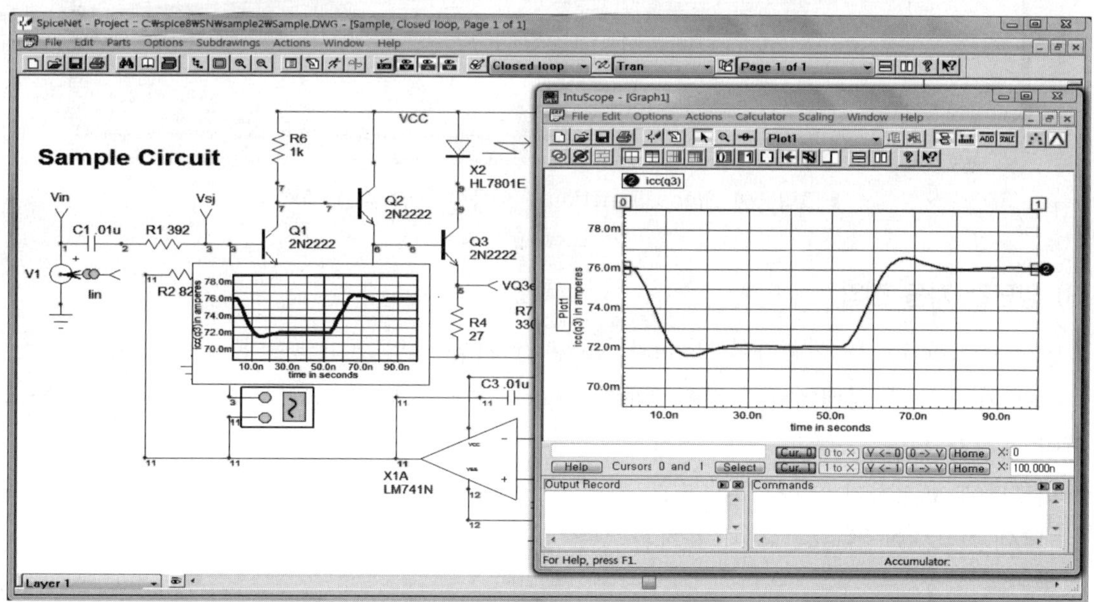

▌ 그림 5.3 Probe Function을 이용한 전류 파형 출력 ▌

전류는 라이브러리의 심벌을 클릭하면 측정할 수 있다. 'Scope' 창에서 확인하기 위해서는 해당 라이브러리의 심벌을 클릭하고, 회로도상에 표시하기 위해서는 Shift 키를 누른 채 라이브러리의 심벌을 클릭하면 된다. 단, Subcircuit 라이브러리는 측정이 불가능하다. 그림 5.3에서 전류 파형을 회로도와 'Scope' 창에 표시한 것을 확인할 수 있다.

(2) 전압

전압은 라이브러리가 아닌 각각의 Node를 클릭해서 측정할 수 있다. 회로도나 'Scope' 창에 표시하는 방법은 위와 동일하며 그림 5.4에서 이를 확인할 수 있다.

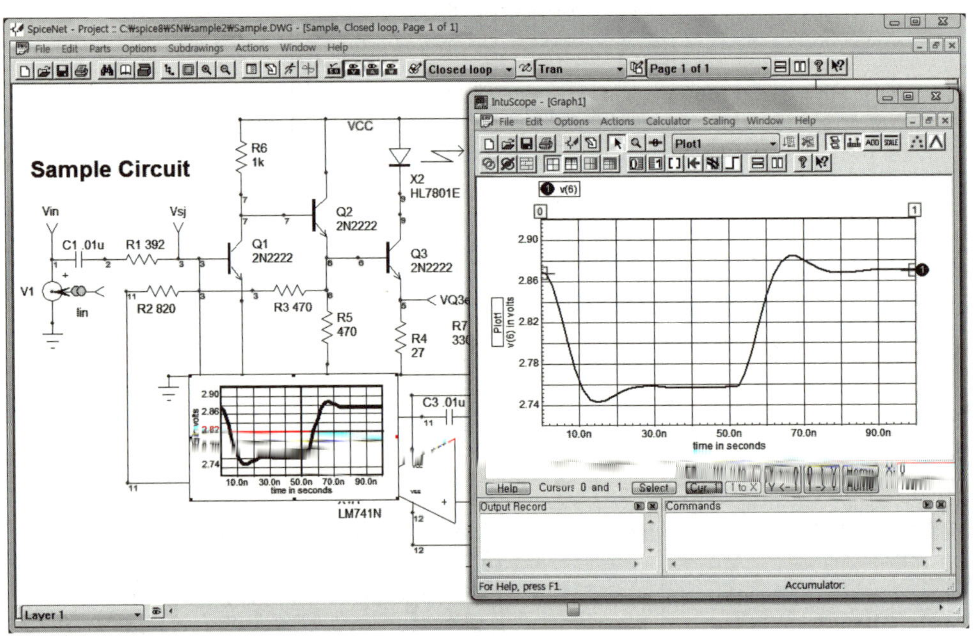

▌ 그림 5.4 Probe Function을 이용한 전압 파형 출력 ▌

(3) 양단간 차동 전압

Probe Function을 이용하여 Node와 Node 간 차동 전압을 체크한다.

Ctrl 키를 누른 상태에서 측정할 2개의 Node를 클릭하면 'Scope' 창에 Node 간 차동 전압이 표시가 된다.

회로도에 표시하기 위해서는 Shift 키와 Ctrl 키를 누른 채 각 'Node'를 클릭한다. 그림 5.5에서 회로도와 'Scope' 창에 표기된 것을 확인할 수 있다.

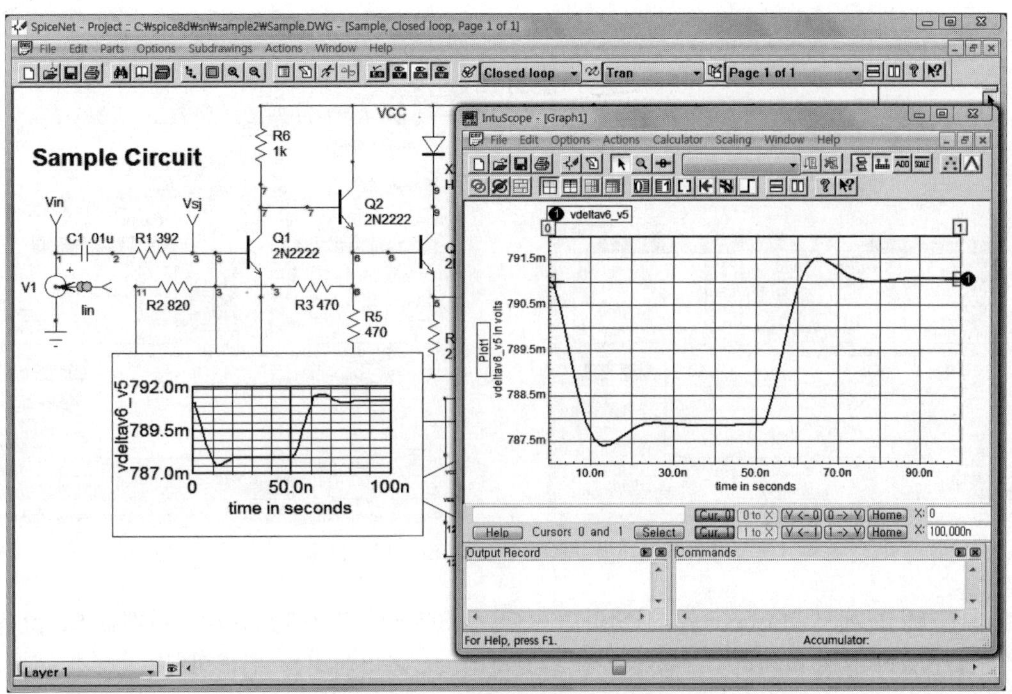

┃ 그림 5.5 Probe Function을 이용한 차동 전압 파형 출력 ┃

> 그래프의 ID를 보면 vdeltav6_v5라고 되어 있는데 이는 6번 Node와 5번 Node의 차동 전
> 압이라는 의미이다.

⑫ Alter Function

Alter Function은 R, L, C와 회로 주변 온도를 Sweep 시켰을 때 Target value의 변
화 패턴을 그래프로 보고자 할 때 사용하는 기능이다.

(1) R, L, C Sweep

Probe Function 때와 마찬가지로 시뮬레이션을 실행하고 'Actions' 메뉴의 'Alter' 탭을
클릭하면 Alter Function을 사용할 수 있다.

R, L, C에서 Sweep할 라이브러리를 클릭하면 그림 5.6과 같이 'Alter' 창이 생성된다.
Demo 회로도에서 저항 소자인 R_7을 Sweep 해보자.

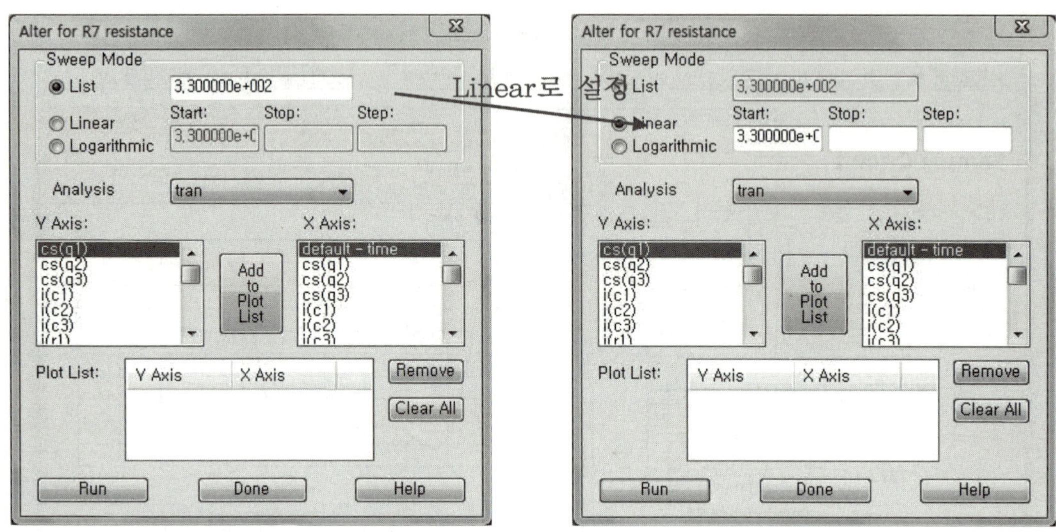

▌ 그림 5.6 Alter Function 설정 창 ▌

Sweep Mode에서 'Linear'를 선택하면 시작값(Start), 정지값(Stop), 단계값(Step)을 넣는 Edit Box가 활성화된다. 그림 5.7을 참고하여 각 파라미터를 입력한다.

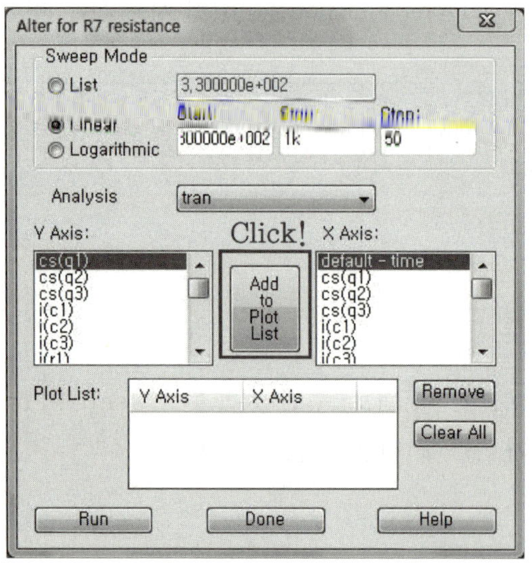

▌ 그림 5.7 Sweep Mode : Linear ▌

① Start : 3.300000e+002(＝330Ω)

② Stop : 1kΩ

③ Step : 50Ω

그림 5.8은 설정이 완료된 'Alter' 창이다. Y Axis에서는 Y축에 사용할 항목을 설정하는데 15번 Node의 전압값인 V(15)를 설정했고 X Axis는 X축에 사용할 항목을 설정하는 부

분으로 Transient Analysis를 하기 때문에 기본값은 시간(time)으로 되어 있다.

가운데 'Add to Plot List' 버튼을 클릭하면 Plot List에 설정된 그래프가 추가된다.

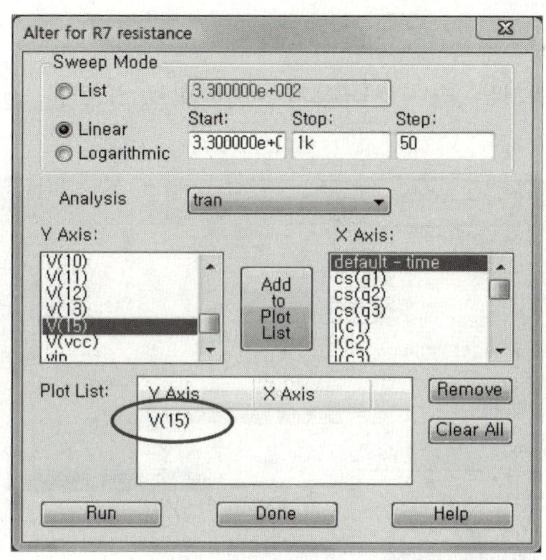

┃ 그림 5.8 설정 완료된 Alter 창 ┃

그림 5.8과 같이 설정이 되었다면 'Run' 버튼을 클릭한다. 시뮬레이션을 거쳐서 'Scope' 창에 Sweep 단계별로 결과값을 출력하게 된다.

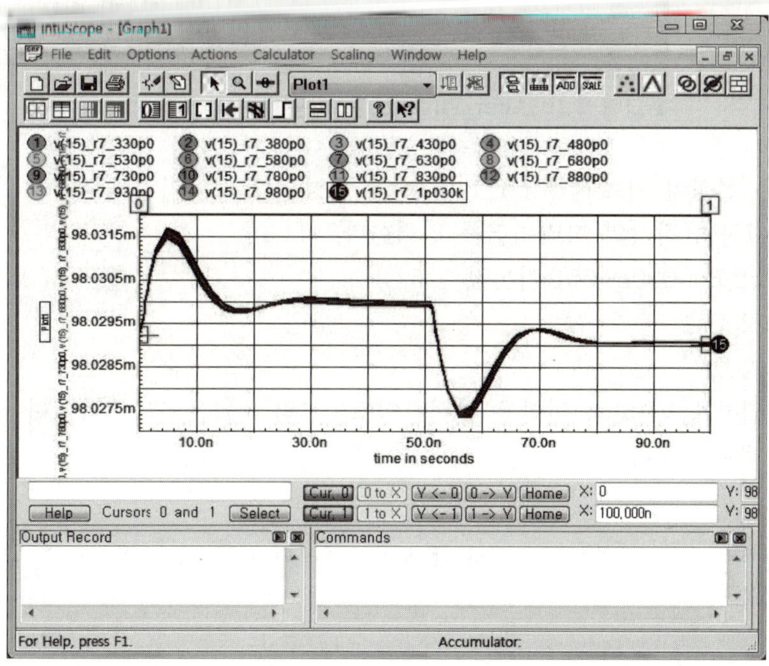

┃ 그림 5.9 Alter Function에 의해 Sweep된 결과 파형 ┃

여기서 그래프 위쪽에 각 그래프의 ID에서 '330p0'으로 표현된 것의 의미는 저항 R_7의 값이 330.0Ω이라는 것이다. 따라서 뒤쪽의 1p030k는 1.030kΩ이 되겠다.

(2) Temperature Sweep

온도를 Sweep하기 위해서는 라이브러리가 아닌 회로 도면을 클릭한다.

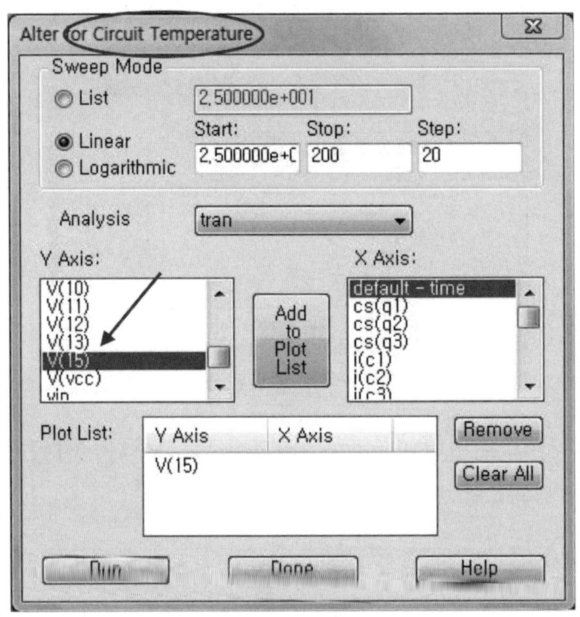

▌ 그림 5.10 Alter Function을 이용한 온도 Sweep ▌

그림 5.10은 설정이 완료된 Alter Function 설정 창으로, 이 그림과 R, L, C 설정 때의 그림을 참고하여 각각의 파라미터를 입력한다.

① Start : 2.500000e+001(기본값 : 25℃)

② Stop : 200℃

③ Step : 20℃

이 전과 동일하게 V(15)의 변화를 분석하였고, 그림 5.11은 그 결과이며 각 그래프를 읽는 방법은 전과 동일하다.

참고 Tenperature 분석은 회로의 각 소자에 온도와 관련된 계수가 있어야 그 특성을 볼 수 있다.

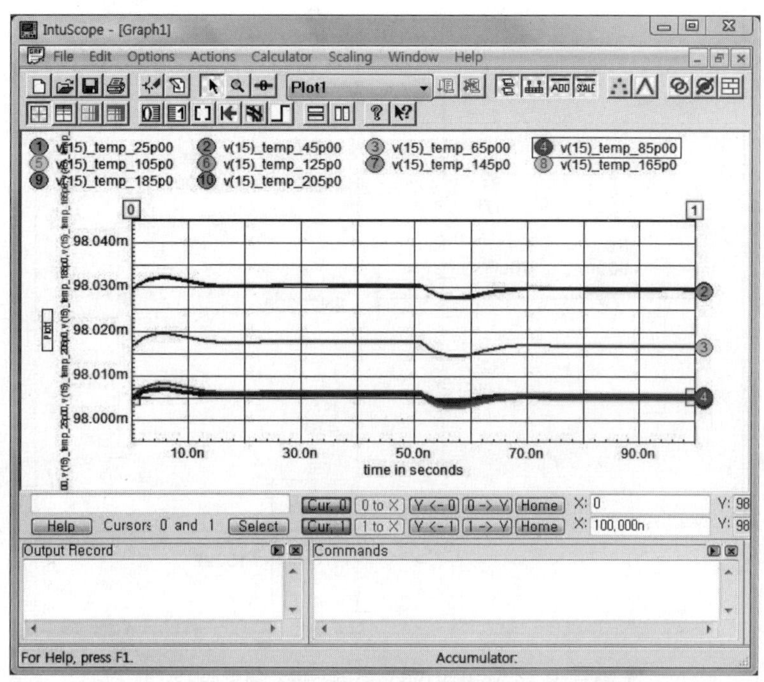

┃ 그림 5.11 Alter Function을 통한 온도 Sweep 결과 ┃

02 Sensitivity Analysis

지금까지 진행한 분석법들이 기본적인 분석 방법이라고 한다면, 지금부터 소개할 Sensitivity Analysis는 각 라이브러리의 Tolerance를 이용하여 회로도 내부의 라이브러리들이 회로도에 끼치는 영향을 볼 수 있는 상위 분석법으로, Target value 변동의 영향을 라이브러리 별로 볼 수 있기 때문에 매우 유용한 분석법이다.

(1) 회로 작성

① 그림 5.12는 Sensitivity Analysis를 진행할 실습 회로로 실습에 앞서 작성한다. V_{CC}는 DC 10V이고, BJT의 Base단 입력 전압은 그림 5.13과 같이 설정한다.

　㉠ Offset : 0

　㉡ Peak Amplitude : 10m

　㉢ Frequency : 50

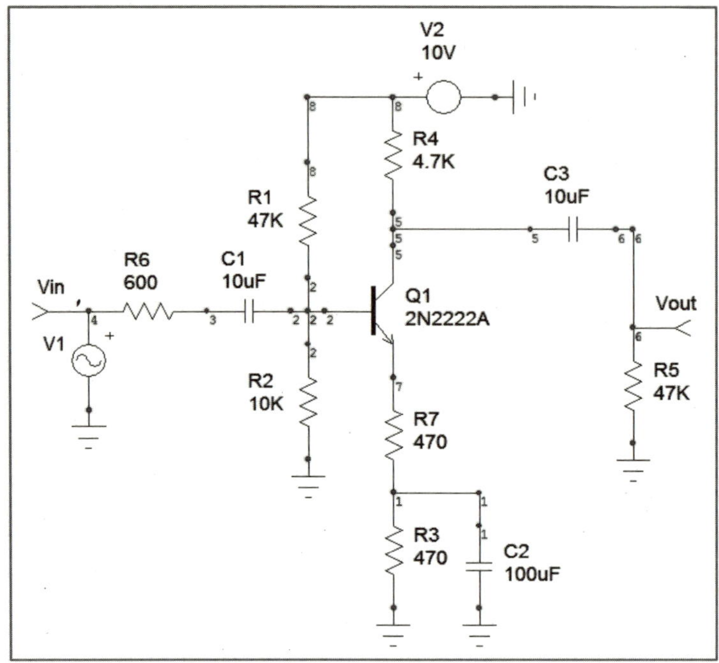

■ 그림 5.12 Sensitivity Analysis 실습 회로 ■

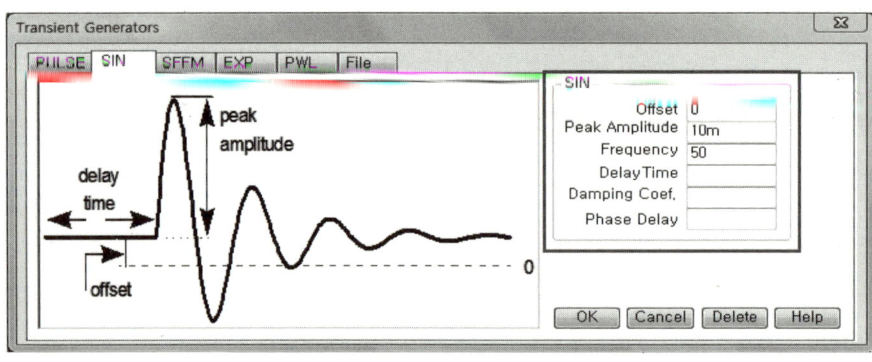

■ 그림 5.13 AC 입력 전원 설정 ■

참고 AC 전원을 의미하는 전압원의 심벌은 숫자 3과 V키를 이어서 누르면 배치할 수 있다.

② 회로도를 저장하고 시뮬레이션 설정을 한다. Sensitivity Analysis는 Transient, AC Analysis 같은 기본 분석법을 기반으로 이루어지기 때문에 이에 대한 설정 작업을 먼저 해야 한다. 그림 5.14를 참고하여 Transient Analysis를 설정한다.

㉠ Data Step Time : 1u

㉡ Total Analysis Time : 100m

㉢ Maximum Time : 0.5u

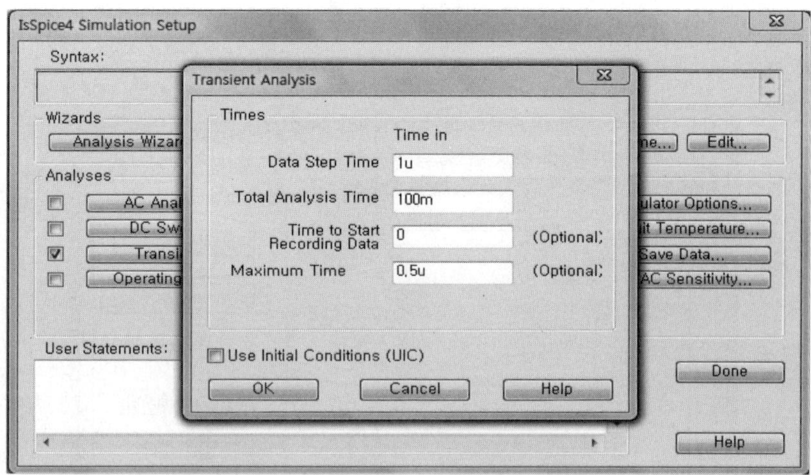

┃ 그림 5.14 Transient Analysis 설정 ┃

(2) Sensitivity Analysis 설정

'SpiceNet' 메뉴에서 'Actions' → 'ICAPS Simulation Control'을 클릭하면 그림 5.15와 같은 창이 나타난다.

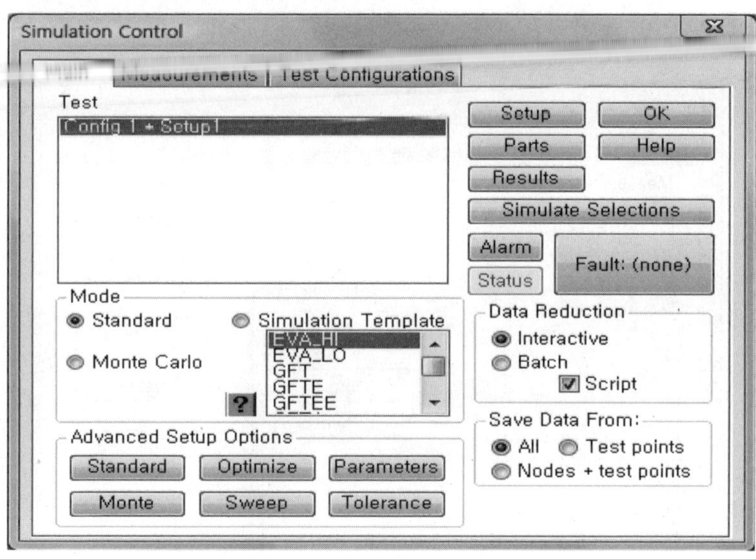

┃ 그림 5.15 ICAPS Simulation Control 창 ┃

Sensitivity Analysis의 결과를 보기 위해서는 Target value를 설정해야 한다. 그림 5.16~5.19를 참고하여 Target value를 설정해보자.

① 'Simulation control' 창의 'Measurements' 탭을 클릭하고 오른쪽의 'Add' 버튼을 클릭한다.

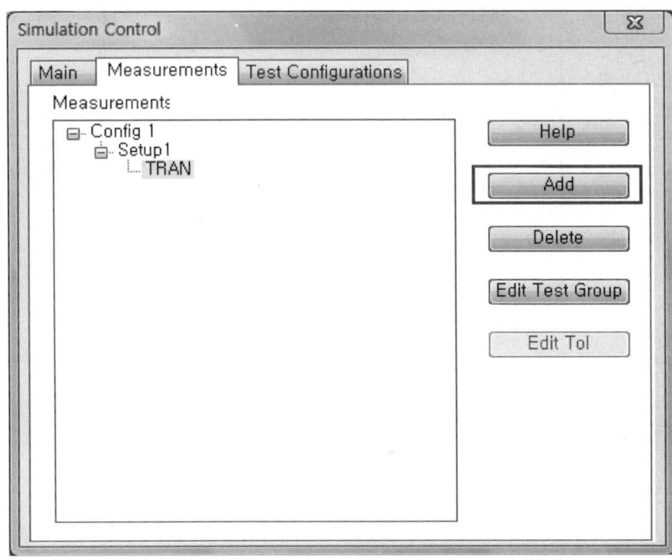

▮ 그림 5.16 Measurement 설정 창 ▮

② 시뮬레이션 설정 관련 창으로 'Next' 버튼을 클릭한다.

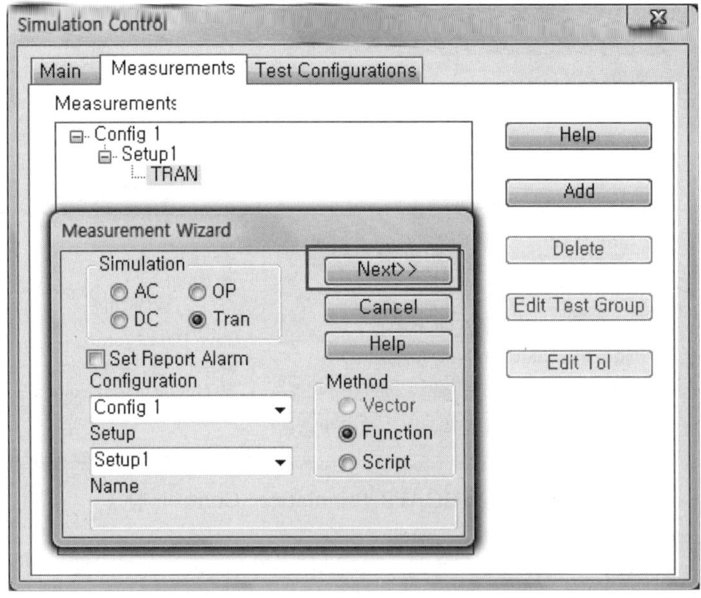

▮ 그림 5.17 시뮬레이션 관련 설정 ▮

③ Scope의 커서 위치에 대한 설정 단계로 'Next' 버튼을 클릭하여 다음 단계로 넘어간다.

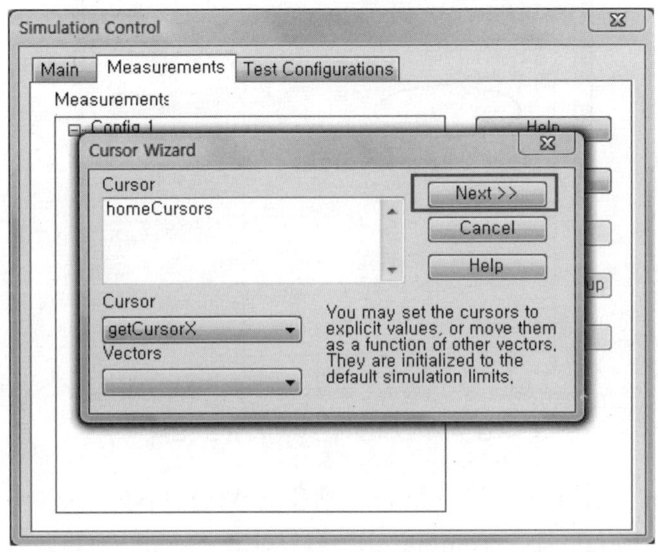

▌ 그림 5.18 Cursor 설정 ▌

④ Target value와 그 속성을 정하는 창으로 Vector list에서는 대상값, Functions에서는 그 값에 대한 속성(최대, 최소, 평균, RMS......)를 설정한다.

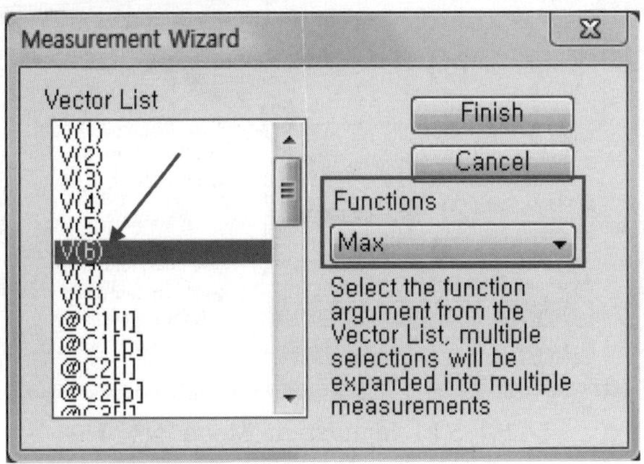

▌ 그림 5.19 Target value 설정 ▌

그림 5.19은 Target value를 설정하는 창으로 출력 Node의 전압값인 V(6)을 선택하고 속성은 Max(최댓값)로 설정한다.

⑤ 'Finish'를 클릭하고 'Measurements' 탭에 Target Value가 추가된 것을 확인한다.

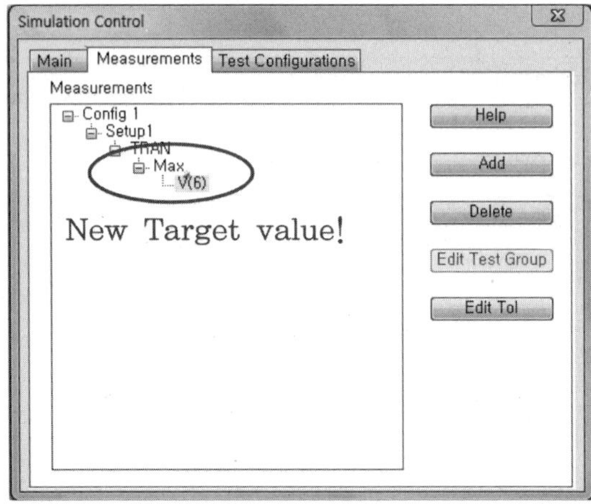

┃ 그림 5.20 Target value 설정 완료 ┃

⑥ 'Simulation Control' 창의 'Main' 탭을 클릭한 다음, 그림 5.21과 같이 중앙의 Mode에서 'Simulation Template'를 클릭하고 'Sens1' 항목을 찾아 선택한다.

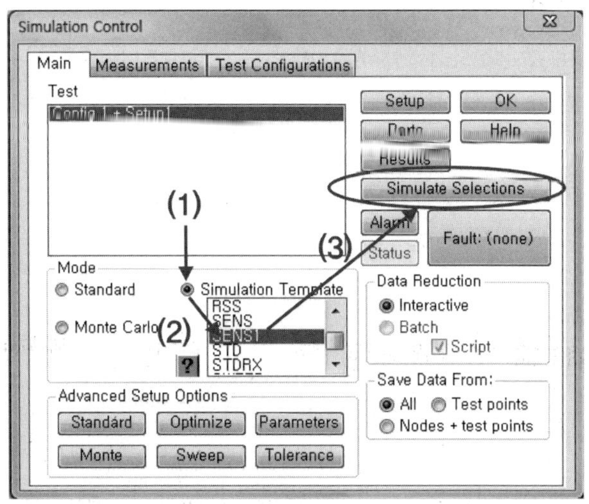

┃ 그림 5.21 Simulation Mode 설정 ┃

설정을 마치고 오른쪽의 'Simulate Selections' 버튼을 클릭하면 시뮬레이션이 실행된다.

Sens1과 Sens는 결과의 표시 방법만 다를 뿐 같은 Sensitivity Analysis이다.

(3) 결과 분석

Sensitivity Analysis의 결과는 텍스트로 출력되는데 이는 전용 텍스트 편집기인 IsED에서 확인이 가능하다. 시뮬레이션이 완료가 되면 'IsSpice4' 메뉴 → 'Actions' → 'Text edit'를 클릭한다.

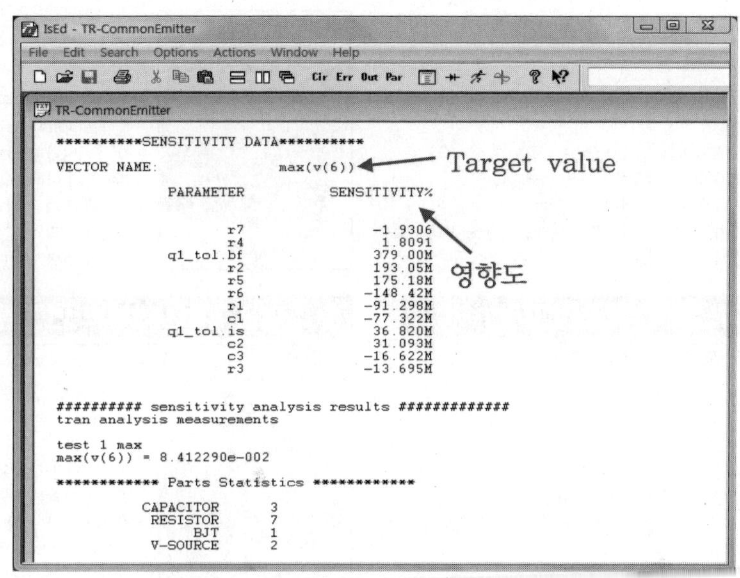

그림 5.22 Sensitivity Analysis 결과 Text

그림 5.22는 Sensitivity Analysis의 결과 데이터를 텍스트 창을 통해 보여주고 있다. 'IsED' 메뉴 → 'Window' → '.OUT File'을 클릭하면 위와 같은 데이터를 확인할 수 있다. 결과의 오른쪽이 Target value에 대한 영향도이며 각 파라미터가 상승하게 된다면 각 비율만큼 상승하거나 감소한다는 의미이다. 여기서 유의할 것은 영향도의 %가 100%의 절댓값이 아닌 상대적인 값이라는 것이다.

쉽게 말해서 해당 Target value에 영향을 많이 주는 라이브러리 순서대로 나열되어 있다고 이해하면 되겠다.

> q1_tol.bf는 q1이라는 BJT의 β(베타)값의 Tolerance를 의미하고 q1_tol.is는 포화 전류(Saturation current)의 Tolerance를 의미한다.

이상 IsSpice의 사용법에 관한 간략한 Manual이었다. 이 기능들 이외에 여러 가지 많은 기능들을 지원하고 있지만 지면상 이들은 생략하기로 하겠다. 본 교재에 실린 내용 이외에 더 많은 정보 및 매뉴얼을 얻고 싶다면 www.dahan.co.kr, www.intusoft.com에 방문하여 정보를 얻어가길 바란다.

최근 7개년 과년도 전기기사

전기기사연구회 編/4·6배판/676p/정가 25,000원/별책 부록 포함

- 최근 7년간 출제된 문제를 연도별로 수록함으로써 쉽게 자격증 취득의 문을 열 수 있도록 하였습니다.
- 최근 7년간 출제된 문제로만 엮어 최근의 출제경향을 파악하기 쉽게 하였습니다.
- 각 문제마다 상세한 해설을 하였으므로 혼자 공부하기에 어려움이 없도록 하였습니다.
- 단기에 자격 검정에 합격해야 하는 수험생이나 마지막 정리가 필요한 수험생들에게 최적의 지침서가 될 것입니다.

최근 7개년 과년도 전기산업기사

전기산업기사연구회 編/4·6배판/676p/정가 25,000원/별책 부록 포함

- 최근 7년간 출제된 문제를 연도별로 수록함으로써 쉽게 자격증 취득의 문을 열 수 있도록 하였습니다.
- 최근 7년간 출제된 문제로만 엮어 최근의 출제경향을 파악하기 쉽게 하였습니다.
- 각 문제마다 상세한 해설을 하였으므로 혼자 공부하기에 어려움이 없도록 하였습니다.
- 단기에 자격 검정에 합격해야 하는 수험생이나 마지막 정리가 필요한 수험생들에게 최적의 지침서가 될 것입니다.

최근 7개년 과년도 전기공사기사

전기공사기사연구회 編/4·6배판/632p/정가 25,000원/별책 부록 포함

- 최근 7년간 출제된 문제를 연도별로 수록함으로써 쉽게 자격증 취득의 문을 열 수 있도록 하였습니다.
- 최근 7년간 출제된 문제로만 엮어 최근의 출제경향을 파악하기 쉽게 하였습니다.
- 각 문제마다 상세한 해설을 하였으므로 혼자 공부하기에 어려움이 없도록 하였습니다.
- 단기에 자격 검정에 합격해야 하는 수험생이나 마지막 정리가 필요한 수험생들에게 최적의 지침서가 될 것입니다.

최근 7개년 과년도 전기공사산업기사

전기공사산업기사연구회 編/4·6배판/624p/정가 25,000원/별책 부록 포함

- 최근 7년간 출제된 문제를 연도별로 수록함으로써 쉽게 자격증 취득의 문을 열 수 있도록 하였습니다.
- 최근 7년간 출제된 문제로만 엮어 최근의 출제경향을 파악하기 쉽게 하였습니다.
- 각 문제마다 상세한 해설을 하였으므로 혼자 공부하기에 어려움이 없도록 하였습니다.
- 단기에 자격 검정에 합격해야 하는 수험생이나 마지막 정리가 필요한 수험생들에게 최적의 지침서가 될 것입니다.

제어 계측 공학

홍선학 著/4·6배판/392p/정가 15,000원

본서는 우리가 취급하는 아날로그 현상을 계측하여 신호 변환 과정을 거쳐 컴퓨터 응용 분야에서 필요한 디지털 데이터로 변환하는 일련의 과정에 대한 설명으로 시작하고 있습니다. 실험을 통해서 제작하고 측정한 결과로 다루어졌으며, 전체적인 내용은 기본적인 사항을 수록하였습니다. 따라서 대학 및 산업체 현장에서 전자 공학 및 제어 계측 분야를 처음 공부하는 사람들에게는 다소 어려울 수 있는 내용도 포함되었지만, 많은 복습문제와 연습문제를 함께 수록함으로써 학습의 흥미와 효과를 높일 수 있도록 하였습니다.

조명 디자인 실무

小泉實 著/윤혜림 譯/4·6배판/192p/정가 15,000원

본서는 조명 디자인에 대한 기초적이고 간단한 내용을 그림과 함께 설명하여 누구나 알기 쉽게 이해할 수 있도록 정리하였습니다. 그리고 내용을 접하게 되면 조명의 쓰임새와 다양함에 새로움을 충분히 느낄 수 있고, 관심을 가지고 있었던 독자라면 많은 도움을 받을 수 있으리라 생각됩니다. 조명 디자인에 대한 관심이 높아지고 중요하게 부각되는 현대 사회에 기본적인 이론을 정리한 안내서로서의 역할을 할 수 있으리라 봅니다.

최신 전기철도공학

양병남 著/4·6배판/592p/정가 25,000원

전기철도 분야의 전문적인 지식을 얻고자 하는 학생들을 위해 저자는 전기철도만을 시공, 감독, 설계하면서 얻은 경험을 바탕으로 외국의 자료와 국내의 자료를 정리하여 전기철도공학을 출간하였습니다. 전기철도 분야의 설계·시공·감리에 종사하는 실무기술자·대학 강의 교재, 기술사, 기사·산업기사 기술자격시험의 참고서로써 실무에 직접 활용할 수 있게 구성하였고 전기철도 분야의 대부분을 차지하는 전차선로 분야를 집중적으로 수록하였습니다.

전기철도 시스템 공학

강인권 編著/4·6배판/400p/정가 15,000원

고속전철의 건설, 기존 간선철도의 전철화, 도시철도 및 지하철의 건설 등이 계속 진행되고 있으며, 전기철도의 사명과 기능이 매우 중대하게 부각되고 있어 고속화, 고효율화를 지향하는 신기술과 신방식이 적극적으로 도입되고 있습니다. 본서는 전기철도의 중추인 급전 시스템을 포함하는 분야별 시스템 전반에 걸쳐서 기초사항 및 최신 경향에 관련된 내용을 반영하여 체계적으로 상세히 기술하였습니다.

°경기도 파주시 교하읍 문발리 출판문화정보산업단지 536-3   TEL:031)955-0511   FAX:031)955-0510

합격비법 1 전기자기학

전수기 著/4·6배판/608p/정가 18,000원

본 책은 어려운 수식을 가능한 배제하고 최소의 수식을 도입하여 각 장의 개념 파악에 노력하였으며, 각 장마다 본문 내용의 이해를 돕기 위해 각 장 중요 문제를 단원핵심문제로 선정하고 각 문제마다 key point를 제시하여 혼자서도 충분히 이해할 수 있도록 하였습니다. 또한 기사·산업기사 국가기술자격시험은 문제은행 방식이기 때문에 각 장마다 출제예상문제 편에 과년도 출제 문제를 수록하여 다양한 문제를 통해 각종 국가기술자격시험에 대비할 수 있도록 하였습니다.

합격비법 2 전력공학

정종연 著/4·6배판/480p/정가 17,000원

이 책은 전기분야의 국가기술자격시험, 기술직 공무원시험 및 공사시험을 준비하는 학생은 물론 현장 실무자들이 각종 시험에 대비할 수 있도록 집필하였습니다. 어려운 수식을 가능한 배제하고 최소의 수식을 도입하여 각 장의 개념 파악에 노력하였습니다.

합격비법 3 전기기기

임한규 著/4·6배판/600p/정가 18,000원

이 책은 어려운 수식을 가능한 배제하고 최소의 수식을 도입하여 각 장의 개념 파악에 노력하였으며, 각 장마다 본문 내용의 이해를 돕기 위해 각 장 중요 문제를 단원핵심문제로 선정하고, 각 문제마다 key point를 제시하여 혼자서도 충분히 이해할 수 있도록 하였습니다. 또한 기사·산업기사 국가기술자격시험은 문제은행 방식이기 때문에 각 장마다 출제예상문제 편에 과년도 출제 문제를 수록하여 다양한 문제를 통해 각종 국가기술자격시험에 대비할 수 있도록 하였습니다.

합격비법 4 회로이론

전수기 著/4·6배판/600p/정가 18,000원

본 책은 어려운 수식을 가능한 배제하고 최소의 수식을 도입하여 각 장의 개념 파악에 노력하였으며, 각 장마다 본문 내용의 이해를 돕기 위해 각 장 중요 문제를 단원핵심문제로 선정하고 각 문제마다 key point를 제시하여 혼자서도 충분히 이해할 수 있도록 하였습니다. 또한 기사·산업기사 국가기술자격시험은 문제은행 방식이기 때문에 각 장마다 출제예상문제 편에 과년도 출제 문제를 수록하여 다양한 문제를 통해 각종 국가기술자격시험에 대비할 수 있도록 하였습니다.

합격비법 5 제어공학

전수기 著/4·6배판/384p/정가 15,000원

본 책은 어려운 수식을 가능한 배제하고 최소의 수식을 도입하여 각 장의 개념 파악에 노력하였으며, 각 장마다 본문 내용의 이해를 돕기 위해 각 장 중요 문제를 단원핵심문제로 선정하고 각 문제마다 key point를 제시하여 혼자서도 충분히 이해할 수 있도록 하였습니다. 또한 기사·산업기사 국가기술자격시험은 문제은행 방식이기 때문에 각 장마다 출제예상문제 편에 과년도 출제 문제를 수록하여 다양한 문제를 통해 각종 국가기술자격시험에 대비할 수 있도록 하였습니다.

합격비법 6 전기설비기술기준 및 판단기준

정종연 著/4·6배판/536p/정가 17,000원

이 책은 각 장마다 본문 내용의 이해를 돕기 위해 각 장 중요 문제를 단원핵심문제로 선정하고 각 문제마다 자세한 해설을 제시하여 혼자서도 충분히 이해할 수 있도록 하였습니다. 또한 기사·산업기사 국가기술자격시험은 문제은행 방식으로써, 과년도에 출제된 문제들이 대부분 출제되거나 유사문제가 출제되므로 각 장마다 출제예상문제 편에 과년도 출제 문제를 수록하여 다양한 문제를 통해 각종 국가기술자격시험에 대비할 수 있도록 하였습니다.

합격비법 7 전기응용 및 공사재료

정종연·김용신 共著/4·6배판/480p/정가 17,000원

본 책은 어려운 수식을 가능한 배제하고 최소의 수식을 도입하여 각 장의 개념 파악에 노력하였으며, 각 장마다 본문 내용의 이해를 돕기 위해 각 장 중요 문제를 단원핵심문제로 선정하고 각 문제마다 key point를 제시하여 혼자서도 충분히 이해할 수 있도록 하였습니다. 또한 기사·산업기사 국가기술자격시험은 문제은행 방식이기 때문에 각 장마다 출제예상문제 편에 과년도 출제 문제를 수록하여 다양한 문제를 통해 각종 국가기술자격시험에 대비할 수 있도록 하였습니다.

그림으로 해설한 新시퀀스제어(입문편)

大浜庄司 著/월간 전기기술 편집부 譯/신국판/272p/정가 18,000원

이 책은 실제의 제어기기 조작과 관련하여 그 동작순서를 그림으로 설명하는 새로운 해설방법으로 시퀀스 제어의 기초를 보다 알기 쉽게 설명한 그림해설판 시퀀스 제어 입문서입니다.

전기이론 - 초스피드 기억법

공하성 著/4 · 6배판/512p/정가 25,000원

공하성 선생님의『전기이론』책은 다년간 강의경험을 토대로 기본개념을 체계적으로 정리하여 내용의 이해도를 높였습니다. 처음 공부를 시작하는 수험생들도 어려움이 없도록 기초이론과 문제로 실력을 쌓을 수 있도록 하였으며, 중요한 부분은 다시 짚어주어 반복학습을 할 수 있도록 하였습니다. 본문의 중요부분과 출제 가능한 부분은 별도로 표시하여 출제경향을 파악할 수 있으며, 문제마다 상세한 해설로 문제에 대한 이해도를 높였습니다.

적중 전기기능사

전수기 · 정종연 · 임경순 共著/4 · 6배판/776p/정가 20,000원

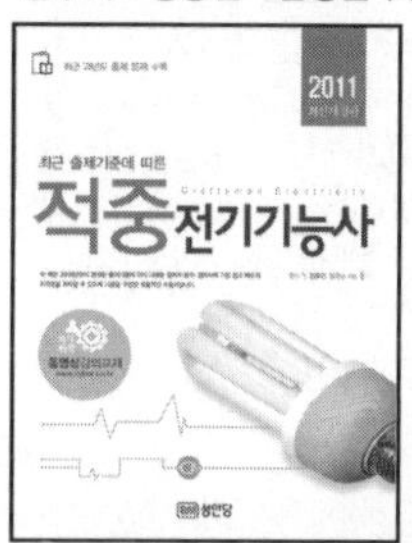

모든 산업 현장의 기본이자 일상생활의 근간이 되고 있는 전기 분야에 처음 발을 내딛는 수험생들이 능률적으로 시험에 대비할 수 있도록 구성된 이 책은 암기 위주의 내용보다는 초보자도 쉽게 이해할 수 있도록 상세한 문제풀이 과정을 수록하여 쉽게 이해하고 계산능력을 키워줄 수 있도록 체계화하였습니다. 또한 2006년부터 변경된 자격검정에 대비하기 위해 그동안 출제된 전기 이론, 전기 기기, 전기 설비 기술 기준의 모든 문제들을 분석하여 이론과 공식을 요점 정리하였고, 모든 항목을 총망라하여 각 항목에서 필수적인 중요 문제들 위주로 폭넓게 수록하였습니다.

과년도 전기기사 실기

오철균 著/4 · 6배판/408p/정가 20,000원

이 책은 전력시설물을 안전하게 시공하고 검사하기 위한 전문 인력을 양성할 목적으로 재정된 전기기사 자격증 취득에 어려움을 느끼고 있는 수험자들을 위하여 최근 10년 간의 과년도 문제를 검토 · 재정리하여 좀더 효율적으로 공부할 수 있도록 구성하였으며, 이를 통해 자격시험의 출제 경향과 출제 빈도를 파악할 수 있도록 하였습니다.

과년도 전기산업기사 실기

오철균 著/4 · 6배판/360p/정가 20,000원

이 책은 전력시설물을 안전하게 시공하고 검사하기 위한 전문 인력을 양성할 목적으로 재정된 전기기사 자격증 취득에 어려움을 느끼고 있는 수험자들을 위하여 최근 10년 간의 과년도 문제를 검토 · 재정리하여 좀더 효율적으로 공부할 수 있도록 구성하였으며, 이를 통해 자격시험의 출제 경향과 출제 빈도를 파악할 수 있도록 하였습니다.

과년도 전기공사기사 실기

오철균 著/4 · 6배판/392p/정가 20,000원

이 책은 전력시설물을 안전하게 시공하고 검사하기 위한 전문 인력을 양성할 목적으로 재정된 전기기사 자격증 취득에 어려움을 느끼고 있는 수험자들을 위하여 최근 10년 간의 과년도 문제를 검토 · 재정리하여 좀더 효율적으로 공부할 수 있도록 구성하였으며, 이를 통해 자격시험의 출제 경향과 출제 빈도를 파악할 수 있도록 하였습니다.

과년도 전기공사산업기사 실기

오철균 著/4 · 6배판/368p/정가 20,000원

이 책은 전력시설물을 안전하게 시공하고 검사하기 위한 전문 인력을 양성할 목적으로 재정된 전기기사 자격증 취득에 어려움을 느끼고 있는 수험자들을 위하여 최근 10년 간의 과년도 문제를 검토 · 재정리하여 좀더 효율적으로 공부할 수 있도록 구성하였으며, 이를 통해 자격시험의 출제 경향과 출제 빈도를 파악할 수 있도록 하였습니다.

스위칭 전원의 기본 설계

김희준 著/4 · 6배판/360p/정가 20,000원

이 책은 스위칭 전원의 기술적인 면을 배경으로 한 대학 및 대학원의 관련 분야 교과서 및 관련 기술자의 스위칭 전원 입문서로, 스위칭 전원의 회로방식인 평균 전류모드 제어에 의한 스위칭 전원, 소프트 스위칭 컨버터 및 역률 개선 회로 등에 대한 내용을 추가하고 제어회로의 보상설계 및 측정의 내용도 함께 제시함으로써 관련분야 전공의 대학생 및 대학원생, 관련현장의 연구개발자들에게 스위칭 전원의 설계 절차를 확립할 수 있도록 구성하였습니다.

전력사용시설물 설비 및 설계

최홍규 외 8인 共著/4 · 6배판/1,152p/정가 45,000원

본서는 전기시설물을 공부하는 대학원, 대학, 전문대학생의 교재로서 활용이 가능하며, 설계 및 시공 분야에서 실무자에게 필요한 지식을 전달하고자 하였습니다. 또한, 전기기술사 · 기사 및 산업기사 시험을 준비하는 분들을 위하여 체계적이면서도 실무적 측면을 보완하였습니다.

경기도 파주시 교하읍 문발리 출판문화정보산업단지 536-3 TEL:031)955-0511 FAX:031)955-0510

서보모터 제어이론과 실습

아경산업 자동화연구소 編著/4 · 6배판/392p/정가 15,000원

본서는 오랜 실무와 연구를 바탕으로 서보에 대한 기초이론에서 세부적인 실습까지 체계적으로 서술하고 있으며, 특히 교과과정에서 언급되는 이론적인 내용들을 되도록 산업현장에서 이용되는 실제 기술과 연관지어 서술하는 데 중점을 두었습니다.

공장 자동화를 위한 전기제어기술

김장호 · 신흥렬 共著/4 · 6배판/315p/정가 15,000원

이론을 위한 교과서로서 뿐만 아니라 공장 자동화 실무를 위한 실용서로 쓰여졌습니다. 필자가 지난 20여 년 간 자동화 분야에 대한 공부와 실무, 선진국의 응용 기술 흡수를 통해 얻은 내용들을 집대성한 책입니다.

전동기 제어시스템

김상진 · 김기준 共著/4 · 6배판/398p/정가 18,000원

이 책은 동력원으로 전동력을 응용 및 제어할 때 필요한 각종 사항의 이해 및 플랜트 부하에 가장 적합한 방법으로 요구되는 동력을 주려 할 때 문제가 되는 전동기 특성, 동력 전달 장치, 제어용 기기, 제어 방식, 시퀀스 제어시스템 및 전동기 선정에 관한 기초지식을 제공합니다.

최신 모터수리

월간 전기기술 편집부 著/4 · 6배판/392p/정가 18,000원

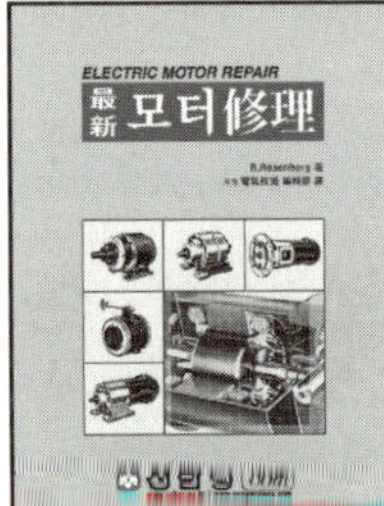

이 책은 전동기에 대한 지식을 실제 현장에서 적용할 수 있도록 가능한 한 분명하고도 요약된 지식, 비수학적인 방법으로 전동기와 발전기에 대한 수리와 재구성을 할 수 있는 길을 제시합니다.

모터 제어 기술

이왕헌 著/4 · 6배판/398p/정가 18,000원

소형 정밀모터를 이용한 제어와 서보 기구의 이해, 서보 기구의 설계 및 현장에 적용하고자 하는 분들을 위해 모터 제어의 실무적 지침서이자 활용서로 만들었습니다. 산업현장의 생산성 향상을 위한 기술혁신의 바탕이 될 것입니다.

그림해설 가정 전기학 입문

日本 옴사 編/월간 전기기술 편집부 譯/4 · 6배판/304p/정가 16,000원

전기가 만들어져서 가정에 이르기까지의 과정을 알기 쉽고 재미있게 설명하고, 가정에서 보내지는 전기를 옥내에 배선하는 과정과 전기의 안전한 사용방법, 가정용 전기기구의 사용방법 등을 알기 쉽게 설명하였습니다.

시퀀스제어 마스터북

월간 전기기술 편집부 編著/신국판/292p/정가 8,000원

이 책에서 제1편은 시퀀스 제어를 보다 쉽게 실무적인 설문 형식으로 구성하여 90일만에 체계적인 학습을 할 수 있도록 고안되었으며, 제2편은 실무 지식으로 응용면에 역점을 두어 회로도 터득과 사용 실적이 많은 회로를 연구하는 한편 예기치 못한 고장에 대한 대책, 배전반, 제어반의 조립 및 설치 등에 대해 해설하였습니다.

시퀀스 제어 입문

岩本 洋 著/박한종 譯/4 · 6배판/192p/정가 10,000원

이 책은 실험을 통해 시퀀스 제어의 기초를 배우고자 하는 분들을 위해 기본적 논리 회로인 AND, OR, NAND, NOR 등의 게이트 회로 및 플립플롭을 기초로 하여, 직접 실험을 통해 디지털 시퀀스 제어의 기본 회로를 이해하고 더 나아가 기본 회로 제작 및 침입자 경보장치나 교통신호등의 응용 회로 제작 방법에 대하여 자세히 기술하였습니다.

경기도 파주시 교하읍 문발리 출판문화정보산업단지 536-3 TEL:031)955-0511 FAX:031)955-0510

현대 전기기기

김기준 著/4 · 6배판/406p/정가 9,000원

본서는 전기공학계의 대학 및 전문대학의 교과서로서 전기기기의 전반에 대해 이해하기 쉽게 집필하였습니다. 또한 장마다 연습문제를 두어 그 장에서 습득한 이론을 바로 숙지할 수 있도록 하였습니다.

전기 공압 제어

박용일, 이찬주, 최정학 共著 /4 · 6배판/208p/정가 8,000원

이 책은 공기압 시스템을 원하는 목적에 맞도록 제어하는 기술을 배우기 위하여 충분한 예제와 연습문제를 실었으며, 상세한 연습문제 풀이와 실린더의 전진 조건을 강조하는 단계적 설명을 하였습니다.

전기안전용어사전

김만건 著/4 · 6배판/702p/정가 18,000원

1. 기술사, 기사, 시험 준비 수험생의 기본 안전용어 해설 수록

2. 재해 사고, 화재 감전 사고, 정전기 · 접지 · 낙뢰 사고 용어 해설 수록

3. 전기 · 소방 · 산업 안전관리분야 용어 해설 수록

4. 화재 감식 감정 용어 해설 수록

방폭안전매뉴얼

조연옥 著/4 · 6배판/265p/정가 12,000원

전기 · 화학 분야 중 석유 관련 산업 및 가스같이 위험이 많은 분야에 걸쳐서 방폭안전 전반을 다루고 있습니다. 현장경험을 바탕으로 각 사항들을 규정에 맞춰 설명하였습니다.

PLC제어기술

지일구 著/4 · 6배판/456p/정가 15,000원

시퀀스 회로 설계를 중심으로 유접점 시퀀스와 무접점 시퀀스 제어를 나누어 설명하였습니다. 상황 요구 조건변화에 능동적으로 대처할 수 있도록 PLC를 중심으로 개요, 구성, 프로그램 작성, 선정과 취급, 설치 보수, 프로그램 예에 대하여 설명하였습니다. 그 외 PLC 사용 설명, LOADER 조작방법, 응용 프로그램에 대해서도 알기 쉽게 설명하였습니다.

현대 자동제어

김상진 · 김기준 共著/4 · 6배판/483p/정가 12,000원

본서는 전기공학, 전자공학뿐만 아니라 제어계측 공학, 기계공학을 전공하는 학생들의 교과서로서, 자동제어의 확실한 이해 및 각 전문분야에 응용할 수 있도록 하는데 주력하였습니다. 특히 이해의 용이, 엔지니어적인 센스의 양성을 중요시하였습니다.

전원설비 및 설계

최흥규, 강태은 著/4 · 6배판/592p/정가 24,000원

• 이론에서 실무적인 면까지 구성하여 대학 교재는 물론, 전기설비 관련 자격증 취득을 희망하는 수험생, 전기설비의 설계 및 시공, 감리 분야의 실무자 등 전기설비와 관련된 모든 분야에서 두루 활용할 수 있도록 구성하였습니다.

• 전기설비를 공부하는 데 필요한 각종 표준결선도, 기호, 기구번호 등을 부록에 담아 활용할 수 있도록 하였습니다.

PLC 제어기술 이론과 실습

김원회 · 공인배 · 이기호 共著/4 · 6배판/424p/정가 15,000원

이 책은 이론과 실습을 분리하여 실습편에서는 요구사항, 실습목표, 구성기기, 관련 이론, 실습 회로, 회로 설계 원리 및 동작설명 등으로 전개하여 능률적인 실습이 가능하도록 배려하였습니다. 더욱이 모든 실험실습이 어느 장소에서나 신속히 이루어질 수 있도록 PLC 교육용 전문 실험실습장치인 DYES-2101 콤팩트형 PLC-공압 트레이너로 요소모델 번호를 병기하였습니다. 그리고 매커트로닉스, 생산자동화의 산업기사는 물론 기능사 국가 기술자격 시험에 대비할 수 있도록 관련 문제를 집중적으로 수록하였습니다.

저 자 약 력

✻ 김 희 준

- 1976년 – 漢陽大學校 工科大學 電子工學科 卒業
- 1978년 – 同 大學院 電子工學科 卒業
- 1986년 – 日本 九州大學 大學院 電子工學科 卒業 工學博士
- 1991년 1월 ~ 1992년 1월 – 美國 Virginia 工大 訪問敎授
- 1987년 3월 ~ 현재 – 漢陽大學校 電子컴퓨터 工學部 敎授
- 주요 저서 – 스위치 모드 파워 서플라이(성안당), 전력전자공학(교보문고),
  전기전자기초실험(청문각), 스위칭 전원의 기본 설계(성안당)

InSpicoé 시뮬레이션 툴을 이용한

스위칭 전원의 기본 실습 (부록CD 포함)

2011. 6. 24 초판 1쇄 인쇄
2011. 6. 30 초판 1쇄 발행

지은이 | 김희준 · 조상윤
펴낸이 | 이종춘
기획 | 황철규
진행 | 박경희
교정·교열 | 우정미
편집 | 김수진
표지 | 한송이
제작 | 구본철
펴낸곳 | BM 성안당
주소 | 경기도 파주시 교하읍 문발리 출판문화정보산업단지 536-3
전화 | 031) 955-0511
팩스 | 031) 955-0510
등록 | 1973.2.1 제13-12호
출판사 홈페이지 | www.cyber.co.kr

ISBN | 978-89-315-2360-7 (13560)
정가 | 20,000원